Leonardo Da Vinci's Robots

ダ・ヴィンチが発明したロボット!

Mario Taddei

Futami-Shobo

息子レオナルドに、そしてレオナルド・ダ・ヴィンチを愛するすべての人々に本書を捧げます——あらゆる事象に好奇心を抱き、どんな制約にも既成観念にもとらわれず広い心で自然界の不思議とたわむれ、冒険を挑む「子どもたち」へ。

Concept and mechanical philology
Mario Taddei

Text
Mario Taddei
with contributions by
Massimiliano Lisa on pages 4-7, 10-25, 63-66, 124-128, 180, 352-358

Editorial co-ordination
Massimiliano Lisa

Graphic design, layout and 3D modelling
Stefano Armeni, Francesca Bertoletti, Giuseppe Canino, Lucio Carsi, Andrea De Michelis
Emanuele degli Antoni, Emma Leonello, Luigi Monaldi, Mario Taddei

Physical models
Alessandro Capelli, Mario Taddei, Alessandro Vivaldi

I ROBOT DI LEONARDO DA VINCI
by Mario Taddei

CONTENTS　目次

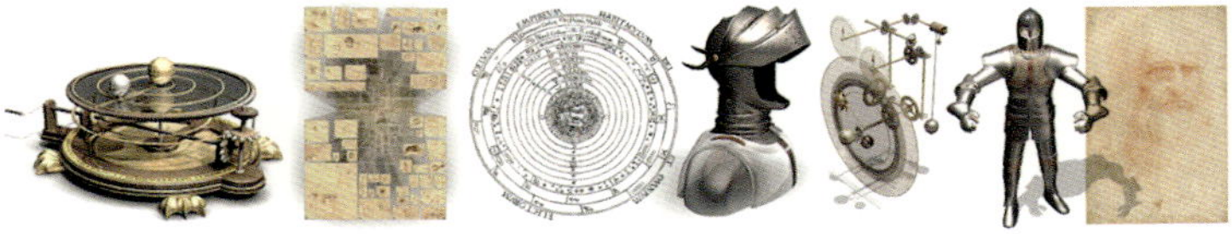

序

「知識にまさるものはない」(トリヴルツィオ手稿2r)

レオナルドはあくまでも完璧を求め、数多くの成果と未完の作品を残した。『美術家列伝』でヴァザーリも言うように、レオナルドはたしかに大芸術家だが、誤解されている部分も少なくない。ときには完成までに長年を費やし(「最後の晩餐」)、仕事を途中で投げだしたり(「楽園追放」「アンギアリの戦い」「メデューサの首」「東方三賢王の礼拝」)、手をつけないことさえあった(イザベラ・デステが依頼した「聖母マリア」「キリスト」)。

その理由を、19世紀の学者エドモンド・ソルミの慧眼は鋭く看破した。つまり、レオナルドの究極の目的は自然界を理解することにあった。自然の謎を解き明かし、自然を支配する法則を突き止めること。1499年、そのためにレオナルドは絵筆を弟子たちに譲り、科学者へと転身した。ソルミは「1513年に彼のなかの芸術家は死に、より科学者らしく生きるようになった。人生の目標を確信して」と言う。

いっぽうで、レオナルドはアイデア表現の見事さから「芸術家の心をもつ科学者」、すぐれた表現技術から「科学者の心をもつ芸術家」といわれる。芸術家だの科学者だのと線引きできないのがレオナルドであり、だからこそ彼は、類のない存在として歴史に大きな名を残した。

14世紀初め、今でいう常識とは別のルールで動いていた時代が終わると、科学技術は再び学問の対象として注目されるようになった。マリアーノ・ディ・ヤコポ(タッコラ)に始まり、フランチェスコ・ディ・ジョルジョ、ジョヴァンニ・フォンタナ、そしてレオナルドら技術者は、競うように挿絵入りの技術書を著した。それ以前の技術書に挿絵はなく、絵図でコンセプトを伝えるというアイデアは15世紀最大の発明の一つだ。

半世紀も経たないうちに、図入りの技術書は広く普及した。なかでもレオナルドは機械図を、機械の外観をなぞっただけのスケッチから、複雑な仕組みを解説する機械学の研究ツールへと昇華させた。15世紀の技術者は、有名な大聖堂などを設計しながらも社会的には無視され、文芸とは無縁とされていたが、やがて著作を発表しはじめ、ついには権力階級からも重用されるようになった。こうして地位が向上した技術者の頂点に、レオナルドはいた。

本書の目的は、「ロボット発明家」としてのレオナルドを見直すことである。ここでいう「ロボット」は、人間の助けを借りずに人や動物の動きを真似るからくり装置のことだが、実はこうした機械はレオナルドの時代よりもずっと昔から存在していた。しかし、彼は当時の技術水準からは考えられないような画期的な改良をほどこし、現代の目で見てもその才には驚かされる。現代人が忘れてしまった細工やからくりを、レオナルドははるか昔に発明していた——想像しただけで心がわくわくする。この本は、こうした純粋な好奇心から生まれている。

ダ・ヴィンチの自画像

ADMAGN
TREM·H
NDVM
MALA
PLENDI
MINENS
MPERAT
INVICT
ITVRII
ROR

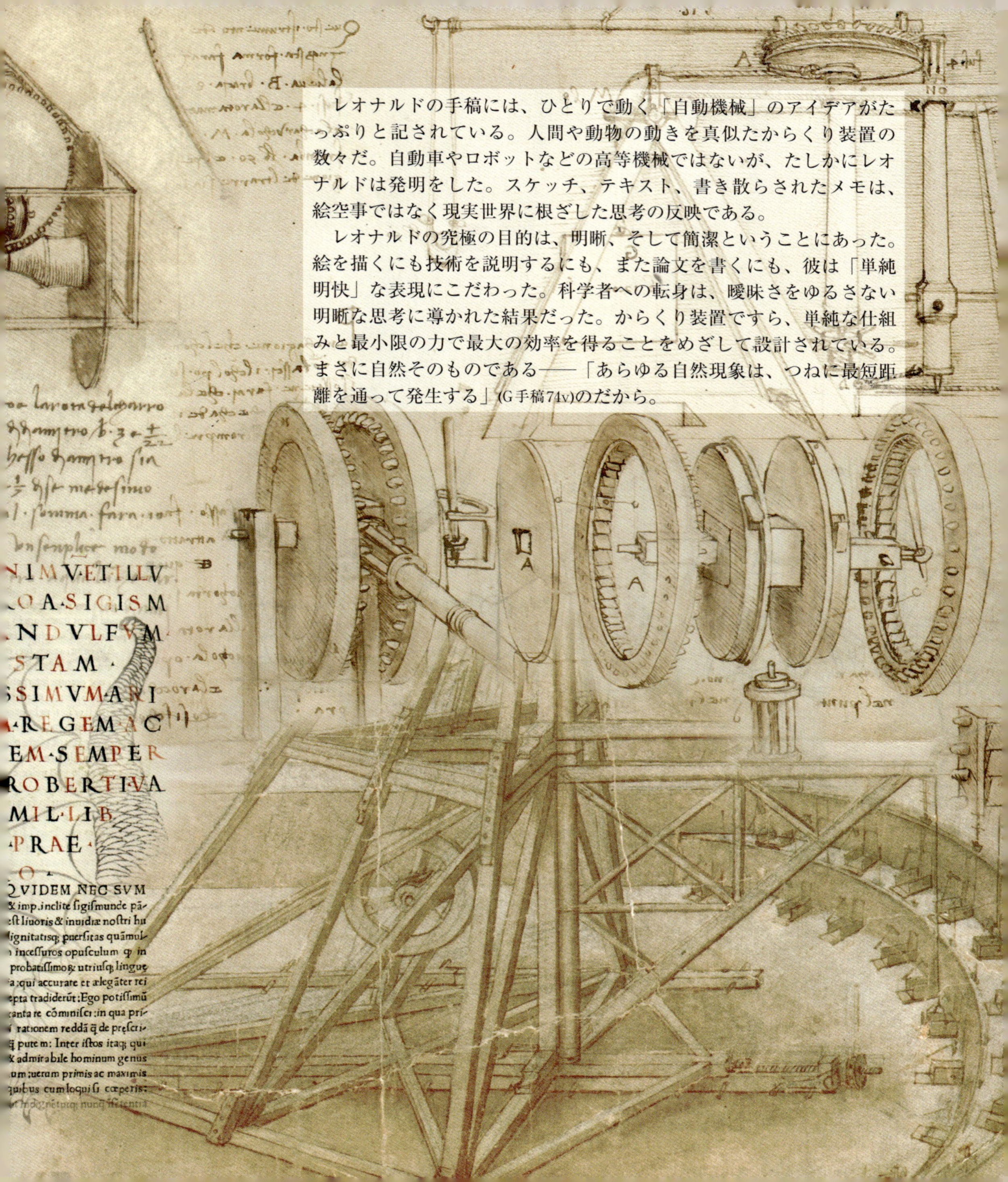

レオナルドの手稿には、ひとりで動く「自動機械」のアイデアがたっぷりと記されている。人間や動物の動きを真似たからくり装置の数々だ。自動車やロボットなどの高等機械ではないが、たしかにレオナルドは発明をした。スケッチ、テキスト、書き散らされたメモは、絵空事ではなく現実世界に根ざした思考の反映である。

レオナルドの究極の目的は、明晰、そして簡潔ということにあった。絵を描くにも技術を説明するにも、また論文を書くにも、彼は「単純明快」な表現にこだわった。科学者への転身は、曖昧さをゆるさない明晰な思考に導かれた結果だった。からくり装置ですら、単純な仕組みと最小限の力で最大の効率を得ることをめざして設計されている。まさに自然そのものである――「あらゆる自然現象は、つねに最短距離を通って発生する」(G手稿74v)のだから。

Introduction

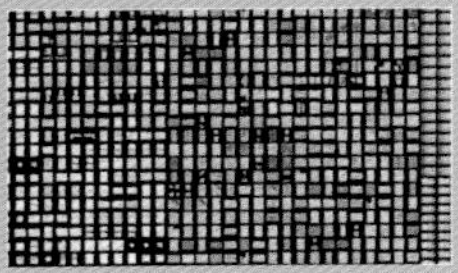

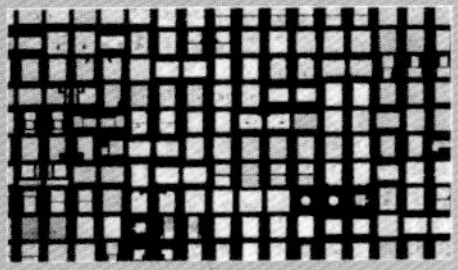

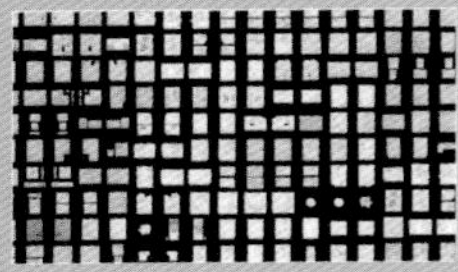

レオナルドを解体する

レオナルド・ダ・ヴィンチの名を知らない人はいない。人は彼を、飛行機、自転車、自動車の原理を発明した天才と呼び、「モナリザ」や「最後の晩餐」をめぐっては、“謎”が隠されているとひと騒動が起きた。しかし、みんなその証拠はあるのだろうか？

事実とは複雑で、目に映る事態の表面とはかけ離れているものだ。自転車もダ・ヴィンチの発明だっけ、ぐらいにしか彼になじみのない人にも楽しんでもらおうと工夫を重ねながら、私たちはこの本で、レオナルドの手稿に閉じこめられた謎を読み解き、噂として囁かれているよりも痛快で複雑な事実を明らかにする。

レオナルドの真の姿に迫る研究は数えるほどで、研究書も少ない。あったとしても難解で、たいていはスケッチの紹介に止まっている。そうした研究書を横目で見ながら、私たちは平明な文章と800点以上の未公開スケッチ（レオナルドは絵を「視覚言語」と呼んだ）を使い、ひと目で理解できるわかりやすい表現を心がけた。

レオナルドと5000枚を超える彼の手稿になじみのある人にとって、装甲車やヘリコプターは「レオナルド展」やテレビ番組が作りだした幻想でしかない。

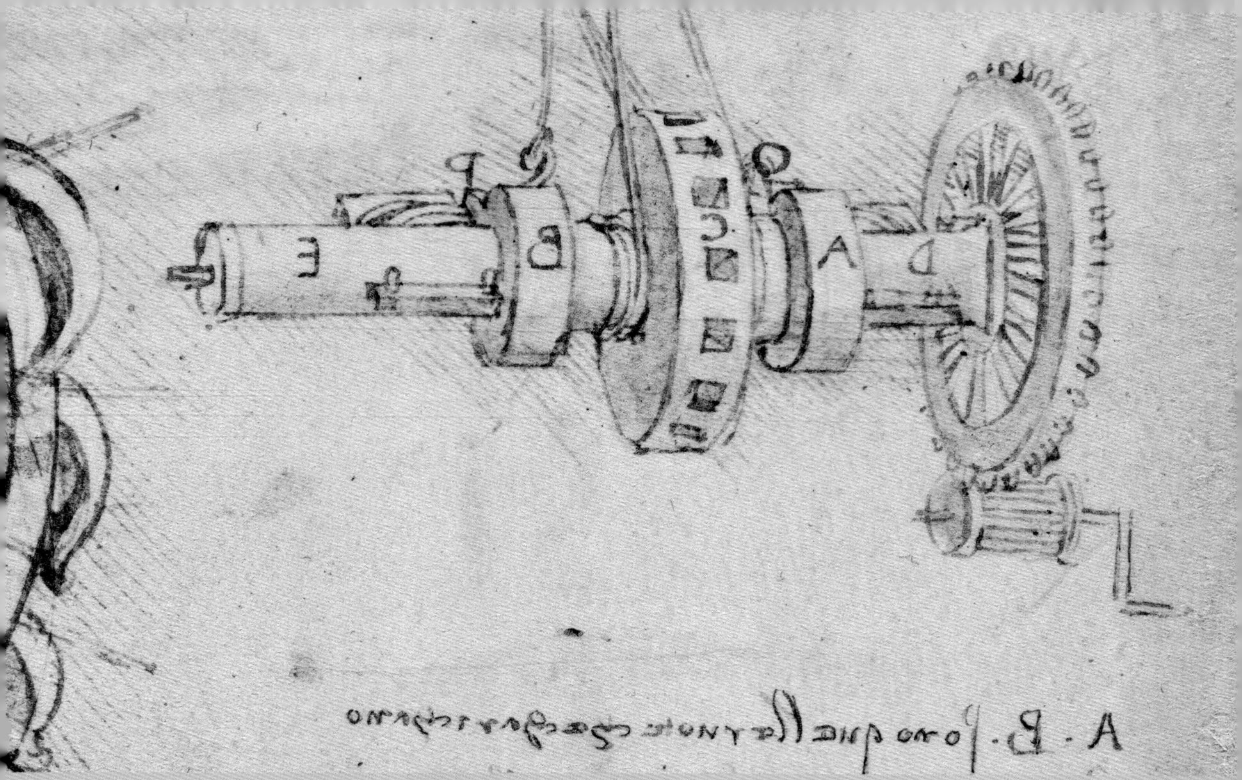

あなたがこれから目にするのは、これまでも議論を呼んだ自動走行車、機械仕掛けのライオン、ロボット戦士の復元模型とその新解釈——つまり、これまでにない新しい手稿の読み解き方である。

この本はまず、ロボット技術の歴史（Chapter 1）から始まる。つづいて、レオナルドが研究した機械の基礎構造（Chapter 2）について。現代のロボット技術にも生きている機械の基本を頭に叩き込んだら、自動走行車の登場だ（Chapter 3）。「自動車」と呼ばれてきた装置の新解釈を説明し、これまでの誤解を解き明かしていく。

次に、広く知られてはいるがまだ解明されていない機械仕掛けのライオンを取り上げ（Chapter 4）、これも世界初の復元模型を紹介する。そして最後の章（Chapter 5）では、ロボット兵士の研究とみられる4枚の手稿の読解に挑む。“ロボット”の一語ではすまされない驚きの連続にご期待あれ。

映画化もされた小説『ダ・ヴィンチ・コード』は、謎解きの興奮と失われたものへの期待感に満ち、世界中でベストセラーを記録した。あちらは架空の物語だが、こちらは実在する謎である。面白くないわけはない。私たちは、この挑戦を「CG技術によるレオナルドの解体」と呼んでいる。

Chapter 1
ロボット技術の歴史
～古代エジプトから第一次世界大戦まで～

古代：伝説と現実のはざま

「自動機械」は、人間や動物の動きを人工的に再現しようという試みである。歴史は古く、たとえばギリシャ神話に登場する鍛冶の神ヘパイストスは金から乙女を作り、ひとりで動く三脚台を考案した（『イリアス』XVIII. v.509-15）。

さらに、旅行家パウサニアスが『ギリシア案内』に記したギリシャ神話の工匠ダイダロスの自動機械。魔術師と呼ばれたティアナのアポロニウス、歴史家ディオ・カッシウスの記述に残るからくり仕掛けの像。ネジと滑車を考案し、からくり仕掛けの鳥を作ったという古代ギリシャのアルキタス……。

技術は進歩をつづけ、なかでも古代エジプトのプトレマイオス王朝（紀元前306～30）では飛躍的に発展して、アレクサンドリア図書館、古代世界七不思議の一つであるファロス島の大灯台が作られた（プトレマイオス朝は後にローマに征服される）。ファロス灯台は紀元前283～282年に建設され、その灯りは50km先からも見え、濃霧のときには警報装置が働いたという。

プトレマイオス2世の時代、アレクサンドリアでは科学者クテシビオスが力学の礎を築いた。彼の研究はアレクサンドリア図書館の崩壊で失われたが、アラブ人の翻訳によって生き残った一部には、たとえばピストンを利用したカタパルト（石弓）が記されている。石弓を引くとピストンの作用で煙と炎があがる仕組みで、つまりはディーゼル機関（空気を圧縮し燃料を発火させる）の原理である。水時計や釣り合い重りのピストン装置、ポンプ式消火器、揚水装置（水の汲み上げ機）も考案したほか、クテシビオスはポンプジャッキの原理も発見し、その仕組みを応用して8または10のリードを鍵盤と組み合わせ、水オルガンを発明した。

さらにこの空気と水の関係を逆転させて、水力で動く楽器も作った。空気で水を押すのではなく、水の重みを利用して空気を圧縮し押しだす楽器で、一定の圧力をかけられた空気の力は人間の肺活量を超える。空気の流れはピストンで調節し、空気圧は導管を伝う水の重みで一定に保たれた。

クテシビオスには、ヘロンという弟子がいた。ヘロンは戦闘装置の発明や、てこの原理の発見で知られる。空気力学者としても有名で、空気圧と蒸気圧を組み合わせた装置を考案した。彼の発明には、水を飲む動物、さえずりを聞かせる鳥、自動給水器、自動演劇装置などがある。レオナルドを天才と呼ぶならば、紀元1世紀のアレクサンドリアに生きたヘロンもやはり天才で、その数世紀後に形をとった機械の原理を数多く発見した。著作も多く、ヘロンの姿勢は、「実践は堅固な理論にもとづいて行われなければならない（G手稿8r）」「科学は指揮官、実践は兵卒（I手稿130r）」として理論・実践の両方を重視したレオナルドとよく似ている。

紀元前80年頃、古代ギリシャ人が作った天文計算機「アンティキテラの歯車」（拡大部分写真）。1902年に沈没船の中から見つけられ、考古学史上かつてない最重要発見と世界を騒がせた。30の歯車を複雑に組み合わせた装置で、天体現象をくわしく予測できたという。青銅製と推測されている

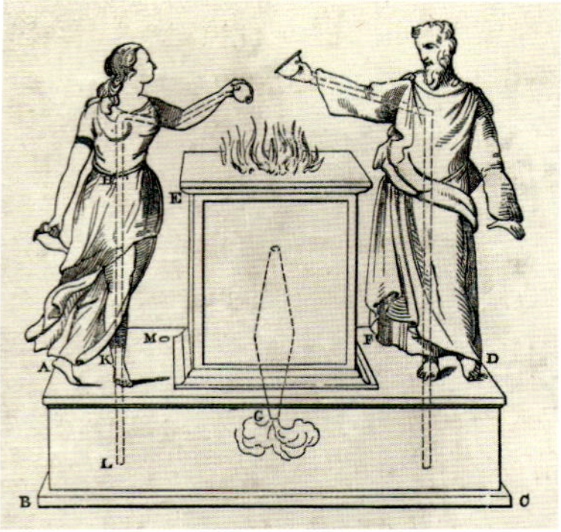
古代のからくり装置。炎と蒸気を利用して、2体の像が水を注ぐ。ヘロン「気力学」より

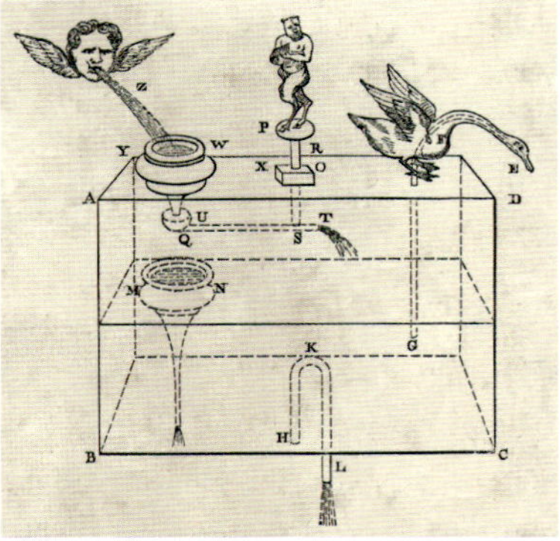
パイプ、2層の空気室、サイフォンを組み合わせた驚くべきからくり装置。鳥が水を飲む仕掛けだろう。ヘロン「気力学」より

壇上に火を灯すとパイプを通った熱気が容器中の空気を撹拌し、人形が踊りだす。ヘロン「気力学」より

ヘロンは、数学と幾何学の分野では測量技術の研究に打ち込み、複雑な値の平方根・立方根を近似値まで導きだす方法、三角形の3辺の長さからその面積を割りだす公式（ヘロンの公式と呼ばれる）を発見した。光学にも長け、ラテン語版が現存する著書『反射光学』では反射の法則を正しく定義した。幾何学と光学は、レオナルドも熱心に研究した分野だ。

また、『屈折光学』ではヘロンが発明した経緯儀（セオドライト）のような角度計測器の紹介のほか、天文の章があって、月の満ち欠けから時差を割りだしてローマ〜アレクサンドリア間の距離を測定する計算式が記されている。

『気力学』の記述はより具体的で、理論の解説につづいて水圧、蒸気圧、空気圧で作動する装置が紹介されている。「ヘロンの噴水」など、彼の発明家としての才能にあふれた1冊だ。蒸気機関の原型とされる装置は「アイオロスの球」と呼ばれ、水を熱してつくった圧力で金属球が動く仕組みで、現代の蒸気タービンと同じ原理にもとづいていた。

ヘロンが多くの戦闘装置を発明したことも、レオナルドと共通している。

ほかにヘロンの著作には、直線または円を描いて動く小さな自動演劇装置を記載した『自動機械』もあるが、代表作は『機械学』だ。アラビア語版だけが現存しているこの著書で、ヘロンはてこの原理をもとにてこ、ウィンチ、滑車、ネジ、くさびの5つの基礎機械要素を論じ、史上はじめて具体的な機械のいろはを解説した。ユークリッドの『原論』について記した『コメンタリーズ』をはじめ、水時計の研究も貴重である。

空気と水を利用した仕掛けでさえずる鳥の像「フクロウの噴水」、「エフェソスのアルテミス」像など、ヘロンはさまざまな庭園装置も発明した。前者のモチーフはあちこちで模倣され、ポンペイ遺跡からもフクロウの像が見つかっている。『気力学』に登場する噴水は、16世紀後半に建築家ピッロ・リゴーリオがエステ家の別荘のために作った噴水の原型で、リゴーリオは2世紀にローマで作られたアルテミス像のレプリカをヒントに彫像を制作した。

ヘロンは「音」の研究も手がけ、たとえば演劇では舞台の下に青銅やテラコッタを置いて音や声の共鳴装置とした。また、ホルン、パンパイプ、ホラガイ、クテシビオスの水オルガンを含む各種オルガンなど、パレードに使われる楽器にもさまざまな改良を加えた。

こうしてアレクサンドリア時代に、技術は理論・実践とも大きく進歩した。では、「機械の時代」はなぜ18世紀を待たなければならなかったのだろうか。とくに数学の分野では、すでにギリシャ時代に現代の技術にも応用されている基本原理の多くが確立されていた。「機械の時代」の不在、そして機械の技術が余興の道具（人々は魔術と呼んで面白がった）にしか使われなかったことの背景には、精神的・社会的・政治的理由がある。

その昔、「機械」は“天才”が作るものだった。機械の目的は人々を驚かせ、不思議がらせることで、人間のかわりに作業をさせるという発想はだれも思いつかなかった。奴隷制度のおかげで労働力には困らなかったからである。また、新しい機械が普及するにはその存在と使い方が世間に理解されなくてはいけないが、当時は情報を伝えるマスコミもなかった。発明の速度は時代の要請に応じている。天才による度肝を抜くような発明は、いつも同時代人には理解されない。レオナルドもそうだった。20世紀の時代ですら、アインシュタインはこう言ったという。「偉大な人々は、いつも凡庸な人々から激しく非難されてきた」。

古代ギリシャから数世紀のちのアラブ世界では、9世紀にバヌ・ムーサ三兄弟が『発明の書』を出版し、数々の自動機械を挿絵入りで紹介した。1204～06年には数学者・技術者のアル・ジャザリが『機械発明の知識』を3年がかりでまとめた。

中国、インド、近東地域にも、自動機械にまつわるさまざまなエピソードが伝えられている。

ヨーロッパでは、1058年、スペインの詩人・思想家ソロモン・イブン・ガビーロールが女性の姿をしたからくり人形を作り、黒魔術だと咎めを受けた。のちにローマ教皇シルウェステル2世となるフランスの機械学者・数学者ジェルベール・ド・オーリヤックは、時計の基礎部品であるエスケープメント（脱進機）を発明し、自分で動いて声も出す奇妙な像を作ったと伝えられている。13世紀の神学者アルベルトゥス・マグヌスは、人造人間をさす造語「アンドロイド」の作者といわれ、召使いロボットを制作したという伝説がある（ロボットは、弟子のトマス・アクィナスが壊してしまったらしい）。15世紀後半には、ドイツの天文学者レギオモンタヌスが機械仕掛けのワシを作った。ワシは空を飛ぶことができ、ニュルンベルクを訪れた皇帝マクシミリアンを出迎え歓待したといわれる。

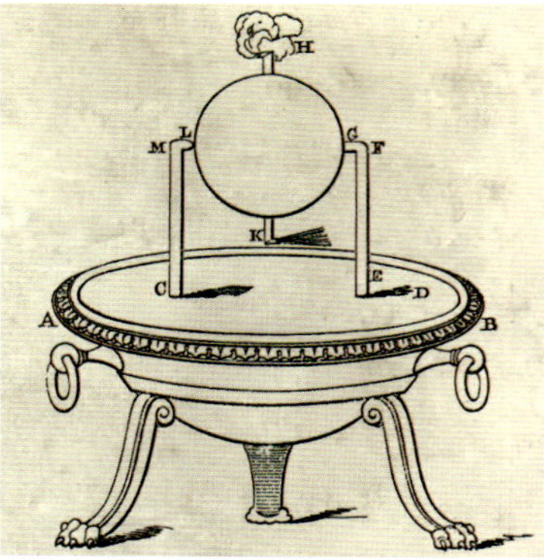

空洞の球体、2本のパイプ、水の入った容器からなる「アイオロスの球」。水を沸騰させると蒸気が送り込まれ、球体が回転する。ヘロン「気力学」より

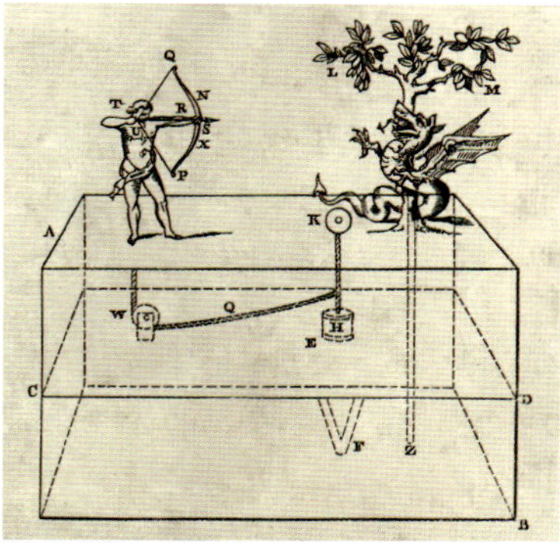
置き台からリンゴを持ち上げると、ヘラクレスが弓を放ち、ドラゴンから蒸気が噴出する。水と圧縮空気の力で綱、チェーンを作動させる仕組み。ヘロン「気力学」より

古代ギリシャの学術はアラブ人に継承された。彼らはアレクサンドリア期の文献を保存・翻訳し、独自に発展させた。これもそんな文献の一つ

15世紀〜近代

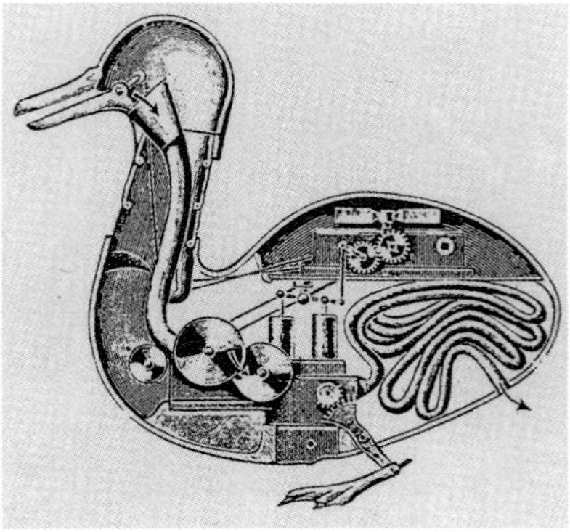

ヴォーカンソンのアヒル。口から食べたものが体を通って排泄された（1738年）

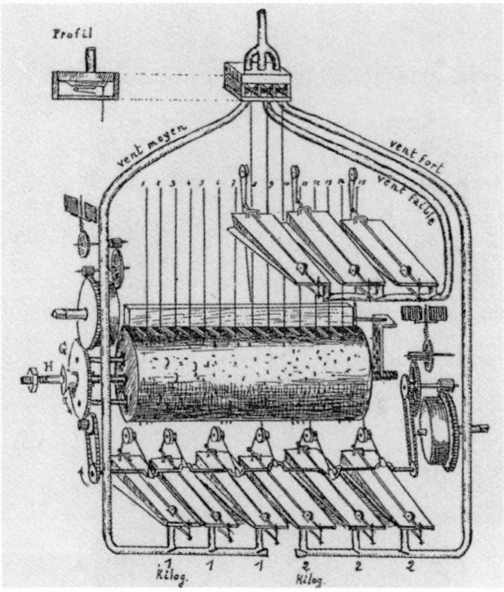

フルート吹き人形の内部構造

レオナルドは数多の自動機械を構想したが、彼がもっとも打ち込んだのはそれらを形づくる基礎構造の研究だった。

レオナルドのあとも、自動機械の発明史にはさまざまな技術者の名がつづく。皇帝カール5世のために数々の機械を制作したクレモナ出身のジャネッロ・トリアーニ。水を動力に鳥の動きとさえずりを再現する機械を作ったサロモン・ド・コー。1680年、フランス王から機械仕掛けの戦闘軍隊の制作を命じられたクリスティアン・ホイヘンス……。1731年には、マヤールが歯車を改良し、馬の動きを真似た機械を考案した。

この18世紀前半当時、自動機械の発明家として有名だったのはジャック・ド・ヴォーカンソンである。彼が金メッキのブロンズで作ったアヒルの自動機械は、水に浮かびながら食べ、飲み、鳴き声を出し、本物さながらに排泄をした。体は透明な造りで、口にした食物が体内を通過する様子が見えた。

ヴォーカンソンは、高さ1.78mの笛吹き人形も作った。腰掛けた彫像のような自動人形で、台座には幅56cm・長さ83cmの木製シリンダーが格納されていた。シリンダーに付いた突起が15の小さなレバーを押し、レバーに連結した鎖と綱の動作で空気量を操作して人形の唇や舌、指が動く仕掛けだった。動きは人間のようで、12曲を演奏できた。

笛吹き人形は、人間の呼吸の仕組みを研究するために作られたという。人形の胸部には3つの小さな空気室があり、9つのふいごで空気室からのびた3本の細い管へ空気が送り込まれた。3本の管は1本のパイプに連結され、人形の口へつながっていた。送り込む空気の量で唇の開き具合を調節し、口の中にある舌も動いて、流れ込む空気を遮断したり通したりできた。

18世紀の自動人形では、ピエール・ジャケ・ドローが作った筆記人形、絵描き人形、演奏人形もよく知られている。筆記人形はペンにインクをつけ、40文字を書くことができた。絵描き人形は4つの絵を描き、演奏人形は指で鍵盤を押してオルガンを演奏する。この3体は、スイス・ヌシャーテル市の博物館に現存されている。

19世紀になると、25年の歳月をかけて完成させたヨゼフ・ファーバーの「ユーフォニア」が話題を呼んだ。人間の頭型をした言葉を話すロボットで（身体はない）、ドイツなまりの英語で質問や受け答えをし、歌い、笑うこともできた。1893年には、ジョージ・ムーアがガスボイラーの蒸気を動力に、時速15kmのスピードで歩くロボット人形を作った。19世紀にはほかにもさまざまなロボットが作られ、ロボットの黄金時代だった。

ヴォーカンソンのアヒルの写真。
残念ながら実物は現存していない

このように、「自動人形」の名にふさわしい高度なロボットが現れたのは、時計技術が発達を遂げた17～18世紀のことだった。科学的知識が重視され、なかでも人体の仕組みに大きな注目が集まって、生き物の動きを真似た機械が次々と作られた。時計技師や技術者は医学や自然科学を研究し、機械仕掛けの人形や動物を作っては世間を驚かせ、技術の進歩に弾みをつけた。長い年月をかけ、苦心の末にできあがったこれらの自動機械は、ほとんどが実験的な「一点もの」である。

さらに言うと、19世紀前半に現れたロボットの多くは、魔術師や奇術師と呼ばれる人々が作っていた。当時、手技は非常にもてはやされた。産業革命（18～19世紀）から第一次世界大戦によって中断されるまで、自動機械の製造はますます広がり一産業分野を形成した。これらは過去の話だが、レオナルドと関係がないわけではない。

現代のロボット技術

「ロボット」という語は、1921年、チェコの作家カレル・チャペックが戯曲『ロッサム万能ロボット会社』で使った造語である。語源はチェコ語で苦役を意味する「robota」で、チャペックは重労働にたずさわる機械人間をロボットと名づけた。ロボットの語は世界中に広まったが、当初は「人間に見せかけた機械」のことで、複雑な動きをする機械全般をさすようになったのはその後のことだ。現在では、ある種の時計機構もロボットと呼ばれる。

ピエール・ジャケ・ドローの筆記人形

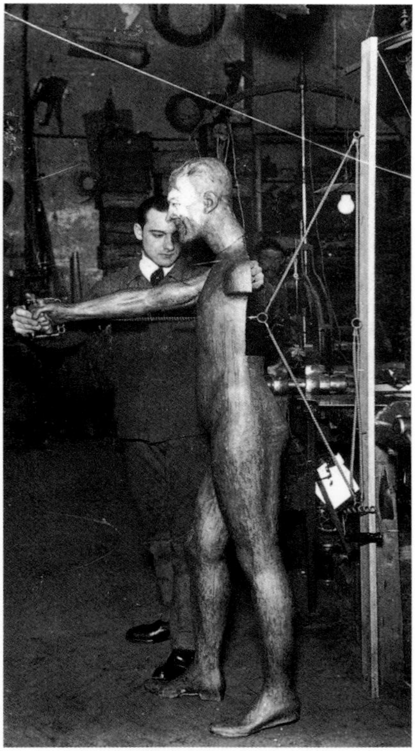

自動人形の黄金時代は、第一次世界大戦によって幕を閉じる

ロボットとそれ以外の機械を区別するために、ロボットの基本を確認しておこう。まずロボットには「なすべき作業」があり、それをこなすよう人間の手でプログラムされる。遠隔操作の場合もある。

次に、ロボットには自律的に作動するためのエンジン、つまり「動力機関」が備わっている。昔は水や蒸気、または重りを利用してエネルギーを作ったが、のちに時計仕掛けに使われるバネなどの蓄力装置が登場した。やがて電気エネルギーとともに蓄電技術や送電技術が開発され、電気式ロボットが現れた。電気・電子工学と機械技術の組み合わせはメカトロニクスと呼ばれ、人間にかぎりなく近いロボットをめざす現代のロボット開発を担っている。

今日では、ロボットはSF・フィクション／軍事・探査・産業・科学調査・医療用の無人機械／娯楽・玩具用機器／時計の4つに分類される。生まれ故郷のSFに登場したロボットは数えきれないが、多くは人間の能力を備えた戦闘機器である。代表は日本のマンガだ。映画では、実験段階にあるアンドロイドという設定も多い。

無人機械は、軍事用ではミサイルやセンサーを搭載した戦闘機が現在の最先端。探査用は、NASAの火星探査機スピリットやオポチュニティ、海底探査機など、極地で利用されている。産業用は人間にかわって危険作業や反復作業を行い、多くはロボットアームだけという単純な構成だ。医療の世界では、電子制御アームの最先端ロボットが外科手術などに利用されている。

娯楽産業でもロボットの開発は盛んで、ソニーの犬型ロボット「AIBO」をはじめ、レゴもロボットキットを発売している。また近年は、時計やオルゴールにもコンピュータが内蔵されている。

こうしたロボット技術は、電子機械工学にもとづいている。レオナルドはカム、バネ、自在継手から動力伝導、摩擦まで、今日のロボットにも応用されている機械の基本部品を定義し基礎理論を確立した。これはマドリッド手稿Iに詳しく、さすがに電子工学については片鱗も見られないが、レオナルドを実用ロボットの元祖と呼んでいいだろう。ダ・ヴィンチという医療用ロボットのほか、レオナルドの名にちなんだ最先端機器は多い。NASAが火星探査機をレオナルドと名づけなかったのが不思議なくらいである。

ロボット分類図（8種類）

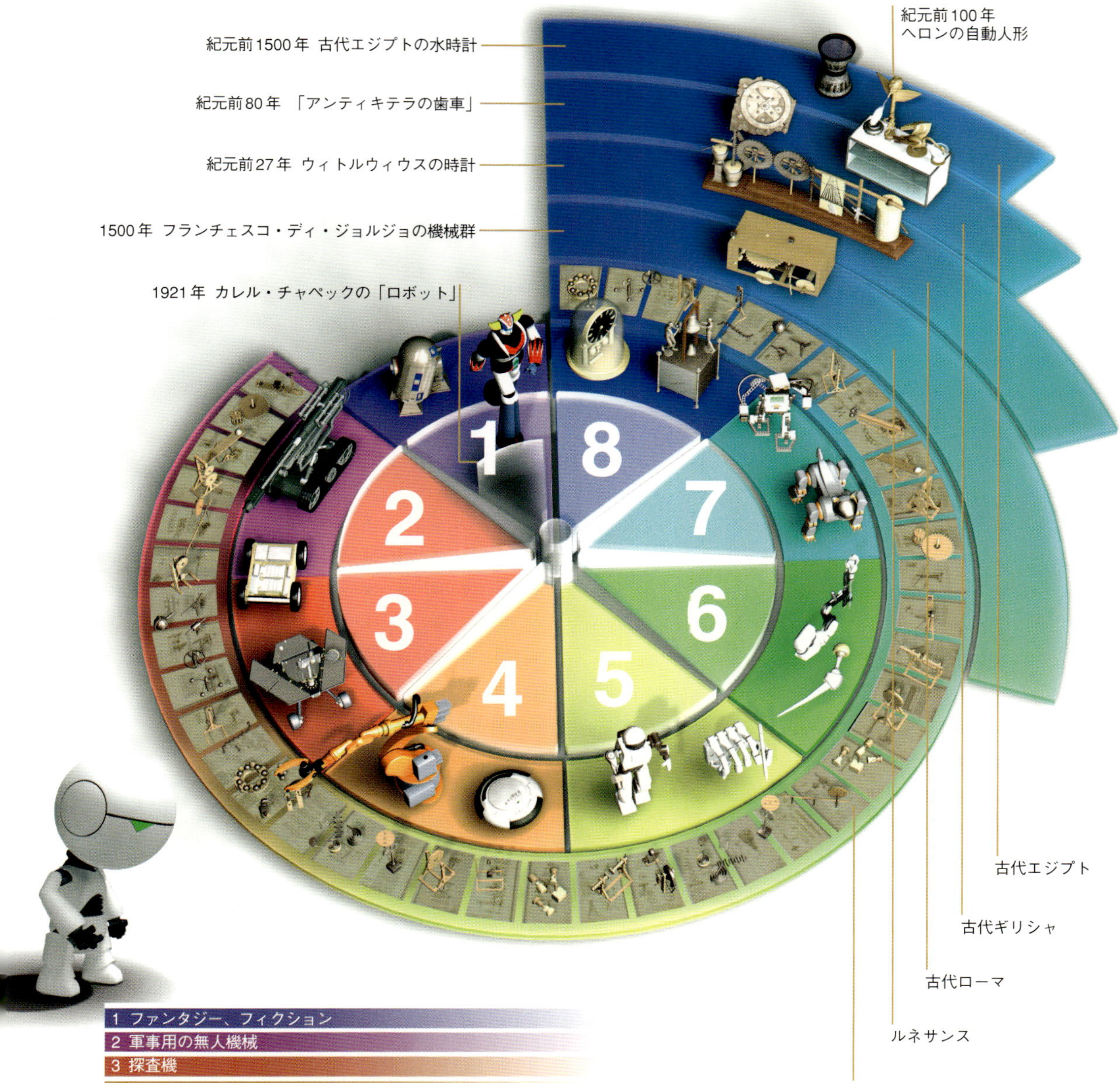

1 ファンタジー、フィクション
2 軍事用の無人機械
3 探査機
4 産業用ロボット
5 科学調査機械
6 医療用器具
7 娯楽・玩具用機器
8 時計

タイムマシン

ウィトルウィウスの時計。
「建築十書」第9巻の復刻版
（1521年）から再現した図

「ロボット」という語ができたのは1921年だが、現在では親しみをこめて、何らかの動力《エンジン》で自律的に動く昔ながらの「歯車装置」もロボットと呼んでいる。

前ページはロボットを大まかに8種に分けた図だが、こう見てみると、レオナルドはあらゆる「ロボット」の発明を手掛けていた。ただ彼の時代には、レオナルド以外の人はその技術を時計か見せ物用のからくり装置にしか応用しなかったのである。

考えてみれば、同じようなからくり機構をもつ時計を自動機械と呼んでもおかしくはない。上は古代ローマの建築家ウィトルウィウスが記した時を刻む装置（紀元前27年）だが、これだって立派なロボットだ。事実、この装置には見た目から連想されるよりも奥深いウィトルウィウスの思考が込められている。

右ページ上はウィトルウィウスの時計の再現図である。動力となる噴水の水はまず1つめの容器（A）を満たし、次に2つめの容器（B）へと流れ込む。容器（A）に備わる浮きの作用で水の速度はゆっくり一定に保たれ、（B）に浮かぶノコギリ状の棒（Y1）は一定速度で上昇する。同時に二つの大きな歯車（R1、R2）が回転し、もう一端にある棒（Y2）もゆっくりと上昇する。すると2本の竿とそれに連結された2体の人形が動き、X1、X2に時間の経過が記録される。X2に記録された平行線が時刻を表す。昔は季節によって時刻を変えていたので、太陽時間（太陽が南中してから次に南中するまでの24時間を1日とする時間）に合わせて機械的に時を記録するよう、X2は回転する仕組みである。

一定速度で流れる水を動力とし、人の手を借りることなく二体の人形が目盛盤に時を刻みつける。これがウィトルウィウスの時計だ。

右中段の図もウィトルウィウスが考案した時計で、同じように水を動力として、こちらは星座が描かれた大きな円盤が回転する。水の流れる速度に応じて時間の経過を記録する仕組みである。軸に重りをぶら下げただけの簡素な装置だが、なんらかの動力《エンジン》で自律的に動く機械をロボットと呼ぶ理由をわかってもらえるだろう。紀元前15世紀の古代エジプトの水時計から、レオナルドが研究した数々の時計まで、時を刻む装置はすべて「ロボット」である。

古代エジプトの水時計。
紀元前1500年頃

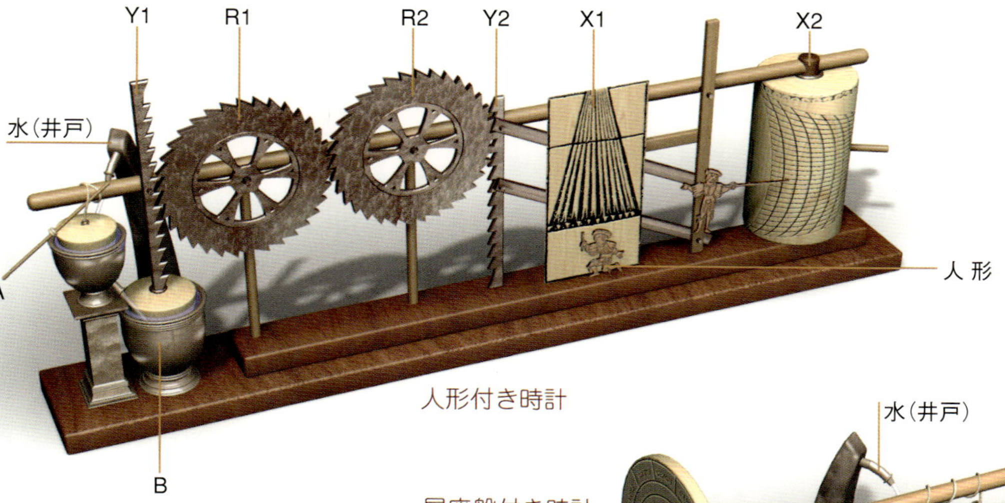

ウィトルウィウスの時計のCG再現図。
「建築十書」第9巻190ページより

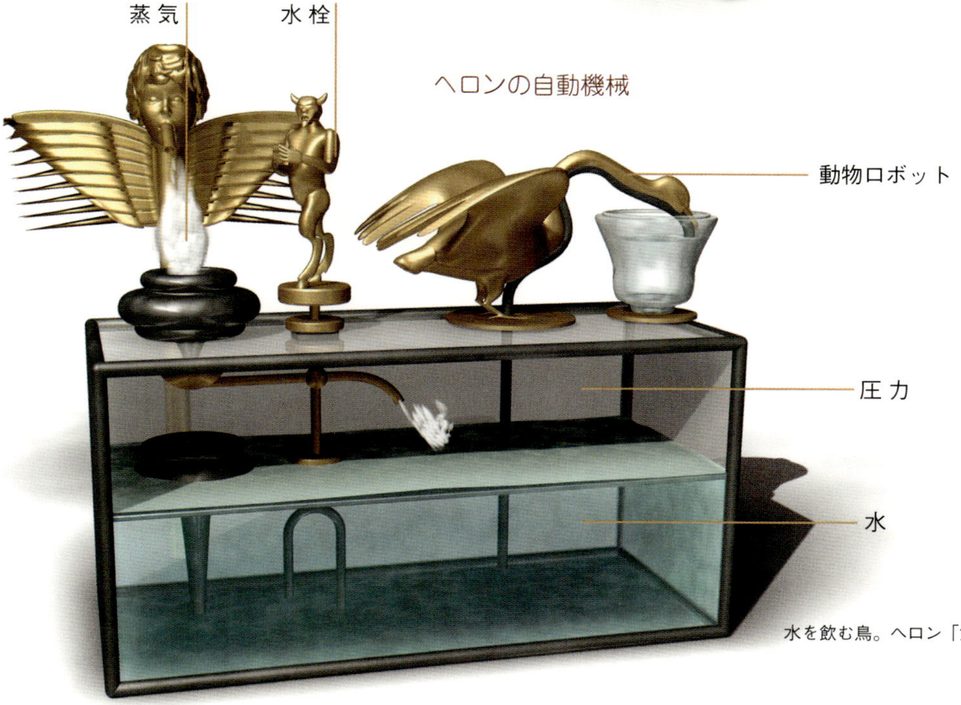

水を飲む鳥。ヘロン「気力学」より

Chapter 2
動力と機械の仕組み

機械学の先駆者

「現代科学はレオナルドとともに生まれた。彼はそれをたった1枚のスケッチで後世に伝えた」

思想家ベネデット・クローチェがいうように、レオナルドは観察と思索を重ね、自然界の現象と法則を鋭い直観で看破した。彼の考えはずっと後になって正しかったことが証明され、作用・反作用の法則などの普遍的理論も見つかっている（「物体が空気に及ぼす力は、空気が物体に及ぼす力に等しい（アトランティコ手稿1058v）」「制止した水を櫂で動かすのに必要な力は、水で櫂を動かすのに必要な力に等しい（アトランティコ手稿479r）」）。

レオナルドは、3世紀後に物理学者シャルル・ド・クーロンが使った器具に似た平らな板状の物体を使って摩擦の実験を重ねた。先達も先例もない空気力学の研究に挑み、その成果は彼の死後、長い年月の後に証明された。鳥の観察、グライダーの研究、旋回角度を測定する傾斜計の発明など、無限の知力を発揮した。

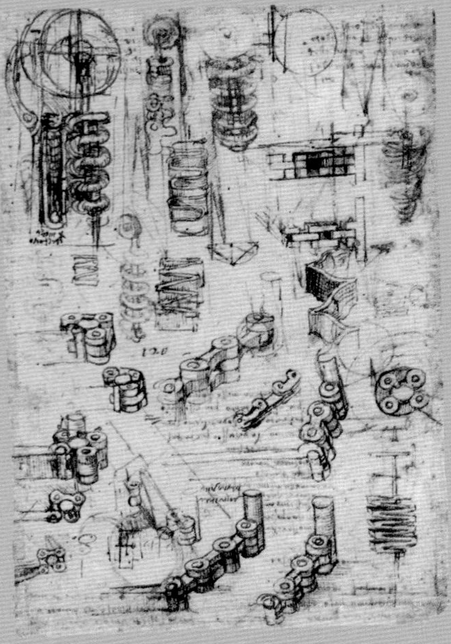

アトランティコ手稿987r。チェーン、コイルバネなど、さまざまな機械要素が描かれている

関心は水にも及び、川の流れは下り傾斜で早く、川床の抵抗やカーブのあるところで遅くなる／傾斜や深浅の条件が同じなら、川水の速度は川床の幅に比例する／深みが増せば速度も増す、といった液体力学の基本原理を発見した。また、動力の伝達にチェーンを使った紡績機械は、レオナルドの発明（剪毛機、刈り込み機、毛羽立て機、糸より機、紡ぎ車、縄より機など）をもとに発展したものである（アトランティコ手稿987r）。

手稿を眺めると、レオナルドはあらゆる機械を発明したように思える。もちろんそんなわけはなく、反対に彼はすでにあった機械や発明品を詳しく調べ、その改良に取り組んでいた。たとえばバネ装置の速度を一定に保つエスケープメント機構は13世紀からあったが、バネ動力は15世紀の発明である。

レオナルドは初めて機械の成り立ちを分析し、その働きをつぶさに研究して新しい機械に応用した。レオナルド以前の発明家はアリストテレスの定義にしたがい、つまり機械とはそれ全体である用途を果たすものとされ、1つひとつの部品を切りはなして考えるという発想はなかった。レオナルドの後輩のラメッリ、ロリーニ、ベッソンさえも、機械全体をひとくくりにとらえ、構成部品には気を払わずに新機械＝新発見とはき違えていた。

レオナルドの機械スケッチは、現代の技術設計図の先駆である（註1）。実験と失敗をくり返し、彼は機械の概念を塗り変えることに成功した。しかし、そこから新しい世界が開かれるはずだったのに、不運なことに彼の死後スケッチは人目に触れることなく、19世紀後半まで眠らされていた。

註1：先達のキーザーやタッコラ、同時代を生きたヴァルトリウスらの設計図と見比べると、レオナルドの先進性・科学性は抜きん出ていた。

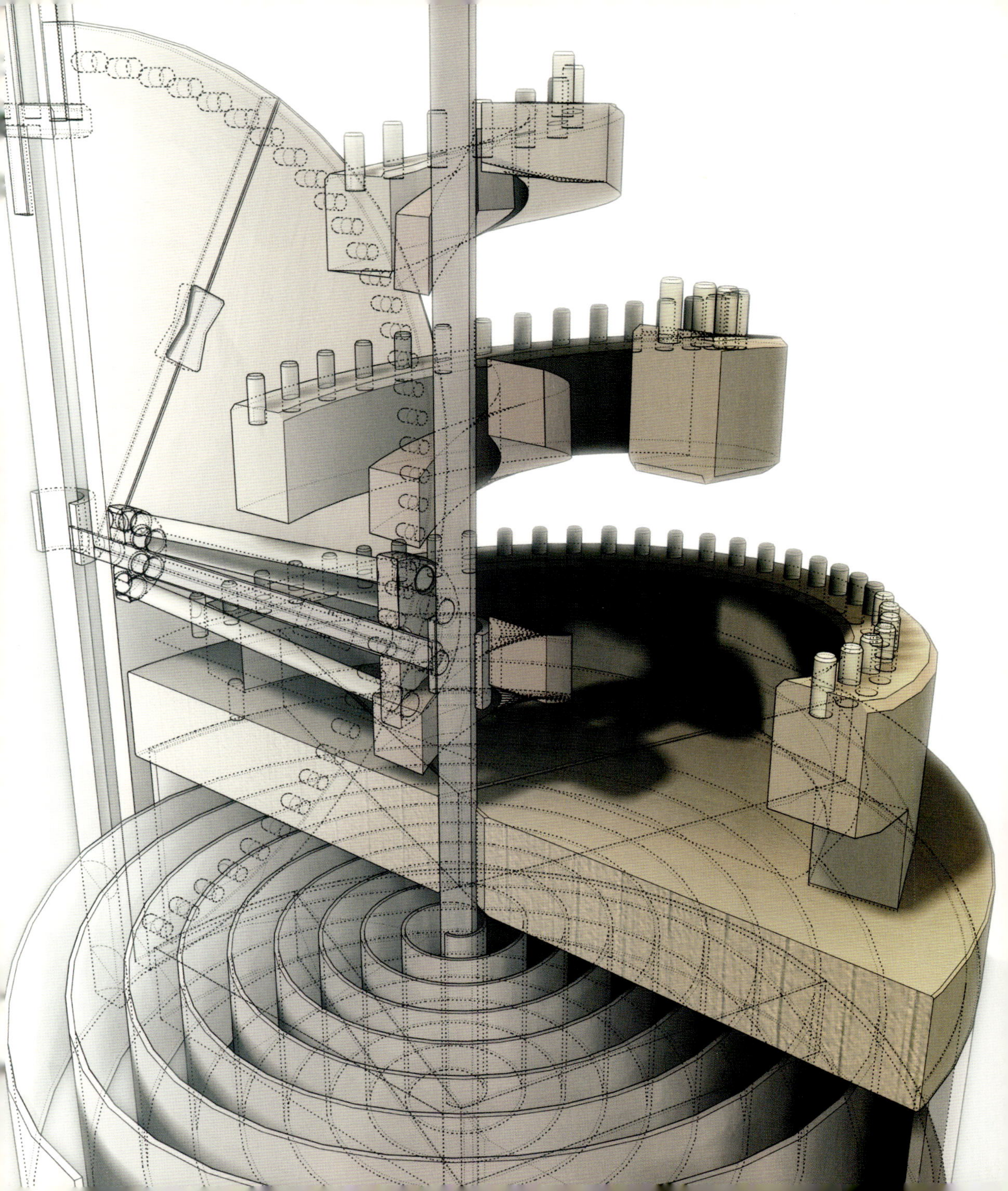

動力

レオナルドの重要な研究テーマの一つに、機械の生命である動力の問題があった。人体解剖を行ったのも、もっとも精巧な「機械」である身体の仕組みを知りたかったからだろう。心臓が筋肉でできていることを指摘したように、彼は多くの身体器官の働きを正しく把握していた。

レオナルドは筋肉をエネルギーの導線ととらえ、関節を支点に、手足をてこになぞらえたスケッチを描いた。やがて彼は、エネルギーは精神的な力であり、無生物には人体のようにエネルギーを生みだすことはできないと考えるようになった。

「エネルギーは目に見えない神秘の力で、生物から不可抗力的に作られ、無生物に注入される。そのさまは無生物に生命を吹き込むかのようで、まさに奇跡である」（アトランティコ手稿826r）

つまり、無生物を動かすエネルギーを与えるのは、運動能力を備えた物体である。「運動はすべての生命の源」（H手稿141r）であり、レオナルドは機械に「生命を吹き込む」ために運動を与えなくてはならないと考えた。しかし、永久運動をつづける機械の研究に年月を費やし、移動重りのついた回転盤を作るなど実験と試行錯誤をくり返したが、最後にはこのアイデアを放棄する。

「人間はなんと信じやすい生き物なのだろう。幾世紀にもわたり、永久運動への憧れは莫大な労力と金銭を貪り、水利機械や武器、その他さまざまな機械に魅せられた人々を虜にしてきた。しかし、とどのつまり彼らは錬金術師でしかない。一つの些細な事柄のために、彼らはすべてを失うのである」（マドリッド手稿Ⅰ見返し）

「ああ、永久運動を求める者たちよ、どれだけ無駄な研究を重ねたことか。あなたは金塊を探す山師の同類だったのだ」

その後、レオナルドは自然の力に目を向けた。人間の手足の力や動物を動力源とした機械を構想し、また空気や水の利用について考えた。

調理用の回転串。熱気が煙突部で圧縮され、プロペラ羽が回転する。アトランティコ手稿21rより

「川を流れる水は、引き寄せられたり逃げたりする。ごく自然に動いてもいる。引き寄せられるなら、何が引き寄せているのか？　逃げているのなら、何から逃げているのか？　自発的に動くなら、水には“流れ”があるはずだ。しかし、水はつねに形を変えるものであり、そこに流れは存在し得ない。なぜなら、水にそのような意志はないのだから」（K手稿101v）

「水は固体ではなく、下り坂でないかぎり自発的には運動しない。水はまた、容器に入れないかぎり静止しない」（F手稿30v）

レオナルドは重さによるエネルギー（重力）のほか、風力や蒸気の力（註1）についても考えた。熱した空気をプロペラ式装置の動力として使うことを思いつき、プロペラ羽を使った回転串（アトランティコ手稿Ｉ21r）を考案したりした（「炎が発生するところには風が生まれる」）。

ロボットの研究に関しては、レオナルドは動力《エンジン》にバネを採用した。重力や風力はそれ以前から利用されていたが、バネには「自家動力の自動機械」という新しい可能性があった。レオナルドが考案したロボットの動力は、手巻きのぜんまいバネの伸張力である。しかしこれは限られた時間しか作動しないため、もっぱら一時的な動きで耳目を集める見せ物の機械に使われた。

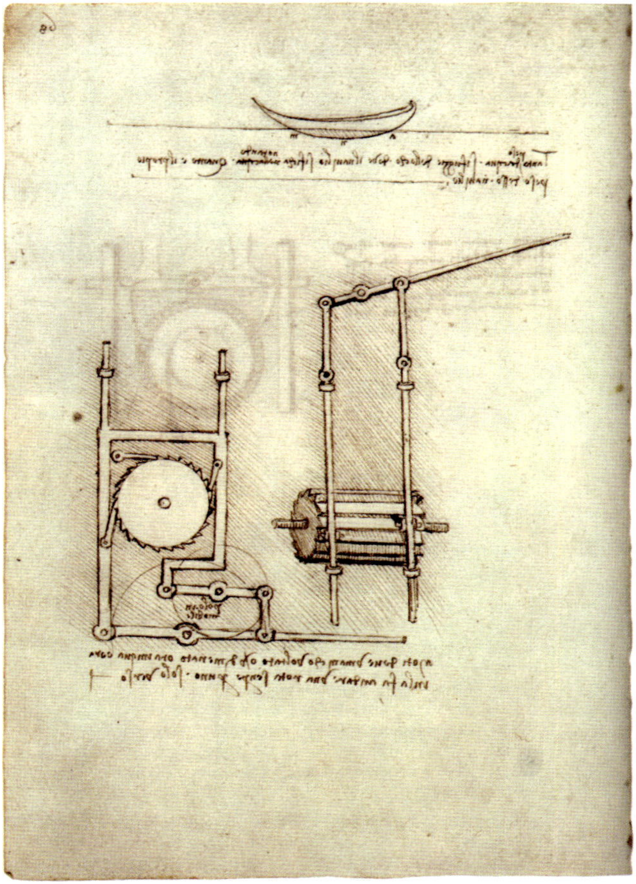
往復運動を回転運動に変換する仕組み。マドリッド手稿Ｉ、123vより

ぜんまいバネと円錐形のネジ状部品を組み合わせた仕組みは、15世紀の発明である。原理はシンプルで、薄い鉄板を筒状に巻くと、鉄板は巻くのに必要な力と同じ大きさの力で元の形に戻ろうとする。この力を応用したのがバネ動力だ。

（註1）レスター手稿10、15。「水が蒸気に変わるときの量的変化を調べる」ためレオナルドは2つの装置を考案した。G・デッラ・ポルタやサロモン・ド・コーの実験に先んじていた。

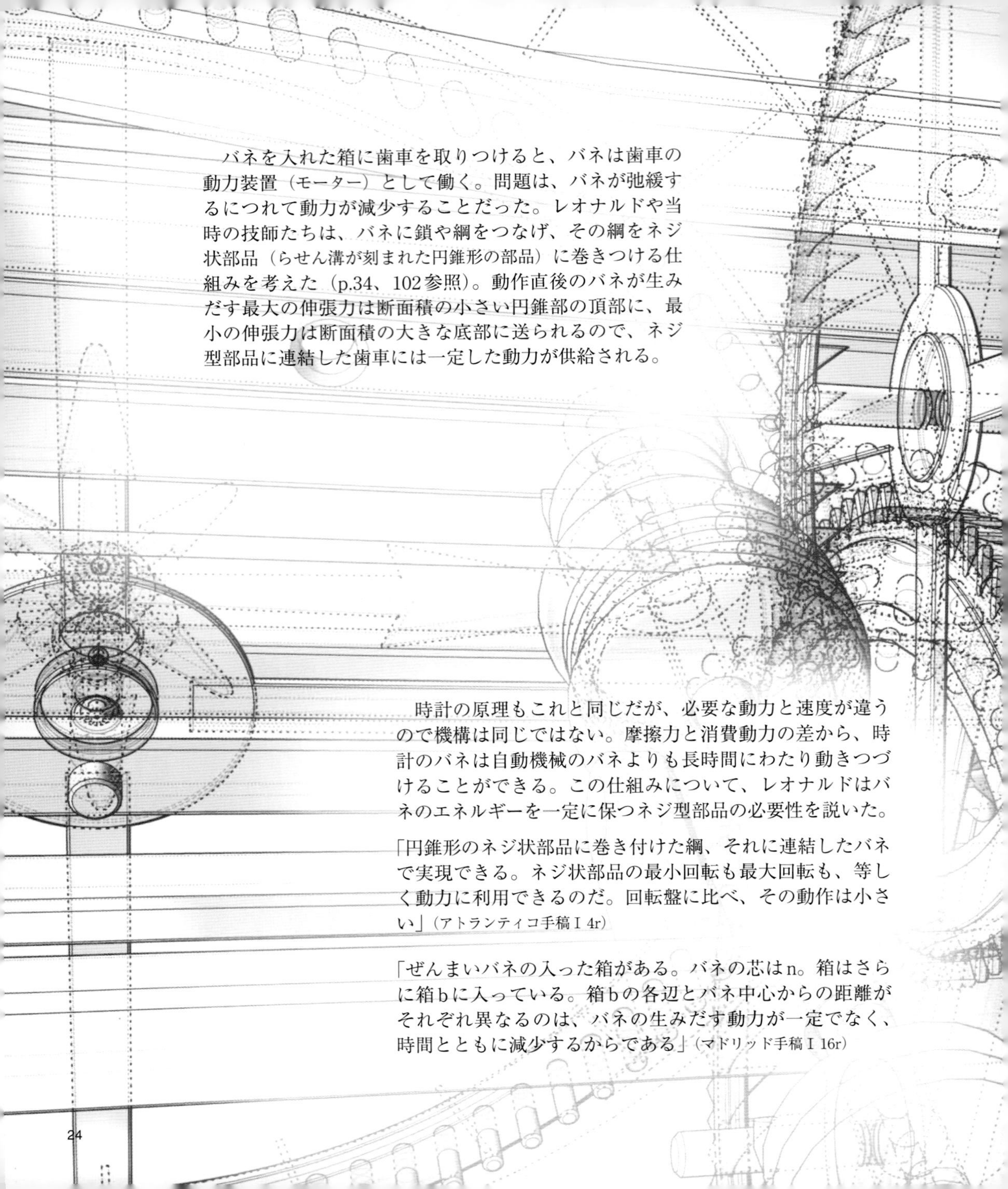

バネを入れた箱に歯車を取りつけると、バネは歯車の動力装置（モーター）として働く。問題は、バネが弛緩するにつれて動力が減少することだった。レオナルドや当時の技師たちは、バネに鎖や綱をつなげ、その綱をネジ状部品（らせん溝が刻まれた円錐形の部品）に巻きつける仕組みを考えた（p.34、102参照）。動作直後のバネが生みだす最大の伸張力は断面積の小さい円錐部の頂部に、最小の伸張力は断面積の大きな底部に送られるので、ネジ型部品に連結した歯車には一定した動力が供給される。

時計の原理もこれと同じだが、必要な動力と速度が違うので機構は同じではない。摩擦力と消費動力の差から、時計のバネは自動機械のバネよりも長時間にわたり動きつづけることができる。この仕組みについて、レオナルドはバネのエネルギーを一定に保つネジ型部品の必要性を説いた。

「円錐形のネジ状部品に巻き付けた綱、それに連結したバネで実現できる。ネジ状部品の最小回転も最大回転も、等しく動力に利用できるのだ。回転盤に比べ、その動作は小さい」（アトランティコ手稿Ｉ 4r）

「ぜんまいバネの入った箱がある。バネの芯はn。箱はさらに箱bに入っている。箱bの各辺とバネ中心からの距離がそれぞれ異なるのは、バネの生みだす動力が一定でなく、時間とともに減少するからである」（マドリッド手稿Ｉ 16r）

レオナルドの時代、動力源はごく限られていた。彼は機械の基本要素のさまざまな使い方を研究し、実験を重ねた。当時の動力装置の主流は歯車だが、レオナルドは通常の歯車のほかにランタン歯車、三角形の突起がついた歯車（これは古代から伝わっていた）なども使った。スケッチを見ると、摩擦や歯車の組み合わせを熱心に研究している。

「回転する歯車の歯は、接触と離脱をくり返す。しかし、その接触線はつねに歯車の中心を向いていなくてはならない」（アトランティコ手稿174r）

レオナルドが考案した数多くの歯車装置は、今日でも使われている。彼はウォームネジとラック（歯ざお）、ウォームネジと回転シリンダーを組み合わせることが多かった。ネジについては、こんな理論的考察を書きとめた。

「径が同じなら、いちばん長いネジがもっとも作動しにくい。長さと径が同じなら、いちばん回転数の多いネジがもっとも動作しやすい」（フォスター手稿）

レオナルドは、高速回転の歯車や複雑な歯車装置も構想した。振動運動を回転運動に変換する装置の図も興味深い。たとえばマドリッド手稿Ｉ 123vには、「ハンドルを回すことで起きる運動は、まずここ、次はそこへと伝わり、回転盤を一方向にしか回さない」と書かれている。動力装置の部品研究も、ロープ、ベルト、鎖伝導から、軸受ピン、プッシング・ピン、クランク、てこ、ストレートガイド、円筒形ガイド、関節継手など、枚挙にいとまがない。ローラーを利用した装置の研究もたくさんある。

レオナルドの機械学

1964～65年の冬、スペインのマドリッド国立図書館の書棚から2つの手稿が見つかった。100年以上前に紛失して以来、ずっと行方が探されていたレオナルドの手稿だった。

手稿は17世紀に貴族ファン・ド・エスピナの手によってスペインに渡っていた。彼が1642年に死去してからはスペイン王の所有となり、スペイン王宮、その後王立図書館へと移された。王立図書館は、国立図書館の前身である。

これらはマドリッド手稿Ⅰ・Ⅱと名づけられ、1974年に刊行され初めて世間の目に触れた。レオナルドの奥行きをさらに深めるその内容に、科学者やレオナルド研究者は愕然とした。700ページ近い紙面をぎっしりと埋めるのは、おびただしい数のスケッチと考察メモ。研究範囲は幾何学、音楽、機械学、航海術、地図学におよび、その歴史的・文化的価値ははかりしれなかった。ビル・ゲイツは1994年にハマー手稿（総ページ数36）を1ページあたり約100万ドルの値で入手したが、同じ金額を当てはめると、マドリッド手稿Ⅰ・Ⅱの金銭価値は10億ドルを超える。

なかでも、ミラノ公の父フランチェスコ・スフォルツァ将軍の騎馬像制作の構想が記されたマドリッド手稿Ⅱ末尾の数ページは話題を呼んだ。レオナルドは、一重鋳込みとしては史上最大のブロンズ像の制作を計画していた。しかし、その後スフォルツァ家はフランス軍の支配に屈し、結局この構想は頓挫した。

2冊のうち、出色はやはりマドリッド手稿Ⅰである。数百ページにわたって作画から配置まで完璧な図画が整然と並ぶこの冊子は、アトランティコ手稿がただのスケッチ集に見えるほどの完成度だ。内容は機械学だが、貴重なのはこの冊子に他人の手が加えられていないことだった。

たとえば、レオナルドの死後に第三者の手で編纂されたアトランティコ手稿は内容にまとまりがないが、マドリッド手稿Ⅰは彼自身がまとめたそのままの形で残されていた（ただし、8枚＝16ページが欠けている）。ルネサンス時代における最初で最良の機械学専門書であり、わかりやすさ、絵の上手さ、技術的知識・可能性において当時これに匹敵するものはなかった。見比べると類書はどれも古めかしく見え、それは現代でも同じである。

図は丁寧に配置され、機械の説明図もある。おそらくレオナルドは、これを出版するつもりで記していた。4部構成と推測されるこの手稿が刊行されていたら、科学の進歩は100年は早まっていただろう。しかし、結局19世紀の終わりになるまで、「科学者レオナルド」の功績は人目に触れず埋もれていた。

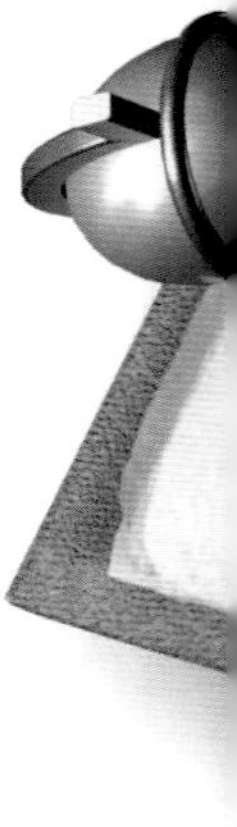

レオナルドは生涯において1冊も本を出版しなかった。ただ研究に没頭していれば満足だったのだろうし、あるいは彼のスケッチを木版にする手間がまかなえなかったのかもしれない。当然ながら当時の出版物は、レオナルドが「充分に伝えることができない」とこぼした「文字」で構成されていた。対照的なまでに、彼は明快、かつ正確な「図」を描いたのである。

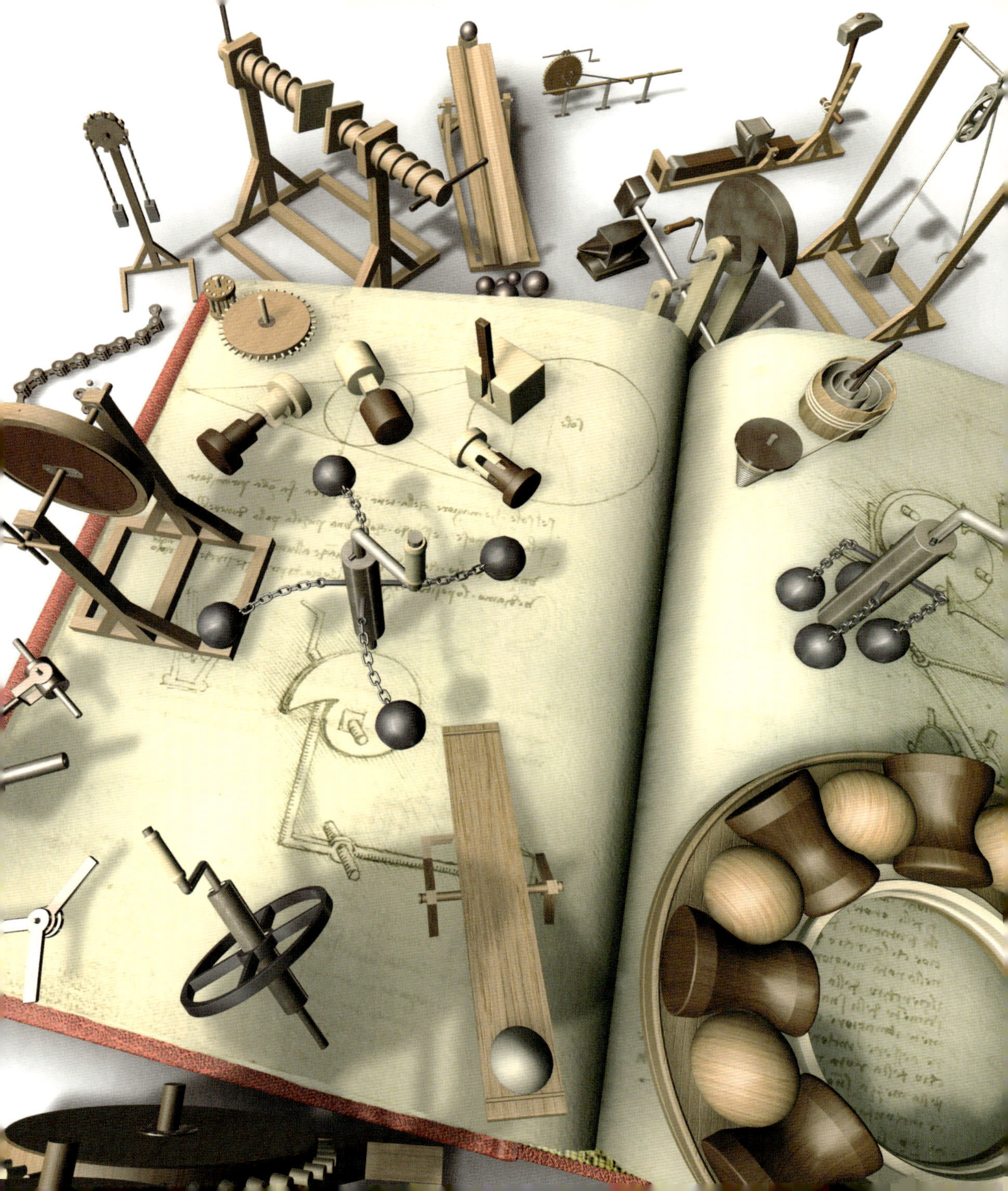

単純機械

マドリッド手稿Iの内容は、現代機械の基礎を形づくるさまざまな基本の仕組み、つまり単純機械の研究である。

ロボットにとって単純機械は、小説における文字のようなもの。どんなに複雑な機械も、分解していけば最後にはそれ自体で独立した単純機械の山になる。

機械の「文法」にしたがい、より複雑な機械を作ろうと、レオナルドは単純機械の組み合わせを研究した。断っておくと、「レオナルドの機械」とはこの単純機械ではなく、空を飛ぶ、音を出す、戦争で使う、土を掘る、糸を紡ぐ、など具体的な用途のために考案されたより複雑な機械をさす。「レオナルド展」の類いでは、“あの有名なレオナルドの機械”として単純機械が紹介されるが、それは正しくない。単純機械は、あくまでもレオナルドが考案した複雑で不可思議な機械の構造の解明に必要不可欠な基礎部品である。

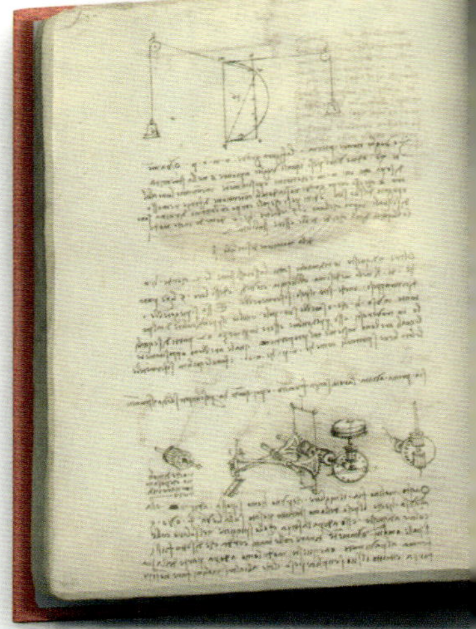

レオナルドが記した当時のマドリッド
手稿Ⅰはこんな体裁だっただろうか

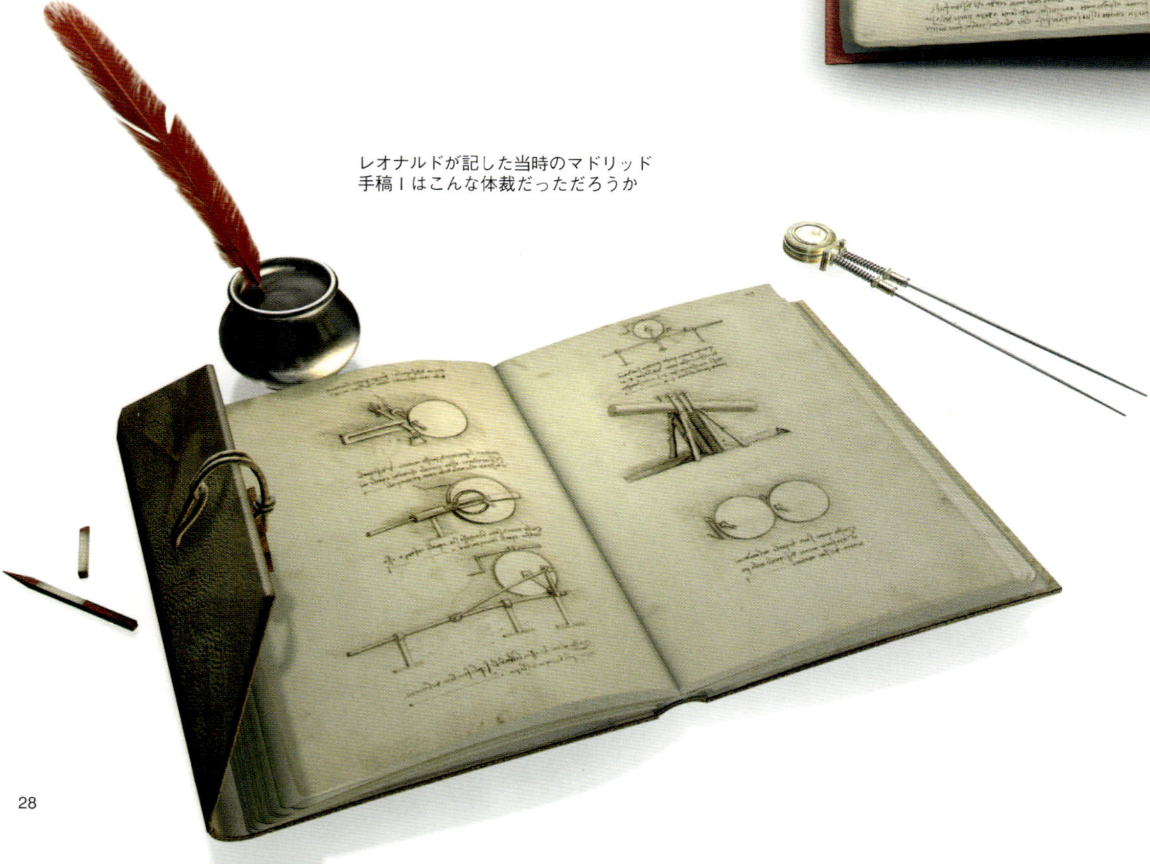

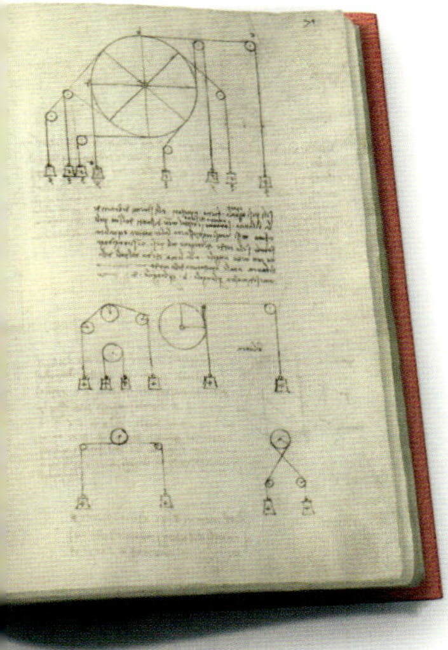

滑車／巻き上げ機（マドリッド手稿 I 71r）

古代から使われた機械で、用途は重いものを持ち上げること。綱を引く力を滑車の作用で牽引力に変換する。牽引力は台数に比例する。

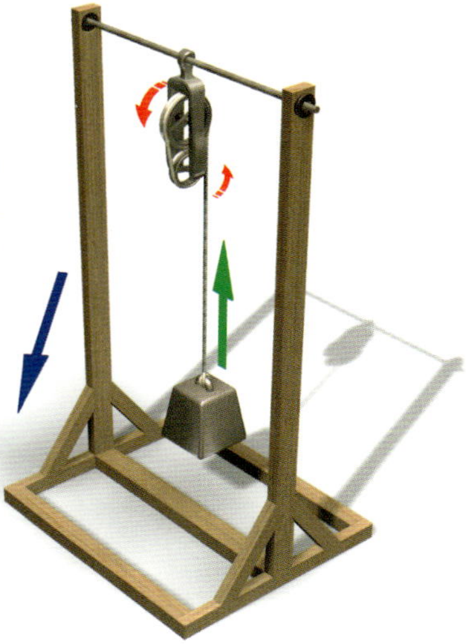

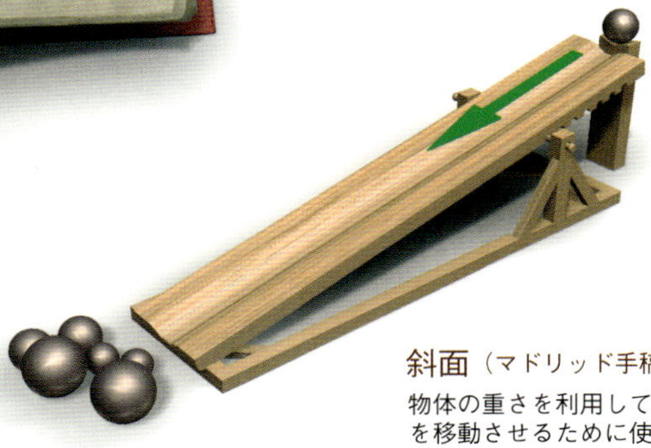

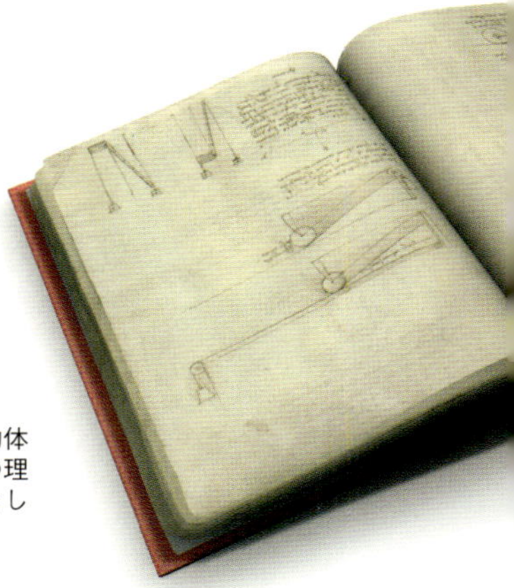

斜面（マドリッド手稿 I 64v）

物体の重さを利用して、垂直以外の方向へ物体を移動させるために使う。レオナルドはこの理論と応用を研究し、スクリューは軸を中心として巻かれた斜面であるという原理を導いた。

てこ（マドリッド手稿 I 23r）

物体を持ち上げる装置の代表格。板の一端にかけられた力は、反対側の端へと伝わる。力の大きさは支点までの距離に比例する。てこの原理を用いた道具に、天秤（支点から両端まで等距離）やバール（支点から片端までの距離が極端に近い）がある。

動力のかかり方

装置の作動

結 果

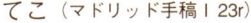

歯車装置（マドリッド手稿 I 5r）

レオナルドは歯車の動力伝達を熱心に研究し、大きさの異なる2つの歯車の相関についての考察からいくつもの幾何学原理を導いた。この5rには、古今東西のすべての機械の歯車装置を支える原理が示されている。同手稿の別のページには、円錐歯車、斜歯（はすば）歯車、リングギアも描かれている。

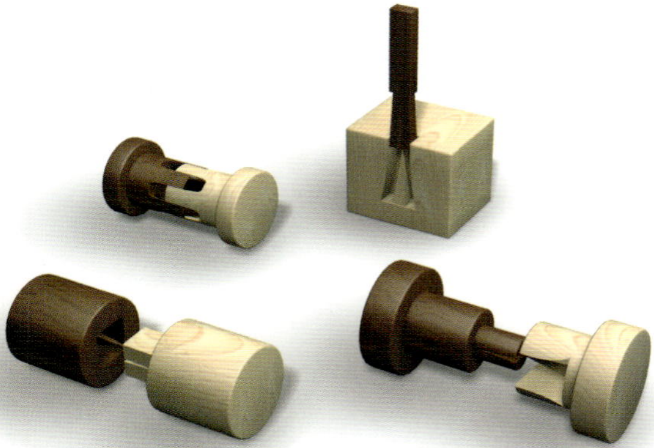

ジョイント（継手）（マドリッド手稿 I 62r）

2つの機械部品をつなぎ合わせる器具。レオナルドはさまざまなジョイントを構想し、はずれないよう木製のジョイントにワックスやオイルを塗ることも考えていた。

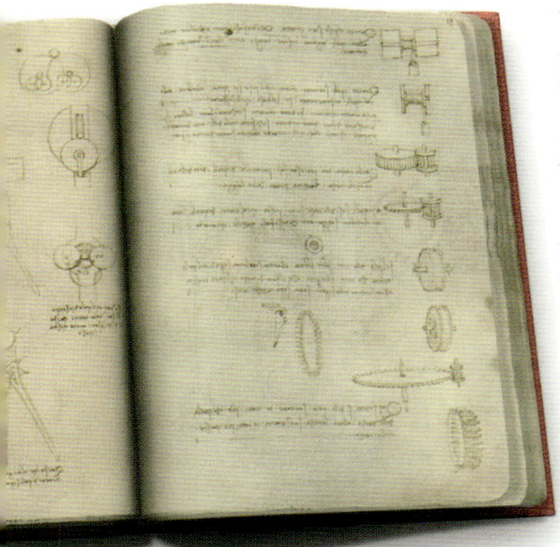

ランタン歯車（マドリッド手稿 I 13r）

歯車を噛み合わせる相手として使う。中心軸とその周囲に立てた円柱状の棒を2枚の円盤で挟んだ形状で、棒の間に歯車の歯を噛ませる。作りやすく、作動中も上下に移動できるという利点から、広く用いられている。似た形状で円盤が1枚しかないのがリングギア。大きなリングギアをランタン歯車と組み合わせて使うことが多い。

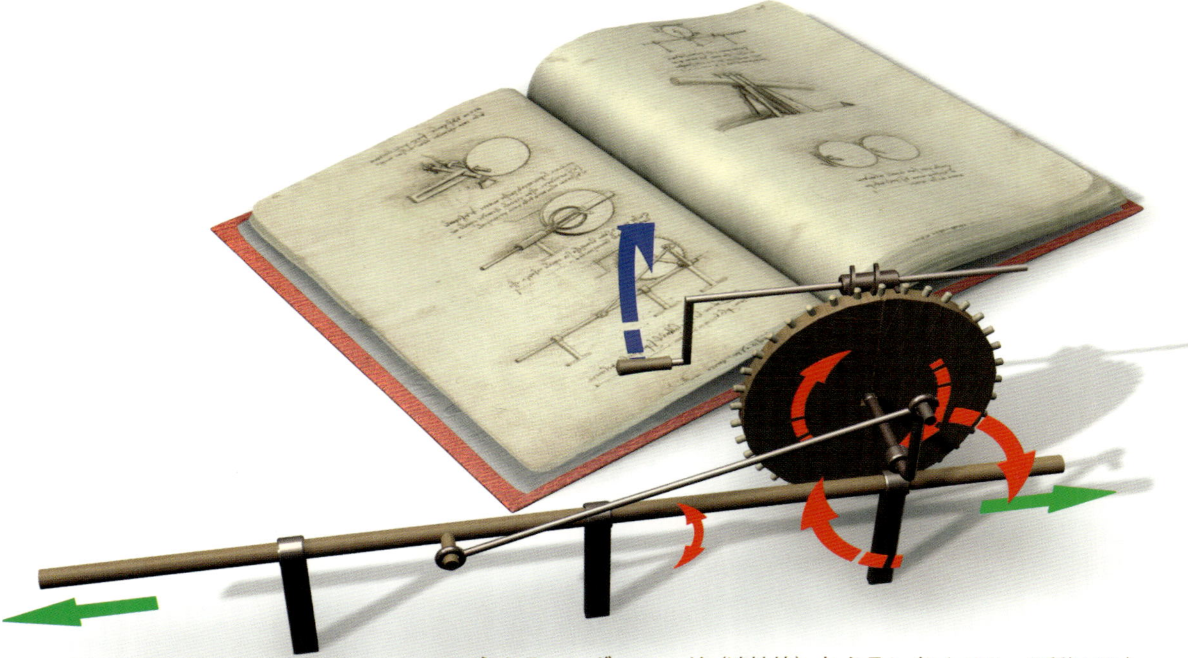

コネクティング・ロッド（連接棒）とクランク（マドリッド手稿Ⅰ 28v）

回転運動を往復運動に変換する仕組み。クランクとコネクティング・ロッドは連結しており、歯車につながっている。コネクティング・ロッドには2本のパーツがあり、うち1本が固定されているので一方向にしか回転しない。クランクを回すと、コネクティング・ロッドは往復運動を行う。

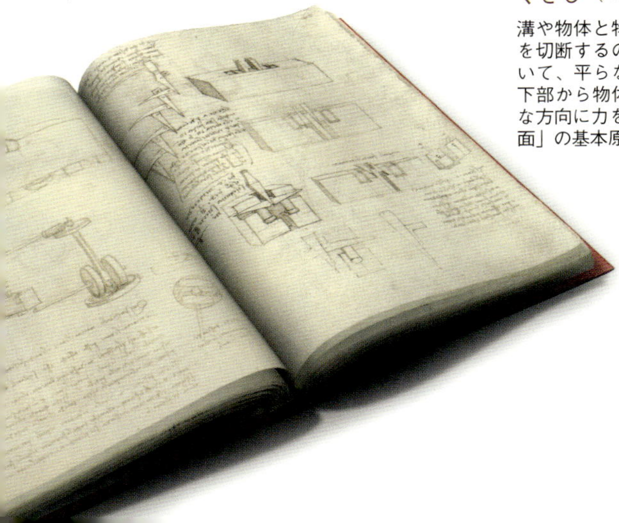

くさび（マドリッド手稿Ⅰ 47r）

溝や物体と物体のすき間に打ち込み、物体を切断するのに使う。ピラミッド型をしていて、平らな上部に加えられた力が尖った下部から物体にかかる。特徴は、さまざまな方向に力を加えることができること。「斜面」の基本原理を応用した仕組みである。

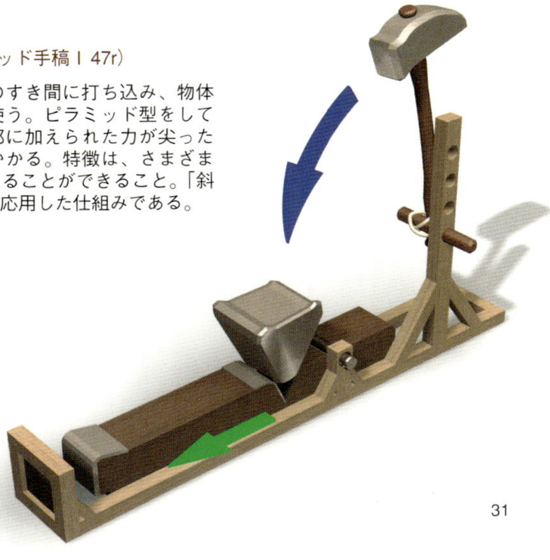

心棒（マドリッド手稿 I 13r）

歯車は円盤と心棒でできている。心棒は円盤にあけた丸い穴に通され、位置は固定されているが、それ自体も回転する。レオナルドは心棒にさまざまな素材を試し、摩滅や疲労について研究した。

歯止め（マドリッド手稿 I 117r）

歯車の回転を止めるため、レオナルドは歯の間に棒を噛ませた。しかし、これでは歯車が逆回転してしまうので、噛ませる棒に小さなバネを付けた。遮断装置や板バネの調整に利用されている仕組み。

フライホイール（はずみ車）（マドリッド手稿 I 114r）

運動エネルギーを保存するフライホイールの働きを、レオナルドは「付加運動」と呼んだ。円盤や、回転軸に取り付けられた重りを回転させるには大きな初動エネルギーが必要だが、いったん回転を始めればそれ自体がエネルギーを生み、速度はかんたんには落ちない。フライホイールはワットの蒸気機関やフィードバック・システムに不可欠な要素。

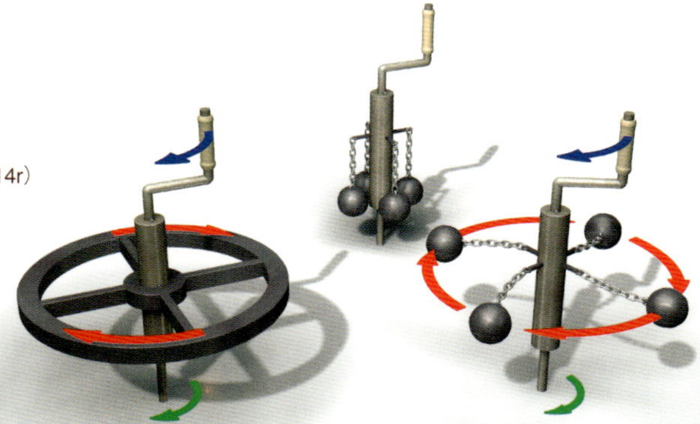

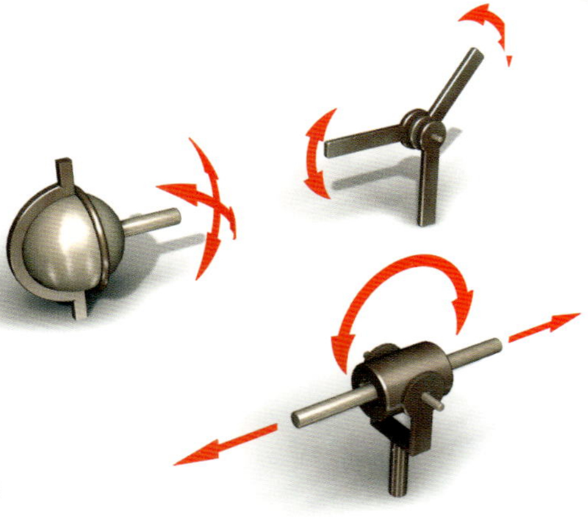

関節継手（マドリッド手稿 I 100v）

ロボットや自動機械にはさまざまな関節継手が必要で、マドリッド手稿 I にも多様な形状が描かれている。自由に回転する心棒や軸を利用した仕組みだが、驚くことにレオナルドは接合部分が球形の「球関節」を考案していた。自在な動きのために、人体の球関節を模したのである。

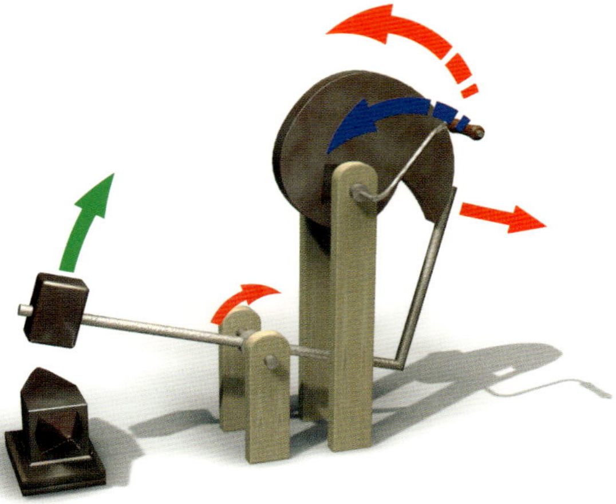

カム（マドリッド手稿Ｉ 6v）

いびつな円盤、または突起のついた円盤を回転させ、ハンドルやレバーに不規則な動きを与える装置。ハンドル、レバーの動きは円盤の形に準じる。左の図では、円盤が回転するとレバー先端のハンマーが持ち上がり、さらに回転して元の位置に戻るときにハンマーが振り下ろされる。

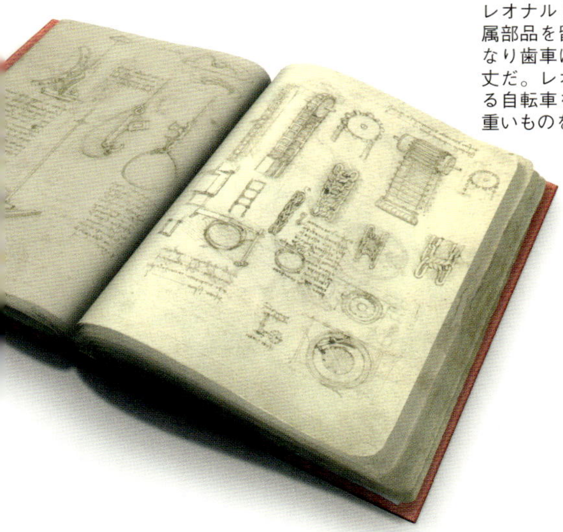

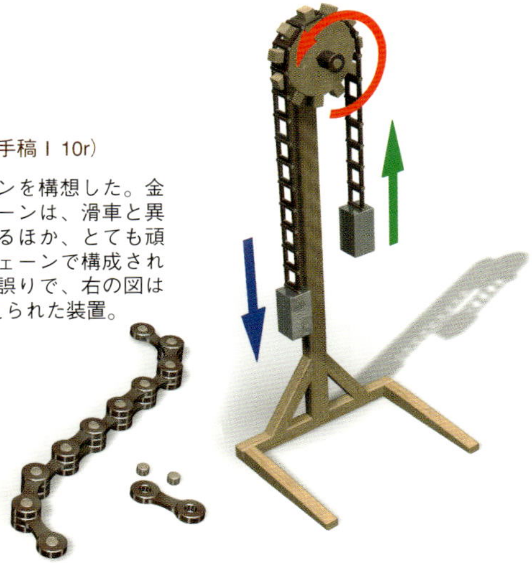

チェーン（鎖）（マドリッド手稿Ｉ 10r）

レオナルドはさまざまなチェーンを構想した。金属部品を留め具でつないだチェーンは、滑車と異なり歯車に噛ませることができるほか、とても頑丈だ。レオナルドがペダルとチェーンで構成される自転車を構想したというのは誤りで、右の図は重いものを持ち上げるために考えられた装置。

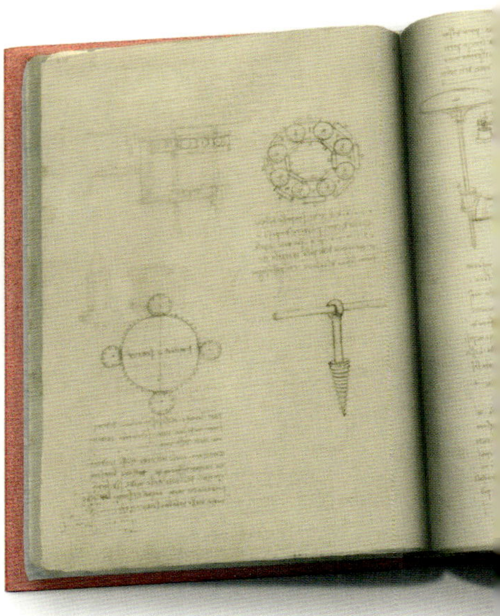

ベアリング（マドリッド手稿Ｉ 20v）

素材の摩滅や疲労を軽減するベアリングの研究。球形、または円柱形の物体を2つの回転面の間に挟むと、動作の遅延の原因となる摩滅や疲労は大きく軽減される。さまざまな目的に応じて、レオナルドは多様な素材、形を構想した。

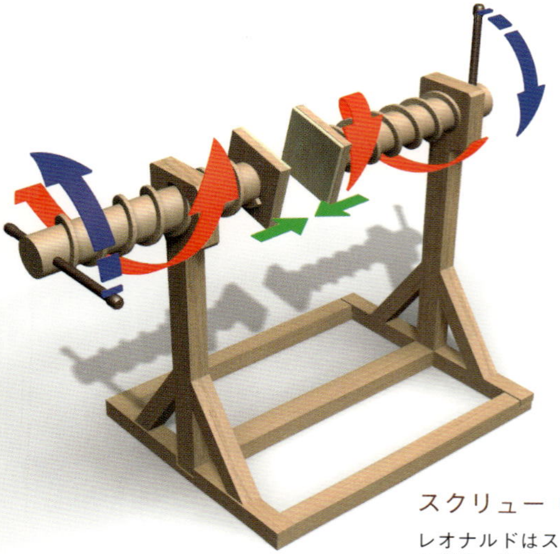

スクリュー（ネジ）（マドリッド手稿 I 86v）

レオナルドはスクリューを数学、幾何学の観点から考え、「軸を中心に巻かれた斜面」と定義した。ナットはスクリュー面を這いのぼり、ナットの動きがブロックされると“面”が動く。スクリューの一部を歯車に噛み合わせたのがウォームネジ。

バネ（マドリッド手稿 I 84r）

金属片を軸を中心としてらせん状に巻いたもの。軸を巻くと、金属片は軸を最初の位置に戻すエネルギーの蓄積装置として働く。バネの基本的特徴はその「不定」エネルギーで、蓄積されたエネルギーは初動時に最大であり、だんだんと弱まっていく。らせん状のコイルバネは回転エネルギーを放出し、その他の形のバネは、蓄積した方向とは反対に向かってエネルギーを放出する。

振り子（マドリッド手稿 I 61v）

重りの重さや振り幅にかかわらず、振動時間は綱の長さに比例する。かんたんにいうと、これが振り子の原則だ。レオナルドは振り子を動力の供給に利用した装置を数多く考案した。時間を計測する装置はもちろん、製粉機などもあった。

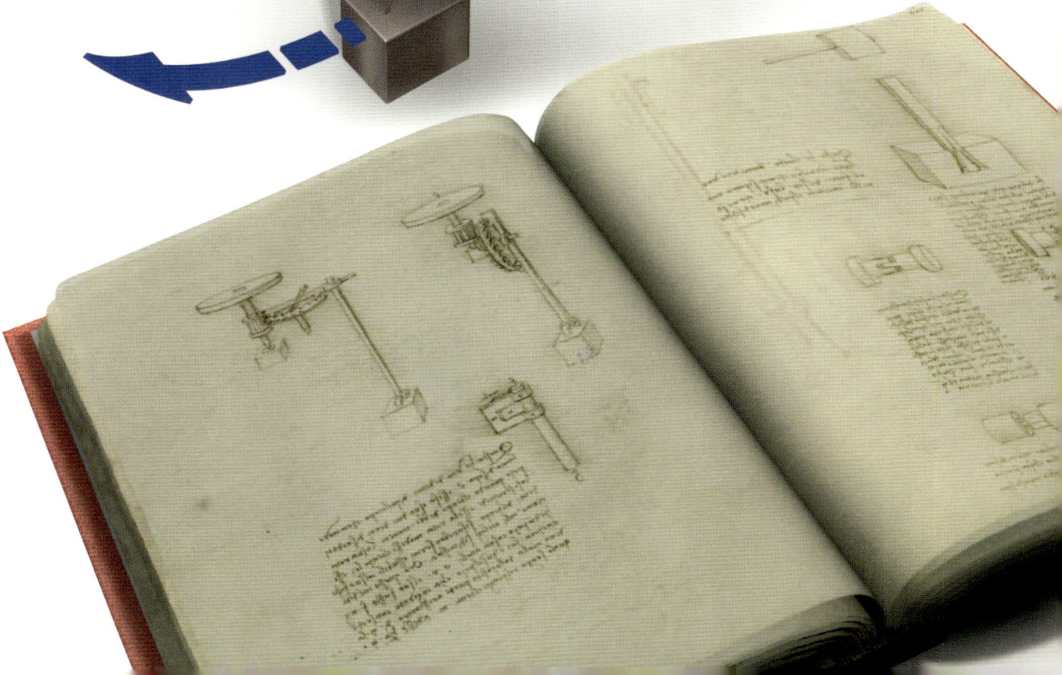

複合機械

マドリッド手稿Ｉには種々様々な機械が記され、目的のない、機械の可能性を探るためだけの研究も多い。単純機械の複合形や発展形もあれば、同じ働きをもつ機械のバリエーションの考察もある。

冒頭の12ページだけで100以上の機械が描かれ、それもたんなる機械の羅列ではなく、応用形を提示し、構成部品や動力装置、機構も研究されている。アトランティコ手稿に比べて複雑な機械の数々は、こうした考察を基礎に組み上げられている。もっとも、アトランティコ手稿にもマドリッド手稿Ｉにあるような考察メモや基礎的アイデアが散見されるほか、現代的で非常に高度な統計学、水力学の研究などもある。

ここでは、マドリッド手稿Ｉに記された数百もの複合機械からいくつかを選んで紹介しよう。

初動のための動力は、供給法が示されていないものもあれば、ハンドル、常に一定の動力を供給する重りなど、さまざまだ。単純機械を巧みに組み合わせることで、機械は多様な動作が与えられている。往復運動や振動運動はもちろんのこと、注目すべきはそれぞれの装置の形状や種類に合わせた動きのプログラムである。その複雑な動きは、「特定の動作をするようプログラムされた複雑な機械」としてのロボットの基本でもある。

レオナルドは、いろいろな機構を組み合わせれば思いどおりの機械やロボットを作れることを実証している。

不規則な動き（マドリッド手稿Ⅰ 0v）

マドリッド手稿Ⅰの1ページ目は、軸棒（f）を非直線的・不規則に動かす装置の研究だ。動力源は回転輪に連結したハンドル（M）で、輪にはロッドもつながっている。ロッドの一端は不規則な形をした回転輪の外縁（a-b-c）に沿ってスライドする。ロッドは3カ所で固定されていて水平方向にしか動かず、車輪の外縁の形状によってこの水平方向の動きをプログラムする。

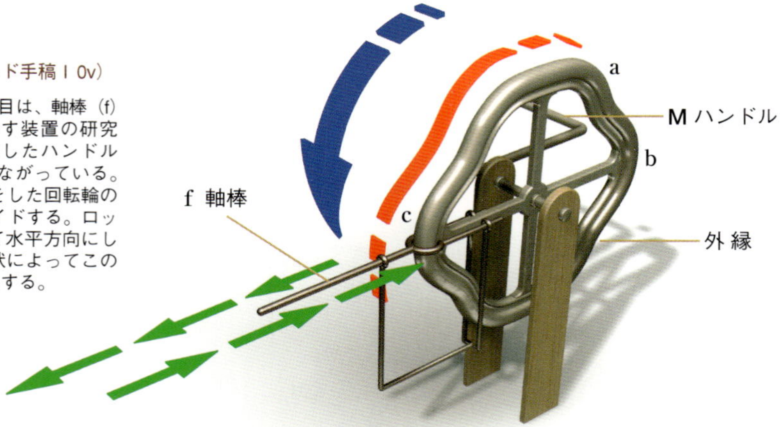

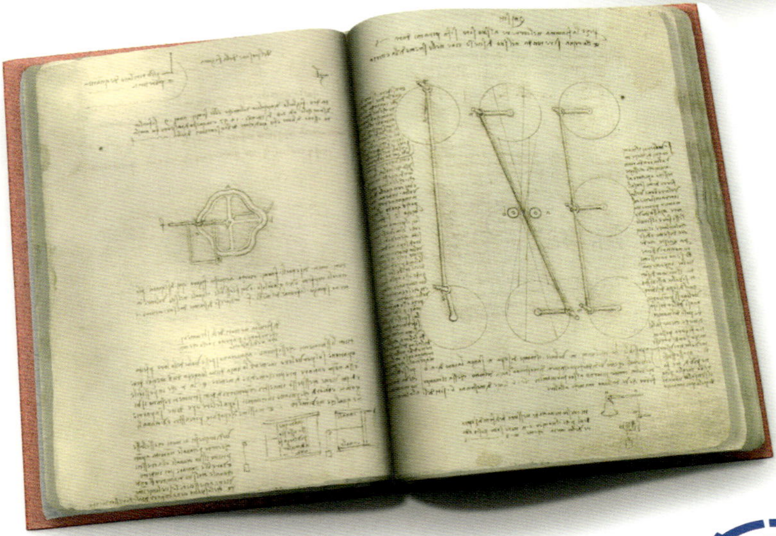

棒を使った動力伝達（マドリッド手稿Ⅰ 1r）

まずは2枚の円盤をまっすぐに棒でつないだ仕組みだが、これでは円盤（n）が回転すると棒の運動（m-s）が遮断されてしまう。動力伝達をスムーズにするため、棒の中心に2つの小さなローラー（a、b）を取り付け、ローラーを中心に棒が互い違いに動く工夫を施したのが2番目の形。最終的にレオナルドは3枚の円盤を一列に並べ、スムーズな動きがすべての円盤に同方向に行きわたるようにした。

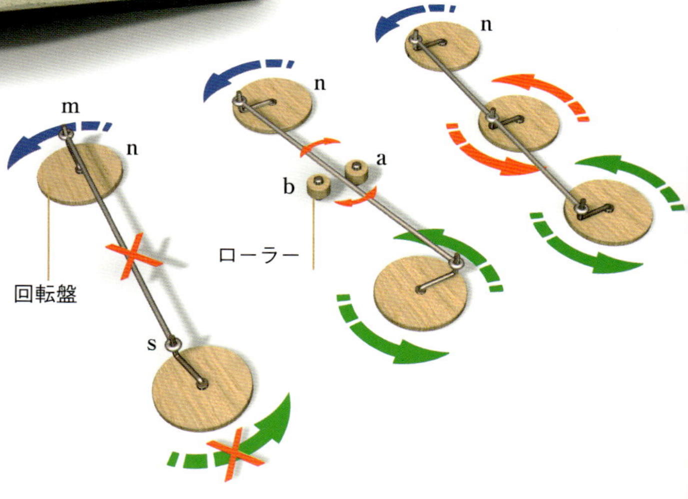

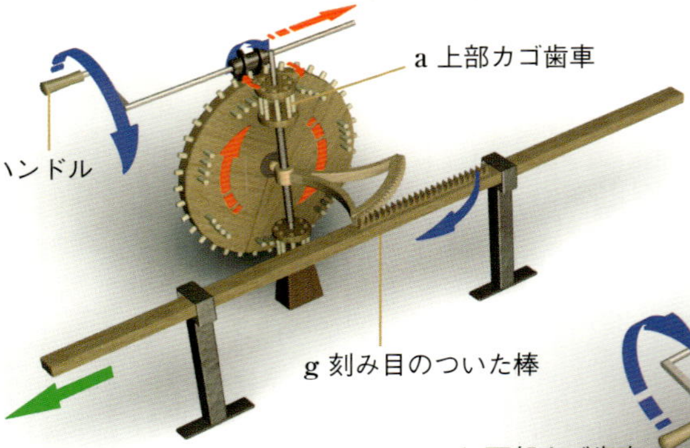

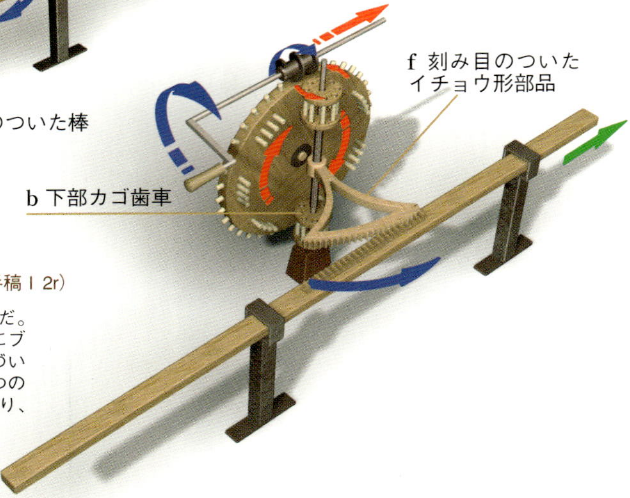

ハンドル操作による交互運動（マドリッド手稿 I 2r）

レオナルドはこの2つの装置を「往復摩擦」と呼んだ。ハンドル（m）で歯車を駆動させると、歯車の側面にブロック状に並んだ突起が、上部のカゴ歯車（a）、つづいて下部のカゴ歯車（b）と順番に噛み合っていく。2つのカゴ歯車の往復運動はイチョウ形の部品（f）に伝わり、刻み目のついた棒（g）が前後に動く。

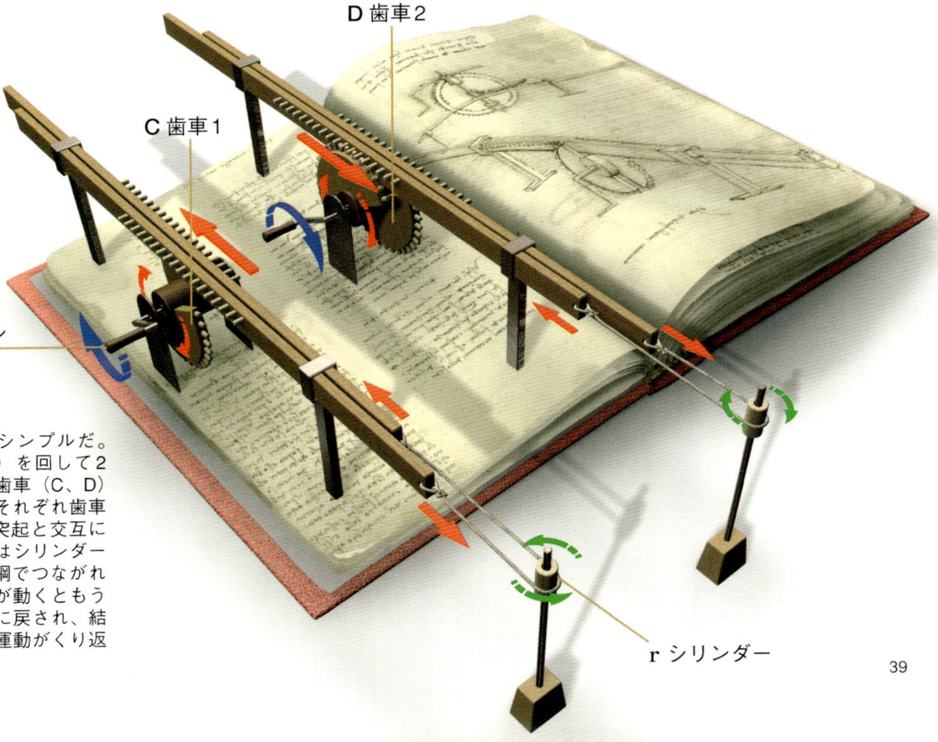

第2案はよりシンプルだ。ハンドル（m）を回して2つの半円形の歯車（C、D）を動かすと、それぞれ歯車は2本の棒の突起と交互に噛み合う。棒はシリンダー（r）を介して綱でつながれており、片方が動くともう片方は逆方向に戻され、結果として往復運動がくり返される。

ぜんまいバネの動力装置（マドリッド手稿 I 4r）

4ページ目にはバネ仕掛けの動力装置が描かれ、バネはドラム（円柱形の箱）の中に設置することが説明されている。つまり、レオナルドの機械では、バネはつねにこの場所にあると仮定できる。
この装置は、金属片を巻いて作るバネの反発力が初動時に最大で、時間とともに徐々に小さくなることを前提としている。レオナルドは減少してゆく反発力を操作し、一定エネルギーの供給をめざした。
ぜんまいバネは中央軸（P）に連結され、ドラム（S）を時計回りの方向に押し回す。同時に、バネの末端（m）は、らせん形を描きながらカゴ歯車（R）から遠ざかってゆく。このカゴ歯車は連結部が角型の心棒（X）に固定されていて、垂直方向に設置した歯車に動力を伝える。カゴ歯車がバネの中心部と接触しないよう、バネの中心部（f-g）の突起は外縁部（m-n）よりも広間隔にすべきだと書き添えてある。

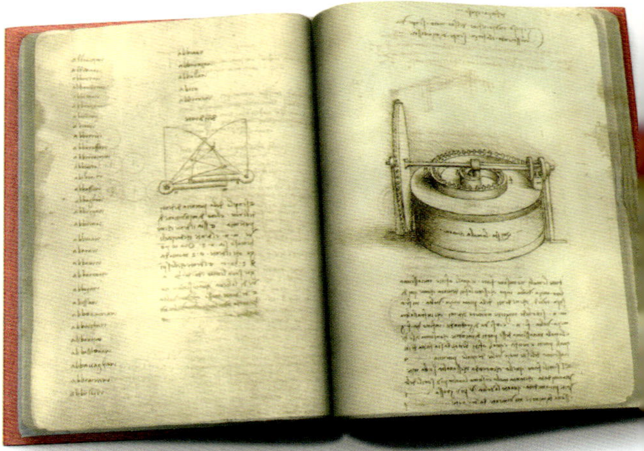

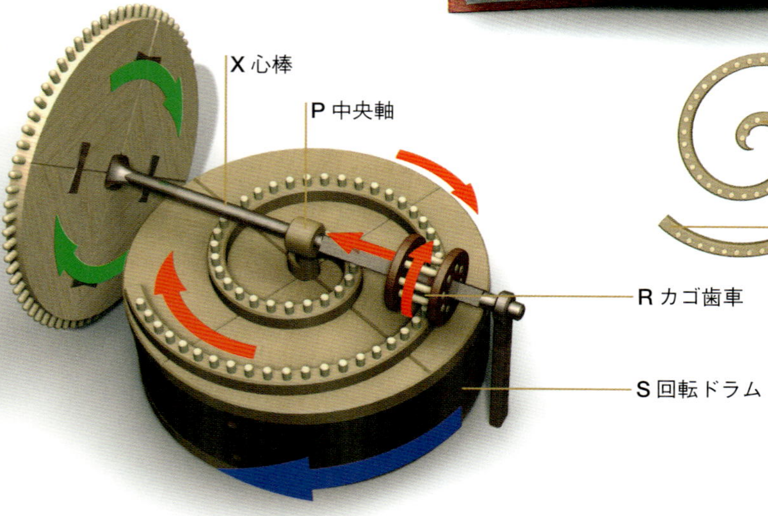

研磨機の素案（マドリッド手稿Ｉ 2v）

複合的な2つの動きを生みだす装置。ハンドル（M）を回すと2本の棒（A、B）が動く。上部の棒（A）はホール（F）で固定され、先端（E）が台座（C）の真上で反時計回りの回転運動をする。同時に下部の棒（B）も回転運動を連結棒（B2）に伝えるが、こちらはジョイント（G）と台座下の滑車（H）の作用で往復運動に変換され、台座（C）を動かす。結果、上部の棒（A）は回転、台座（C）は往復運動を行う。鏡などの研磨機として利用できる。

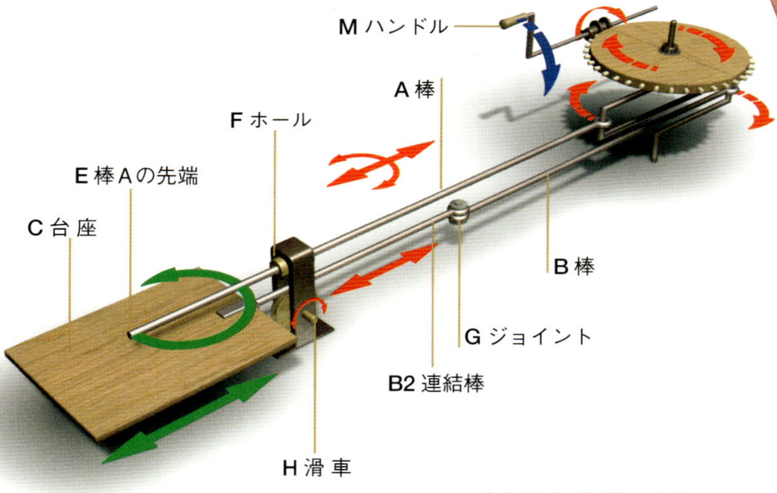

交互回転運動の装置（マドリッド手稿Ｉ 11v）

これも動力源はハンドル（M）で、作動させるとまずカゴ歯車（B）を経由して大歯車（A）が回転する。大歯車（A）の外縁には半周分だけ16本の歯があり、カゴ歯車（1）（2）と交互に噛み合う。結果、（1）（2）の上部に連結されている円盤は、交互に回転する。歯車（A）、カゴ歯車（1、2）の歯数はそれぞれ16、8と記されている。つまり1枚の円盤が2回転するあいだ、もう片方の円盤は静止している。これを交互にくり返す。

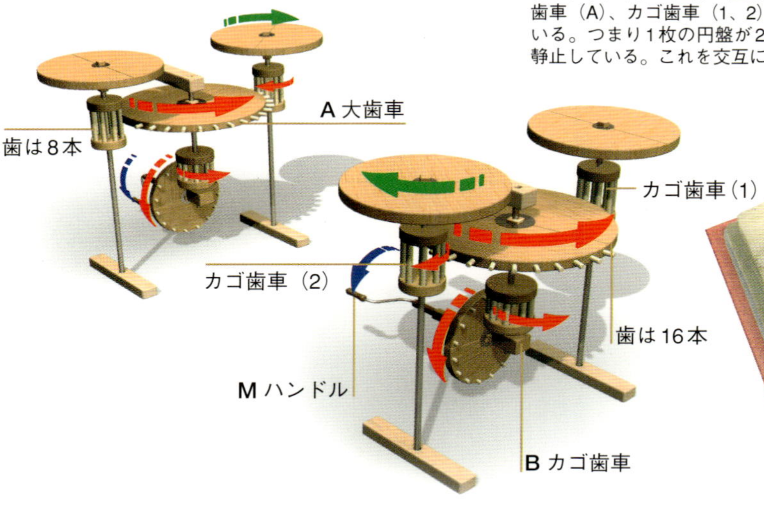

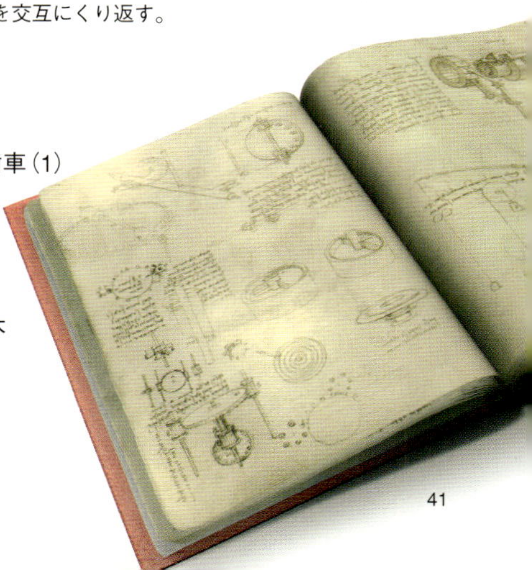

2種の往復運動装置（マドリッド手稿Ⅰ 7r）

歯車の歯数についての考察、および往復運動を生む2つの装置を記したページ。1つ目は、ハンドル（M）を回して5本の歯（または突起）のついた歯車を回転させ、棒（Y）に連結した2本の羽根状部品（A、B）を上下に動かす。同時に、棒（Y）に直角に連結したもう1本の棒（X）が往復運動を行う。
2つ目の装置には歯車が2つあり、それぞれ9本の歯が一定距離をずらしてついている。ハンドル（M）を回して作動させると、歯車はレバー（W）を交互に押し下げ、連結された上部の棒（S）に往復運動を与える。

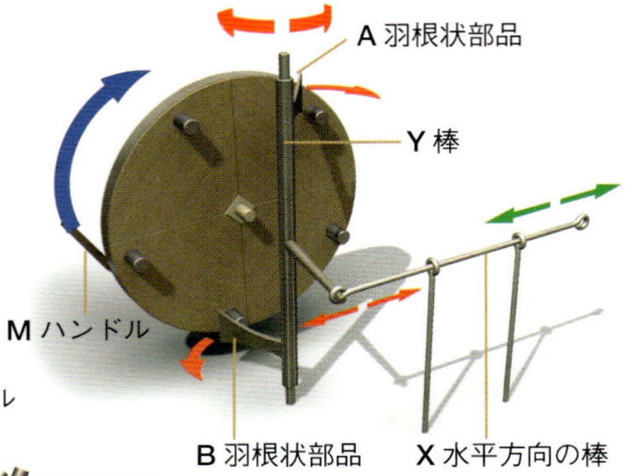

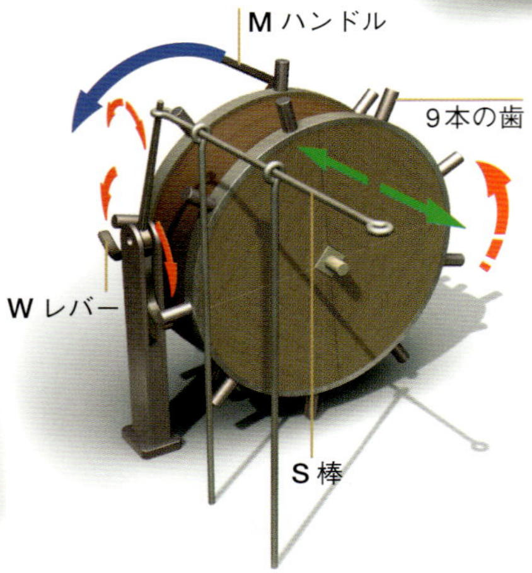

溝によるプログラム動作（マドリッド手稿Ⅰ 8r）

ドラムの側面に波形の溝を刻み、「プログラム動作」を実現した画期的な装置。1本、あるいは複数本の棒を溝にあてがい、ドラムの回転にともなって溝をなぞらせる仕掛けである。ドラムの回転を調節すれば、振動運動をプログラムすることもできる。
上図は左右対称の溝を2本つけ、ドラムの上に角材で固定したハサミを動かすというアイデア。下図は羽根板部品が時計のアンクルのような動きをする装置で、レオナルドは時計よりも音が静かだと記している。

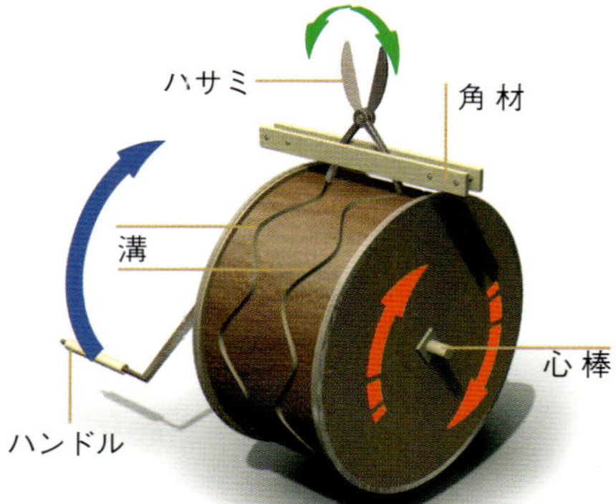

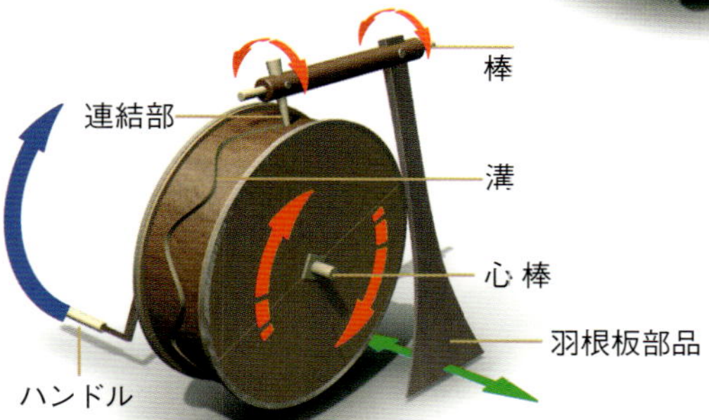

重力利用のジャイロスコープ（回転儀）

半球体を3本の外輪でとり囲み、外輪が回転しても半球体の位置は一定に保たれる。外輪はそれぞれ2本の軸で連結され、互いに90度のずれを保ちながら回転する。3セットの軸（X、Y、Z）を基点に自由に動くが、重みのある中心の半球体は水平が保たれる。
レオナルド以前の時代から、同じ仕組みは波に揺れる船上で航海灯を水平に保つ技術としてあった。

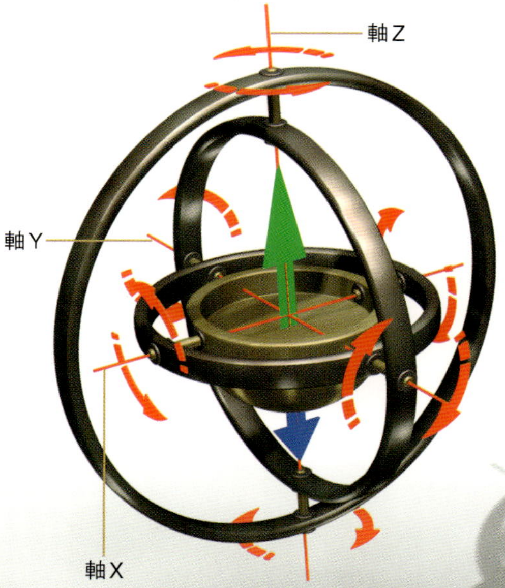

自動停止装置（マドリッド手稿Ⅰ13v）

ドラムの中に仕込んだぜんまいバネを動力として、下部の歯車が回転。上部に設置した金属製のアーチ型部品（A）には車輪（R）がついていて、ドラムの上面をすべる。上面が斜面のように傾斜し、1カ所に段差があるのは、装置を一定方向のみに作動させるための仕掛け。金属の重みで車輪はつねにドラムの上面に密着しているので、逆回転させると段差につかまって装置は自動的に停止する。

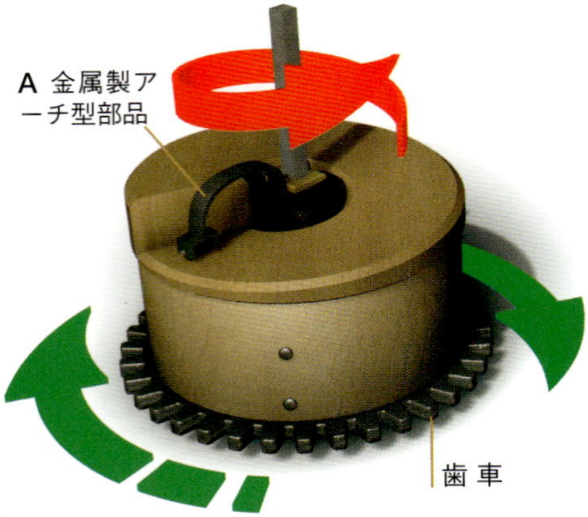

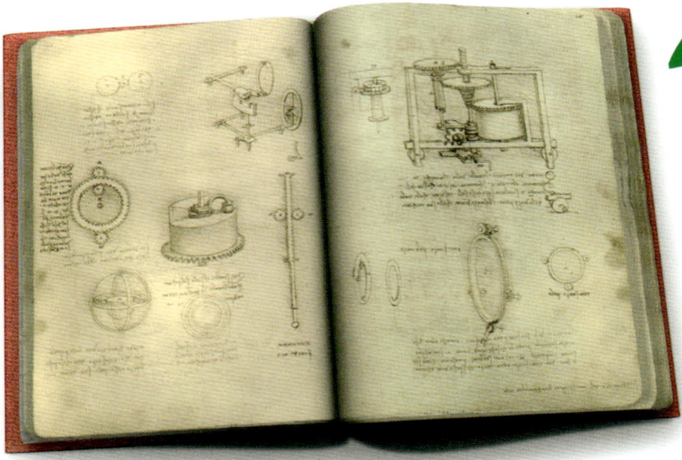

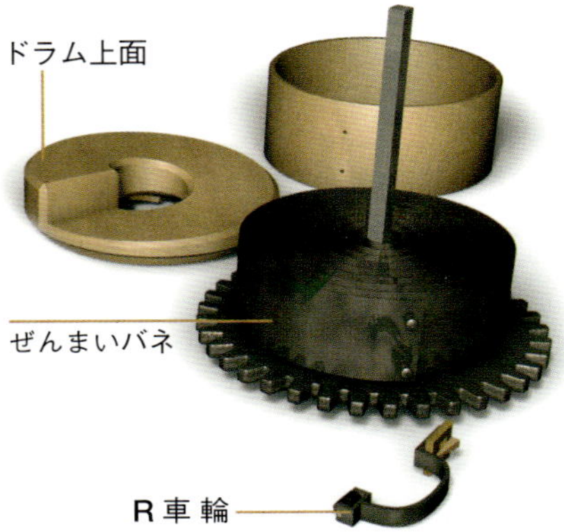

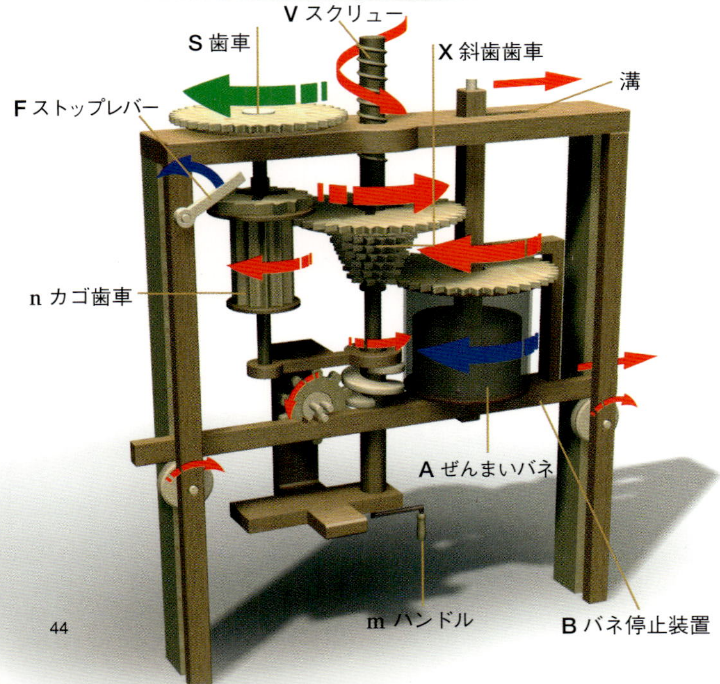

バネ動力の複合歯車装置
（マドリッド手稿Ⅰ14r）

ぜんまいバネの動力を最大限に活用するため、レオナルドは複雑な歯車の組み合わせを構想した。ストップレバー（F）を解除すると、きつく巻いたバネ（A）がゆるみ始めてらせん型の斜歯（はすば）歯車（X）が回転する。動力は次にスクリュー（V）に伝えられ、スクリューはだんだん速度を落としながら降下する。斜歯歯車は、初動時の大きな動力を有効活用するための工夫。短時間しか作動せず、しかもだんだん減少するバネの動力を最後まで使いきることが目的だ。
斜歯歯車の回転によって、カゴ歯車（n）、その上の歯車（s）が作動し、同時にバネ停止装置（B）がゆっくりと右方向へ移動する。ハンドル（m）はバネを巻き直すのに使う。

変形ドラムとぜんまいバネの動力装置（マドリッド手稿 I 16r）

ドラム（b）には、心棒（n）にきつく巻かれたぜんまいバネが格納されている。ドラムの回転速度は一定でなく、上面には心棒から遠ざかるにつれ上昇するらせん状の突起（x-h）がある。突起は、ドラム中心（n）と外縁（h）を結ぶかたちで設置した円錐形の歯車（R）と噛み合い、直径の小さな先端部はバネ初動時の大きなエネルギーを、直径の大きな底部はバネの弛緩が停止する直前の小さなエネルギーを動力にして回転する。結果として、外側の歯車（m）が働く。

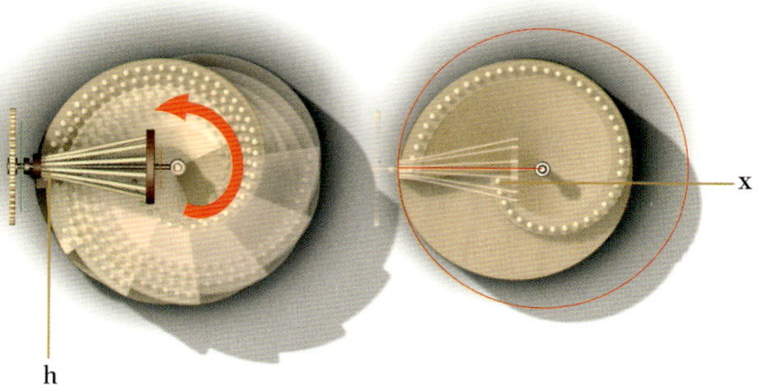

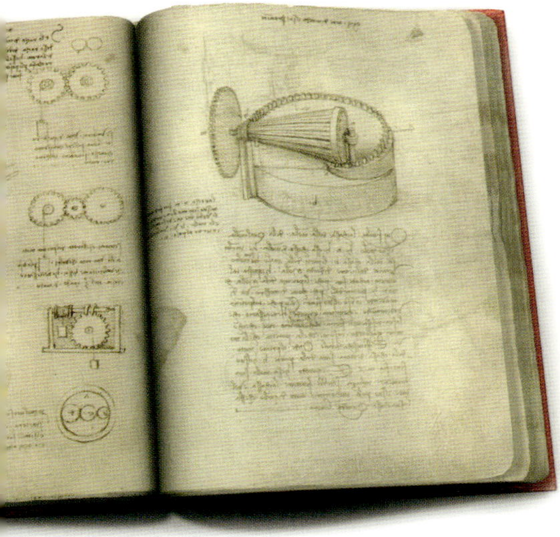

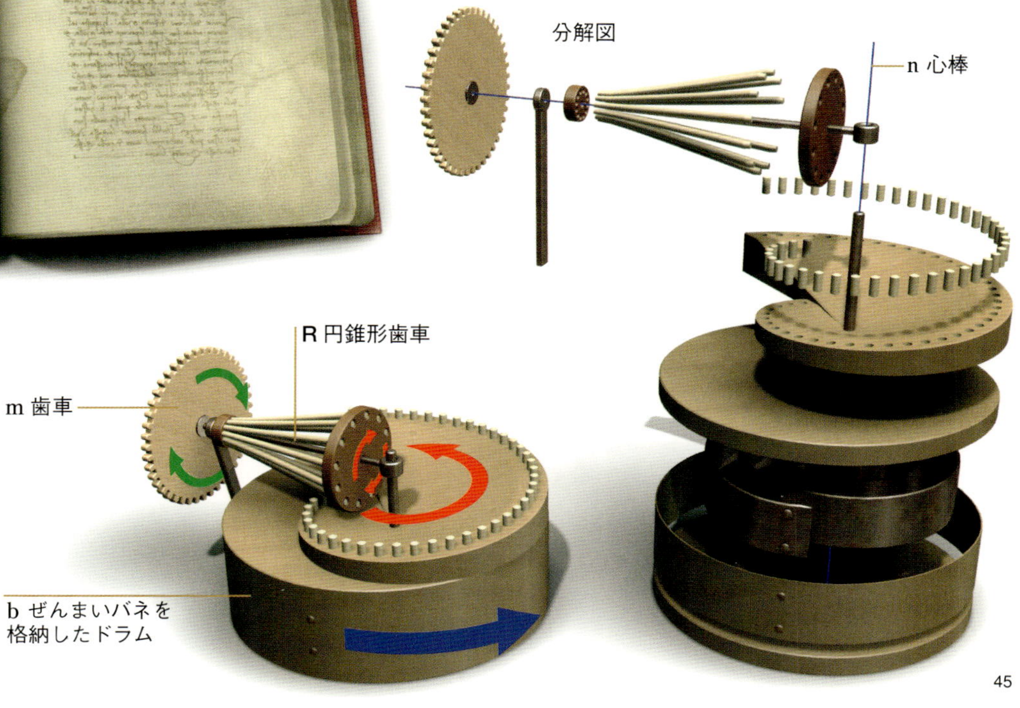

扇形部品の交互運動装置（マドリッド手稿 I 21r）

交互運動装置の歯車部に不具合が見つかり、改良型として考案した装置。1/8円（45度）の扇形部品を利用する。
ハンドル（M）を回すと歯車（R）が回転する。歯車（R）は半周分だけに32本の歯をもち、まずは上部の扇形部品（A）と噛み合って円盤（B）を4回転させる。次に下部の扇形部品（C）と噛み合い、同様に円盤（D）を4回転させる。上部扇形部品（A）が歯車（R）から離れ、下部（C）が回転しているあいだに鐘が鳴る仕掛けが組み込まれている。

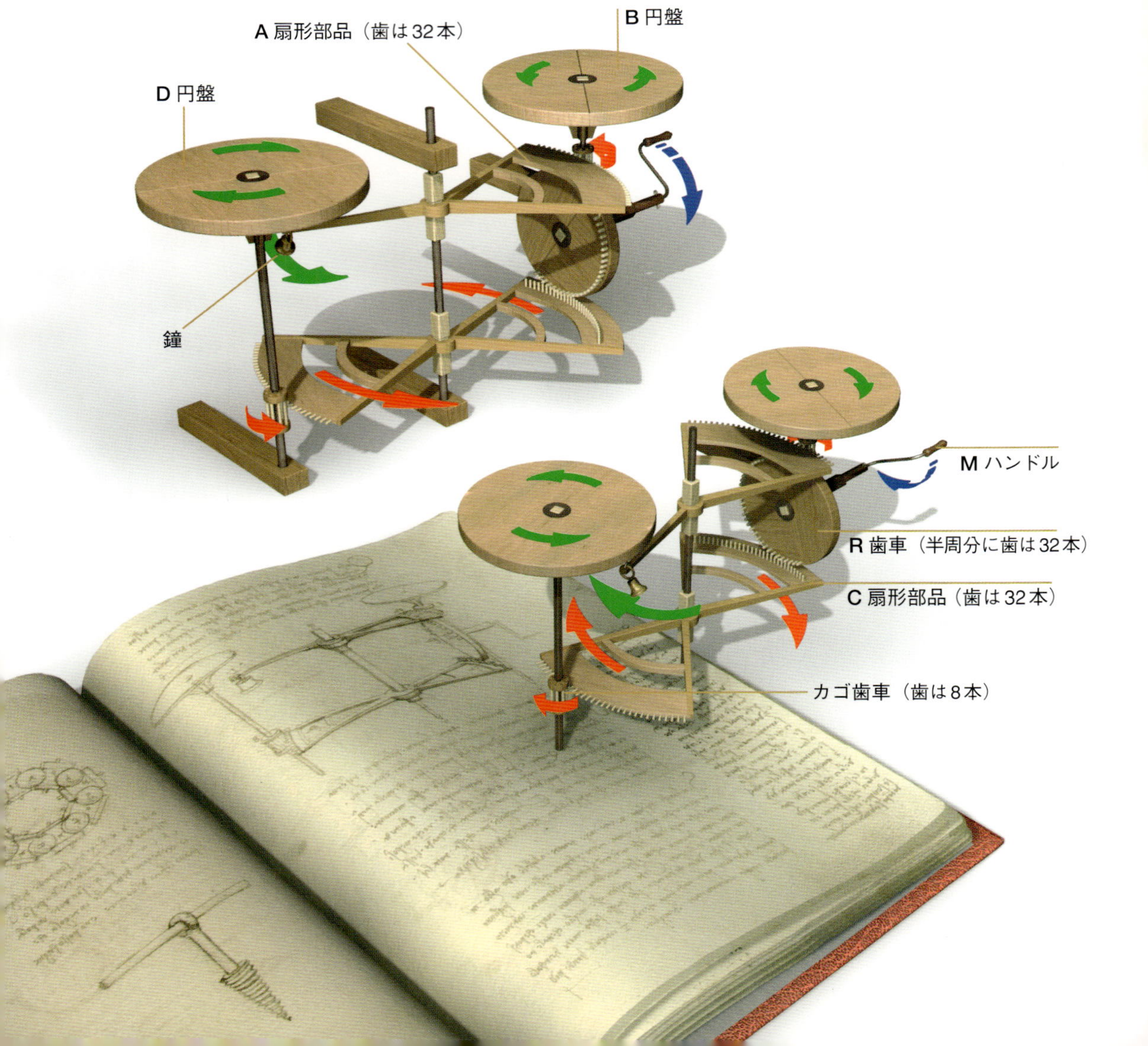

ベルトを使った動力伝達（マドリッド手稿 I 23r）

上図は布（または革）製のベルトで往復運動の動力を伝達し、鐘（m）を鳴らす仕組み。動力装置はハンドル（h）。レオナルドによると、歯車と違って動作音がないのが利点である。下図は、先端に歯をつけた2つのイチョウ型部品を交互にカゴ歯車と噛み合わせ、往復運動を行う仕組み。中央に連結された棒（K）が動力装置。

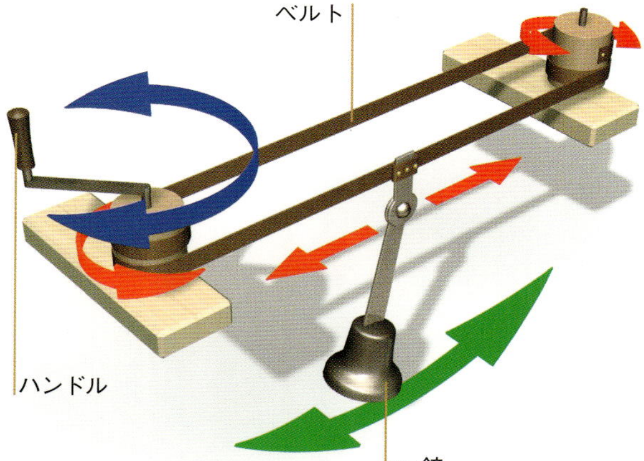

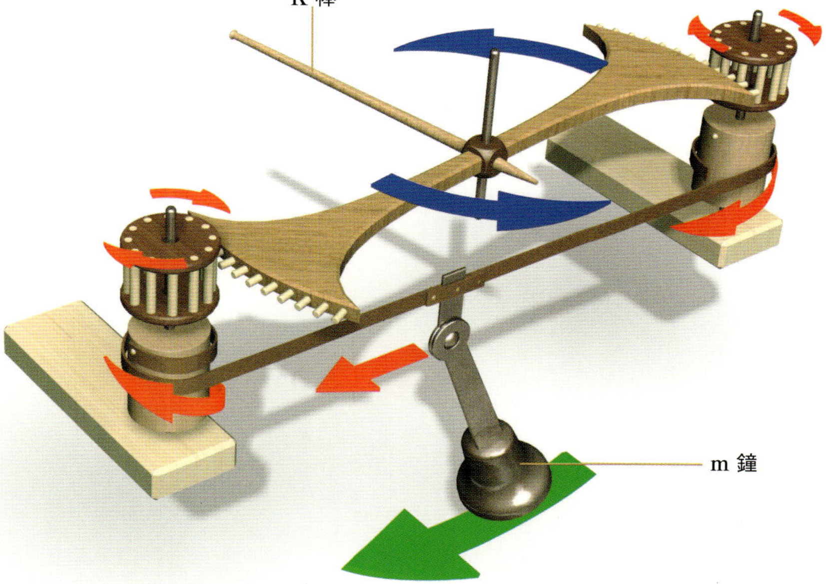

溝を使った動作プログラム（マドリッド手稿Ⅰ 24r）

円盤（A）を回転させると、斜歯歯車（f）が小円盤（n）を溝に沿って動かす。小円盤が溝から抜けないよう固定されているか、溝の端にストッパーがあれば、重力の作用で小円盤は溝の上を往復しつづける。

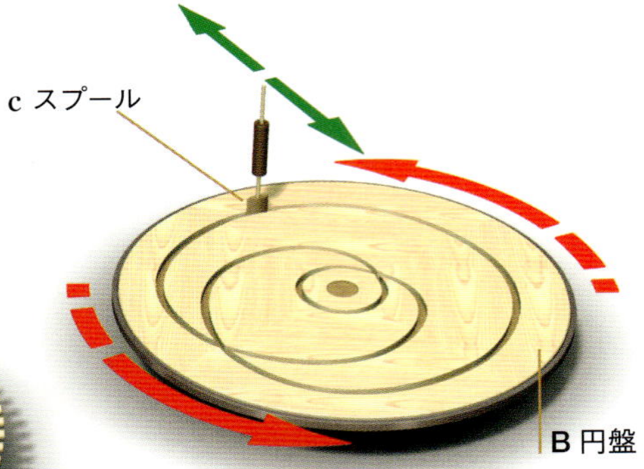

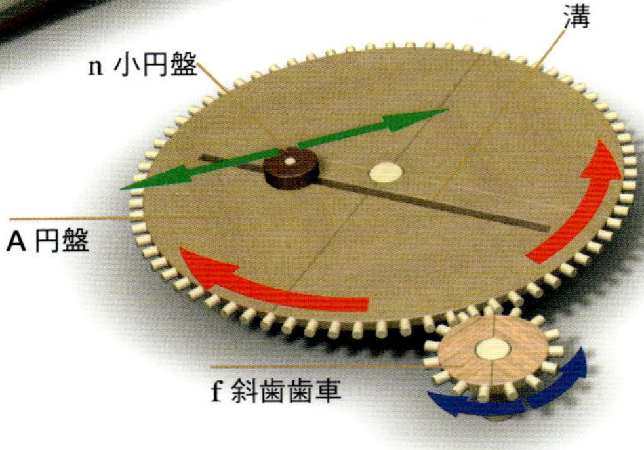

円盤（B）では、二重らせん状の溝にスプール（c）が差し込まれている。円盤が回転すると、スプールは溝に沿って移動する。スプールの先端はレンズ型で、溝が交差するポイントもスムーズに乗り越える。溝の形状を変えることで自由に動きをプログラムできる。

ベルト利用の往復運動装置
（マドリッド手稿Ⅰ 30v）

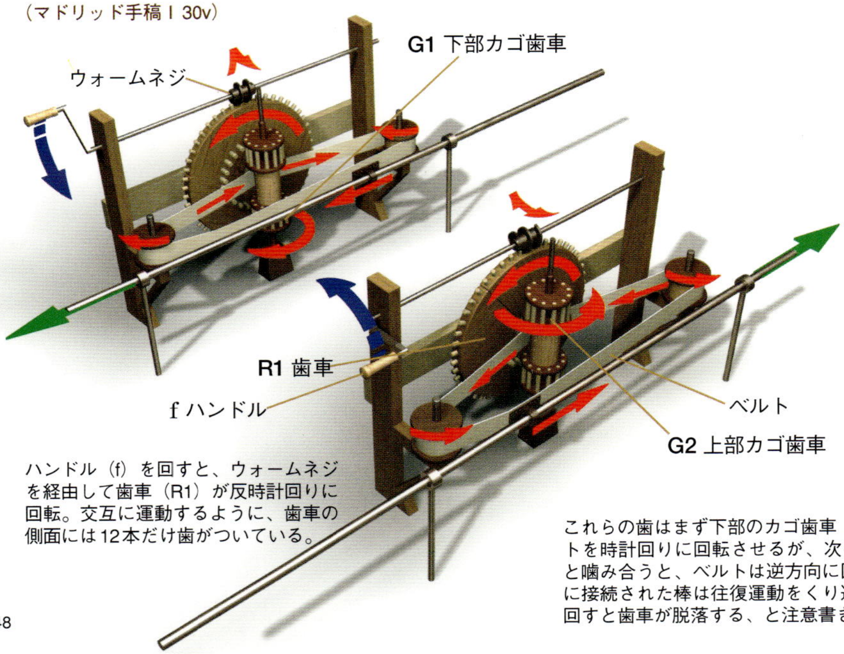

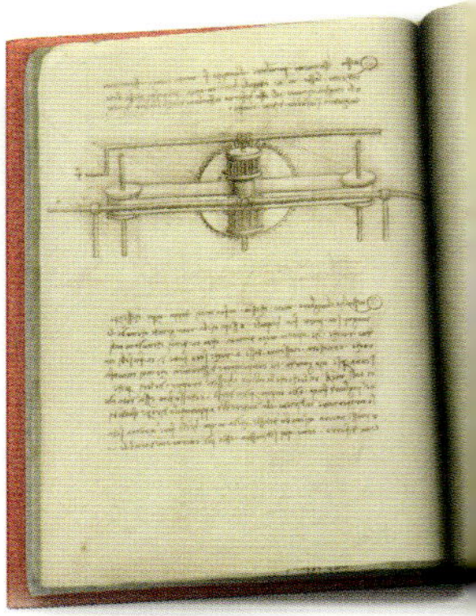

ハンドル（f）を回すと、ウォームネジを経由して歯車（R1）が反時計回りに回転。交互に運動するように、歯車の側面には12本だけ歯がついている。

これらの歯はまず下部のカゴ歯車（G1）と噛み合ってベルトを時計回りに回転させるが、次に上部のカゴ歯車（G2）と噛み合うと、ベルトは逆方向に回転する。結果、ベルトに接続された棒は往復運動をくり返す。ハンドルを急いで回すと歯車が脱落する、と注意書きが添えられている。

らせんレールのバネ動力装置（マドリッド手稿Ⅰ45r）

4r、16r（p.40、45）に記されたバネ動力装置の発展型。
まず、バネ（鋼鉄製でなくてはならないと付記がある）の反発力は装置中央部に伝わり、中央軸（A）と脇付け軸（B）にはさまれたカゴ歯車（R）が回転する。歯車はらせん型レールの上を移動し、歯車の歯はらせん型レールの突起（Z）と、底部（C）はらせんの内側（K）と密着しながら移動する。カゴ歯車（R）が2回転半（他の同種の装置は1回転しかしない）する間に、歯車と連結されたリングギア付きの大きな回転盤（D）が回りながら支柱（E）の溝に沿ってゆっくり上昇、上部の円盤（F）を回す。中央動力部の断面図も描かれている。

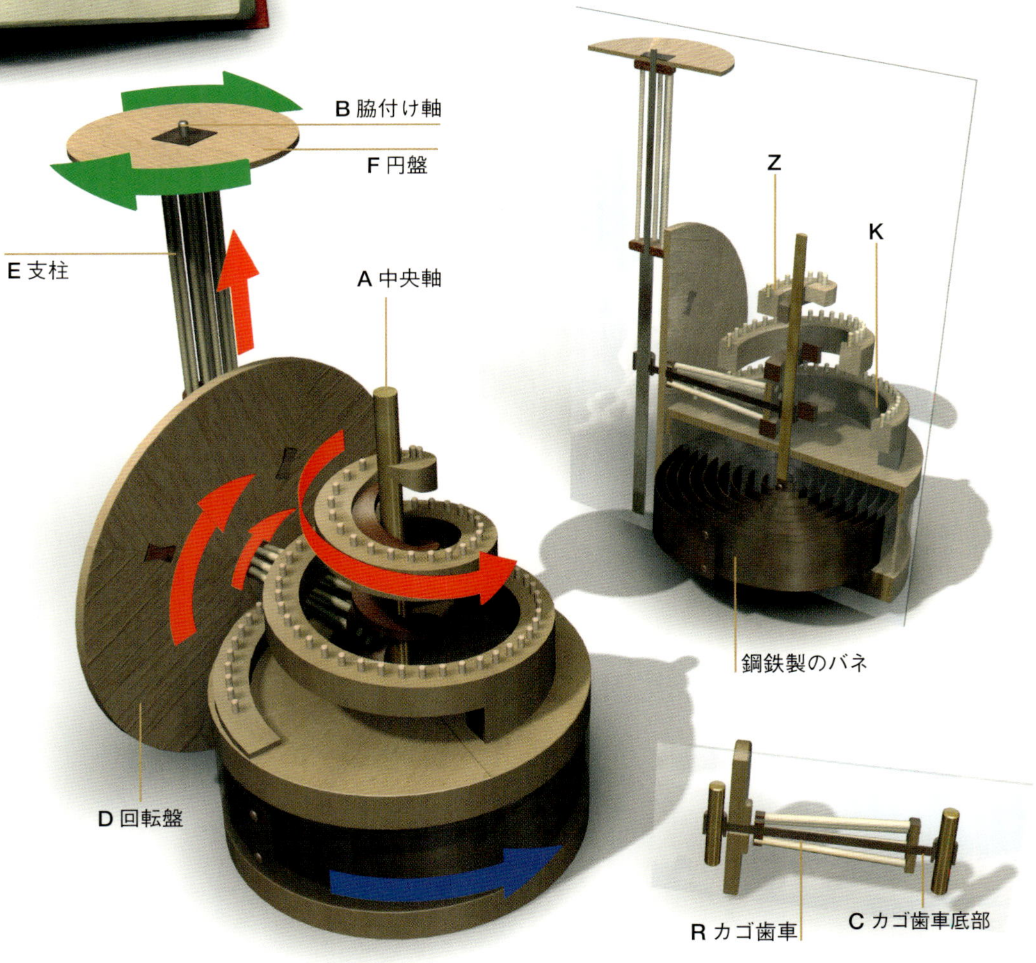

コネクティング・ロッド（連接棒）の実験

（マドリッド手稿Ⅰ 86r）

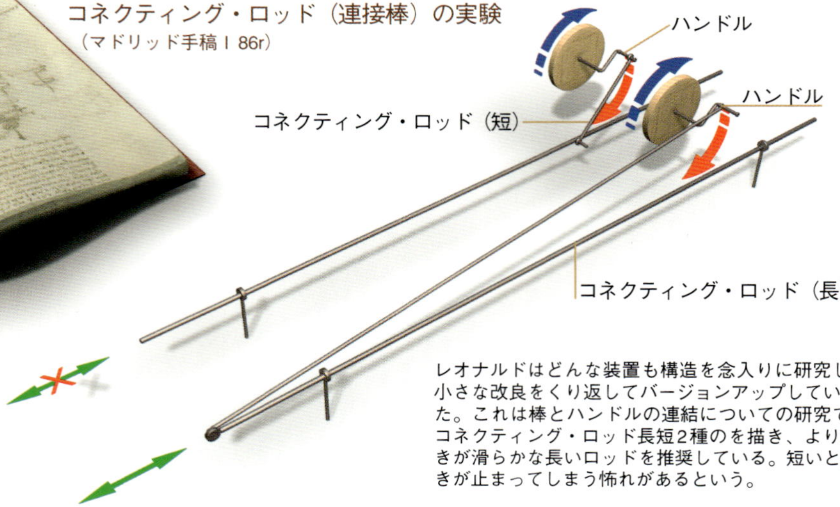

レオナルドはどんな装置も構造を念入りに研究し、小さな改良をくり返してバージョンアップしていった。これは棒とハンドルの連結についての研究で、コネクティング・ロッド長短2種のを描き、より動きが滑らかな長いロッドを推奨している。短いと動きが止まってしまう怖れがあるという。

フライホイール（はずみ車）とハンドル（マドリッド手稿Ⅰ 86r）

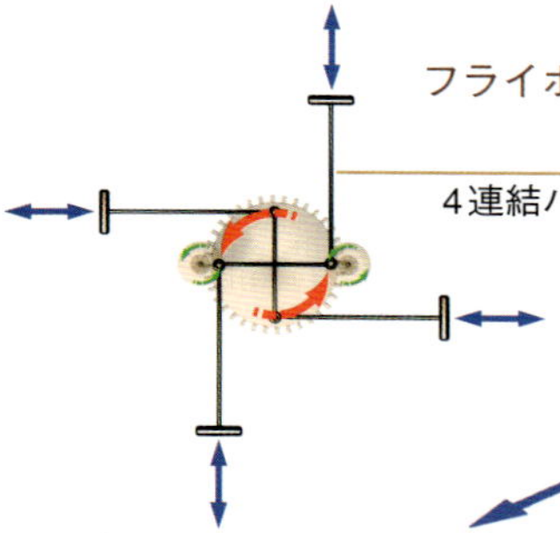

フライホイールの操作ハンドルを互い違いに組み合わせるアイデアは、のちに蒸気機関の基礎構造に採用された。動作スピードを速めるために、レオナルドは2～4連結のハンドルを考案した。4連結のシステムには2枚の回転盤が添えてあり、得られた動力の二次利用が構想されている。この4連結ハンドルは現代の4気筒エンジンの仕組みに似ている。

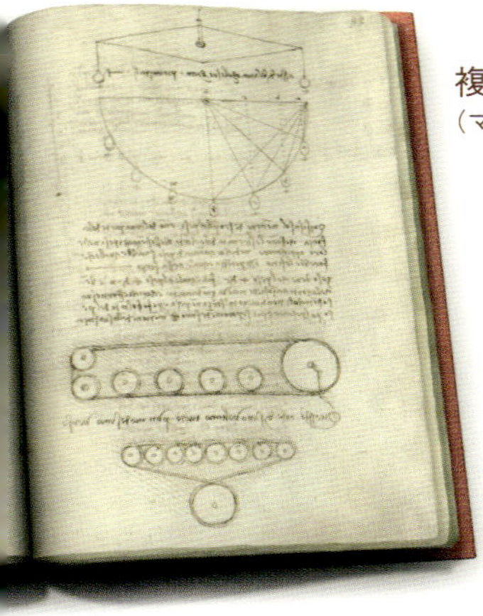

複合式滑車システム

（マドリッド手稿Ⅰ 87r、88r）

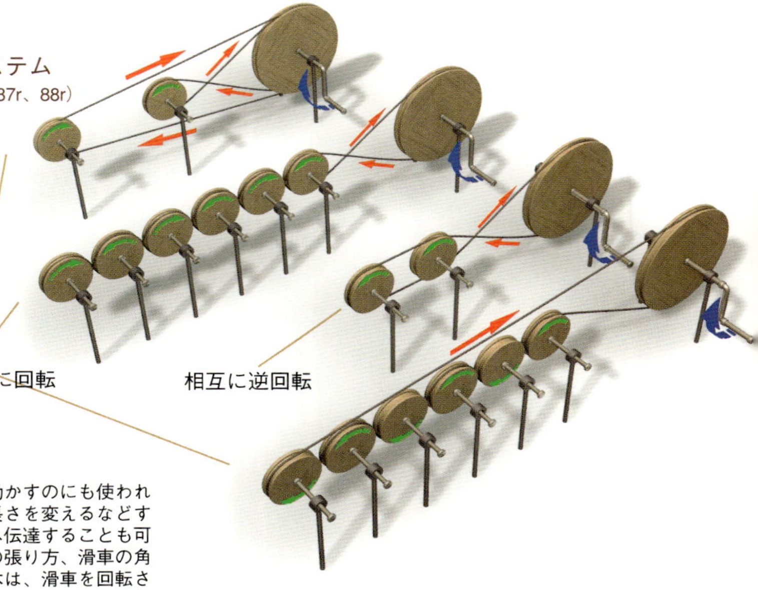

滑車は重りを持ち上げるだけでなく、歯車を動かすのにも使われる。さまざまな滑車を組み合わせたり、綱の長さを変えるなどすれば滑車の動作は無限に広がり、動力を遠くへ伝達することも可能だ。歯車のような摩擦や雑音もないし、綱の張り方、滑車の角度の調節で回転方向も自由に設定できる。基本は、滑車を回転させるため、綱を滑車の少なくとも半周分に密着させること。こうした滑車システムは、ロボット戦士の基礎構造を支えている。

歯のない回転盤（滑車）

（マドリッド手稿Ⅰ 97v）

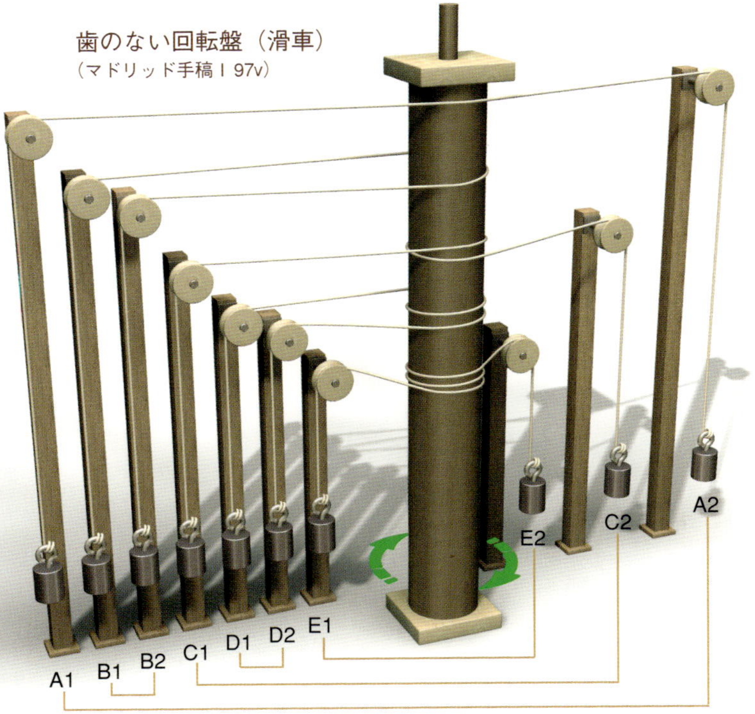

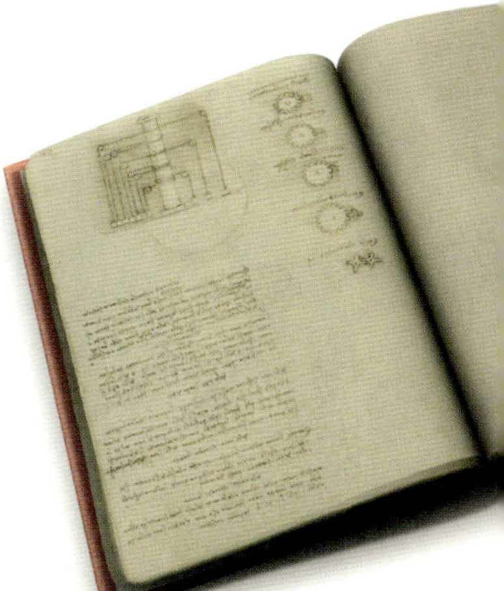

滑車の研究の一環として行った実証実験の装置。滑車でつながれた5組（10個）の重り（A～E）があり、5本の綱は中央の回転柱を経由させ、上から順に半回転ずつ巻き付けを増やしてある。綱がぴんと張られたとき、滑車の摩擦がどこまで重りを持ち上げることができるかを調べる実験である。マドリッド手稿Ⅰは、こうした実験にもとづく静力学と幾何学の発見に満ちている。

ダイヤモンド片の穴開けドリル（マドリッド手稿 I 119v）

レオナルドは「機械を作る機械」も研究した。先端にダイヤモンド片をつけたこの道具は、どんな素材にも穴を開けられるドリル。動力装置はフライホイール（V）で、いったん作動させると慣性の力で回りつづけ、ドリル支柱（R）が回転する。支柱上の球体は鉛製で、穴を開ける物体に圧力を加える重り。先端のダイヤモンド片を水で冷やしながら作動させるところは、現代の同種の機械も同じである。

研磨機（マドリッド手稿 I 119v）

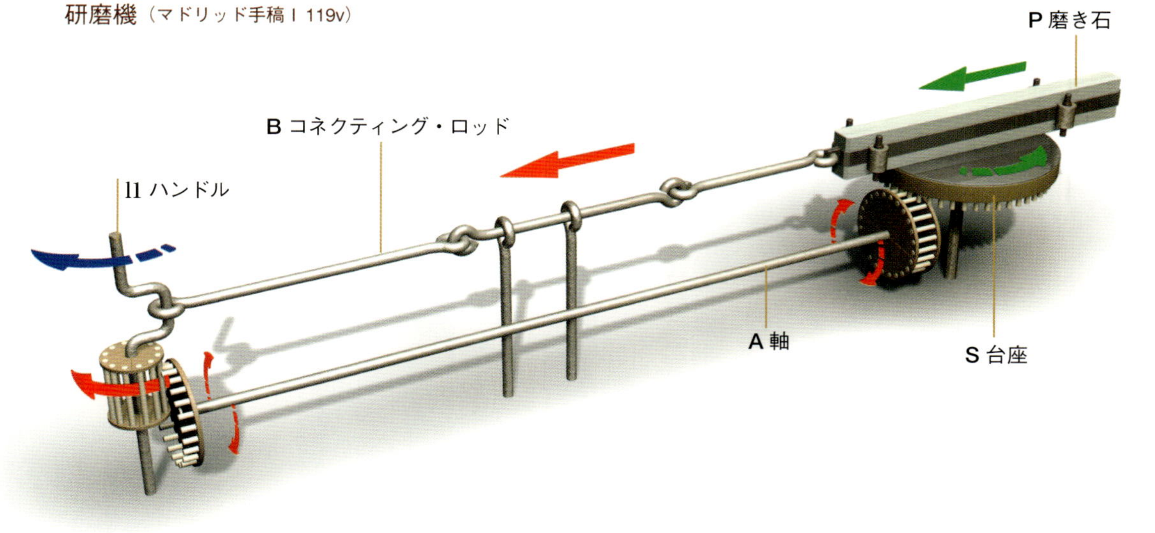

特定の用途をもち、これ単体で独立したひとつの機械とみなせる装置。単純機械と複合機械のほか、マドリッド手稿。には、こうした完成品に近い機械のアイデアも散見される。これは石や鏡の研磨機である。
第1案（上図）では、ハンドル（I1）を回すと力が下部の軸（A）を伝わって台座（S）が回転する。同時に、ハンドルの力はコネクティング・ロッド（B）も動かし、磨き石（P）が往復運動を行う。磨き石は4つのローラーの間を前後に動き、台座上の物体を研磨する。第2案（下図）はハンドル（I2）が台座（S）に直結した構造で、3点（B）でつながれたコネクティング・ロッドがX点を軸に作動し、磨き石（P）を動かす。

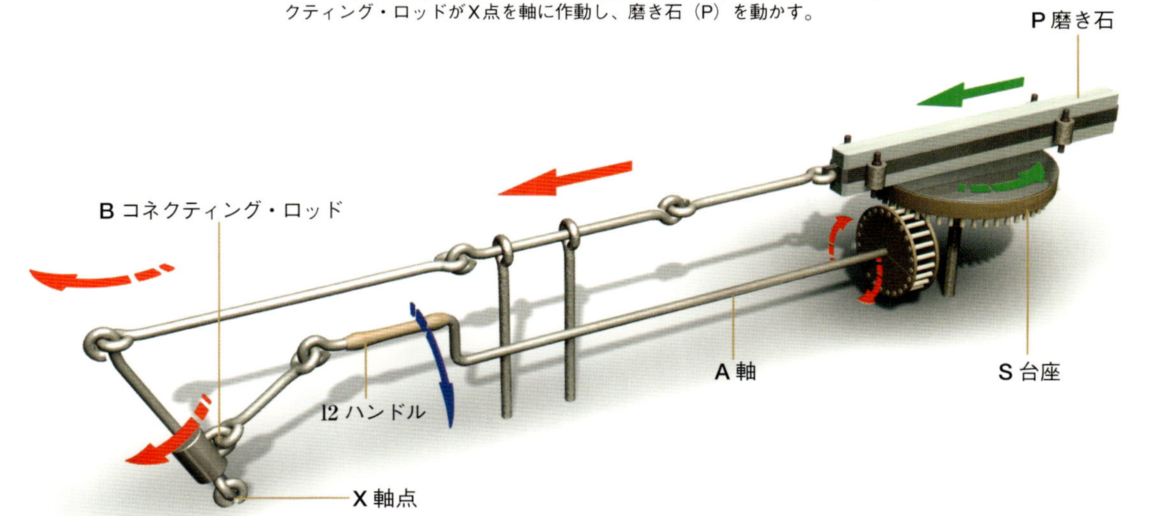

Chapter 3
自動走行車

レオナルドの移動装置

「自動走行車」が記されたアトランティコ手稿812rを検証する前に、まずはレオナルドが思い描いた移動装置を概観しておこう。彼はどんな装置を、なぜ、研究したのだろうか。

1枚の手稿だけをみてレオナルドの発明を推し量るのは危険である。アトランティコ手稿133vのスケッチを他人が描いたものと気づかず、「レオナルドの自転車」と銘打って披露した展覧会があった（註1）。こうした致命的な間違いを避けるためにも、手稿は隅々まで精査しなくてはならない。

戦闘馬車など戦争用のものをはじめ、レオナルドはさまざまなカートや乗り物を構想した。あちこちの手稿に書き散らかされたスケッチをみるかぎり、カートについては人間でなく、重いものを運ぶことが目的だったようだ。

当時（15世紀）は今日のような移動手段は必要でなく、“乗り物”ならコストもかからない馬や牛で充分だった。問題は柱石や鐘、大砲など重いものの運搬で、たとえばフランチェスコ・ディ・ジョルジョはオベリスク（石柱）や柱を運ぶ機械式カートをいくつも構想している（1470年）。

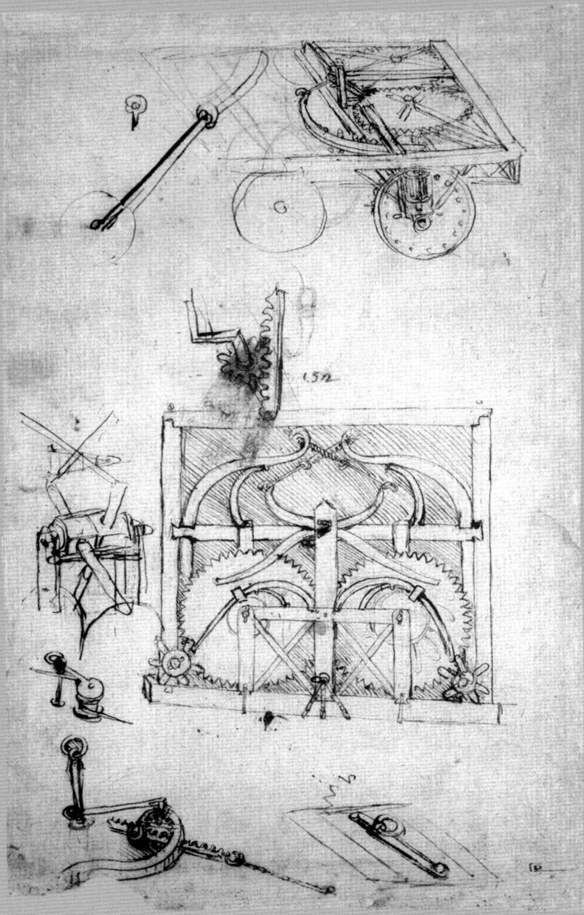

アトランティコ手稿812r

レオナルドは1490年にミラノでジョルジョと会ったこともあり、彼の仕事を気にかけていた。手稿にはジョルジョの機械をほぼすべて描き写し、そのアイデアを多いに参考にしてもいる。そのうち、多くはジョルジョが突きつめきれなかった技術的欠陥を改良し、完成にこぎつけた。当時、他人の発明を真似ることは珍しくなかったが、他の技術者とは違いレオナルドは模倣するだけでは満足しなかった。

また、レオナルドは機械図のレベルも抜きんでていた。ジョルジョやマリアーノ・ディ・ヤコポ（タッコラ）の機械図が不正確でレオナルドのいう「視覚言語」とはほど遠いのに対し、彼の絵は今日の機械図とくらべても遜色がない。

フランチェスコ・ディ・ジョルジョのカートの設計図（1470年）

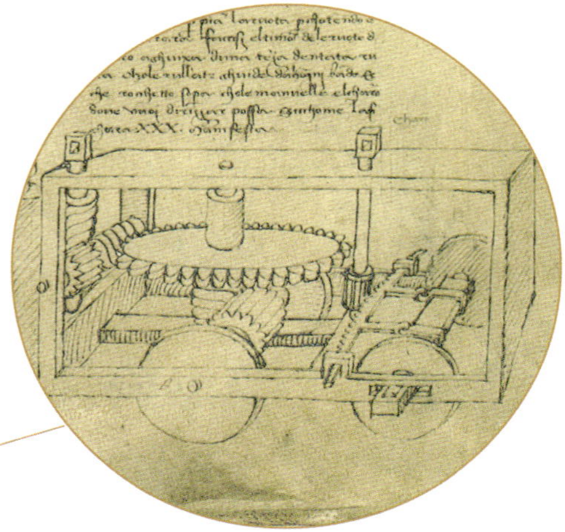

上図はジョルジョが描いたカートの設計図だが、「こうあるべき」という理想の姿にすぎず、この図からカートを制作することは不可能である。また、技術的欠陥に目をつぶるとしても、カートを50cm進めるのに7,776回もハンドルを回さなくてはならない。反対にレオナルドは、どんなに突拍子のないアイデアでも、こうした現実的な問題に真摯に対処した。

いっぽうで、ジョルジョの機械図は機械の目的が明確であり、ときに解明の手がかりを与えてくれる。たとえばアトランティコ手稿114rの上方に描かれたスケッチを、アウグスト・マリノーニは「操作ハンドルと運転席のある原動機（モーター）」と考えた（次ページ参照）。中心部から外へ向かう曲線は動力装置の板バネで、5つの車輪をもつ装置だという（812r上に描かれた機械にも似たような解釈がある）。しかし、レオナルドの研究の全体像、ジョルジョの影響や時代背景を考えると違和感が拭えず、それよりもこれはレバーで操作する「運搬カート」とみるのが妥当に思える。

（註1）ずいぶん以前のことである。問題のスケッチはどうみてもレオナルドの筆致ではないが、アウグスト・マリノーニはこれを弟子が模写したものと主張した。実際には、ずっと後年になってから何者かがこのいたずら書きを描いてアトランティコ手稿にまぎれ込ませたか、またはいたずらな現代人が描いた落書きを忍び込ませた可能性が高い。

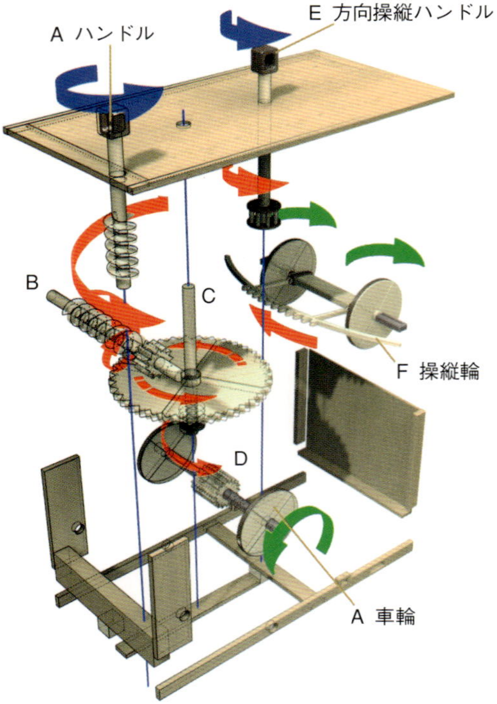

ジョルジョが設計したカートの1つ。操縦者が心棒Aを回すと、その動きは歯車を介して1/12の速度で心棒Bに伝わる。同様に、心棒BからCへは1/36、さらにCからDへは1/18の割合で減速して伝わり、つまりDを1回転させるには、Aを7,776（12×36×18）回転させなくてはならない。たしかに相当な重量物も運搬できる仕組みだが、効率は最悪である。E-Fは方向転換の仕組みで、車輪Fは左右に曲がることができる。

114rには、このスケッチのほかに飛行機、変速装置、大砲も描かれている。カート（下図）のスケッチは薄くかすれ、ところどころ裏写りしているが、4つの車輪、2人の人物、そして右に円柱形の部品と車輪を動かすレバーのような装置が見てとれる。

手がかりは868rの右下にあるスケッチだ。2本の操作ハンドルがあり、車輪の脇の人間がレバーを操って駆動させるというシステムは114rのスケッチと同じである。これは何のためのカートだろうか。移動手段であれば馬のほうが早くて便利だし、前述したように当時のカート機械は重いものを運ぶことを目的としていた。

114r

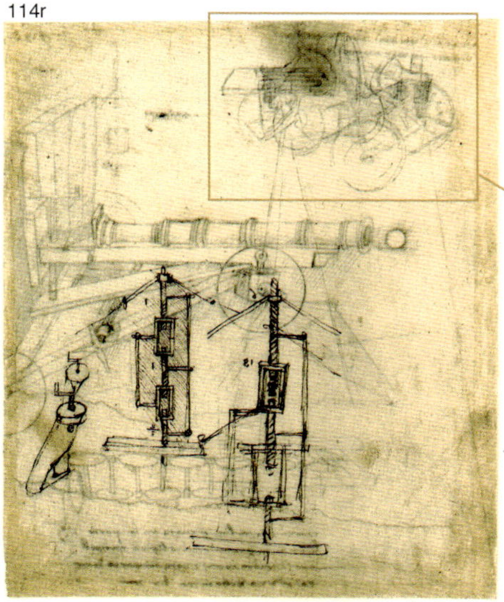

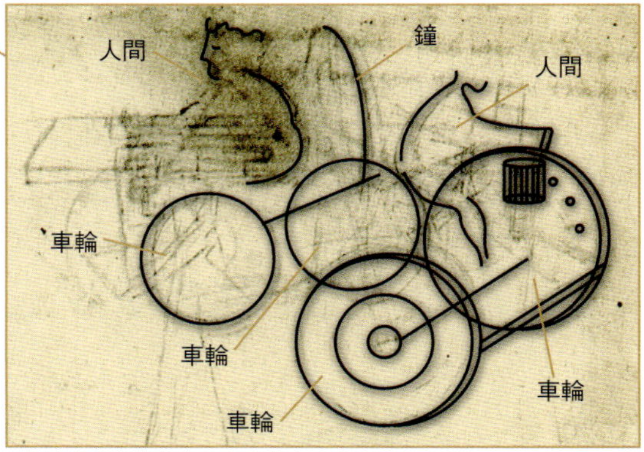

アトランティコ手稿114rより。かすれたスケッチをデジタル技術で再現すると、重量物の運搬カートが現れた。次ページは868r右下にあるスケッチである

さらにレオナルドは、大砲や鐘などを運ぶ装置の課題として、動力を車輪に伝達する手段を研究している（B手稿77r）。

そこで、114rのかすれた曲線を鐘と考えてみた。形も妥当だし、薄く見えるX字型の線は鐘を支える2本の棒と解釈できる。4つの車輪それぞれの動力を歯車装置と仮定すると、左手に人物が配置されている理由も説明がついた。こうして再現したのが下の「4人で操作する鐘を運ぶためのカート」である。4つの車輪はそれぞれ独立駆動で、右の2人、左の2人が順番に車輪の向きを変えて方向転換する仕組みになっている。

先のB手稿77rには、大砲などの重量物を運搬するカート車のアイデアがいくつか記されている。レオナルドが考えたのはピラミッド型のウィンチ（巻き揚げ機）の利用で、アトランティコ手稿88vやマドリッド手稿など、ウィンチ式カートのアイデアは他の手稿にも散見される。

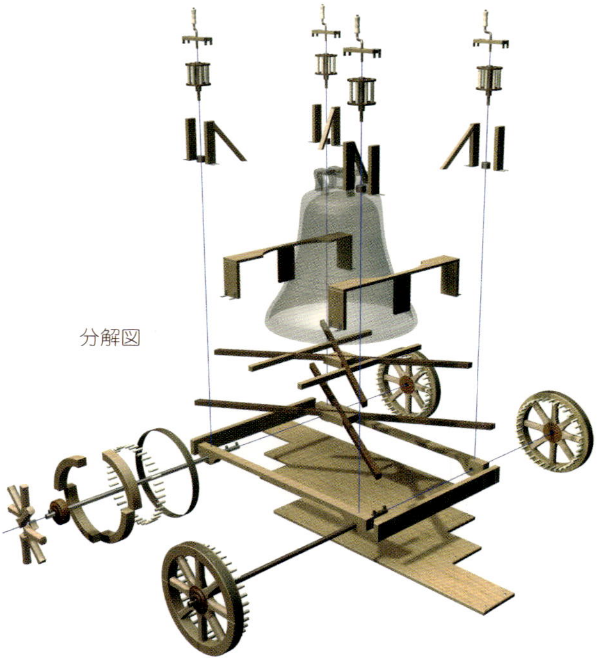
分解図

3D再現図

868r

手稿をひととおり検証すると、下のカートが再現できた。スケッチと、最下部の車輪の直径は2.5ブラッキ（1.5m）というレオナルドのメモから推定すると、装置の高さは約10mである。各車輪の上にある64歯の歯車は8歯のカゴ歯車と噛み合い、歯車1対の相対率は1：8。スケッチの装置は耐荷重100ポンド（約45.3kg）だが、レオナルドは歯車の数を増やすことで耐荷重100万ポンド（約453,000kg）まで可能だと計算した。

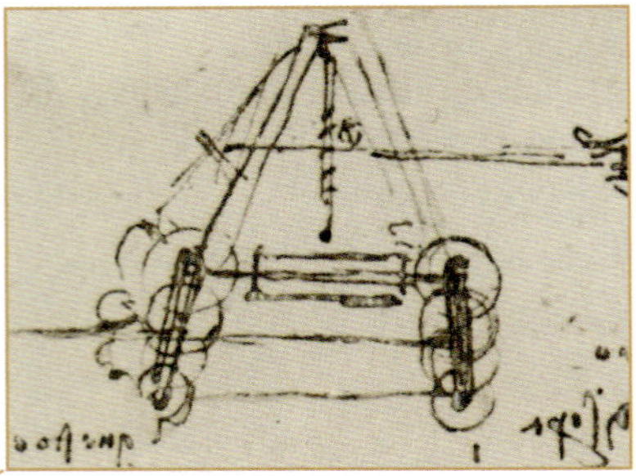
B手稿77rより

大きな砲身の運搬カート

スケッチから推測すると、この装置は車輪の回転を利用して重量物を持ち上げる。各歯車の動きはゆっくりだが、複数が合わさることでエネルギーは乗算で増え、さらに滑車の働きも加わって相当な重量まで対応できる。実際にこの装置を制作するのは大変だし、作業効率も決してよくはないが、レオナルドはこのように機械学・重さの原理という観点から研究をつづけ、人間の重労働を肩代わりする自動機械の発明にいそしんだ。

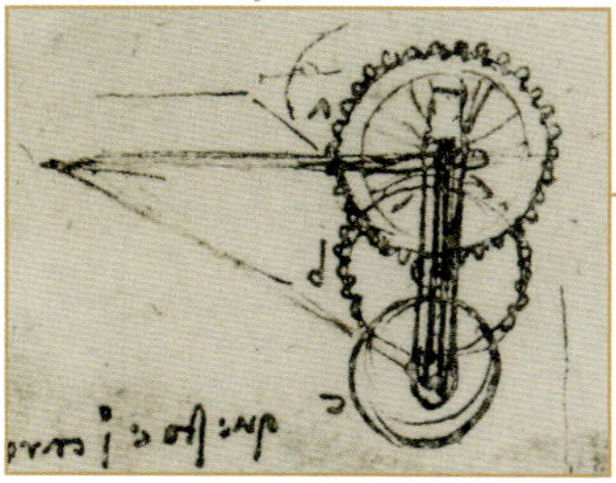
B手稿76rより

操縦器と変速装置（アトランティコ手稿17v）

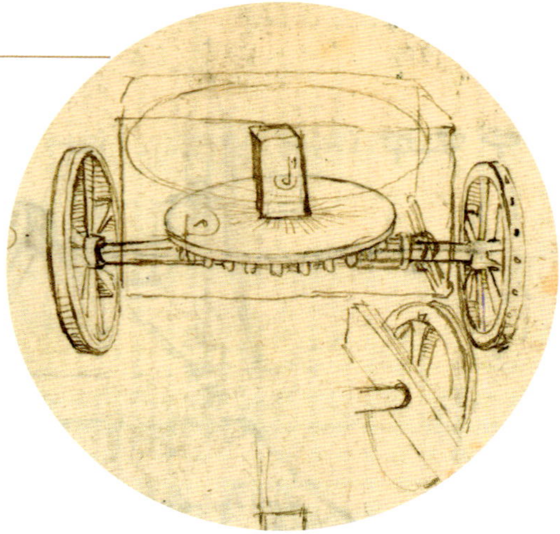

アトランティコ手稿17vやマドリッド手稿には、操縦器らしき装置の研究もある。とくに17vでは、軸棒で操作する変速装置のようなものが提案されている。既存のアイデアを真似るだけの他の技術者とは違い、レオナルドは機械の細部にも目を配り、納得のいかない点は原理に立ち戻って考えた。考察は車輪の傾斜角にまでおよび、たとえば巨大な石弓を安定させるには6つの車輪を斜めに設置するとよい、などと記されている。効率を上げること、既成観念にとらわれない新しいアイデアを実現させること——これがレオナルドの機械研究の目的である。

操縦装置と車軸の研究（マドリッド手稿 I 93v）

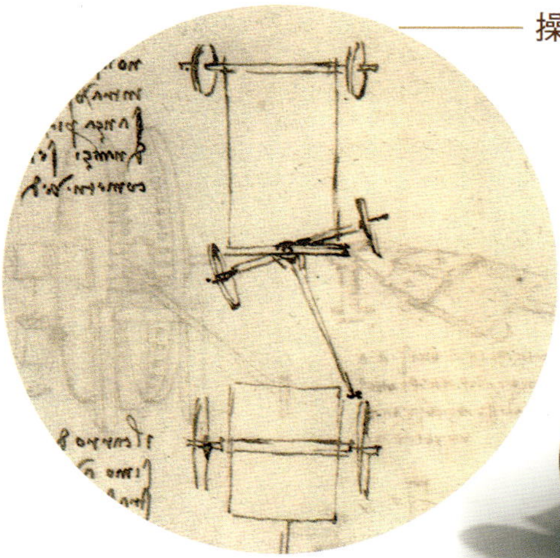

上げ起こし式の運搬車（マドリッド手稿Ⅰ 34v）

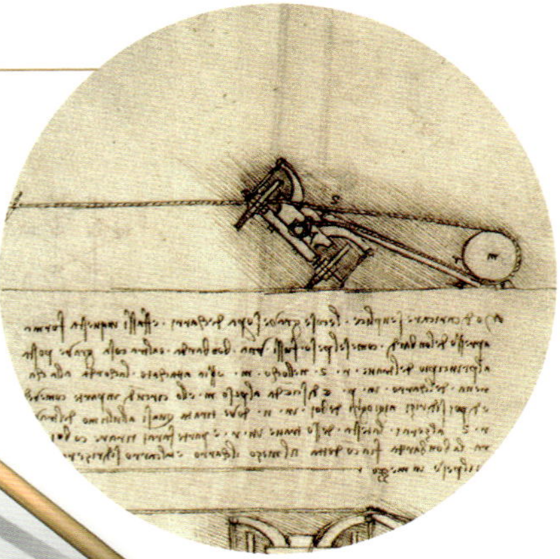

大砲運搬機（B手稿77r）

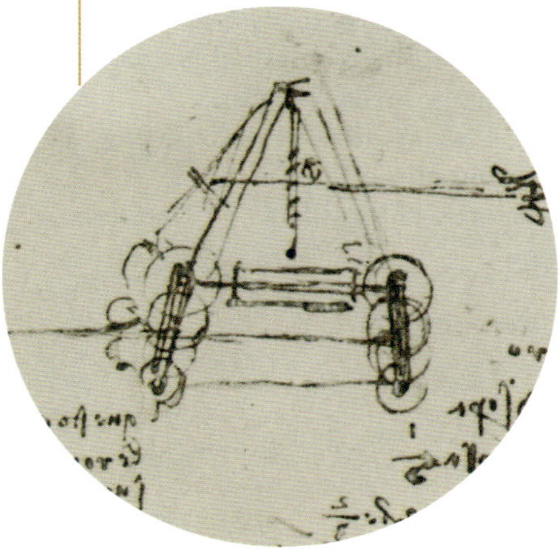

走行距離計（アトランティコ手稿1r）

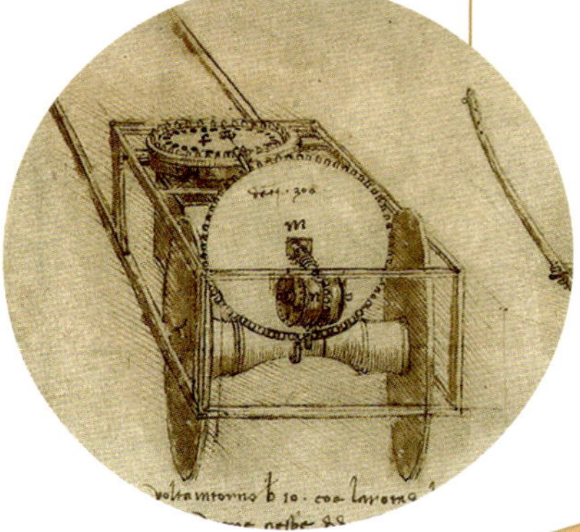

二輪駆動のカート（アトランティコ手稿868r）

四輪駆動の鐘運搬カート（アトランティコ手稿114r）

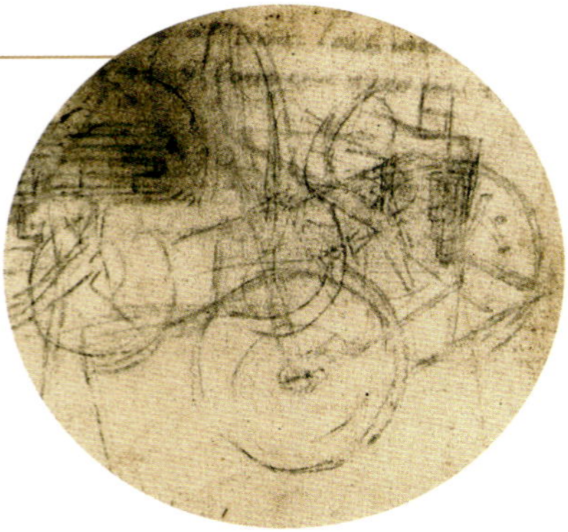

アトランティコ手稿812rの部分拡大図

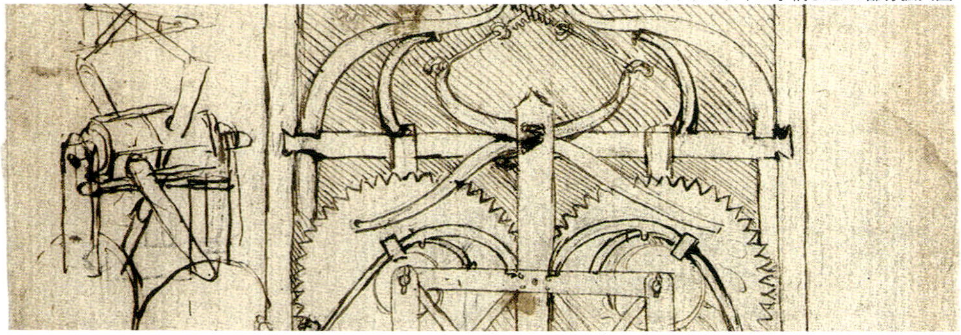

全手稿を概観すると、レオナルドが構想した移動装置は重量物の運搬を目的にしていたことが推測できた（走行距離計を除く）。例外が、アトランティコ手稿812rの装置だ。

812rのスケッチは小型カートの研究だが、カートの土台にあたる部分に複雑な機構が仕込まれている。用途も大きさも記されてなく、操縦者の姿もない。他の手稿とあわせて考えればカートではなく時計機構の一種とみるのが妥当だが、それにしては車輪とカゴ歯車の組み合わせが引っかかる。他の移動装置とは様子が異なるが、やはりこれは「車輪で移動し、歯車とバネで動く自動装置」なのだ。はたして「自動走行車」なのだろうか？

100年越しのミステリー

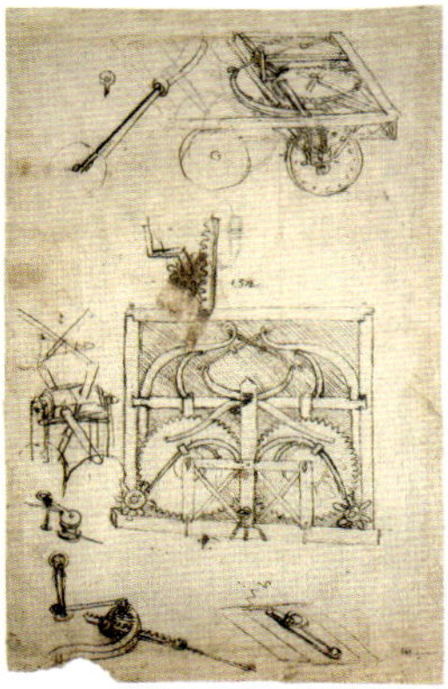
812r

アトランティコ手稿812r（註1）の謎解きは、100年以上にわたりつづいている。レオナルド研究者のジェロラモ・カルビがこの手稿の重要性を唱えたのが1905年。その後、いくつもの解釈が発表されてきた。

1928年、グイド・セメンツァの説。セメンツァは812r、17v（註2）の装置を「自走式カート」と名付け、2つの車輪の回転スピードを調整して旋回をスムーズにする「ディファレンシャル・ギア」の原型と考えた（註3）。彼はスケッチでは“動力を供給する”板バネと2輪の大歯車がつながっておらず、車輪に動きを伝える仕組みがないことも指摘した。また、装置の角にある2つの小さな突起輪は、車輪を駆動させバネがゆるむスピードを調節するエスケープメント機構と解釈した。

1938年、ヨッティ・ダ・バディーア・ポレージネの説。板バネは2つの大歯車の真ん中に描かれた2つのシリンダーに巻き付けた綱につながれ、バネがゆるむとシリンダーが回転して大歯車、つづいて車輪に動力が伝わる。セメンツァと同様に、ヨッティも角にある2つの小さな突起輪はバネがゆるむ速度、つまりこの装置の走行速度を調節する「調整器」または「エスケープメント機構」のようなものと解釈した。

1939年、アルトゥーロ・ウッチェリの説。ウッチェリはヨッティの説に異議を唱え、突起輪の下にはリングギアがあり、これが大歯車と噛み合って突起輪を回転させると考えた。突起輪は補助バネを抑えているが、回転とともに突起が一つずつ補助バネを打つことでバネは徐々にゆるみ、同時に補助バネのスリーブがレバーの先端を打つ。レバーは綱で主バネと連結されており、つまり突起輪は動力を補助バネから主バネへ伝達する役割をもつと解釈した。

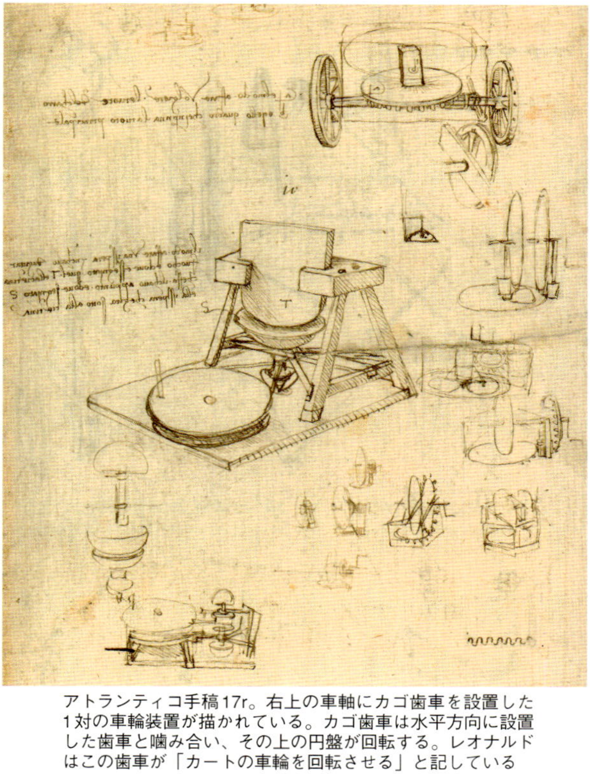
アトランティコ手稿17r。右上の車軸にカゴ歯車を設置した1対の車輪装置が描かれている。カゴ歯車は水平方向に設置した歯車と噛み合い、その上の円盤が回転する。レオナルドはこの歯車が「カートの車輪を回転させる」と記している

(1) 再編集前の手稿番号は296va
(2) 再編集前の手稿番号は4va
(3) 車が一定のスピードで曲がるには、1対の車輪はそれぞれ異なる回転数で回らなくてはならない。ディファレンシャル・ギアは回転を止めることなく1対の車輪を別個に旋回させる複雑な機構だが、レオナルドのスケッチにそれらしい仕組みは見当たらない（p68参照）。

1939年には「レオナルドとイタリアの発明家展」(5〜10月、ミラノ・トリエンナーレ)が開催され、ジョヴァンニ・カネストリーニが新解釈を発表した。同展の機械部門には数多の再現模型が展示され、「バネ動力、独立駆動の車輪、ディファレンシャル・ギアをもつ自動走行カート」もあったが1940年に東京へ輸送する途中に壊れてしまったという。カネストリーニは、17vのスケッチを「自動走行装置の変速機」とし、812rの未完のスケッチの完成形と考えた。812r上のスケッチは大歯車(動力は板バネ)の動きを伝達する仕組みの研究、下部に描かれているのは減速機で、「ディファレンシャル・ギア」はレオナルドの発明と唱えた。

カネストリーニは再現模型を作り、レオナルドのスケッチに板バネと大歯車がつなぐ機構がないことを認めたが、装置角にある突起輪の役割は説明していない。結局、何らかの技術的問題を抱えレオナルドはこの装置の研究を途中で投げだした、と彼は推測した。動かない欠陥装置と認めながらも再現模型を作ったのは、ディファレンシャル・ギアの原理、必要動力の確保、2つの駆動輪それぞれへの動力供給、という3つの偉大な発明への敬意からである。

カネストリーニが1939年に制作した再現模型の復元モデル(1953年)。金属と木で作られ、フランスに保存されている。カネストリーニはレオナルドのスケッチには描かれていない機構を付け加えて板バネと装置角の突起輪を連結し、動力が車輪に伝達される仕組みとした。手動式の操縦輪も備えているが、近年の研究ではこれは自動走行車とは関連がないとみられている

それから年月を経て、カルロ・ペドレッティがこれを自動走行車と定義する解釈を発表した。ペドレッティは、1975年4月15日の「ヴィンチ講義（レオナルドの誕生日を記念してイタリア・ヴィンチ市で毎年開催される講演会）」、およびマーク・ロスハイムの「レオナルドの失われたロボット」（1996）の解説において、812rが記された時期を1478年頃と推定している。「ヴィンチ講義」では、「レオナルドの自走式カートと呼ばれる機械は、おそらくは見せ物のための装置である。バネを動力とし、走行距離は短く、宮殿広場をわずかに移動する程度だったのではないか」と述べた。

1981年には、アウグスト・マリノーニが小論「レオナルド・ダ・ヴィンチ：自走車と自転車」を発表し、カネストリーニの再現模型を批判するとともに、マリアーノ・ ディ・ヤコポ（タッコラ）やフランチェスコ・ディ・ジョルジョのカートとの類似点を重視するペドレッティの解釈（「建築家レオナルド」1978年、ミラノ）にも異議を唱えた。マリノーニは、他の技術者が動力に人力を想定していた当時において、レオナルドのバネ動力の発明は歴史的快挙とした。

マリノーニはまた、それまでだれも言及しなかったアトランティコ手稿114rのスケッチに着目した。114rには5輪式のカートが描かれ、うち1輪は「詳細は不明だが、人力で動かす2つのハンドルがついた何らかの装置」につながっている。スケッチには歯車と噛み合うカゴ歯車、動力源である2つの大きな板バネ、バネがゆるむ速度を調節する綱を巻き取るハンドル（エスケープメント）、操作ハンドルと運転席が見てとれ、セメンツァやカネストリーニが自走式カートに認めた特徴をすべて備えている。レオナルドがそれまでの研究の発展形として描いたもの、とマリノーニは解釈した。

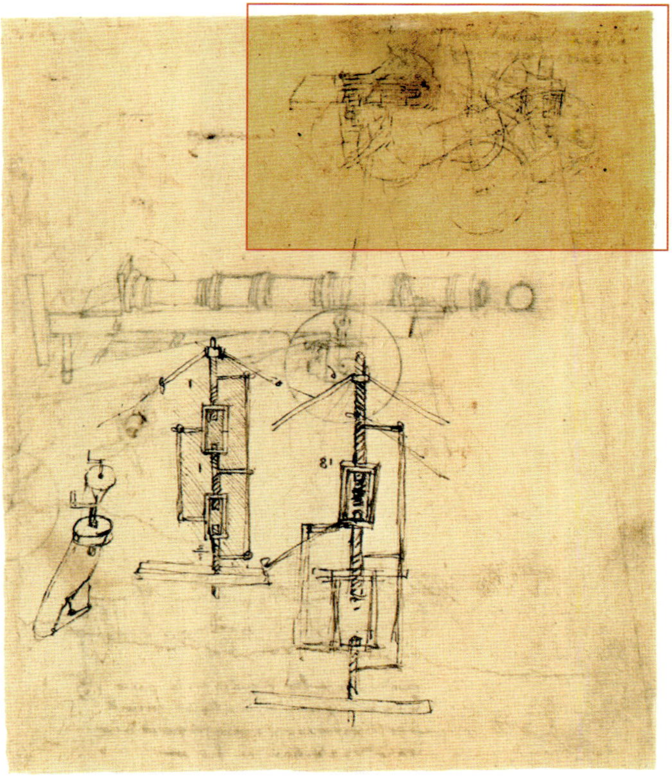

アトランティコ手稿114r。ペドレッティは1480-82年に記されたものとみる。マリノーニの解釈では、右上のスケッチが5輪式のカートで、後部にカゴ歯車、バネの駆動装置、エスケープメント、前部に操縦ハンドルと運転席がある

先に名前のあがったマーク・ロスハイムは、2000年4月15日のヴィンチ講義で新解釈を発表し、2001年に小論「レオナルドのプログラム式自動機械」をまとめた。もっとも、彼はさかのぼる1996年に著書「レオナルドの失われたロボット」のなかで、“ドラム内のバネ”が動力ではないかというペドレッティの意見を紹介していた。

ロスハイムは小論で、812rのスケッチを見せ物装置としてのプログラム式カートと主張する（彼は本書の4章で取り上げる機械仕掛けのライオンの土台がこのカートだったとみている）。アトランティコ手稿の他のページに812r のカートの実物大部分設計図があり、そこから推測してカートの大きさは50.8×50.8cm、車輪は直径10.6cmとした。それまでの解釈とは異なり、ロスハイムは板バネを動力源とは考えなかった。装置右側は花びら型のカム装置をつかった操作部、左側はカート速度の調節部、そしてペドレッティの意見にそって、大歯車の下に格納された2つの大きなぜんまいバネが動力であると仮定したのだ。

ぜんまいバネが一度にゆるみきってしまわないよう、レオナルドは時計機構のエスケープメントに似た調節装置を考えていた。この装置は、カートの角にある突起輪とアームの相互作用として動作する。ロスハイムは次のように説明した。

「2つの突起輪はそれぞれ隣接するアームの動く方向に、半回転ずつずれながら回転する。装置の動力源は2つのバネで、それぞれドラムに格納され、2輪の大歯車に連結している。大歯車が回転すると、2本のアームは交互に装置角にある突起輪の軸棒と噛み合う」

カゴ歯車を介してシャフトが車輪を駆動させ、装置は前へ進む。「方向と速度は歯車上のカム装置が制御する。カムが回転すると、交差した綱の作用で駆動輪上のカムと連動するハサミ型のローラーが回転する」。

ロスハイムは、レオナルドのカートを“世界で初めてのプログラム可能なアナログ・コンピュータ”と呼んだ。その理由はこうである。

「発進したカートは、プログラムされたルート上を進むことができた。ルートは大歯車の上に設置するカムの数、形、位置によってプログラムする。カムが方向を“指示”するのである」。

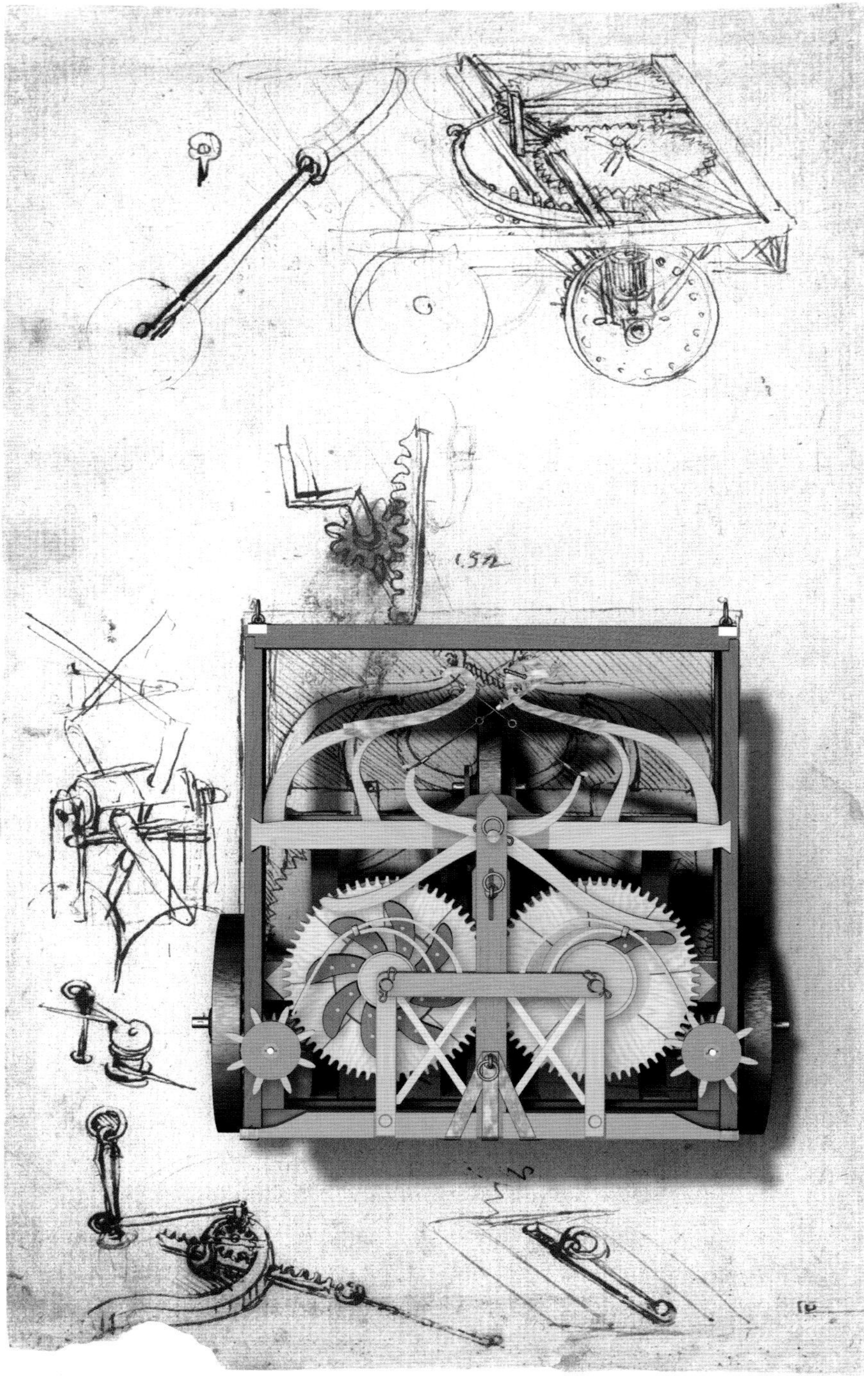

タッディ、ザノンが2005年に製作した3D再現モデル。レオナルドのスケッチにぴたりと重なる

ディファレンシャル・ギアの疑惑

2章で見たように、レオナルドは機械の基礎と“文法”を組み上げ、理論的にはどんな装置も設計することができた。円錐形のかさ歯車を組み合わせれば、今日でいう「ディファレンシャル・ギア」も設計できただろう。

ディファレンシャル・ギアは、車軸に取り付けて2つの車輪に異なる回転数を与える装置である。車体が曲がるとき、外側の車輪と内側の車輪は（平行ではあるが）異なる道筋を通る。走行距離も異なるので、2輪の回転速度が同じだと車体は曲がることができない。

カルヴィ、カネストリーニはディファレンシャル・ギアをレオナルドの発明とした。しかし手稿にその形跡はなく、自転車と同じでこれをレオナルドの発明とするのは誤りである。自分の目で確認せず、他人の研究成果からの憶測がこうした誤解を生む。勘違いや取り違えも多く、その過程を調べるのもまた一興ではあるが……。

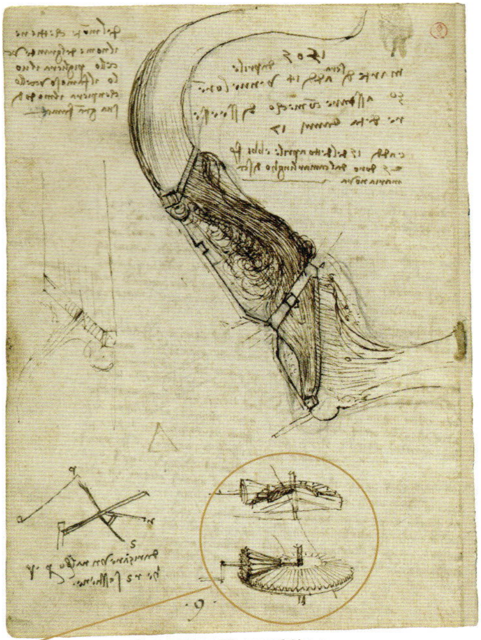

鳥の飛翔に関する手稿18v

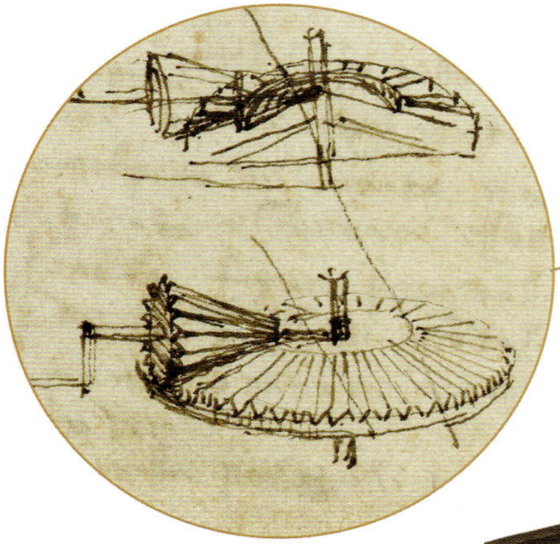

このスケッチをディファレンシャル・ギアの原型とみなすのは誤解釈。正しくはかさ歯車の組み合わせである

円錐形のかさ歯車

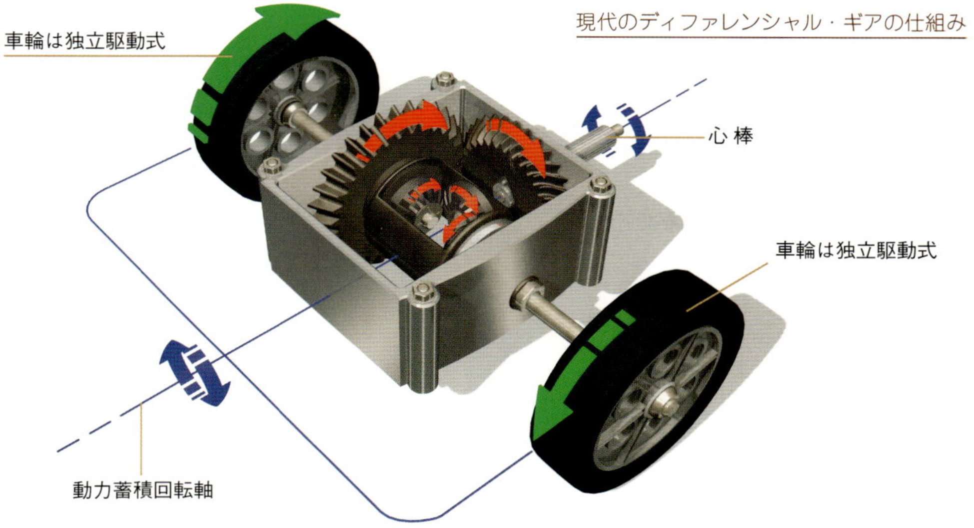

レオナルドの時代、歯車は木で作られていた。ルネサンス期の技術水準の問題もあって当時の歯車の解明はむずかしく、ディファレンシャル・ギアの疑惑も、装置のほんの数ミリの動きを説明しようとしたところから生まれた。しかし、歯車は“互いに噛み合う装置”である。超精密技術が発達した現代には不可欠なディファレンシャル・ギアも、歯車を使った時代にその存在はあり得ない。

レオナルドはディファレンシャル・ギアを発明していない。当時、この装置が生まれる可能性はなかったのである。

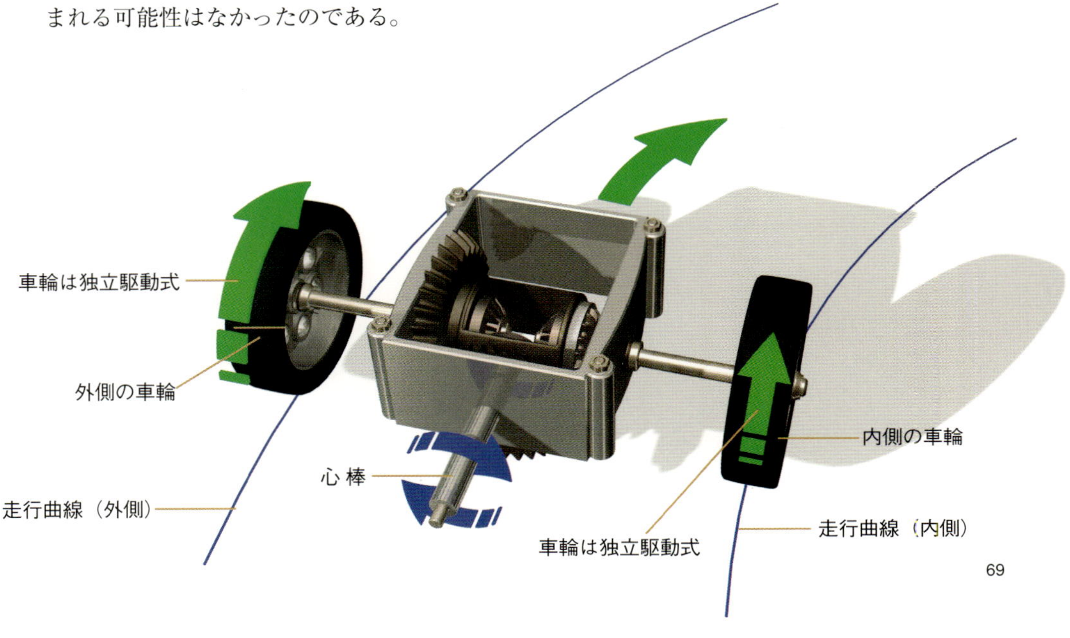

世界初の“動く”再現模型

2004年、私たち4人（パオロ・ガルッツィ、カルロ・ペドレッティ、マリオ・タッディ、エドアルド・ザノン）は、世界で初めての“動く”自動走行車の模型作りに挑戦した。さまざまな解釈を頭に叩き込み、数多の専門家の意見を調べても、わかったことはただ1つ――カネストリーニの解釈にそって作られた過去の模型は、やはりどれも正しく再現されていなかった。ぜんまいバネの動力というロスハイムの仮説が正しいのかもわからなかった。そのうえ、歴史的にも正しく再現するために、レオナルドの時代に使われていた素材を探さなくてはならなかった。

初めての試作機は2004年2月にミラノで完成し、止まることなく15mを走行した。解釈の方向性が間違っていないことを確認し、私たちはフィレンツェで最終モデルを仕上げた。2004年4月の展覧会で披露した再現模型は世界の注目を浴びた。

自動走行車の再現模型。実際に動く世界で初めての模型だった。マリオ・タッディ、エドアルド・ザノン作

2004年、模型はフィレンツェ科学史研究所博物館での展覧会で発表された

最大のポイントは、2輪の大歯車の下に設置した2つの大きなぜんまいバネだった。それまでの模型には、動力源とみなした2つの大きな板バネと2つのシリンダーをつなぐ綱のようなものが組み込まれていた。しかし、812rのスケッチにこの綱は描かれていないし、それがあっては装置が作動しなかった。動いたとしても数センチだ。手稿を正しく検証せず、カネストリーニの解釈を鵜呑みにした模倣がくり返されていたのである。

タッディ、カルロ・ペドレッティ、ザノンと5倍サイズで復元した自動走行車の模型

分解図とアトランティコ手稿812r

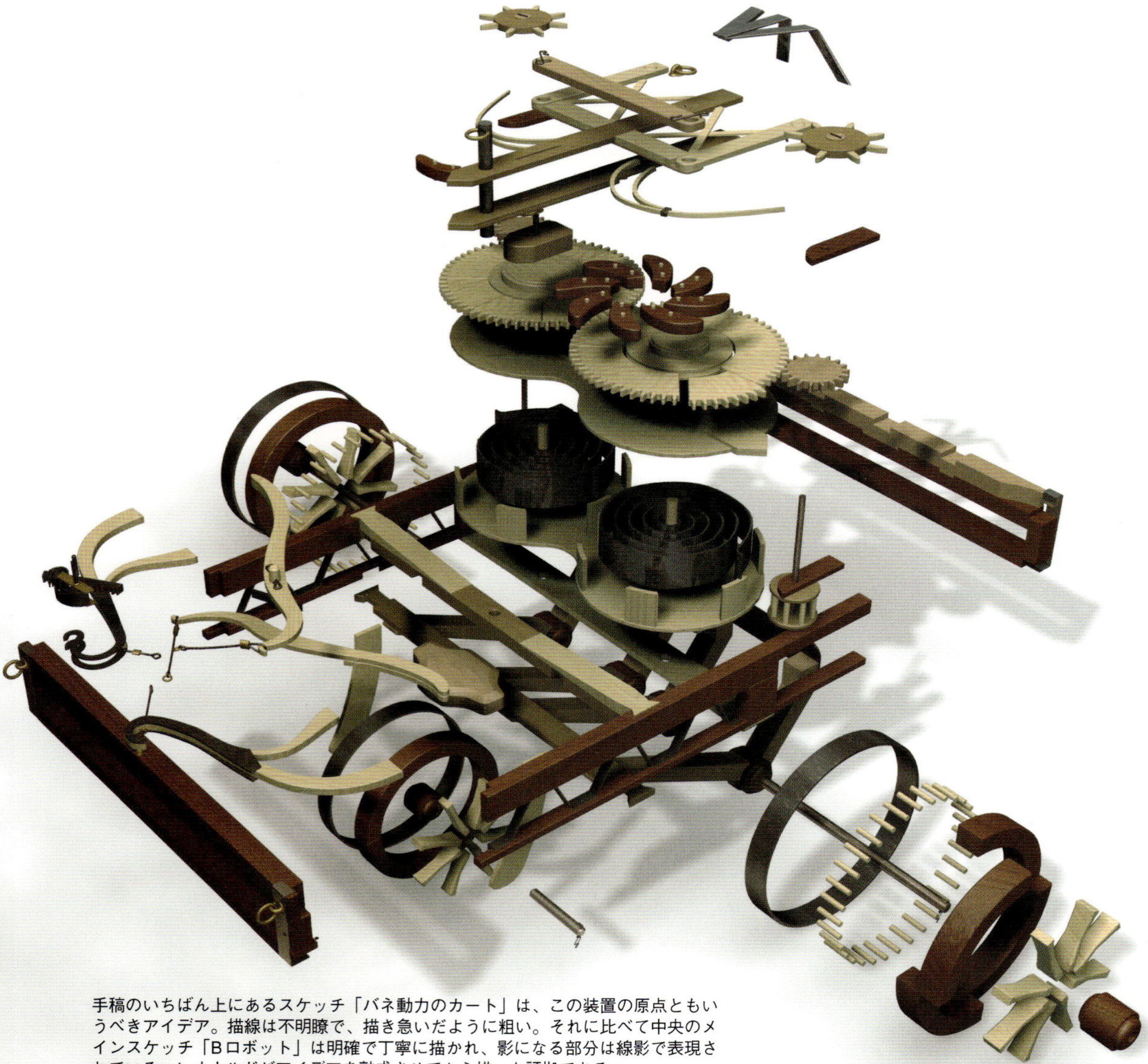

手稿のいちばん上にあるスケッチ「バネ動力のカート」は、この装置の原点ともいうべきアイデア。描線は不明瞭で、描き急いだように粗い。それに比べて中央のメインスケッチ「Bロボット」は明確で丁寧に描かれ、影になる部分は線影で表現されている。レオナルドがアイデアを熟成させてから描いた証拠である。
装置は動力源、動力伝達機構、エスケープメント、エスケープメントのアームに分けて考えるとわかりやすい。各部分とも構造が解明できたら3D画像で再現し、そのたびにレオナルドのスケッチと照合してたしかめることをくり返して、最後に各部どうしのつながりを確認して解釈を進めた。これが機械の“文法”である

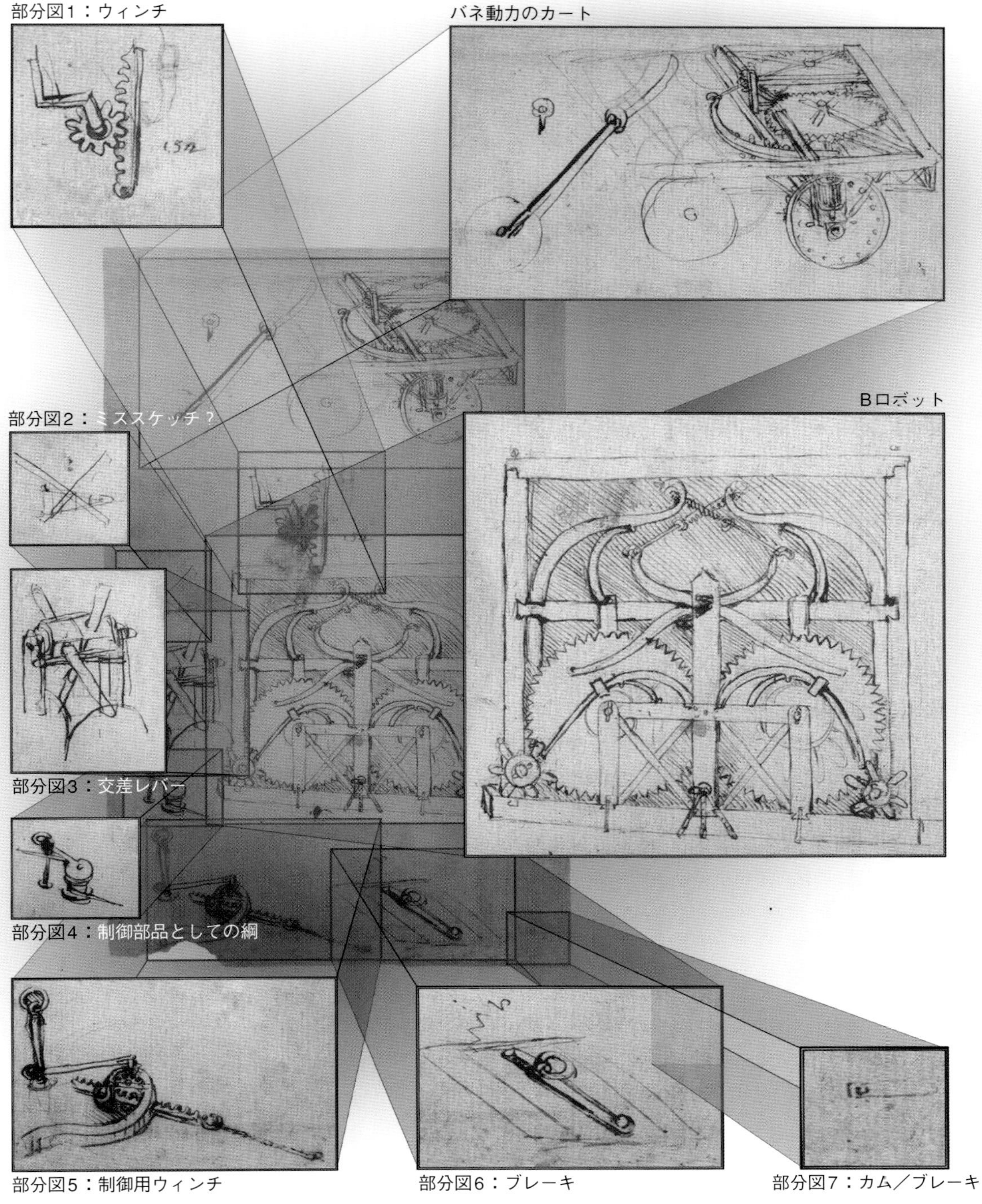
部分図1：ウィンチ
バネ動力のカート
部分図2：ミススケッチ？
Bロボット
部分図3：交差レバー
部分図4：制御部品としての綱
部分図5：制御用ウィンチ
部分図6：ブレーキ
部分図7：カム／ブレーキ

B ロボットの構造

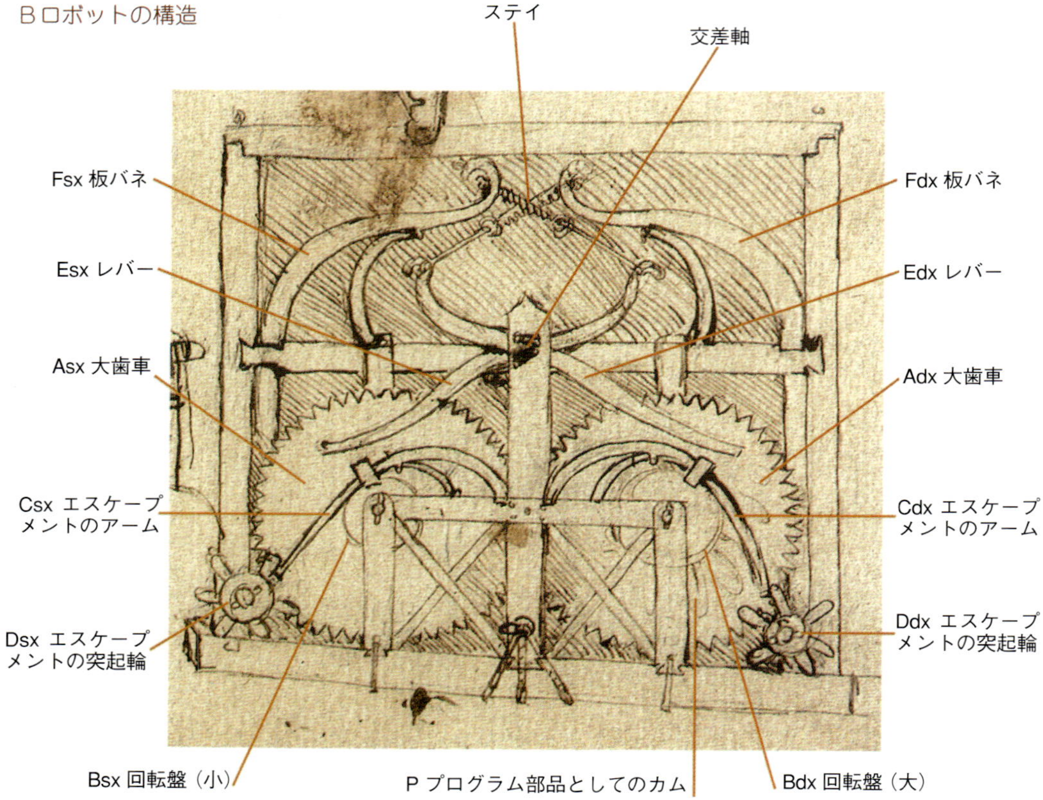

動力

812rには、操作レバーをあやつる運転手の姿は描かれていない。では装置の動力源は何だろうか。手稿には何の手がかりもないが、大きな2つの板バネが動力源だとは思えなかった。動力源として不十分だし、それでは装置が正しく動かない。

私たちはマドリッド手稿にあるぜんまいバネの動力装置を調べ、レオナルドがあるべきバネをあえてスケッチに描かなかった可能性を考えた。たとえば4r（p40参照）のスケッチでは、木製の箱に格納されたぜんまいバネが省略されている。ならば、装置の主要部の下に動力源となる2つのバネがあるのでは？　バネ仕掛けの時計のスケッチ、そしてこの装置と時計機構との類似性から、私たちは2輪の大歯車にあると考えてみた。

2バネ式の動力装置

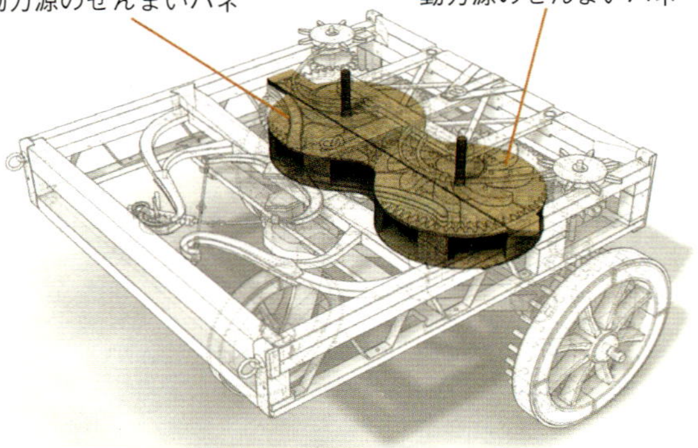

17世紀の振り子時計に使われたエスケープメント。2バネ式で1つはアームを動かし、もう1つは鐘を鳴らした

2つの格納庫にそれぞれ頑丈な鋼鉄バネを仕込み、きつく巻いてからゆるめると動力が発生して大歯車に連結した心棒が回転する。2つの大歯車はおそらく噛み合っているので、バネの片方は時計回りに、もう片方は反時計回りに巻く。バネが2つだと、動力が2倍になって作動時間が長くなるという利点もあった。「動力源はぜんまいバネ、それが装置の主要部品である板バネを動かす」というこの仮説は、他の部品もうまく動作すること、そして試作機が充分な距離を走行したことからも裏付けられた。これまで、きちんと走行する再現模型はなかったのだ。

動力の伝達

812rをくわしく調べると、スケッチからは分からない装置底部の仕組みも明らかになった。2輪の大歯車（Asx、Adx）は下図のように互いに噛み合い、片方は時計回り、もう片方は反時計回りに回転する。両端にある1対の小さな歯車（Dsx、Ddx）はそれを受けて回転し、さらに動力はその下のカゴ歯車（Esx、Edx）を経由して車輪に伝わる。こうしてバネの動力は、等しく両車輪を回転させる。

カゴ歯車が車輪を直接回転させる仕組みは、812rの上のスケッチに示されている。当時の技術者が競うように発表した「自動走行カート」も、多くはこの構造だった。

では、装置はどの方向へ動くのだろうか。これまでの解釈の多くは、カートは板バネのある側（左方向）へ動き、こちらを装置前部とみて板バネの上に操縦席があるとした。しかし再現模型で実験すると、逆向きに動くのが自然だった。あとで述べるが、装置の進行方向を決める歯車装置は、装置後部にあるほうが効率的に思えた。

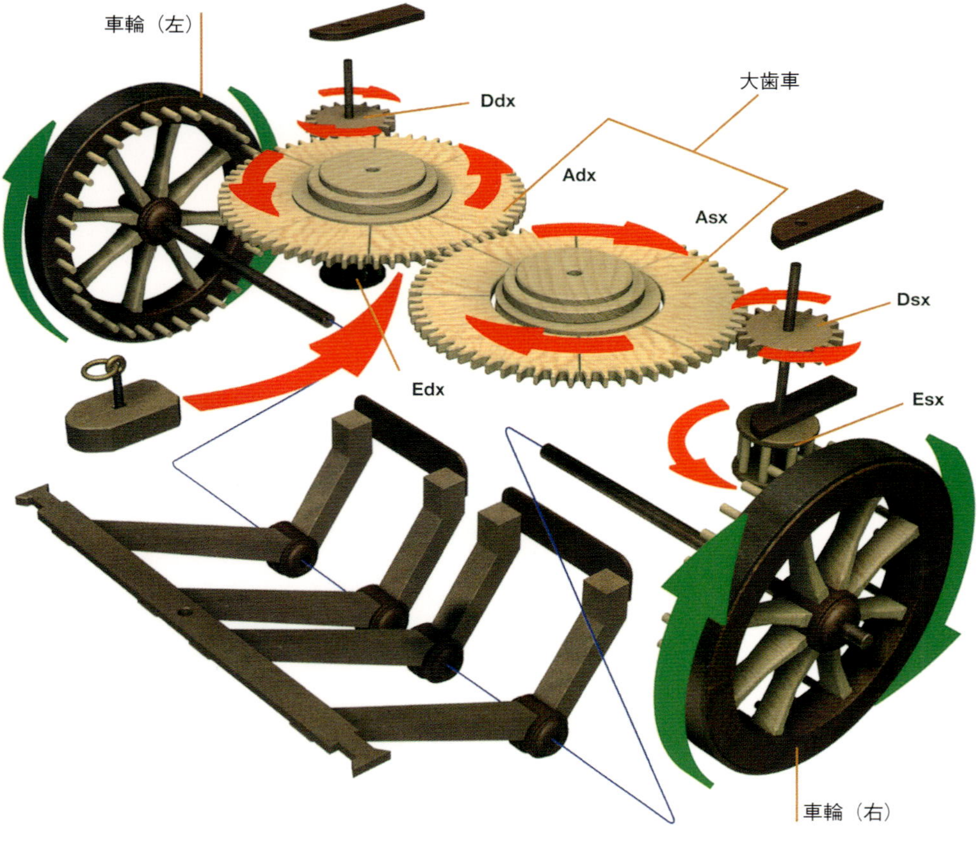

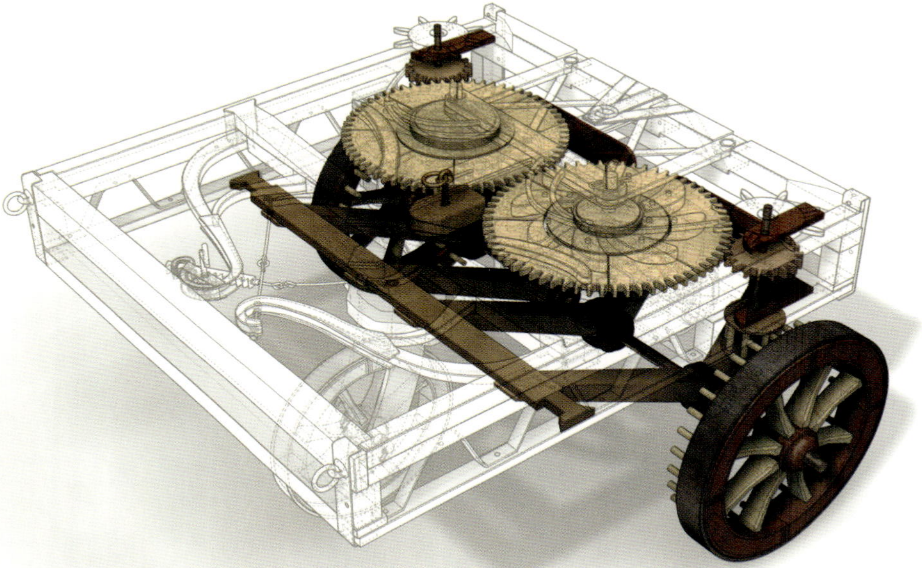

カートの進行方向

エスケープメント

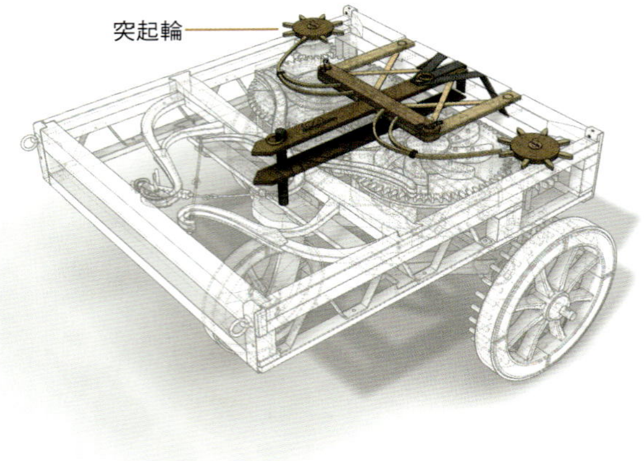

歯車の回転速度をゆるめて調節する機構で、機械式時計に不可欠な装置。時計のカチカチという音は、回転を止めるためにエスケープメントのアームが歯車の歯を打つ動作音である。バネ動力（巻いたバネが元の形に戻ろうとする伸張力）は、作動直後が最大でだんだん小さくなる不定エネルギーなので、エスケープメントが必要になる。

動力装置と機械の最終作動部品のあいだにエスケープメントを挟むと、初動時のエネルギー放出が制御され、機械は一定した動きをする。時計が一定リズムで時を刻むのもこの作用による。

レオナルドのカートでは、2本のアーム（Csx、Cdx）が6本の歯をもつ突起輪（Dsx、Ddx）に向かってたわんでいる。アームは交互に歯車の歯を打ち、回転をゆるめて速度を一定に保つ。歯車の下にある車輪には、常に一定の動力が供給される。

バネ仕掛けや振り子仕掛けの時計の研究で、レオナルドは数多のエスケープメントを考案した。カートに応用したのはこれが初めてで、その意味でも貴重な発明だ。

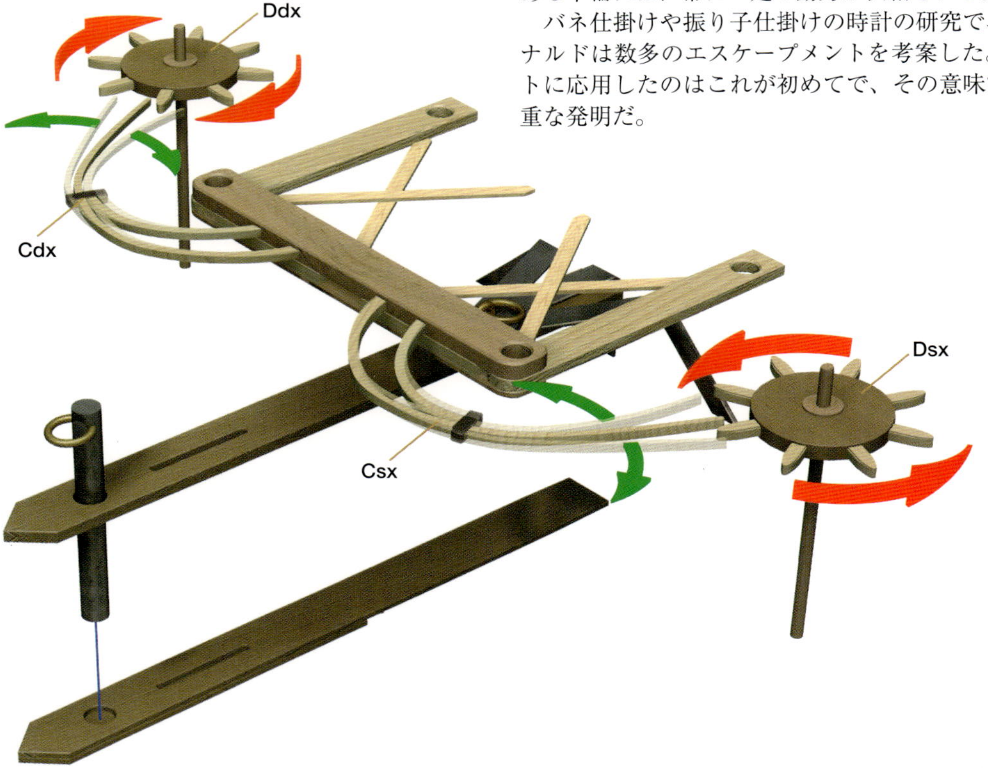

進行方向と“花びら”

カートを安定させるには、1対の車輪のほかにもう1輪以上が必要になる。3輪目の車輪は、中央部のレバー交差部の下にあったのだろう。左右に振り向ける構造で、装置後部からカートの進行方向を操作する操縦輪である。

カートの重心は、装置中央ではなく2つの大歯車のあたりにくる。その下に重い金属製のバネが仕込まれていればなおさらで、装置はこの方向に傾くので一般的な4輪車のように後部にもう2輪は必要ない。カートは走行用の2輪、方向転換用の1輪をもつ3輪車と私たちは推測した。

下から見たカート

操縦輪の作用で曲線ルートを進む

２本のレバーが交差する下に方向転換用の操縦輪があるとすれば、この操縦輪を自動で動かす仕組みの存在が考えられた。たとえば左のレバー（Esx）の軸と操縦輪が連動しているとしよう。

スケッチをよく見ると、大歯車（Adx）の上にうっすらと花びら型の部品（P）が描かれている。上下を大歯車とアーム（Cdx）に挟まれたこの6枚の部品はカム装置で、大歯車とともに回転してレバーを押し出す仕組みである。

花びら型部品は枚数の調整が可能で、つまりプログラムすることができる。回転盤（Bdx）の周囲にぐるりと設置するとレバー（Esx）はたえず前後に振動をつづけ、反対に枚数を減らすと時々しか動かない。レバーの動きは操縦輪に伝わり、カムがレバーを押し出すたびに、操縦輪はわずかに角度を変える。

また、レバーは、カムと接触しないほうの端が板バネ（Fsx）に連結されている。板バネはレバーをゆるく固定する留め具として働き、カムに弾かれたレバーは板バネに引っぱられるかたちで元の位置に戻る。同時に、操縦輪の向きもまっすぐに戻る。

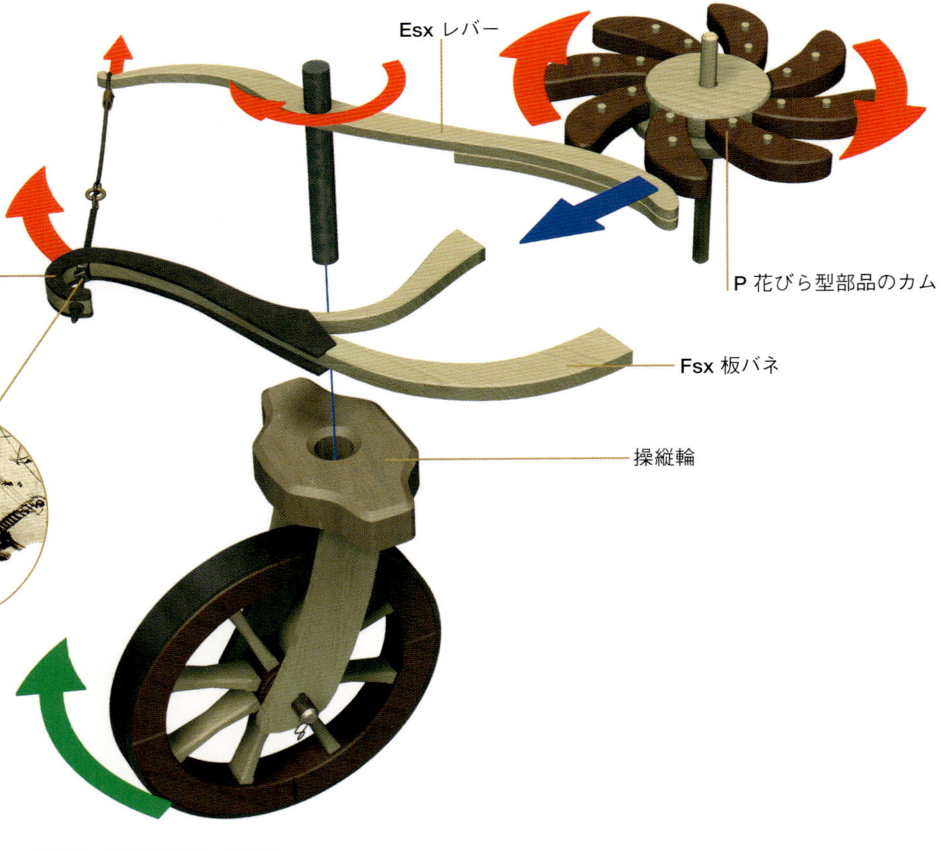

アトランティコ
手稿878rより

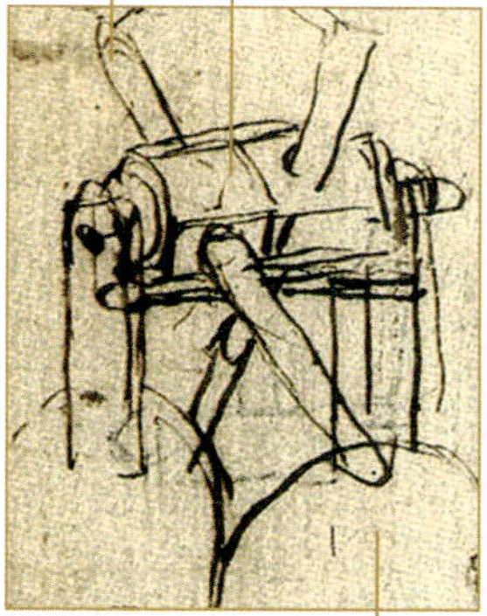

部分図3

マーク・ロスハイムが2000年に述べたとおり、カートはこのカム装置を使って走行ルートのプログラミングができた。花びら型部品の枚数が進行方向を決定するのだ。

バネ動力、そしてプログラム可能となれば、このカートは「自動走行車」よりも「ロボット」の名がふさわしい。花びら型部品の枚数を増やせば、ロボットは左へ曲がることもできたはずだ。

図を見るとわかりやすいが、レバー（Esx）が花びら型部品（P）と接触すると、ほんの数度だが時計回りの方向に押し出される。同時に操縦輪も向きを変える。カム装置が回転するあいだも、金属棒でつながった板バネの作用でレバーはゆるく固定されている。

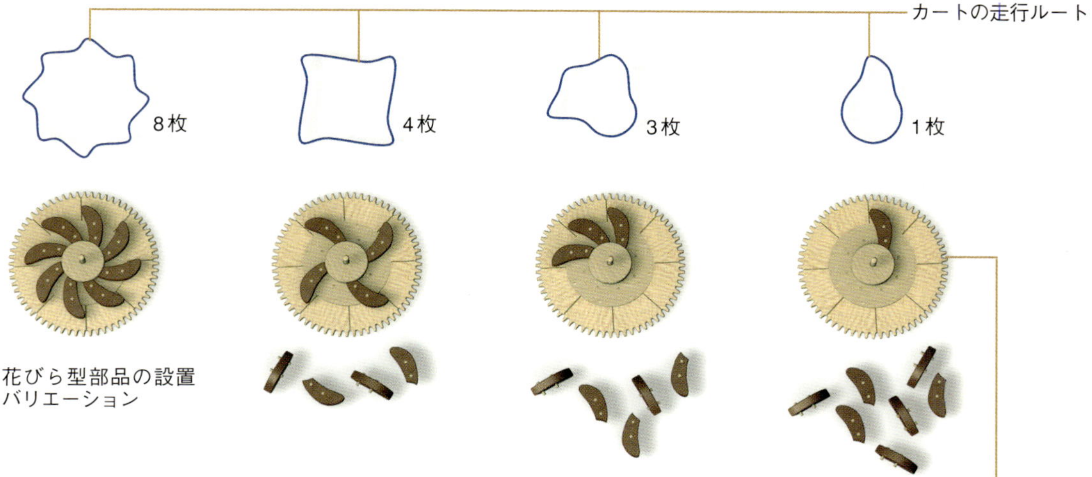

花びら型部品の設置
バリエーション

金属棒の先端は板バネの端の小さな弧に密着し、ボルト、またはウィンチで制御される。この部分の仕組みは878rに描かれている。812r左の部分図3はそのバリエーションらしく、2枚の回転盤の上に交差したレバーが設置されている。交差しているが動きはそれぞれ独立しており、6角形の回転シリンダーは操縦輪の角度を変える操作軸につながっているのかもしれない。

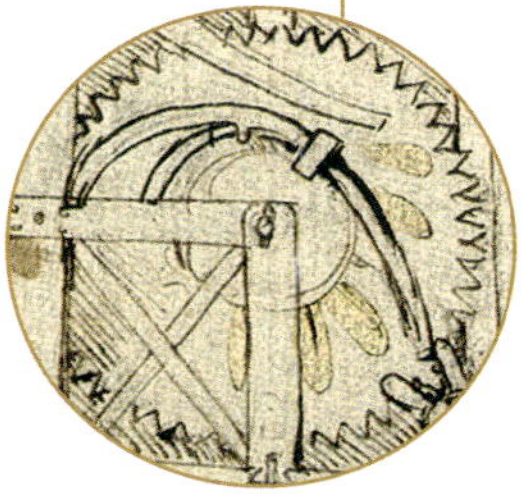

ウィンチ

812rの部分図は鏡像図（左右反転）で描かれ、これ自体が独立した装置と考えられる。

下は右レバーまわりの再現図で、レバー（Edx）の動きは大歯車の上のカム装置によって制御され、前ページで見たのと同じように作動する。しかし、よく見るとメインスケッチではレバーと板バネのつなぎ方が右と左とで異なっている。右レバーと板バネの連結部には、刻み目のついたウィンチのような部品が見えるのだ。この図ではくわしく説明されていないが、部分図1――「152」の文字はポンペオ・レオーニの書き込みである（註1）――にその詳細が描かれている。

註1：1580～90年にかけてレオーニがまとめた手稿の束は、後にアトランティコ手稿と呼ばれるようになった。機械・技術に関するものを集めてひとまとめにしたのだが、当時レオーニはこの紙葉を152番と分類し、その数字を中央に書き込んだ。手稿の再編集後は812rと分類されている。

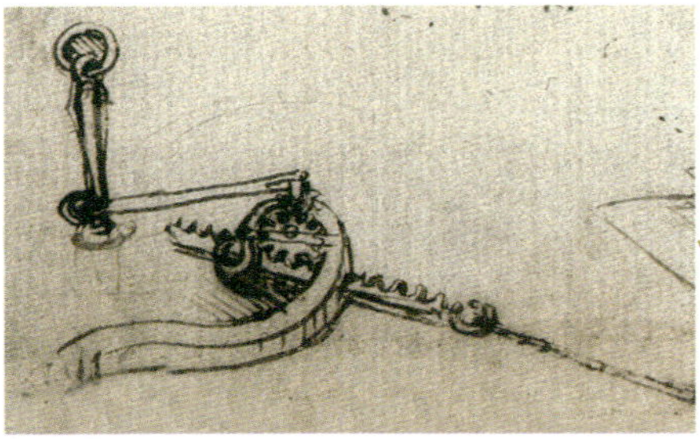

部分図5

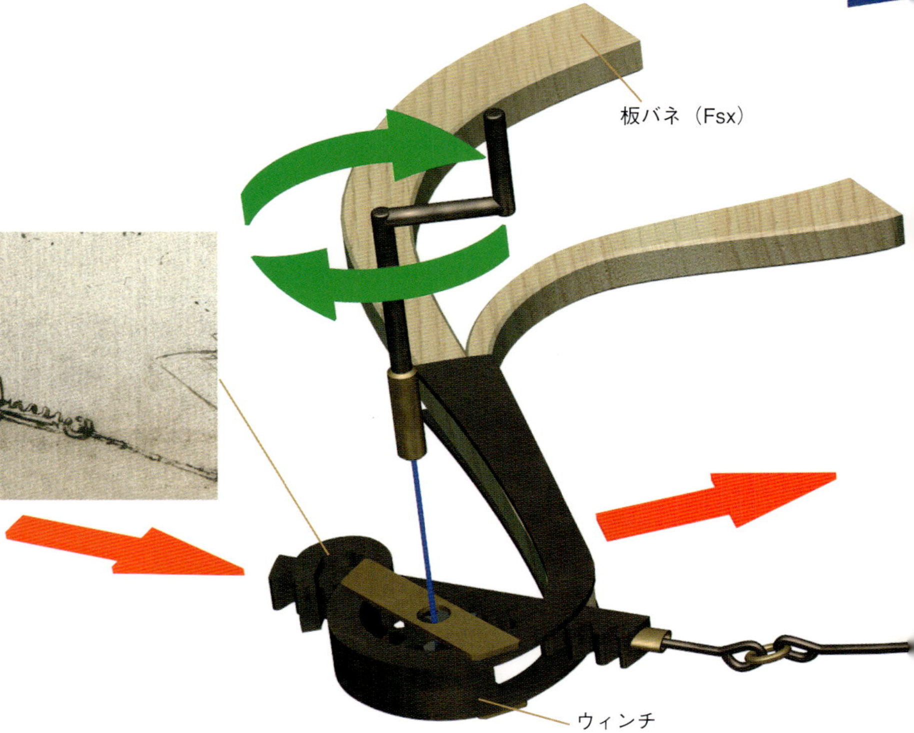

部分図1

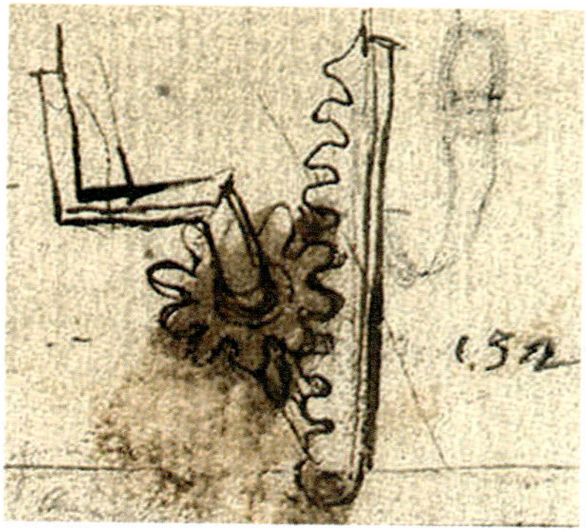

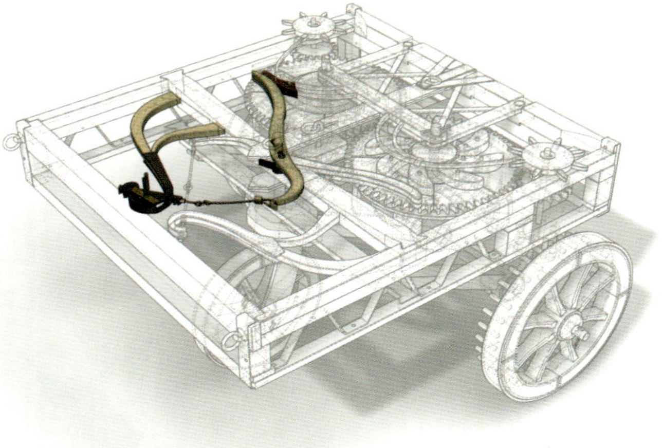

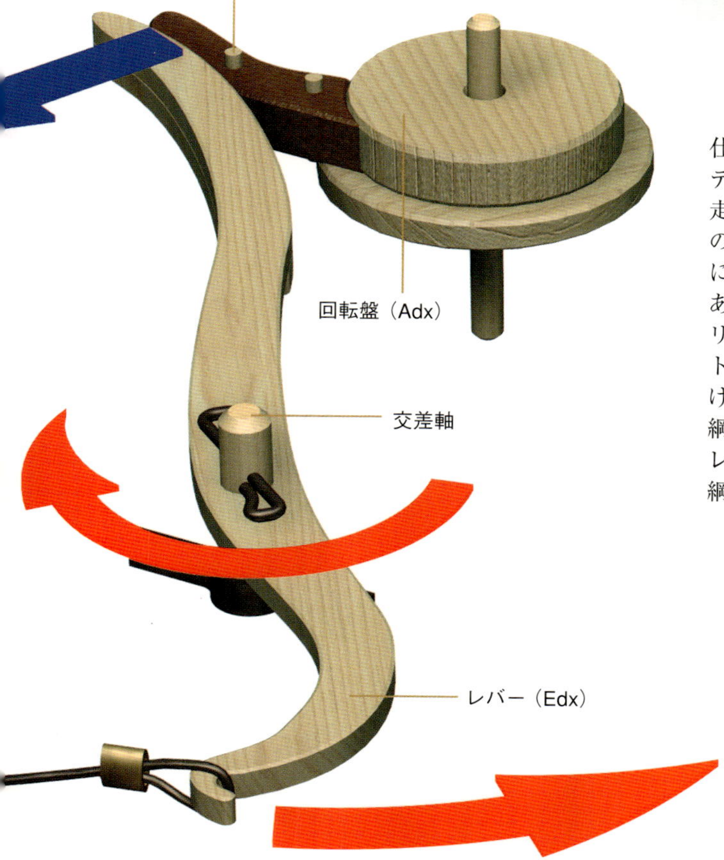

部分図1はウィンチ装置である。同じ仕組みは部分図5によりくわしく、コネクティング・ロッドが描き加えられている。走行方向をプログラミングするカム装置の逆端という位置からすると、方向転換に連動した動きを生む仕掛けだろうか。あくまでも推測だが、だとすると先端にリングがついているのは、たとえばカート上の何らかの物体や歯車を動かす仕掛けなのかもしれない。また、部分図4は綱とそれを巻き取るハンドルの図である。レバー位置を固定・制御する仕組みなら、綱は金属棒の代わりと考えられる。

部分図4

■本 体

部品はすべて四角い支枠内に収められ、各歯車は横に渡した補強柱と平行に高さを違えて設置されている。ジョイント（継手）は、他の手稿にあるスケッチや考察から推測して再現した。支枠の側面は金属製のはすかいで補強され、強度も充分だ。ネジや接着剤は使わず、部品はすべて木製の留めくぎで接合した（大歯車も木製だが、これだけはパーツに分けて接着剤でつないだ）。

では、カートはどんな大きさだったのか。過去に作られた再現模型はどれもやたら大きく、約1.5mもあった。迫力を出すためか、根拠もなくただ大きいだけである。812rにはカートのサイズについて何も記されてなく、私たちは他の手稿に描かれた歯車の図（アトランティコ手稿868、878、926、956など）を手掛りに考えた。これらはカートの大歯車によく似ており、紙葉に残るコンパスの穴や図の描き方から実物大と推測できた。これを大歯車の大きさにあてはめると、カートのサイズは50cm四方。想像よりもかなり小さいが、人間の移動や重量物の運搬が目的でないことからも妥当な大きさである（マーク・ロスハイムもこのサイズに納得している）。

■ブレーキ

カートを動かすには、装置後方にある大歯車を回してぜんまいバネを巻く。ぜんまい仕掛けの玩具と同じ要領で、これで動力が準備され、カートはいつでも動かすことができる。ここで必要なのが、動力の放出をストップするブレーキのような仕組みだ。メインのスケッチにこのブレーキ装置が見当たらないのはおそらく描き入れるスペースがなかったからで、ウィンチと同様に手稿の余白にその仕組みを描き込んでいる。

812r下の部分図6は、スロットとリングからなる仕組みである。装置中央のレバー交差軸の真下にこれを設置すると、ちょうど2枚の大歯車の間に食い込み、歯車の回転を止めるかっこうになる。リングに結んだ綱を引っぱり、歯車の間から抜きだせばブレーキは解除できる。2枚の大歯車は内側でしっかり噛み合う構造であること、部分図に簡単に描かれた図形が大歯車（Asx）と推測できることもこの仮説の裏付けとなった。

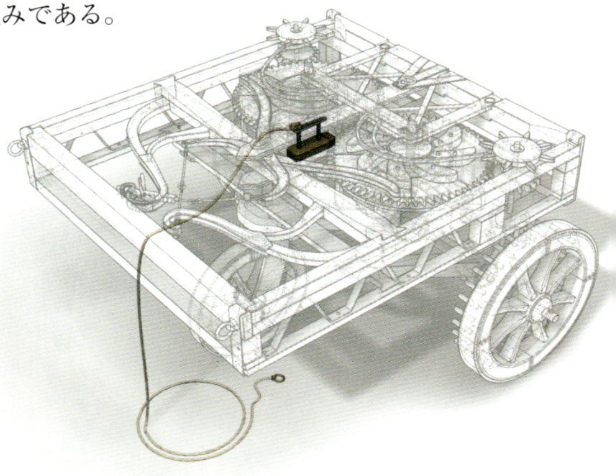

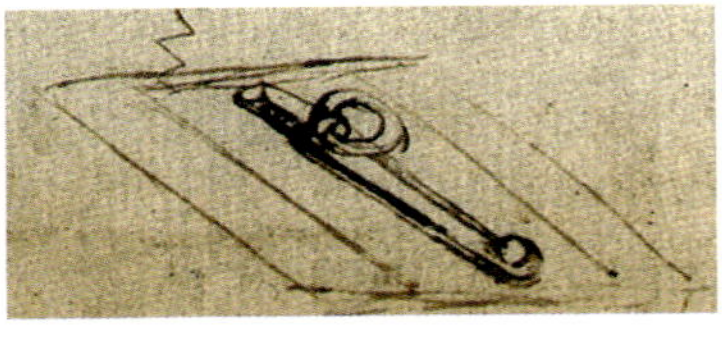

部分図6

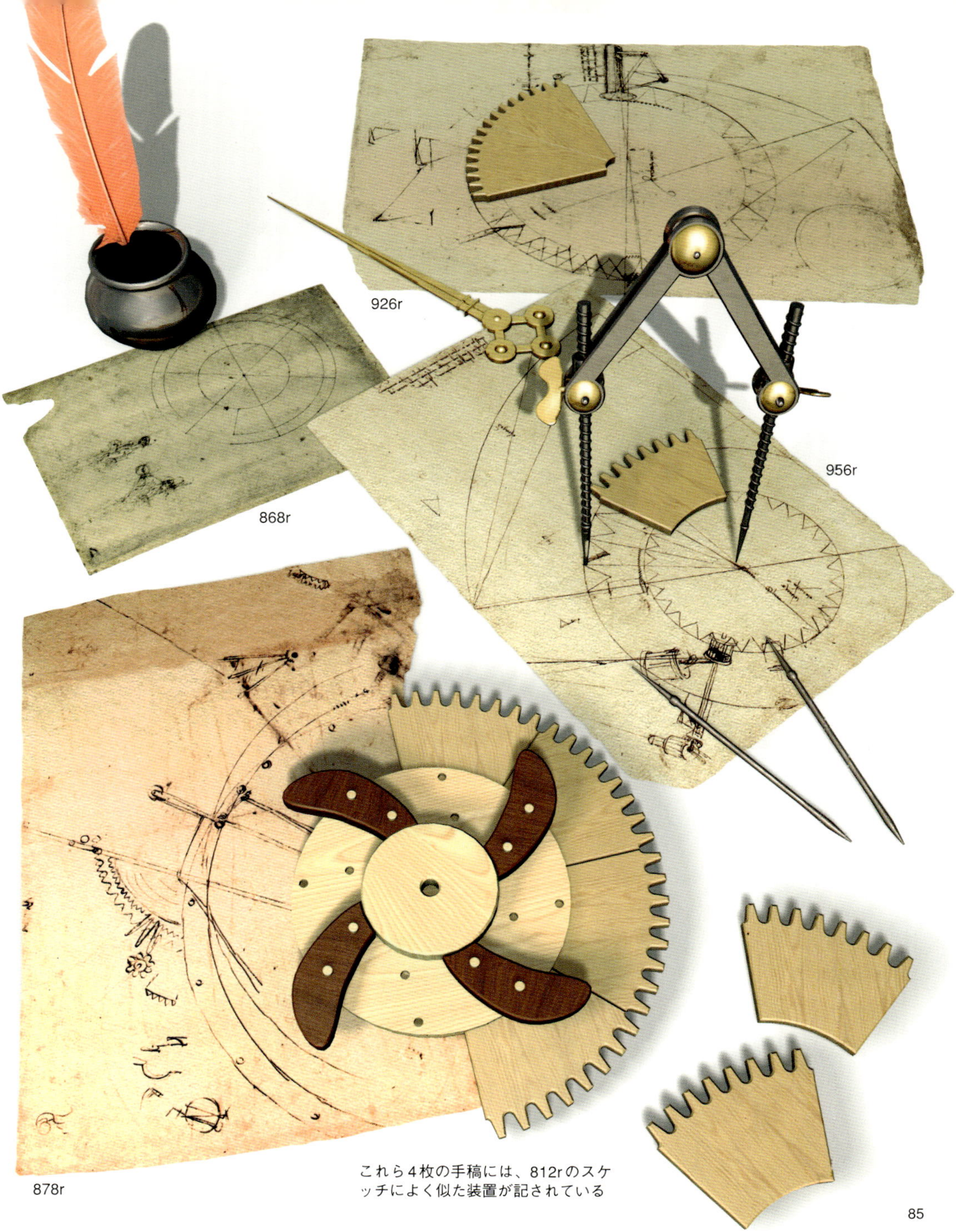

これら４枚の手稿には、812rのスケッチによく似た装置が記されている

ロボットかもしれない？

これで装置の仕組みはだいたい解明できた。残る謎はあと1つ、この装置の目的である。

謎を解くために、私たちはレオナルドの研究全般と時代背景を考えた。問題の812rはレオナルドがまだ若いころに記した手稿である。というのも、内容やその描き方の特徴から同じ時期に記されたと推定できる878rなどの手稿には、若いころのレオナルドに典型的な文字が書かれている。フィレンツェでヴェロッキオの工房にいた時代だろう。工房は舞台装置の制作も多く手がけ、レオナルドはその後も生涯にわたって（とくにミラノ時代）舞台装置や見せ物装置を作っている。

878rはレオーニが一部を切り取ったページで、このカートに似た装置のほか、左上方に人物が描かれている。落書きでもなさそうなこの人物像は、頭部の真ん中にバネらしきものがあり、首のところには綱を巻き付けた棒のようなものが見える。胴体はないが、もしかしてこれは自動人形の一部ではないか……？

レオーニはレオナルドの手稿を切り刻み、機械・技術図と絵画的デッサンとに分けてそれぞれ束にした。前者がアトランティコ手稿、後者がウィンザー紙葉である。私たちは878rから切り取られてウィンザー紙葉に組み込まれた紙片を探し、デジタル技術で878rの元来の姿を再現した。そこには4つの人物像が描かれていた。

アトランティコ手稿878

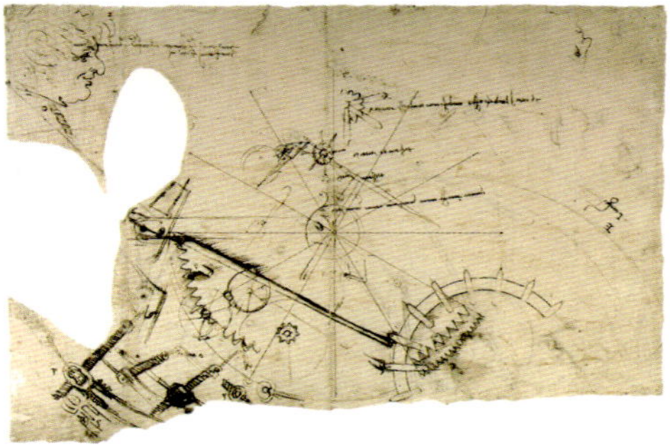
表

裏

878rには、若い男の頭部、2人の年老いた男、そして自動人形の頭部がはっきりと描かれている。再現によって新しく発見されたのは若い男、年老いた2人の男の3体で、機械部品らしきものはないが、首のつき方やポーズからして自動人形の研究の一部とみていいだろう。しかも、老男性像は身体が外套で覆われている。何の造作もなく長いだけの外套は、その下に機械部品を隠しているのかもしれない。絵画のためのデッサンならこんな描き方はせず、レオナルドらしく古典的なドレープを描いたはずなのだ。

自動人形の頭部

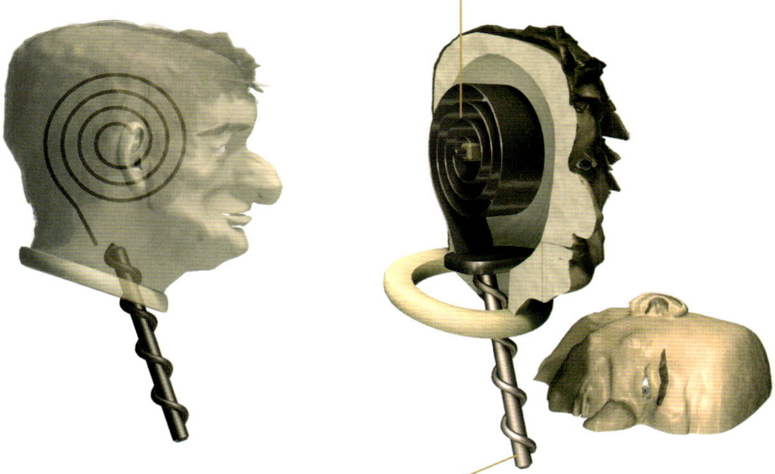

顎、または目を動かすバネ？

動力を伝達するウォームネジ

左上の頭部のスケッチから想像してみよう。綱を巻いた棒が首を左右に回転させ、自動式カートの上に設置された胴体は機械部分が外套で覆われている——見せ物のための機械人形だ。また、こんなスケッチはないのだが、たとえば人形は交互運動装置で作動するロボット機構の上に乗せたのかもしれない。

少なくとも、同時期に記されたとみられる図やスケッチからはこんな仮説が考えられる。そう思って眺めると他の解釈は思いつかないのだが、これがただの自走式カートでないことはたしかだろう。500年前の情景を想像してみる——舞台の袖に隠れ、新しい機械装置を披露する興奮に打ちふるえるレオナルド。目の前の舞台には人形が置かれ、外套の下からのびた綱が床を這っている。レオナルドは綱の先端を握り締め、合図を待った。やがてドラムロールの音が鳴り響き、思いきり綱を引いてブレーキを解除する。バネの動力装置が動き、人形が前へ進みはじめる。だれも指一本触れていないのに、人形は観客に向かって前進し、首を左右に振る。16世紀の人々は自動で動く等身大の人形など見たこともなかった。生きているのだろうか——？　からくり時計の盤面で踊る小さな人形とはわけが違うのだ。こんな摩訶不思議なものが作れるのはレオナルドしかいない。舞台上を動く西洋初の自動人形は、さぞ観衆を沸かせたことだろう。

レオーニはこのデッサンを切り取り、22番と分類した

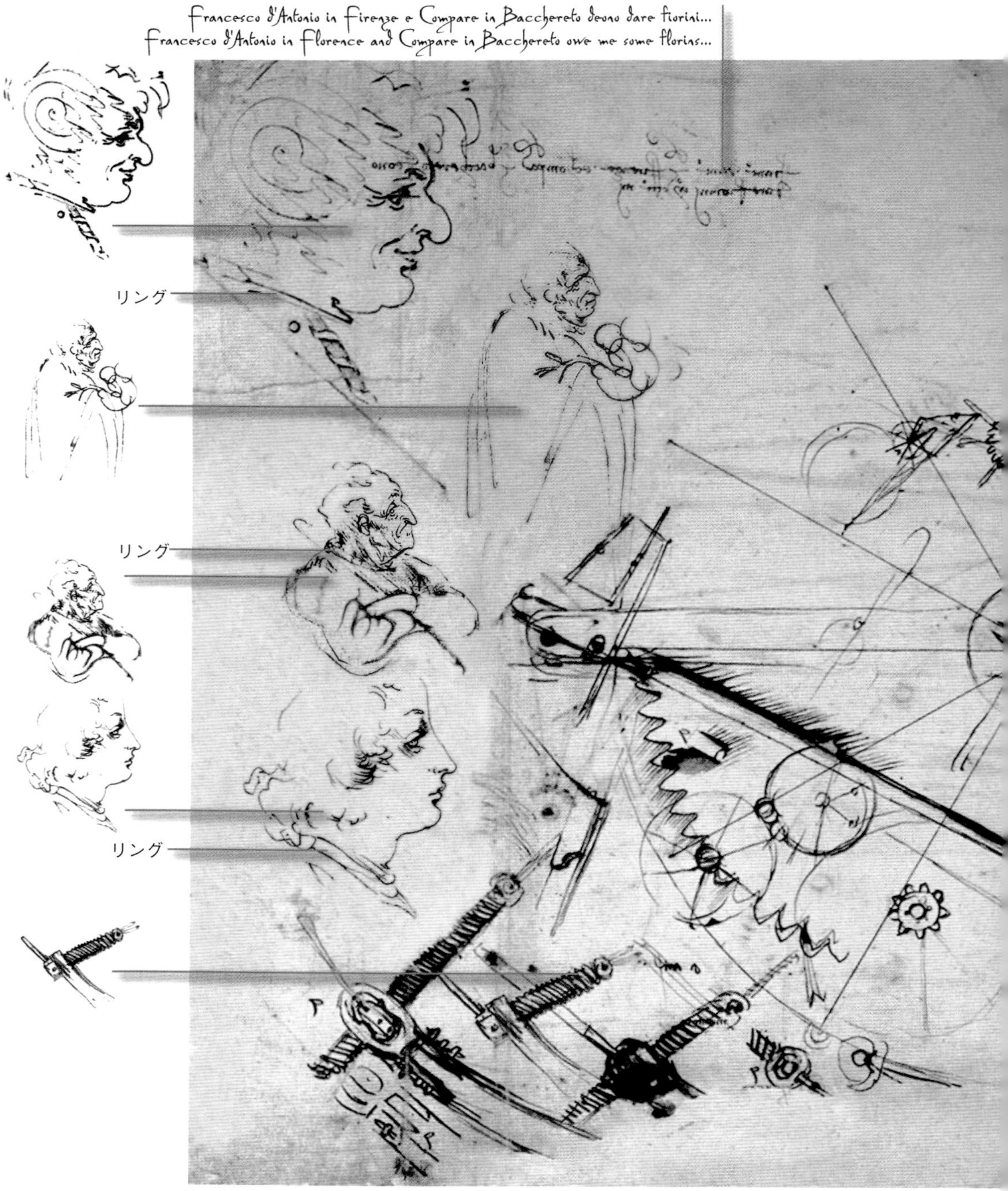
Francesco d'Antonio in Firenze e Compare in Baccheretto deono dare fiorini...
Francesco d'Antonio in Florence and Compare in Baccheretto owe me some florins...
リング
リング
リング

世界で初めて復元したアトランティコ手稿878の元来の姿。左方の人物像は自動人形のスケッチで、中央の機械図もこれに関連するものとみられる。テキストも読み解いたがスケッチの解明には役立たなかった

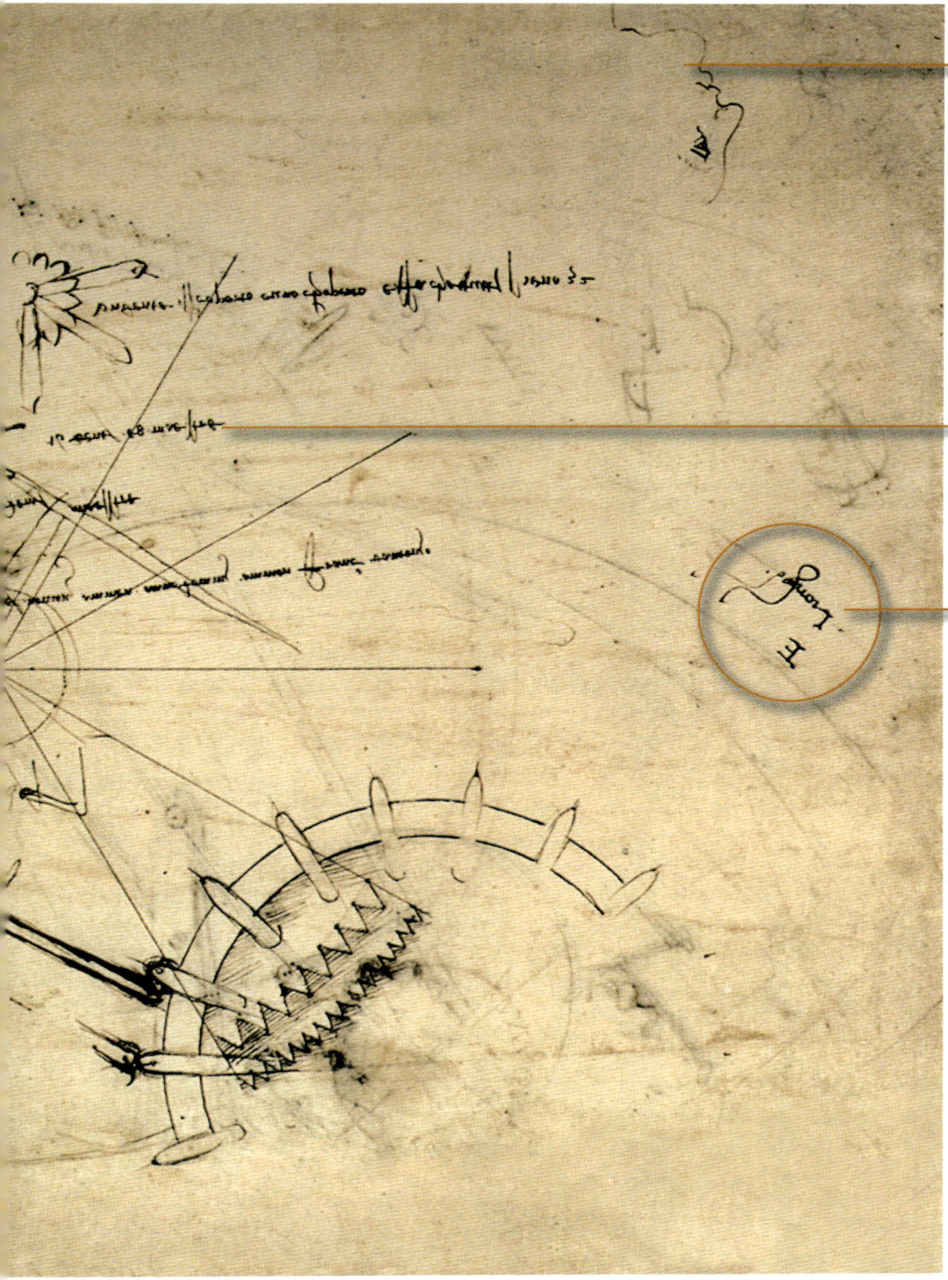

16 denti e 8 maestre
16 teeth and 8 masters

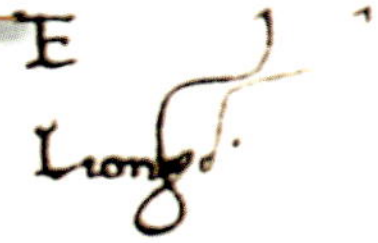

レオナルドが青年期に使っていた署名

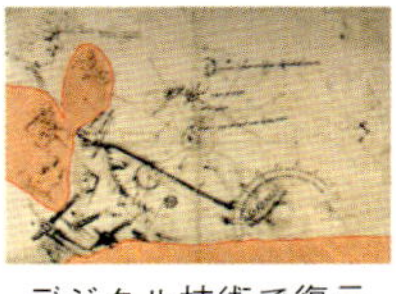

デジタル技術で復元した部分

2007年の再挑戦

2004〜06年に製作した再現模型

自動走行車の再現では、誤解と、新しい発見による過去の解釈の否定がくり返されてきた。アトランティコ手稿812rの謎解きに挑戦したカルヴィ、カネストリーニ、ガルッツィ、マリノーニ、ペドレッティ、ロスハイム、セメンツァ、タッディ、ウッチェリ、ザノンらは、レオナルドの意図を読み解こうとするなかで、あるときは新事実を見つけ、あるときは見直しを迫られた。今後もそれは変わらないだろう。失敗から学ぶことはもちろん、自説に閉じこもらずオープンな議論をし、必要なら白紙に戻して考え直す勇気もまた必要である。つねに自分自身に問いを投げかけ、確信を得ても謙虚に見直す目をもたなくてはならない。

ミラノ、フィレンツェでの共同作業のあとも、私たちLeonardo3は2004年から06年にかけてまたいくつもの再現模型を製作した。行き詰まってわけがわからなくなった各機構の仕組みと、正しい組み立て方を突き止めるためだった。マーク・ロスハイムは自由な発想で“現代的な”模型を作ったが、私たちはガルッツィとペドレッティにならって“歴史的にも正しい”模型をめざした。形も素材も技術も、レオナルドが生きた16世紀に実現可能なものしか使わない、と自らに大きな制限を課したのである。

2004年にああは言ったものの、実は私たちの再現模型は正しく作動しなかった。実験なくして事実の発見はあり得ない、と言ったのはまさにレオナルドだが、カム装置を使った方向転換のアイデアなど、ロスハイムが推測した走行方向のプログラミング仕掛けは何度実験してもうまくいかなかった。操縦輪と方向転換とは何の関係もなく、冷静に見つめ直すと手稿812rのどこにもそんなことは描かれていなかった。そもそも直線だろうと曲線だろうと、カートの進路を定めるなら最初から車輪をその方向に固定すればいいのである。手稿の見直しと数多の実験を重ね、私たちは再考せざるを得なかった。自動走行車のスケッチがまるで違ったものに見えた——私たちは間違っていたのか？

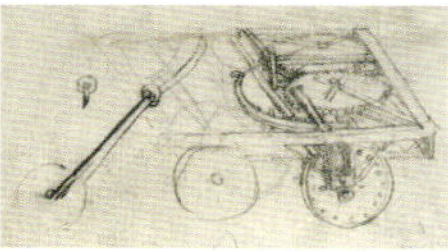
812rの上部スケッチ

ふとひらめいたのは、その後ミラノのアンブロジアーナ絵画館で時間をかけて812rを再検証したときだった。上部に描かれたスケッチは新しく解釈できるのでは？　なぜ板バネが描かれてないのか。装置の形は左右対称でないのは慌てて描いたから？　中央のメインスケッチにもう手掛かりは残っていないだろうか……？

このスケッチを、今日の研究者は装置主要部の準備スケッチと解釈している。これまでの誤った再現は、左方に描かれた方向指示用の車輪を重視し、また突起のついたバネ部品を動力と考えたものが多い。解釈はいろいろだが、再現模型はどれも左右対称に作られてきた。

スケッチの再検証

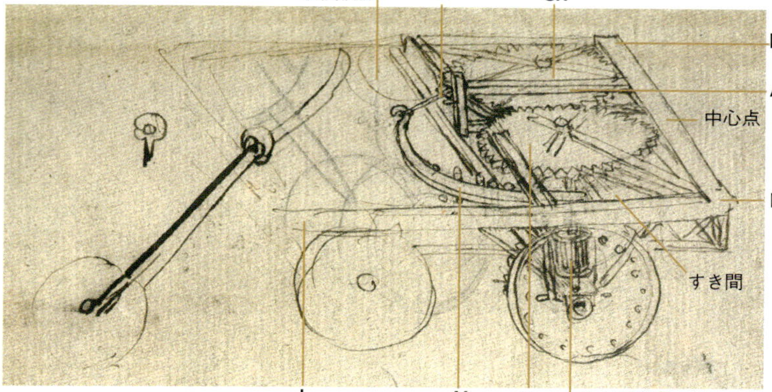

なぜだれも装置が非対称であることに気づかなかったのか。スケッチでは、2つの大歯車の接点上に渡された棒(A)、向こう側の大歯車(Sx)の設置場所がずれている。若いころの図とはいえ、レオナルドが中心点を取り違えたとは考えにくく、また彼が熟知していた遠近効果でもない。

これまでの再現模型が正しいのなら、棒(A)、2つの大歯車(Sx、Dx)の接点は支枠の右辺(B-E)の中心にくるよう描かれているはずである。ところがスケッチでは右辺の中心から大きく上方にずれ、たとえ慌てて描いたとしてもレオナルドがこんなミスを犯すことはあり得ない。大歯車(Dx)と支枠の下辺(B-I)のあいだにすき間があり、大歯車(Sx)の向こう側にはそれがないことからも、意図的に中心をずらしたのは明らかである。

これまで、弓形の部品Xは大歯車(Dx)と噛み合い、綱を引っぱって装置を動作させる(うまくいった試しはないが)動力装置と考えられてきた。しかし、装置が非対称形で、大歯車(Sx)の下にバネが仕込まれ、弓形部品Xをエスケープメントと考えれば、今度こそバネ動力のカートという解釈が成立する。

この装置の考えどころは、スケッチでも一番よく描き込まれている前方部である。カゴ歯車を利用して大歯車(Dx)からクラウン歯車のついた車輪に動力を伝達する仕組みも、丁寧に描かれている。弓形部品は小さなエスケープメント機構につなげた綱を引っぱり、短い棒(Z)が大歯車の歯に干渉してその回転をゆるめる仕組みだ。

4輪・ダイヤモンド型

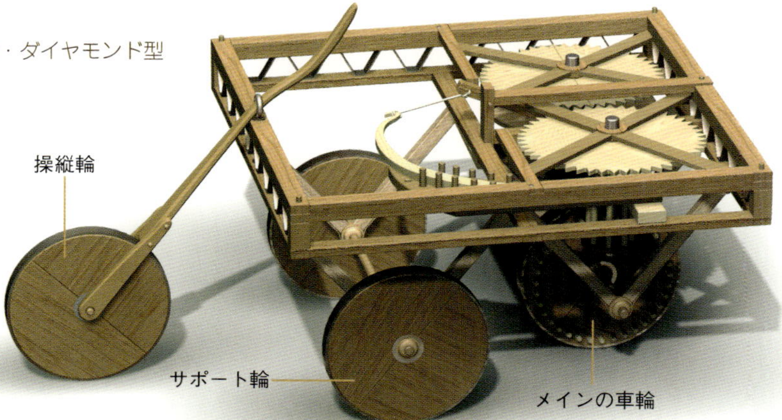

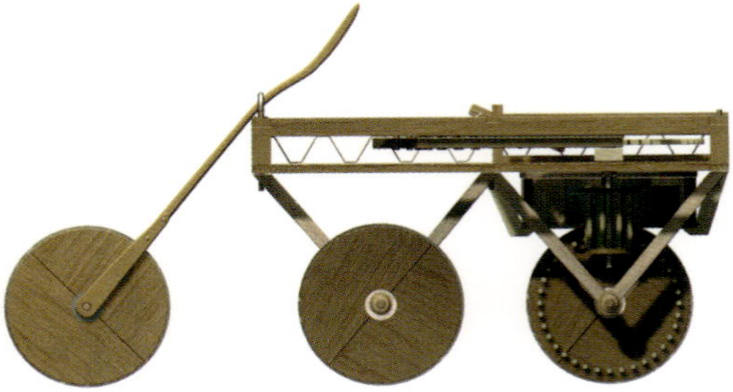

横から

前から

上から

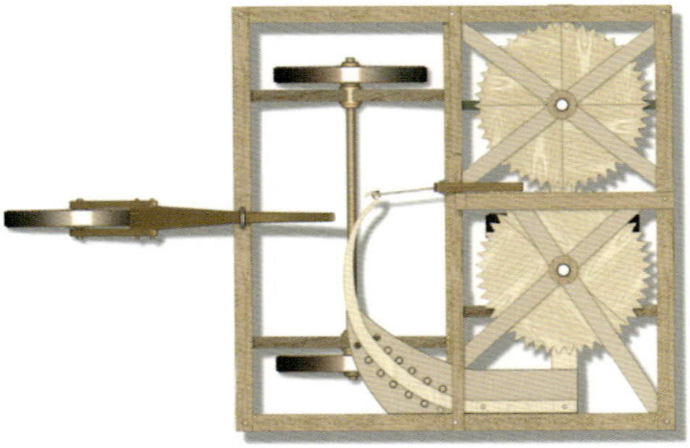

斜め前から

装置下部に仕込まれたバネ

弓形部品Xの両側に見える突起は、部品Xでなく支枠についていると考えれば、部品Xが支枠に向かってしなる角度にある程度の幅を与え、かつその動きを抑制して元の位置に戻す役割と解釈できる。突起の位置によって反発力を変えられるので、エスケープメントの抑制力の調整器とも呼べる。突起を取ってしまえば（スケッチには突起がなく穴だけ開いているところが2つある）部品Xの“あそび”が増え、エスケープメントは機能しなくなるだろう。スケッチにもごく薄く描かれているが、反対側にもこの弓形部品があればエスケープメント機能はより高度になる。

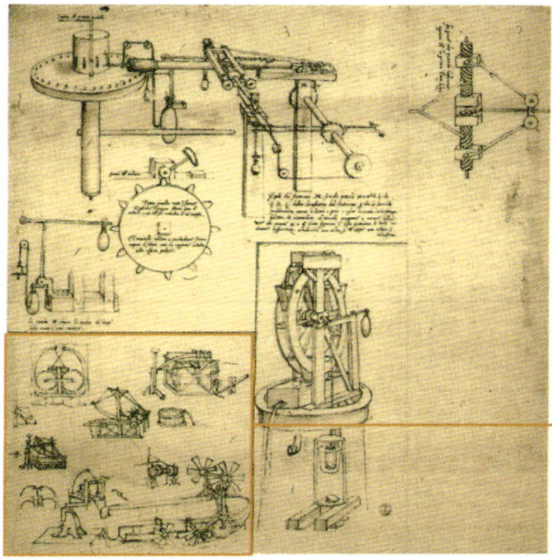

GDS 4085Ar

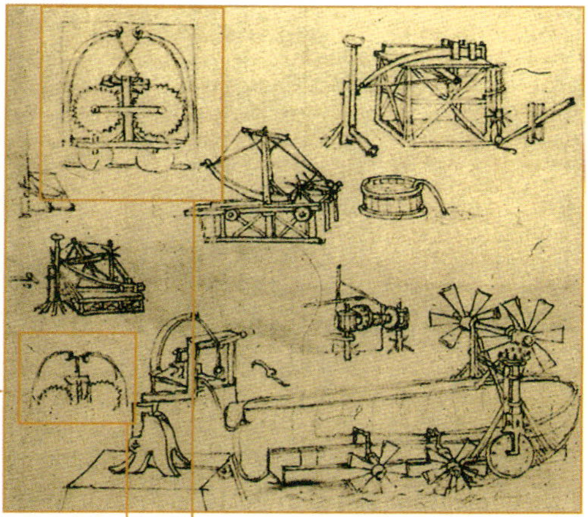

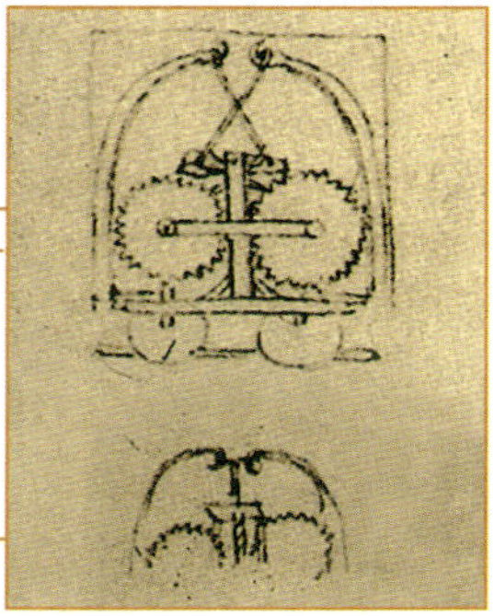

構造を考えるために、少し脇道へそれよう。ウフィツィ美術館蔵のGDS 4085Arと呼ばれる史料には、16世紀に模写されたレオナルドのデッサンがいくつか含まれている。正確な模写ではないが、現存しない失われたスケッチも含まれた貴重な史料だ。そのなかに、このカートとよく似た仕組みの図があった。大歯車に直接作用するエスケープメント機構の図である。

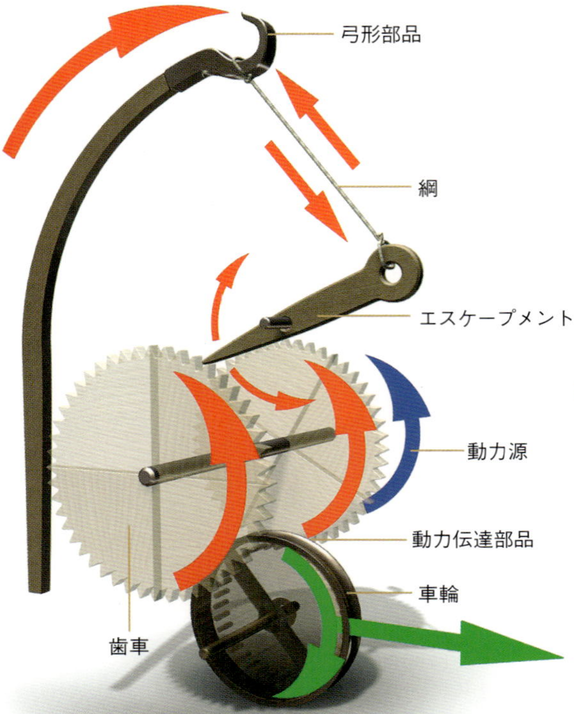

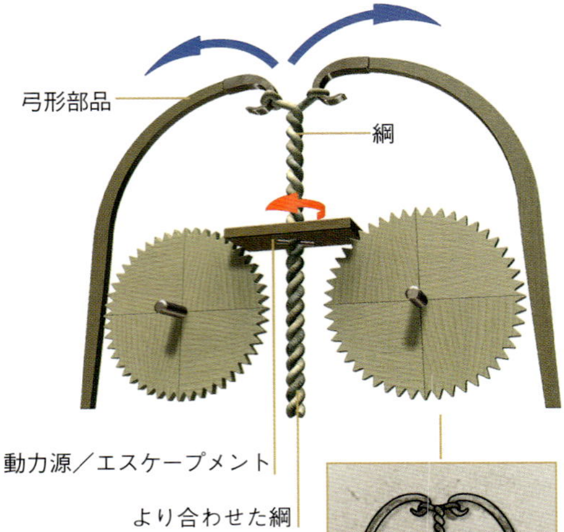

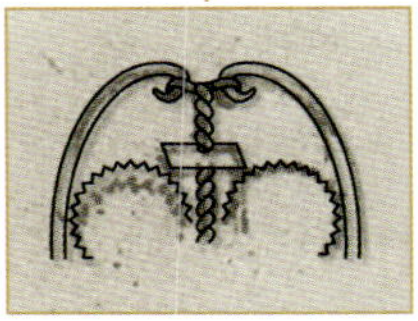

この模写スケッチを参考にして、私たちは新解釈を組み立てた。レオナルドの手稿に散見される手がかりからして、この弓形部品が何らかの推進力を生むとは考えられない。そこで右側の大歯車（Dx）を動かす動力について、Dxと噛み合うSxの下に動力を生むバネが仕込まれていると仮定した。

現存しないレオナルドのスケッチをざっと模写したこのスケッチは、底部に2つの歯車を設置したエスケープメント機構のようである。しかし、装置の目的ははっきりしない。車輪の下に描かれた線は綱で作った線路のような軌道か、またはただのスケッチミスだろう。ここでは同じ仕組みを2つ並べて二重構造にし、軌道上を動く装置として再現した。

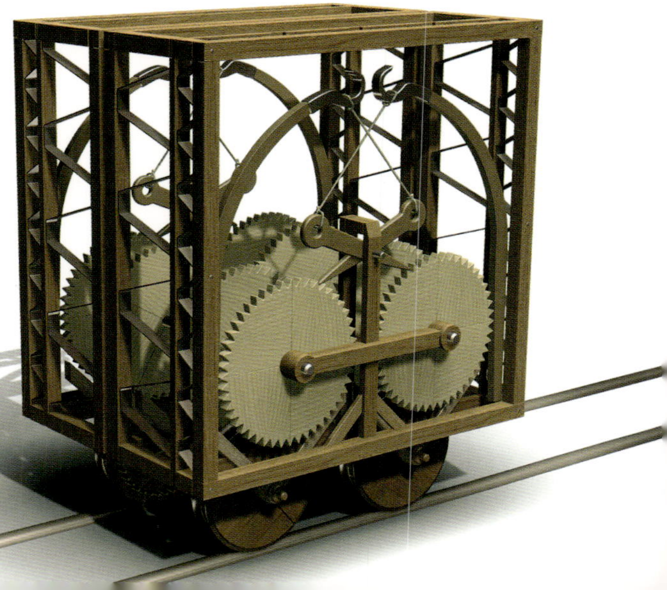

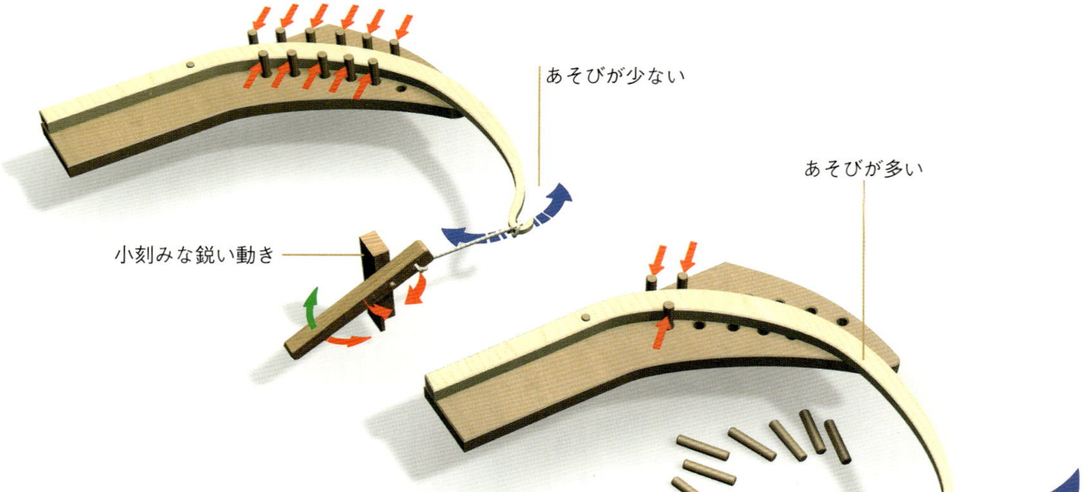

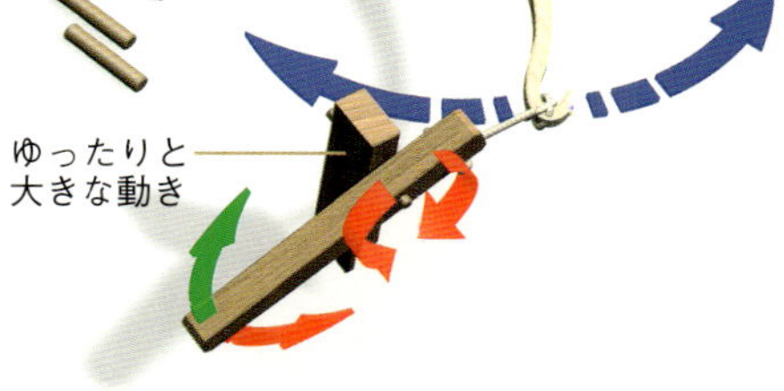

そうでなければ、この装置には動力源がないと言わざるを得ない。Dxの下には車輪につながる別の機構が設置されており、バネを仕込むとすればSxの下である。動力装置とエスケープメントを描いたあと、レオナルドは輪郭だけの後輪を2輪と、棒にしっかり固定した操縦輪を描き足した。

ラフなスケッチなので歯車の正確な位置を特定することはむずかしいが、ここまで考えてみて、装置が左右対称である可能性、また弓型部品がスケッチにはない綱を介して動力を生むという仮説は完全に否定された。レオナルドはこのスケッチを途中で描きやめ、おそらくこのあとエスケープメント機構の研究に着手した。装置の構造が基本的でとりたてて研究する必要もなかったからで、そうでなければもっと丁寧に描いただろう。操縦輪の描写もずいぶん粗いが、他の4輪とのバランスにも気を払わず試しに描いてみただけなのかもしれない。

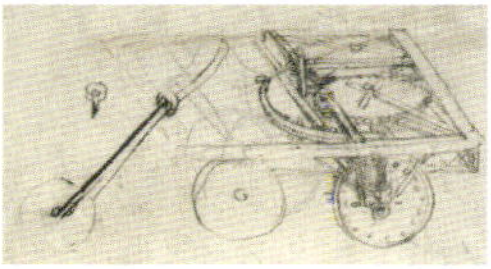

812r上のスケッチ

エスケープメント機構

分解図

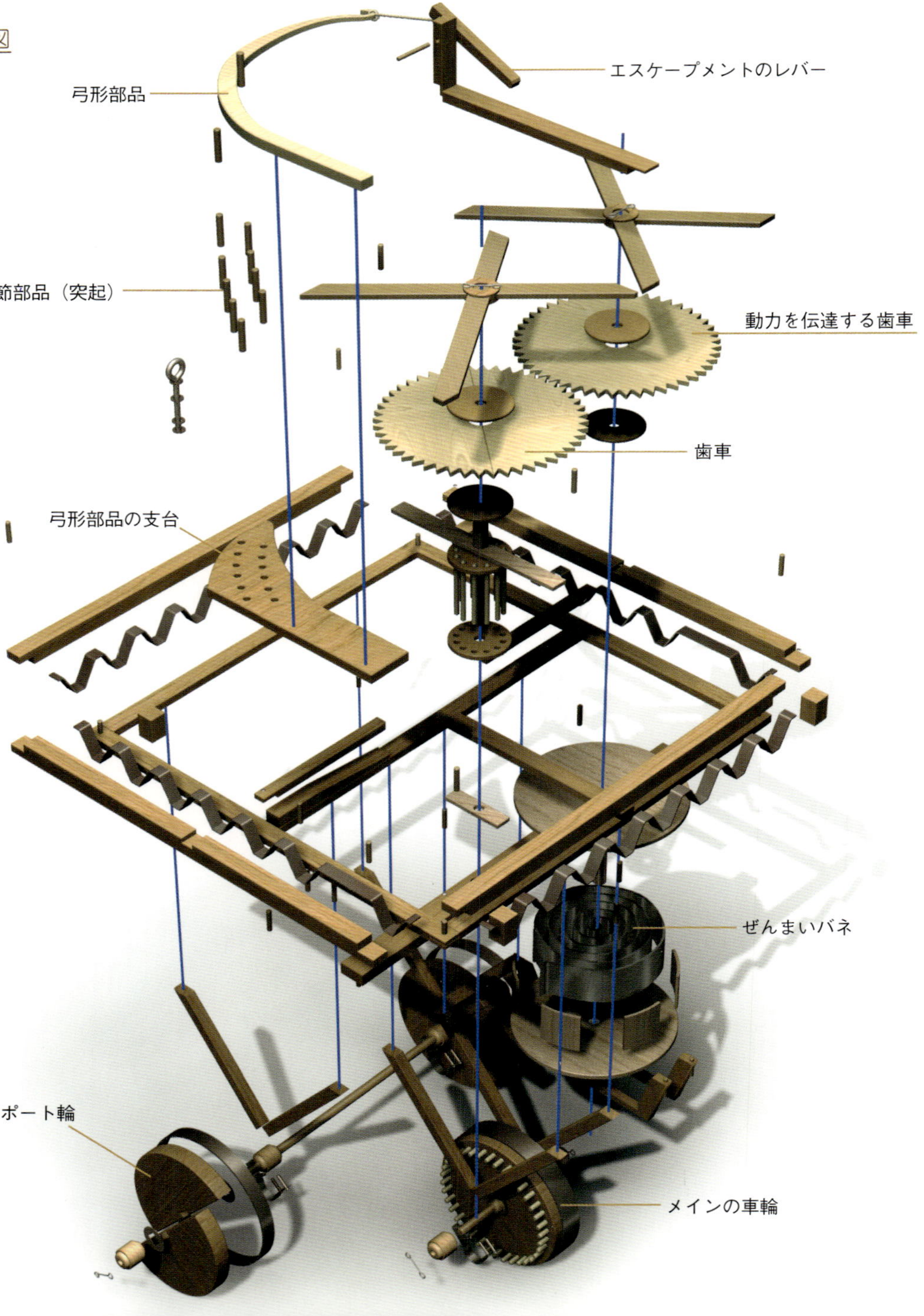

弓形部品
エスケープメントのレバー
調節部品（突起）
動力を伝達する歯車
歯車
弓形部品の支台
ぜんまいバネ
サポート輪
メインの車輪

解き明かされた謎

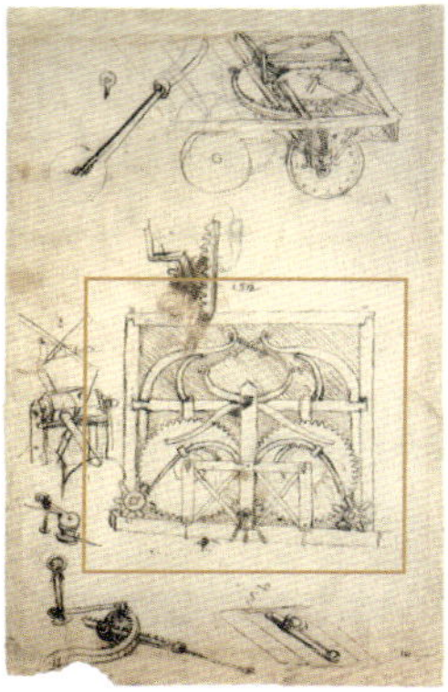

この“ロボットカート”のもっとも詳しい描写は812r中央のスケッチである。バネを装置の下部に仕込み、2004年に考えた大歯車の解釈にもとづいて再現すると、模型はうまく作動した。解釈は正しく進んでいた。残る謎は、走行方向の決め方、装置の大きさ、バネとエスケープメント機構の詳細だった。

装置の大きさは、アトランティコ手稿868、878、926、956に描かれた歯車のスケッチをヒントに50cm四方と推定した（2004年）。スケッチがロボットカートの機構と似ていること、カートの研究期と同じころに描かれたらしいこと、そして手稿に残るコンパスの穴などから、これらの歯車を実物大と考えたのだ。しかし、その後878、956を再分析し、エスケープメントの仕組みと比較すると、ここに描かれた装置の役割が明らかになった。

スケッチは812rよりも丁寧かつ明確で、ロボットカートの機構ととてもよく似ている。歯車の歯の大きさと形はスケッチによりさまざまだ。私たちは、この歯車がバネから放出される動力を最大限に活用する複雑な歯車装置に連結しているものと仮定して解釈をすすめた。しかし、ロボットカートの構造はあまりに複雑で、878の機構をあてはめることはできなかった。行き詰まった私たちは思い切ってこれまでの解釈を白紙に戻し、一から考え直すことにした。そして先入観を捨てて手稿を見つめ直し、ある事実に気がついた。

956rの中央付近に、小さな文字の連なりがある。956（とそれに関連して878）のスケッチは時計仕掛けの太陽系模型であることを示す内容で、つまりスケッチは812rとは何の関係もないことを告げていた。そうか、そうだったのだ——。

ずっとそこにあったテキストを、私たちは見落としていた。辻褄を合わせたいという都合のいい欲望と、頭に叩き込んだこれまでの解釈にまどわされ、そして再現模型がやっときちんと動いたことに気をよくしたあまり、天体について述べたこのテキストを無視していたのである。

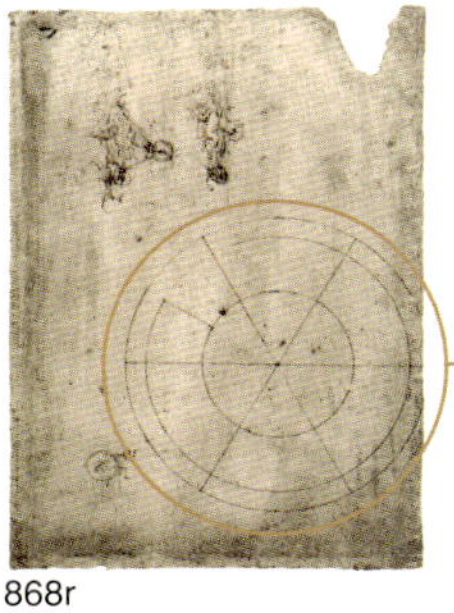

868r

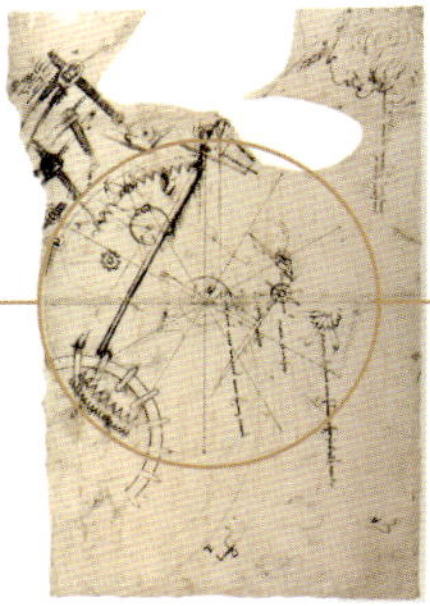

878r

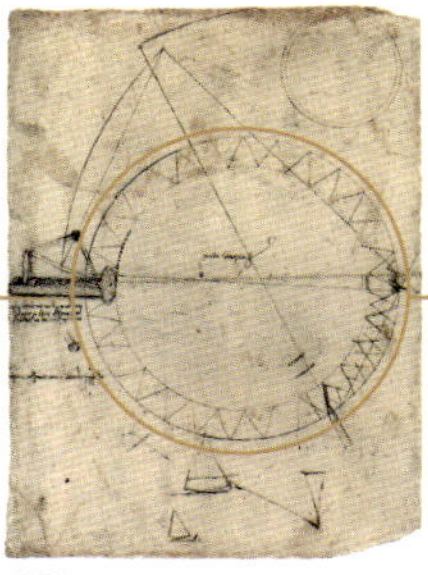

926r

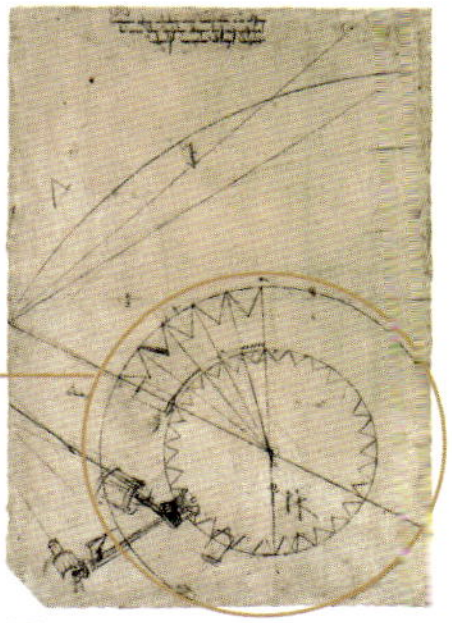

956r

2007年5月に制作した再現模型

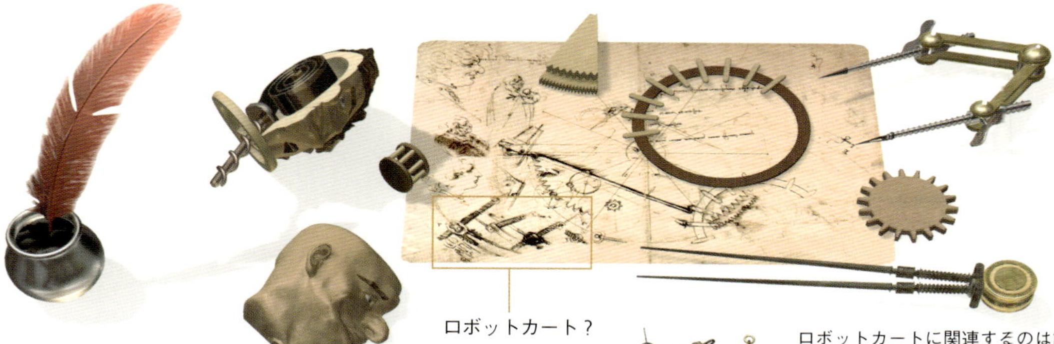

ロボットカートに関連するのは調節装置の部品と自動人形のスケッチのみ。歯車は別の研究の一部とみられる

こうしてロボットカートの大きさ、4枚の手稿にある減速ギア装置の存在についての推測は白紙に戻った。なお、ロスハイムをはじめ、878・956の機構と似ているとしてGDS 446（ウフィツィ美術館蔵）のスケッチを重要視する研究者もいる。しかし、これは石弓に弓を装着する仕組みを描いたもので（全体像は181r）、やはり812rとは無関係である。

GDS 446r

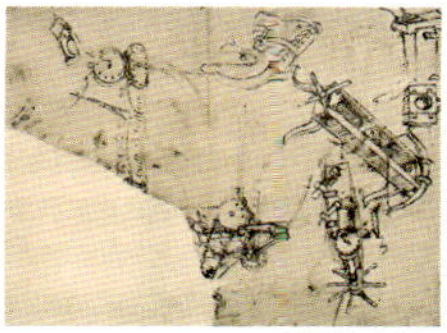

GDS 446v

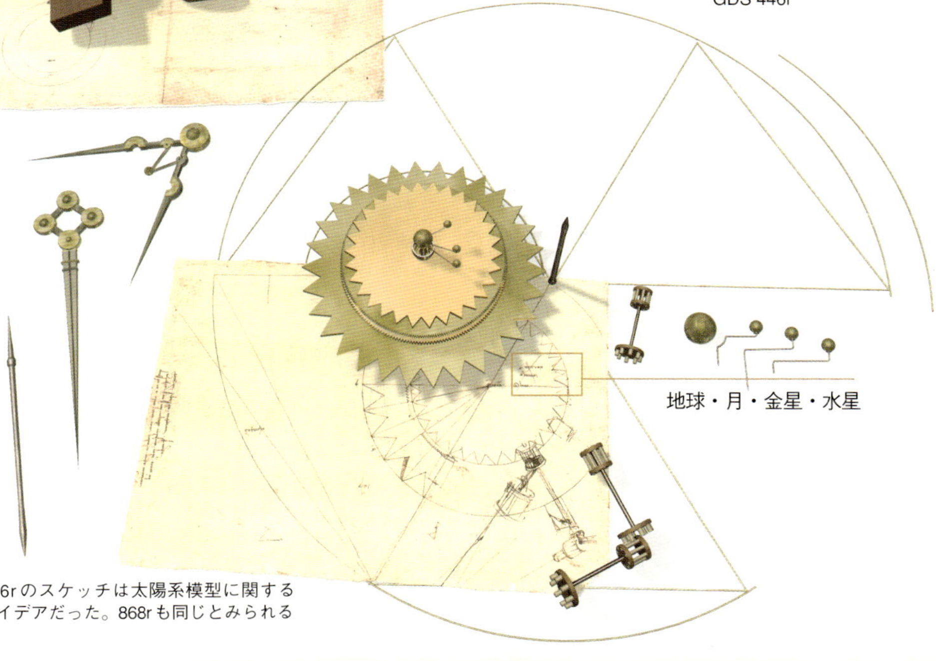

926rのスケッチは太陽系模型に関するアイデアだった。868rも同じとみられる

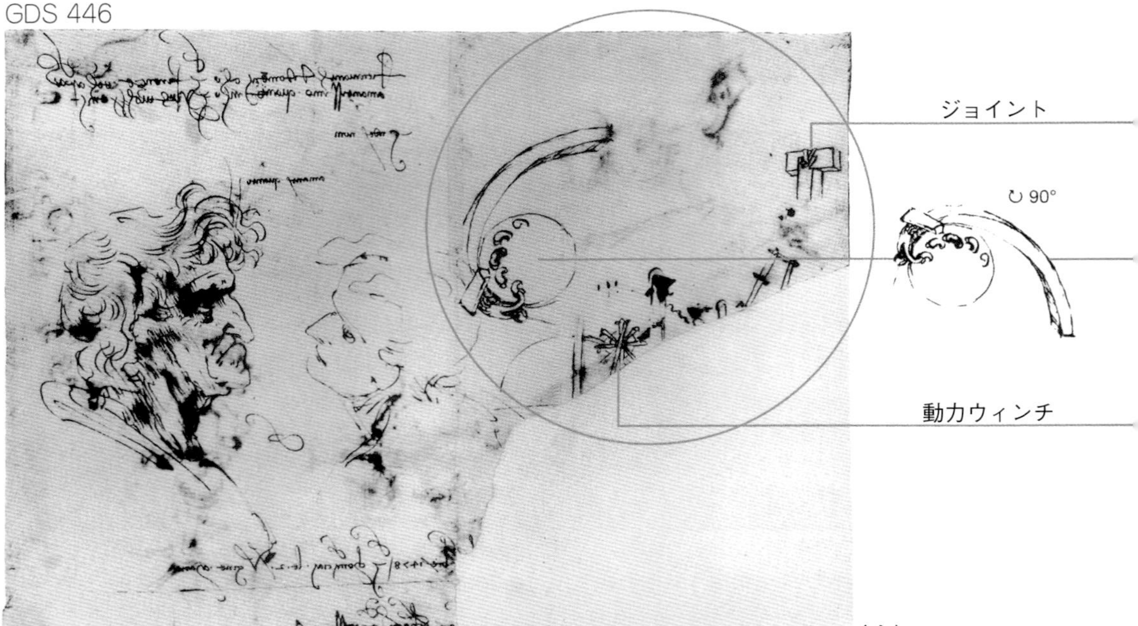

（表）

（裏）

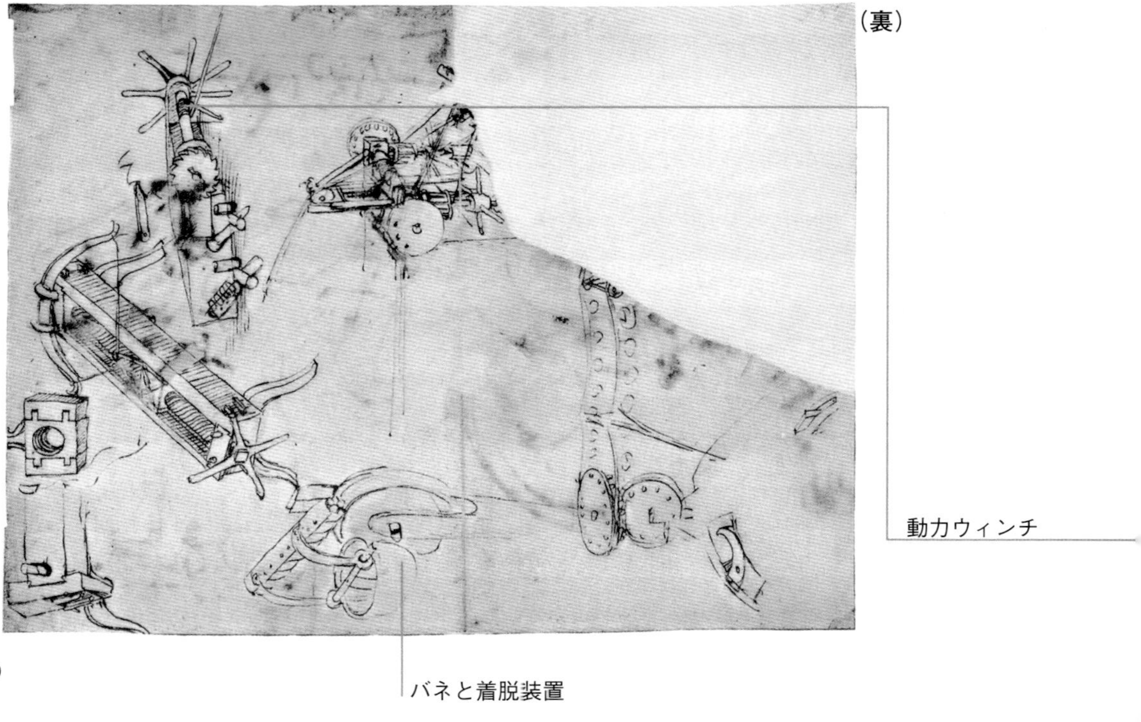

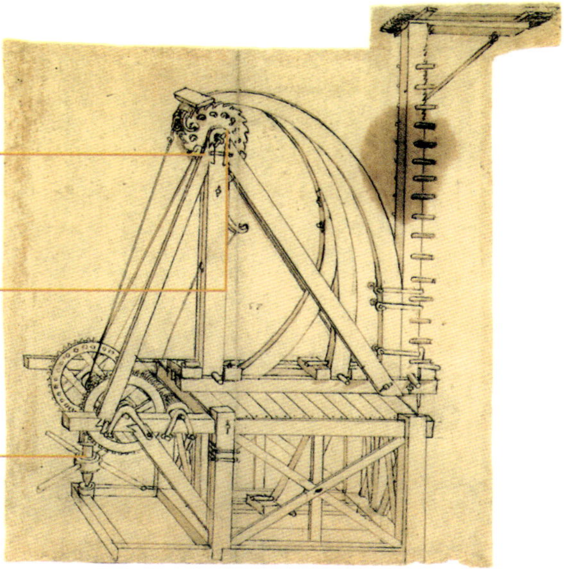
CA101r

GDS 446に描かれているのはこの石弓。
この装置の研究はアトランティコ1012
に引き継がれた

■バネ

2004年に、私たちは2つの歯車に対応して2つのバネがあると考えた。しかし、812上部のスケッチが示すとおりバネは1つでも足りる。たしかにロボットカートには歯車が2つあるし、また見慣れた時計機構は2バネ方式だが、手稿には2つのバネの存在を示す手がかりはない。たとえば次のような点からも、バネが1つだという仮説は充分に成り立つ。

1）装置の重量が約1/2になり、必要動力が小さくてすむ。装置の取り扱いも楽になる。

2）マドリッド手稿Ⅰの85rに、それらしいバネ装置が描かれている。なかでも円錐形の回転柱と組み合わせた装置は、バネの反発力を一定エネルギーに変換して供給できるほか、我らがロボットカートに組み込みやすい構造である。

マドリッド手稿Ⅰの85rにもとづく再現図

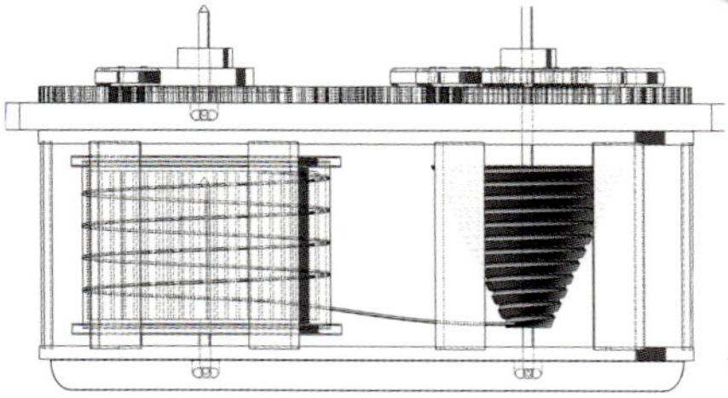

側面

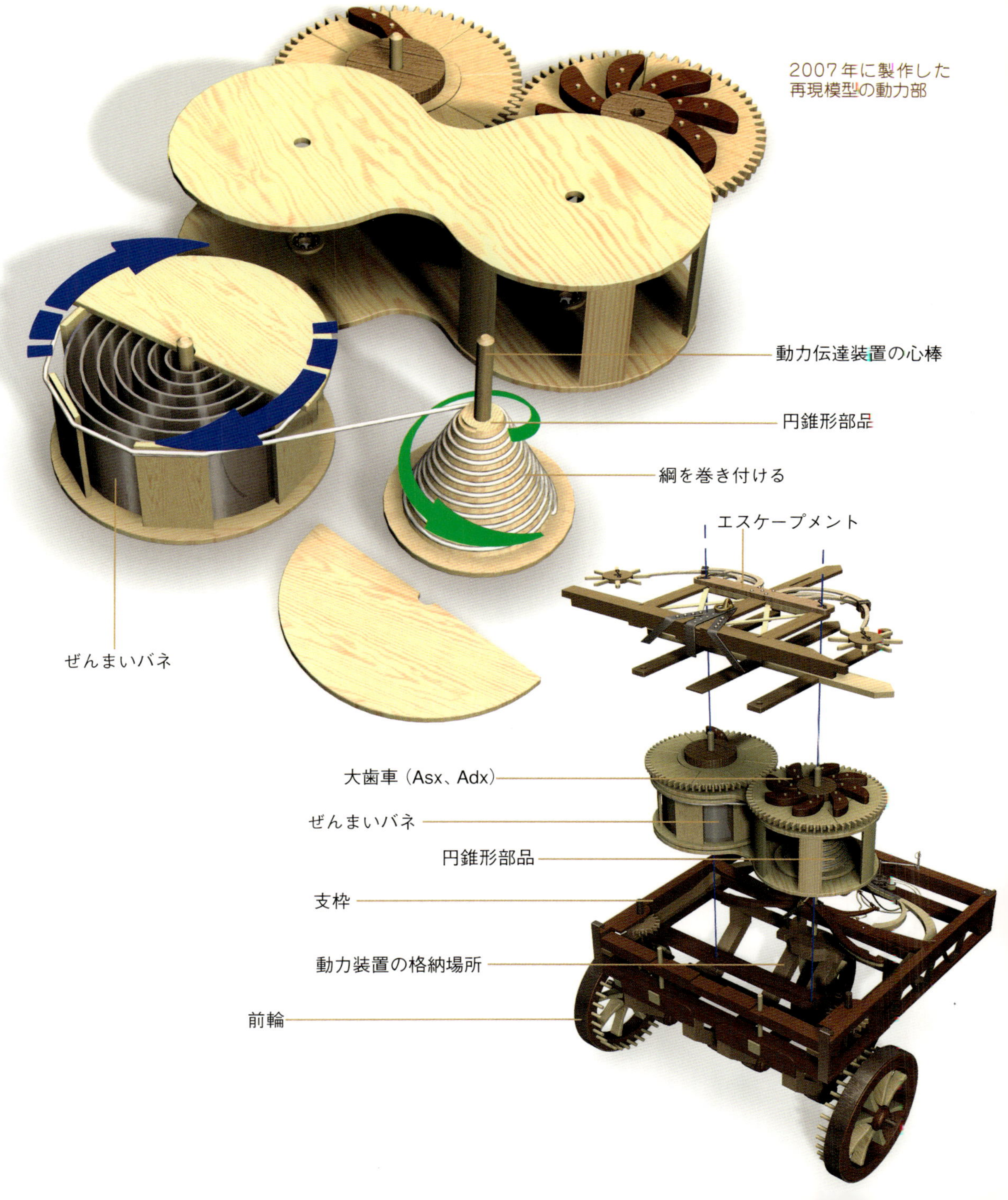
2007年に製作した
再現模型の動力部
動力伝達装置の心棒
円錐形部品
綱を巻き付ける
エスケープメント
ぜんまいバネ
大歯車（Asx、Adx）
ぜんまいバネ
円錐形部品
支枠
動力装置の格納場所
前輪

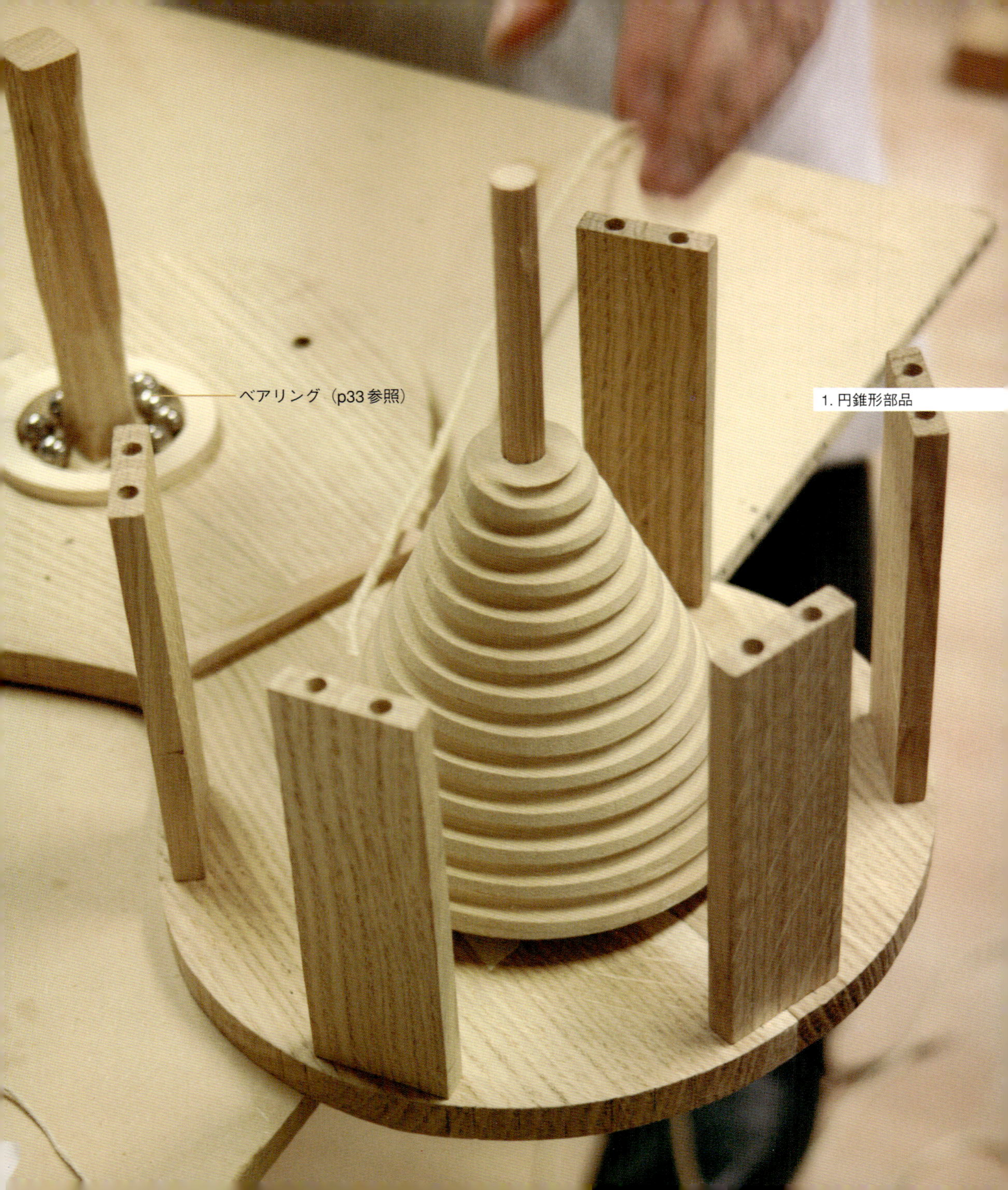
ベアリング（p33参照）
1. 円錐形部品

2. バネを仕込む

3. ドラムの組み立て

4. 綱を巻き取る実験

5. 動力装置部を仕上げる

6. 歯車を設置

7. 動力装置の動作実験

■操縦装置

見てきたように、再現模型を使った実験からも、手稿に決め手となる手がかりが見つからないことからも、「プログラム装置に連結した操縦輪」という仮説は諦めざるを得なかった。そんな複雑な仕組みでなくても、操縦輪はあらかじめ任意の方向に向けて固定しておけばすむ。走行方向のプログラミングという込み入った仕組みがないのなら、一般的なカートのように2輪の後部車輪があっただろう。走行方向は、うち1輪にブレーキをかけるか、または図のような簡単な操縦輪をつけて操作する。

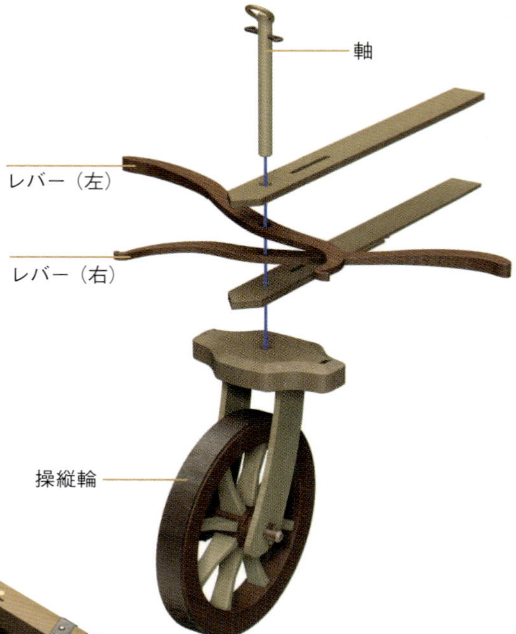

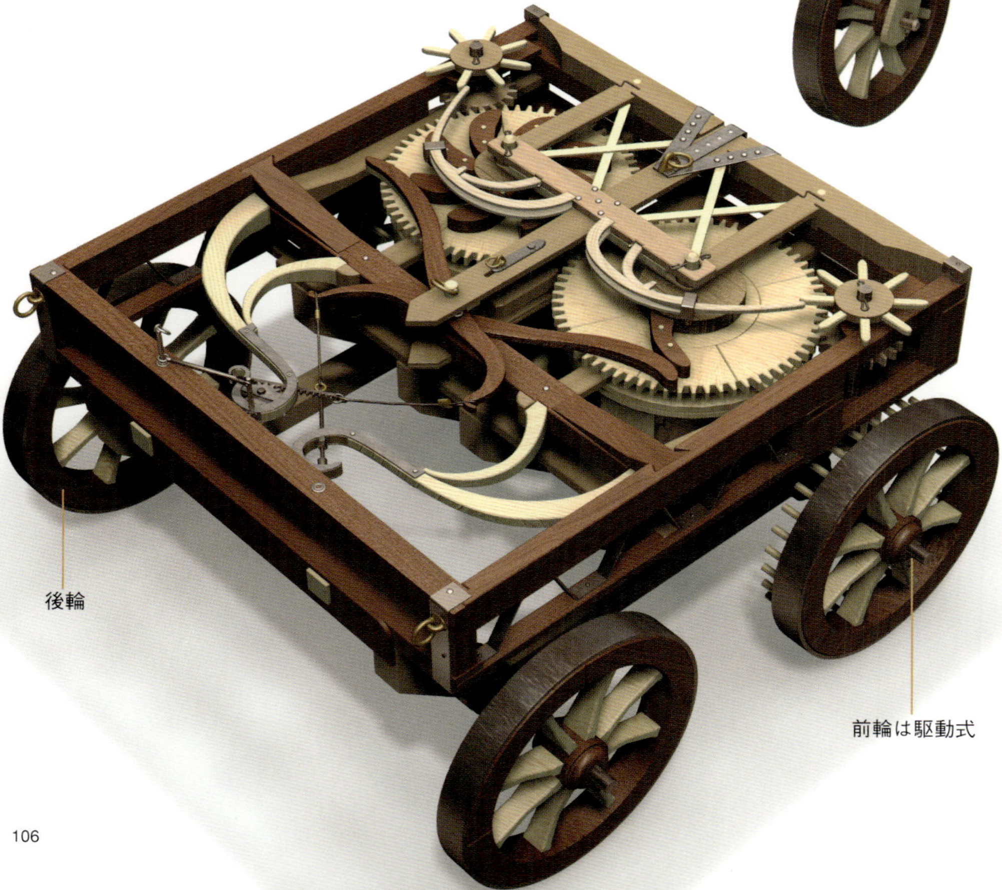

■エスケープメント

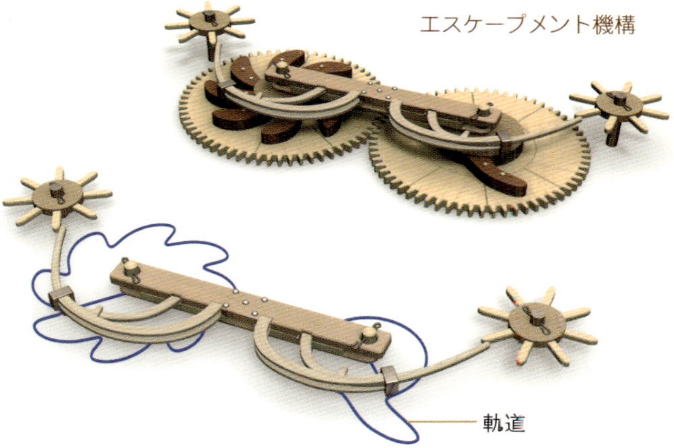

装置の角にある2つの小さなエスケープメント装置は問題なく作動した。しかしもう1つ、検証してみたい仮説があった。弓型部品とバネの仕組みは補助プログラム装置と考えたが、第2のエスケープメントかもしれないのだ。右の板バネはウィンチ機構に連結しているので除外するが、左の板バネにはその可能性があった。

しかし、また細部に見落としがあった。画才あふれるレオナルドが描く機械図に、描き間違いや凡ミスは考えにくい。812r上のスケッチと同様に、図が非対称であれば意図的にそう描いたとみるべきである。

p74のスケッチをよく見ると、2つの大歯車（Asx、Adx）の上に花びら型のカムのついた2枚の小さな回転盤（Bsx、Bdx）がある。この2枚の大きさは同じではなく、右（Bdx）に比べると左（Bsx）の盤は30％ほど小さい。エスケープメントのアーム（Csx、Cdx）はこの回転盤に沿うように設置されているので、果たす役割は同じでも位置は左右対称ではない。コンパスや定規を使わないフリーハンドのスケッチとはいえ、レオナルドの機械図に「たまたま」や「ミス」はあり得ないとすると、回転盤（Bsx、Bdx）の外縁に沿ってアーム中央にブロックが設置されているのには何らかの意図がある。

このブロックによってアームの位置は回転盤の周囲に固定され、またカム装置にも密着する。カム（と回転盤）が回転すると、同時にブロック、そしてアームも動く。内側の小アームは外側の大アームの溝に沿ってスムーズに動く構造らしく、アームの動きは2004年の解釈よりも自由度が大きいことがわかった。エスケープメントのアームは回転盤の動きによって形状が変わり、また速度に緩急もつく。つまりカム装置の調節によって、エスケープメントの回転盤のスピードを変えることができる。2枚がそれぞれ異なる速度で回転した可能性もある。

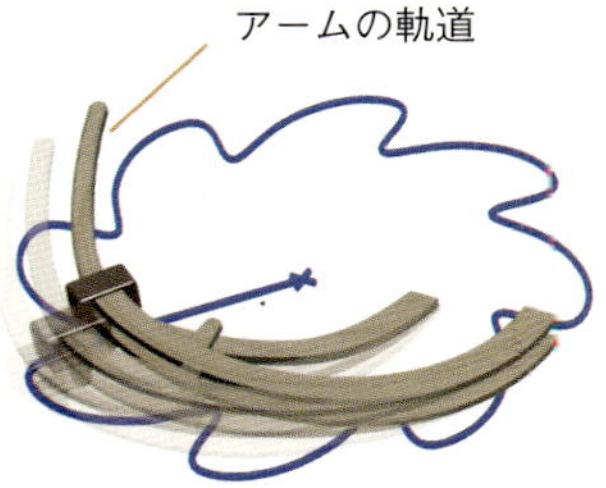

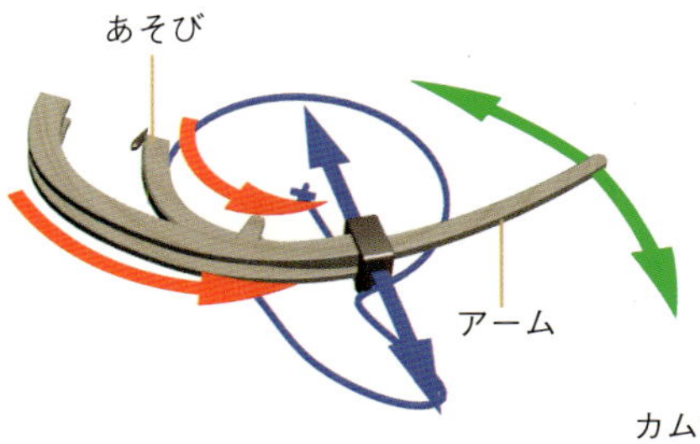

プログラムのできるエスケープメント

■ステイ

2つの板バネはバネとウィンチで制御され、レバーに力をかけてカムやエスケープメントのアームに密着させる役割をもつ。

もっとも、部分図5にはいろいろな解釈が考えられる。単純に、綱と金属棒にかかる力を調節する装置かもしれず、ここに示したようなハンドルとは無関係かもしれない。また、ハンドルの回転を止めるストップ装置とも考えられる。ともあれ、レバーにかかる力を調節する装置であることは間違いないだろう。レオナルドの失われたスケッチが模写されたGDS 4085rにエスケープメント機構の図があるが、それを進化させた発展形かもしれない。

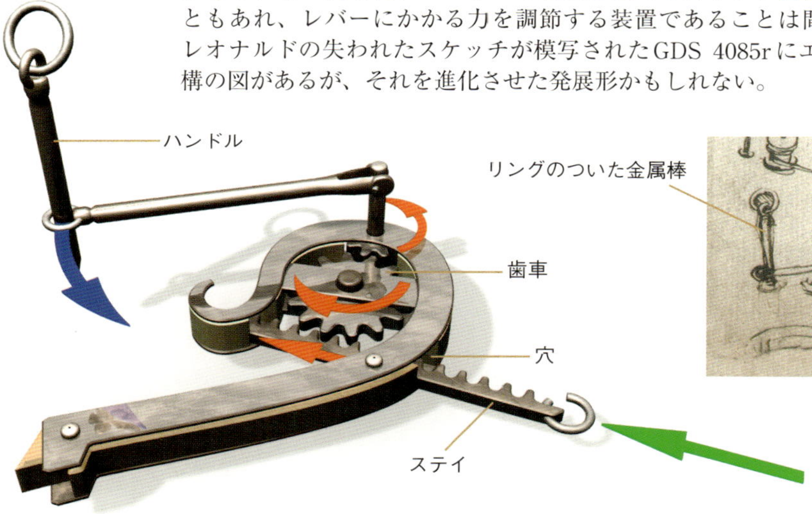

部分図5

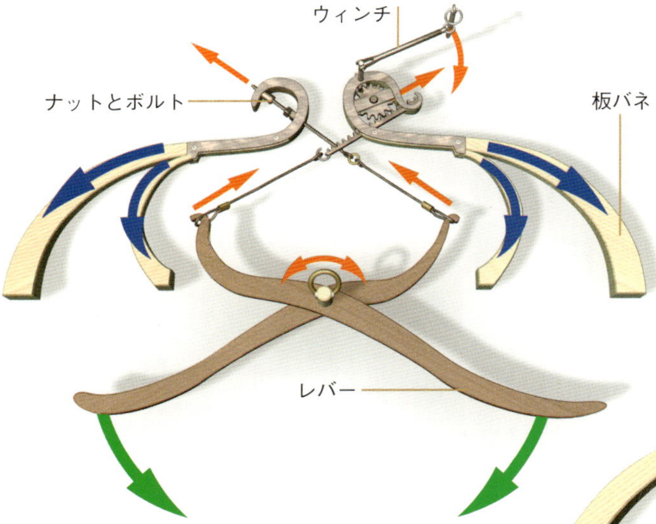

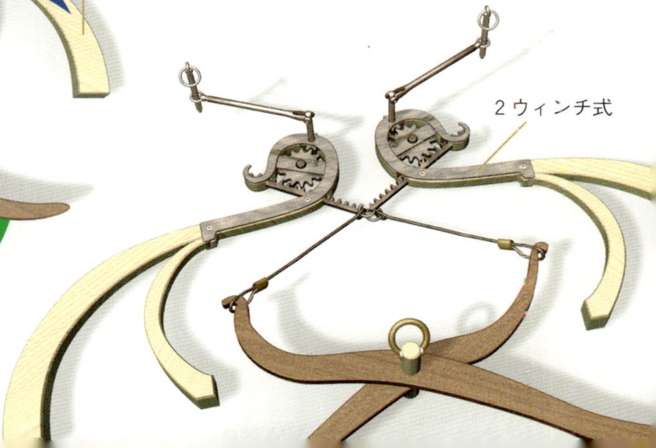

実験を終えて

GDS 4085Arの図には2つの解釈が考えられる。1つは、これを812rのスケッチの模写とみる説。ただし構造はいくぶん単純化され、812rにはない線が加えられてもいる。もう1つは現存しないレオナルドのスケッチの模写とする解釈で、元のスケッチはロボットカートに似た機構か、その発展形だったと考えられる。2つめの解釈には、装置本体の外側にはみ出した2つの車輪と、それに噛み合う2つの歯車があったという前提が必要になる。

1500 — —

板バネとステイの装置は、おそらくスピード調整の必要な機構を随時、制御できた。つまり、れっきとしたプログラミング装置——自動人形、時計、飛行機、のちにNASAの火星探査機へと進化する自動走行車まで、あらゆるロボット機構の動作制御に適用することができる——である。
見てきたように、レオナルドの機械の解明には終わりというものがない。ロボットカートにも依然として謎が残されている……ありがたいことだ。

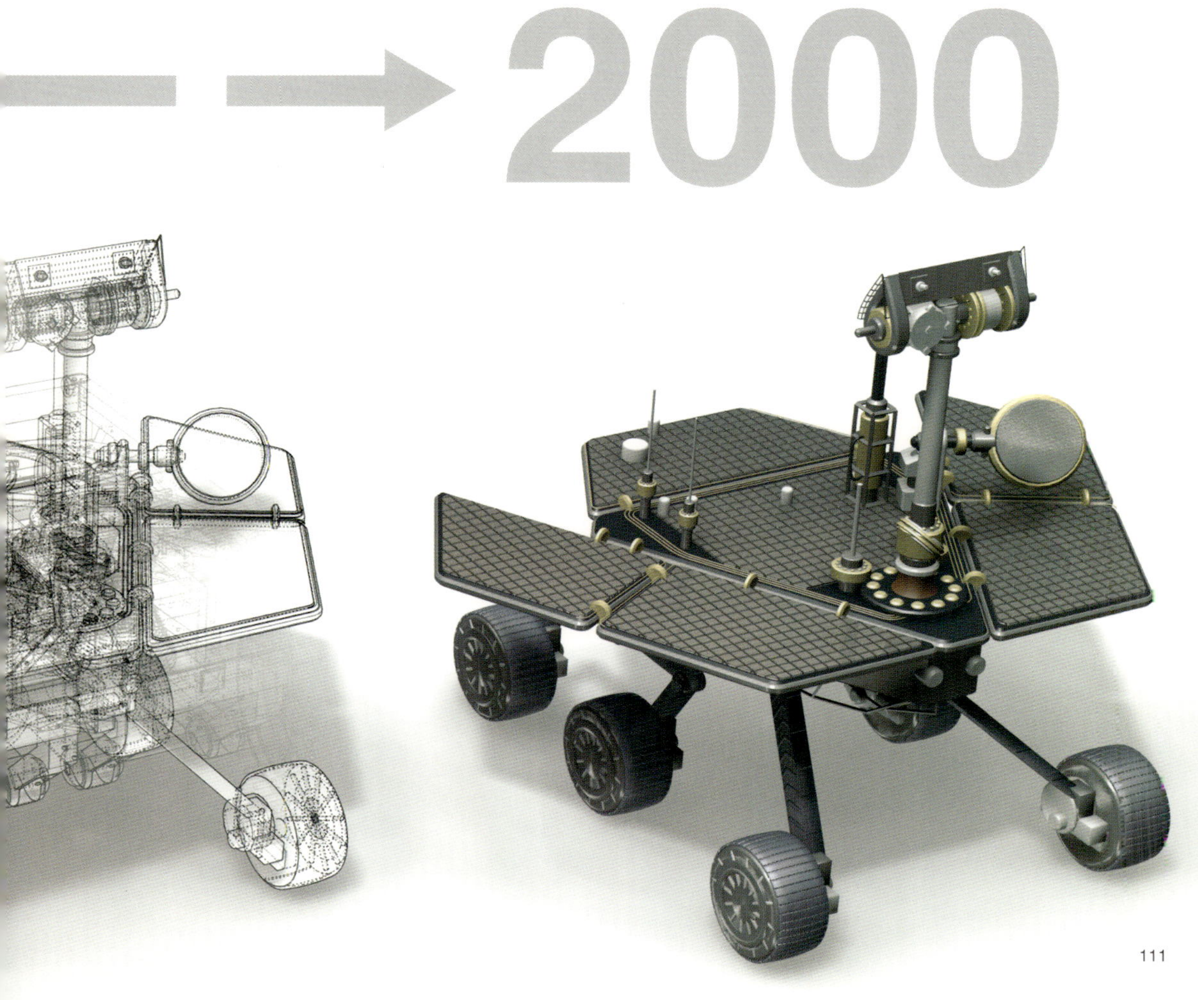

レオナルドの単純機械

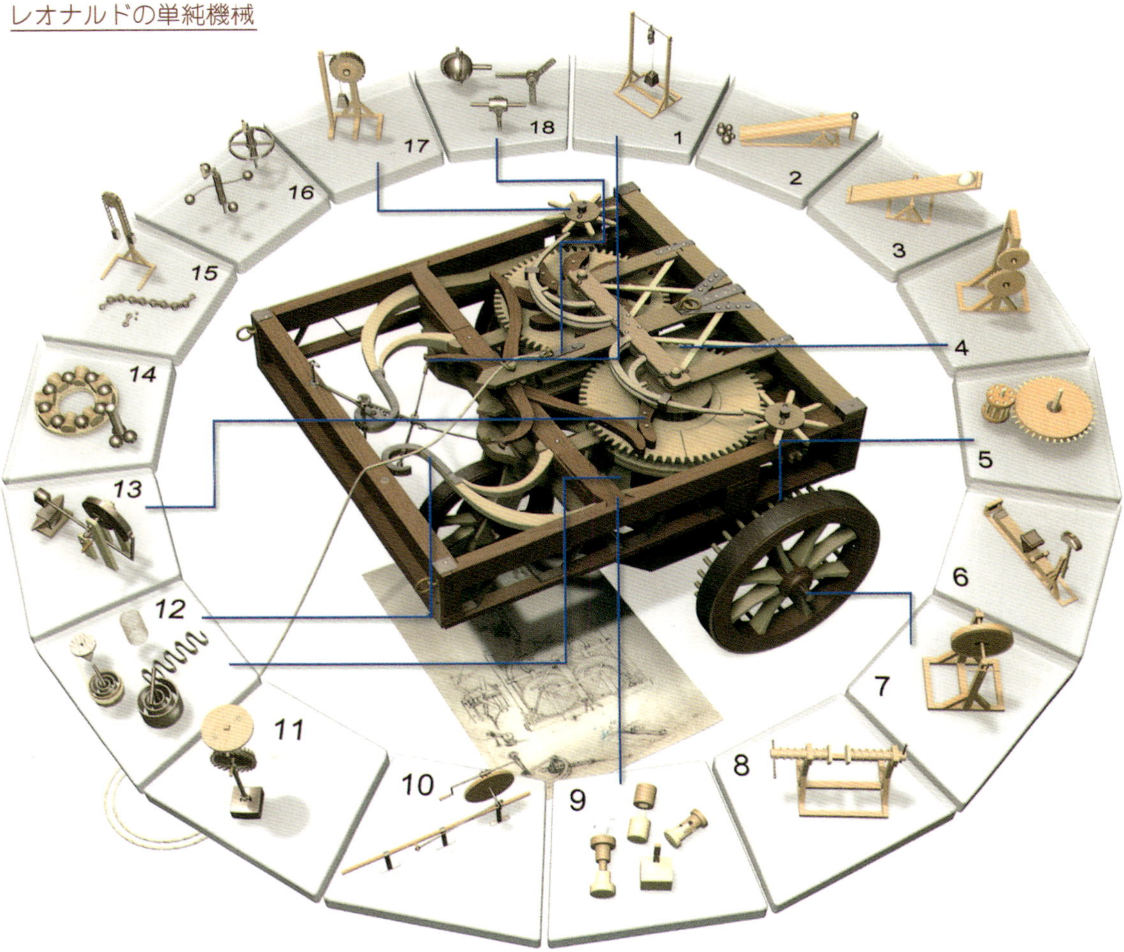

1. 滑車／巻き上げ機
2. 斜面
3. てこ
4. 歯車装置
5. ピン歯車
6. くさび
7. 心棒
8. スクリュー（ネジ）
9. ジョイント（継手）
10. コネクティング・ロッド（連接棒）とクランク
11. 振り子
12. バネ
13. カム
14. ベアリング（軸受け）
15. チェーン（鎖）
16. フライホイール（はずみ車）
17. 抑制装置
18. 関節継手

＊太字は自動走行車に使われている部品

2007年の再現では、ぜんまいバネの動力装置、プログラム可能なエスケープメント機構を組み入れた

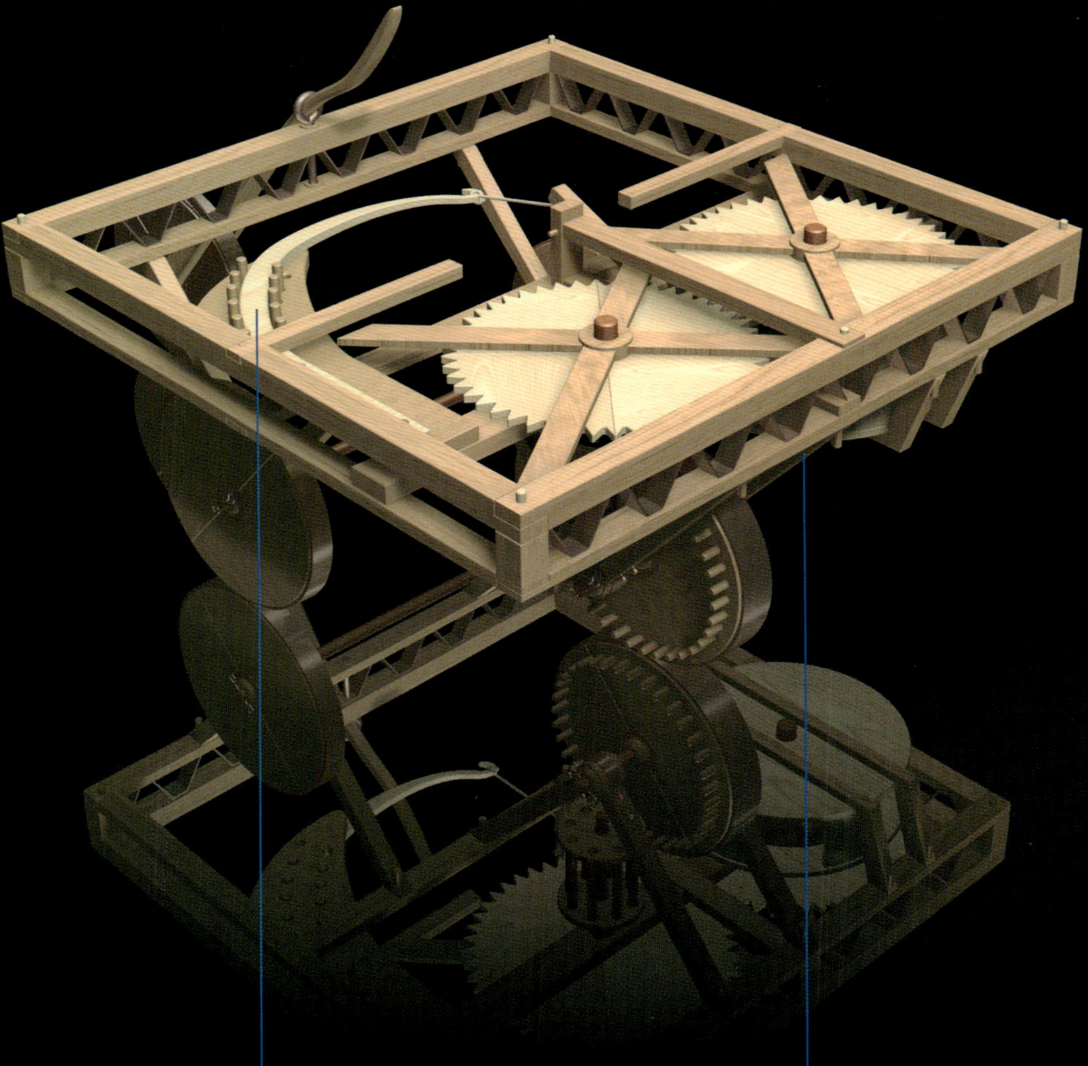

左右非対称バージョン。ぜんまいバネの動力装置、プログラム可能なエスケープメント機構はここにも組み込んである

2つの動力バネを搭載した2004年の再現モデル。走行方向のプログラミングができた

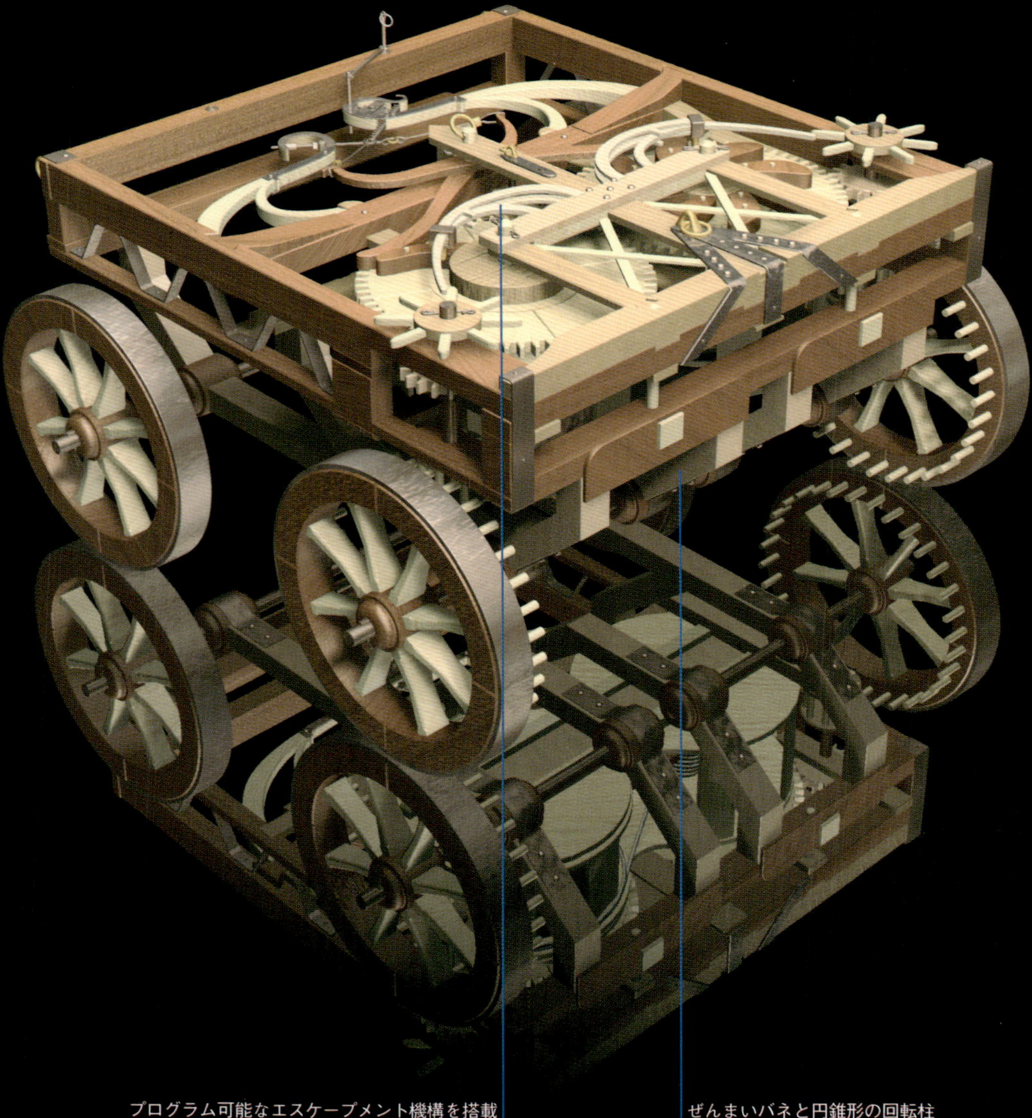

プログラム可能なエスケープメント機構を搭載
ぜんまいバネと円錐形の回転柱

3輪構造のモデル。うち1輪は独立駆動式で、動力バネは1つである

2GDS 4083を参考に再現した縦型モデル

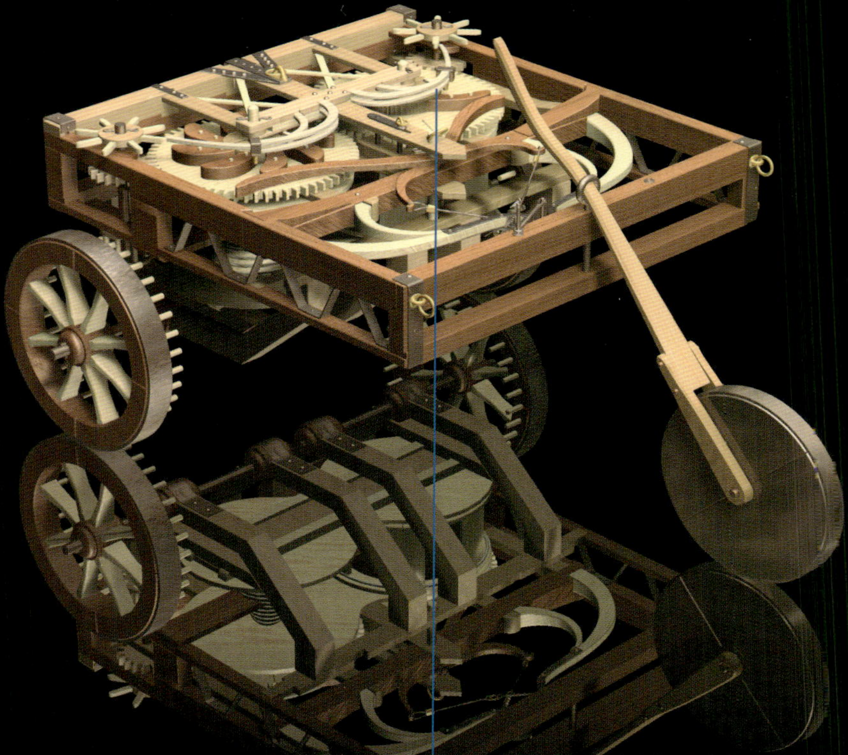
この2つのエスケープメントは、812rの2つの
図を足して2で割った折衷案を再現した

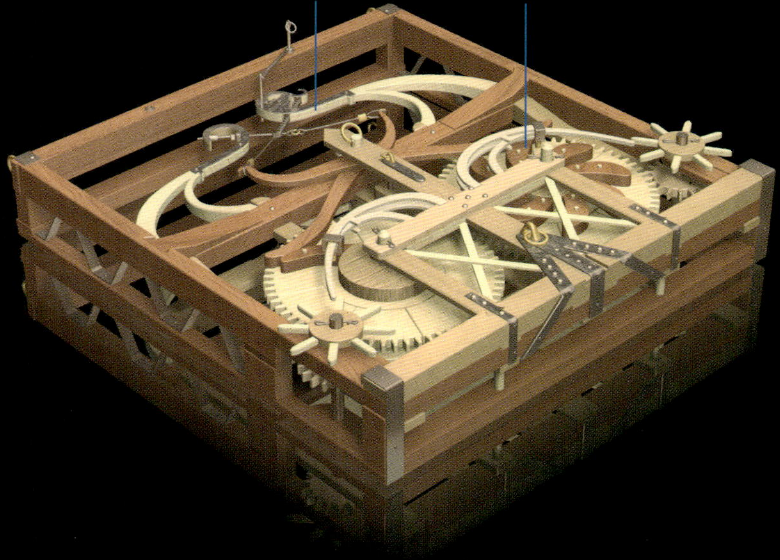
プログラム機能をもつエスケープメント、カム機構を組み込んだ箱型機械

クルミ材の本体、金属輪を巻いた車輪、円錐形の回転柱、2つのステイ、歯車各種、プログラム可能なカム装置、ブレーキ……最新の解釈から推測した装置部品の数数は約470にのぼる

カム機構

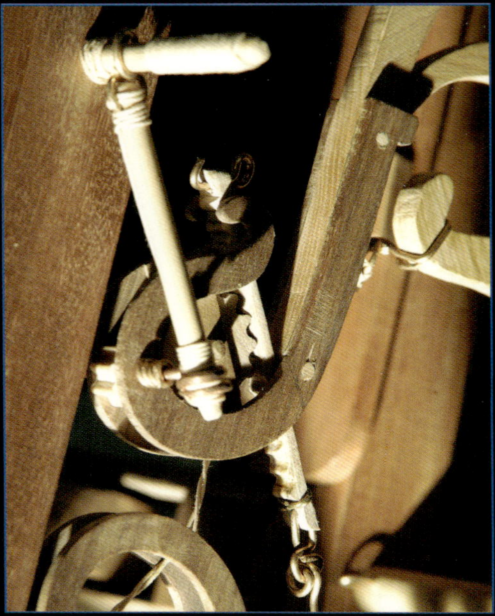

レバー位置の制御機構

円錐形の回転柱は動力部の重要部品

2007年モデルの主要部

Chapter 4

機械仕掛けのライオン

フランス王への贈りもの

レオナルドは自然の観察に打ち込んだ時期があり、動物の観察記録も残した。ライオンについては――爪を出すのは獲物に手をかける瞬間である、メスライオンは武器を向けると目を伏せる、から荷車の車輪音やニワトリの鬨《とき》の声に脅える――などの記述がある（H手稿22）。人間より鋭いとされる動物の嗅覚については、次のように記した。観察だけでなくライオンの解剖もしていたようだ。

「ライオン種の嗅覚は脳の一部である。嗅覚は腔を通って匂いの方へ下降し、脳と数多の神経で結ばれた複数の軟骨質の嚢から体外に出る」（解剖手稿 folio B, fol. 13v, p.87）

レオナルドがライオンを研究したのは1513年末頃らしく、当時フィレンツェではシニョリーア広場の裏手でライオンが飼育されていた。サン・フィレンツェ広場とロッジェ・デル・グラーノの間の道は、いまも「ライオン通り」と呼ばれる。

しかし、ここで取り上げる機械仕掛けのライオン――人の手を借りずに前進して胸を開く――はレオナルドの作ではない。手稿にロボットライオンの研究は見当たらず、巷で言われていることはすべて後世の研究者たちによる憶測である。

たとえば、16世紀の美術家ヴァザーリ。

「ミラノを治めたフランス王は、レオナルドに見たことのない奇想天外な物を作るよう命じた。レオナルドは、歩みを進めて胸を開くライオンを製作した。ライオンの胸には百合の花があふれていた」

1600年10月5日、マリア・デ・メディチとフランス王アンリ4世の婚姻の宴に現れたライオンを伝えた作家ミケランジェロ・ブオナローティ（芸術家ミケランジェロの孫息子）。

「動きだし、2度体を動かして立ち上がり胸を開いた。胸は百合の花でいっぱいだった」

「（このライオンは）リヨンを来訪したフランス王フランソワ1世の歓待に使われたレオナルドのライオンに似ていた。ライオンはフィレンツェ共和国のシンボルである」

1584年、レオナルドの愛弟子メルツィの言葉を記録した画家ロマッツォ。メルツィはレオナルドの死後、すべての手稿を託されていた。

「かつてフランシス1世の目前で、レオナルドは精巧な機械仕掛けのライオンを動かした。ライオンは宮殿広間を横切り、歩みを止めると胸を開いた。胸は百合など種々の花々であふれていた」

ロマッツォの1590年の記録には、ライオンの仕組みについても記されている。

「歩行手段は車輪である」

1515年7月12日、新国王フランシス1世がリヨンを来訪した。リヨン在住のフィレンツェ商人や金融商人は歓迎式典を企画し、レオナルドはフィレンツェの支配者ロレンツォ2世・デ・メディチの命を受けライオンを製作することになった。同じ1515年、ロレンツォ2世はレオナルドに宮殿を設計させていた。当時、ローマ教皇レオ10世（やはりメディチ家の出身）はフランス王に接近をはかり、歓迎式典はその一環として催されようとしていた。

ライオンはフィレンツェで設計・製作され、リヨンへ運ばれた。ライオンはフィレンツェの象徴であり、百合はフランス、フィレンツェ双方の紋章を彩る花である。また、リヨンの紋章は、その音の響きにも連関する“百合の花に囲まれたライオン”という図柄だった。

19世紀の学者エドモンド・ソルミによると、機械仕掛けのライオンは、フランシス1世がアルジェンタン（仏）を訪れた1517年9月30日、そしてアンボワーズ（仏）を訪れた1518年にも披露されたという。そのころレオナルドはフランス王室に仕え、1516年からはまさにアンボワーズに居住していた。これらのライオンは、間違いなくレオナルドの作である。天文時計に仕込まれたからくり仕掛けのニワトリなど、その後リヨンで自動機械が多く製作されたのも、レオナルドのライオンに触発されたメラールやヴォーカンソンらフランスの技術者が腕を競い合った結果だろう。

引用した前述の言葉はレオナルドのライオンの存在を語るが、はたしてそれはどんな仕組みだったのか。推測だが、考えられるのはバネ仕掛けである。マーク・ロスハイムによると、今日の技術でも動物の歩行をロボットで再現するのは難しいという。ロスハイムは、レオナルドのライオンは自動走行車の一部であり、車輪で動く構造だったとみている（p66）。

ロマッツォの自画像。ミラノ出身の画家・著述家で、現存していないがレオナルドの『最後の晩餐』の模写も手掛けた

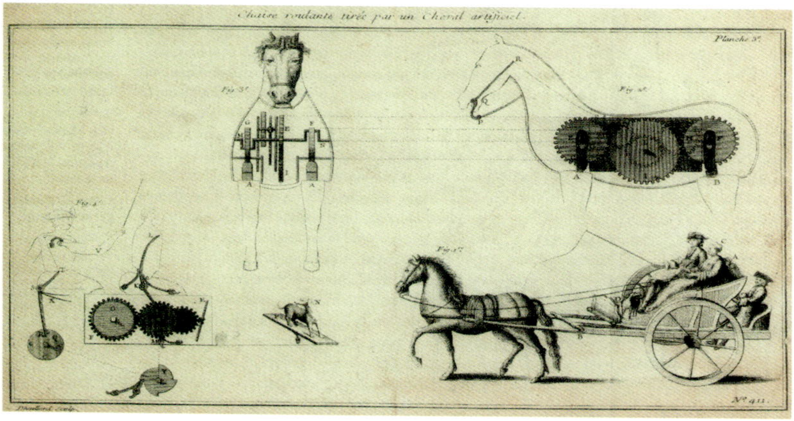

ルカ・ガライは、フランスの技術者メラールの機械を参考に動物ロボットを作った。馬の機械の設計図だが、右下に描かれた馬車が重要な役割をもつ

バネ仕掛けの可能性は、ロボット史家ルカ・ガライが2006年4月の「レオナルドの思考」展（ウフィツィ美術館）で明らかにした。ガライは、古いフランスの自動機械に使われた技術をもとに、動物ロボットを設計したのである。自動機械の技術は、レオナルドのライオンを原型としてさまざまに改良されながら18世紀末まで発展をつづけた。

設計にあたってガライがとくに参考にしたメラールの馬ロボット（1773年）には15世紀末から伝わる歯車装置が使われ、またメラールが設計した振り子はアトランティコ手稿1077rにあるレオナルドのスケッチとよく似ているという。

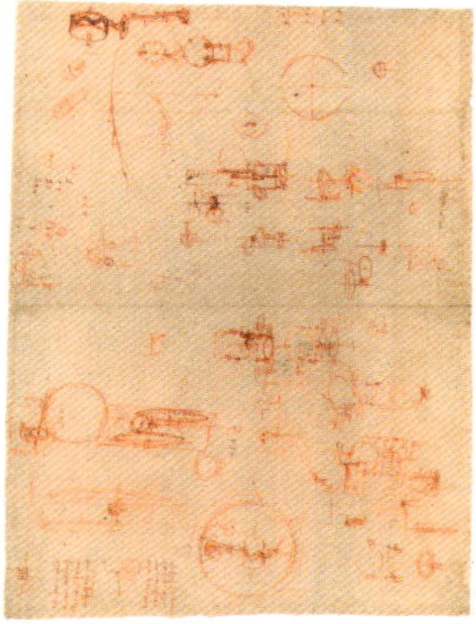

アトランティコ手稿1077r

ガライが作ったライオンの再現模型は大きさ60×30×60cm、金属、紙、布を材料にしていて、その解説にはこうある——

「ライオンは、3つの動作を行う——頭を動かしながら歩く、後ろ足を折って座り尾を動かす、胸の跳ね上げ扉を開いて中から百合の花を出す。動作はどれも三角バネが制御している。

最初の歩く動作では、バネが胴体を貫く1対のレバーを作動させ、レバーとつながった前足、後ろ足が振り子のように交互に動く。数歩進んだところで、2つ目の動作が始まる。歯車の作用で後ろ足が90度曲がり、ライオンは動きを止めて座る格好になる。バネが歯車を元の位置まで逆回転させ、歯直につながった尾が動く。最後の動作では、胸部に仕込んだバネの作用で尾が振り上がり、同時に別のバネが作動して前足を胸の高さまで持ち上げる。胸の跳ね上げ扉が前足で開けられたかのように開き、紙製の花々があふれだす」

ガライの研究には興奮させられたが、彼が参考にした過去の機械技術にはさまざまな矛盾がある。実のところ、メラールの馬は自動機械というよりは玩具で、前進させるには馬につないだ馬車が必要だった。そもそも、馬車がなくては立つこともできなかった（左図）。

人間や動物の歩行をロボットで再現するのはとても難しく、実現されたのはつい近年である。それまでは足に車輪を仕込むか、メラールの馬のようにカートを使って機械が歩行するように見せかけていた。アトランティコ手稿1077rにも、機械仕掛けのライオンと結びつく記述はない。

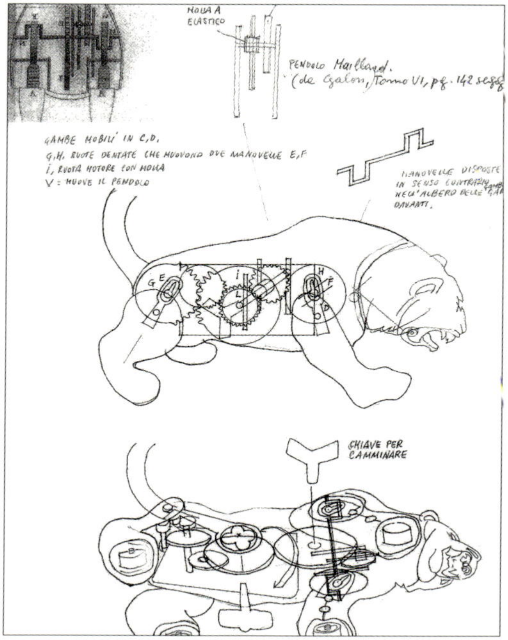

ガライの設計図。左上にメラールが考えた馬ロボットの歯車装置の図がある

「レオナルドの思考」展（2006年4月、ウフィツィ美術館、企画パオロ・ガルッツィ）で展示されたガライのロボット・ライオン

ガライの再現模型の仕組み

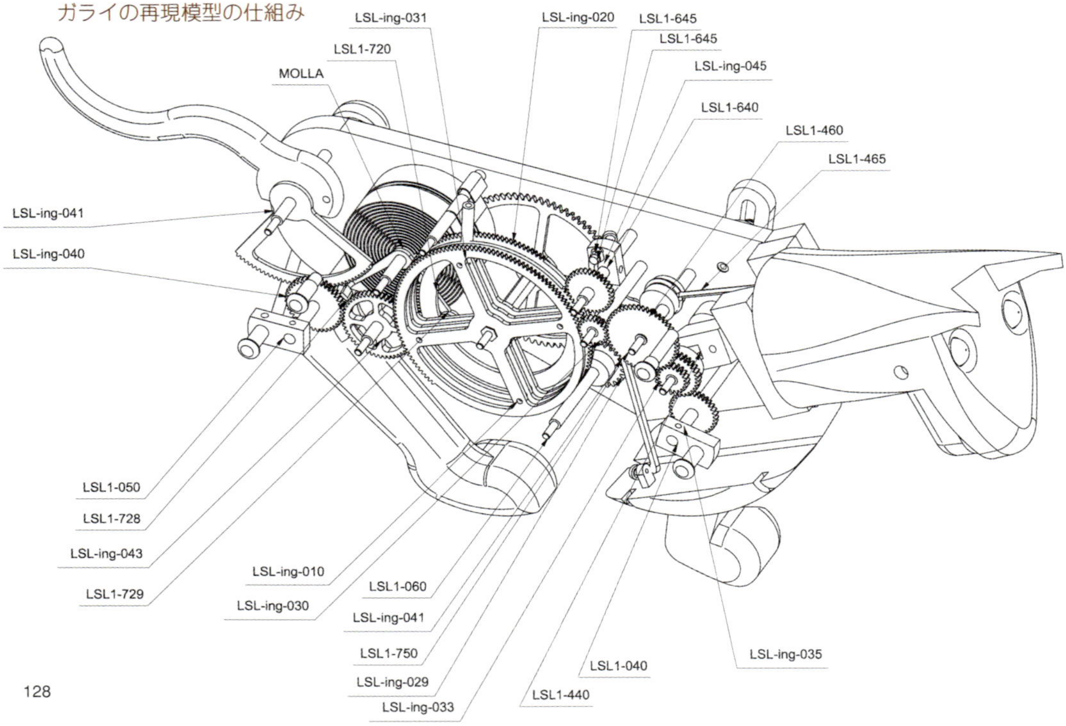

2頭のライオンの謎

すでに述べたとおり、機械仕掛けのライオンに直接結びつく手稿は存在せず、解明はとてもむずかしい。わずかな手掛かりは解明をより困難に、そして魅惑的にするだけである。

機械仕掛けのライオンはいくつものスケッチに残されており、フランス王を前に、金箔をほどこし、後ろ足で立って胸から百合の花をあふれさせる姿を描いたものが多い。しかし、それをこの目で見たという証言はなく、先に引用したヴァザーリや作家ブオナローティ、ロマッツォの記述はみな伝聞である。鵜呑みにするのではなく、解明に役立てるとしても割り引いて受け取らなくてはならない。

いずれにしても、ライオンが「立った」と記したのはブオナローティだけで、しかもこれはレオナルドの死後の1600年の出来事だから彼の機械ではない。レオナルドのライオンの再現は、それが「立った」ということを忘れるところから始めるべきだ。

伝聞記録からすると、この機械はライオンに似た容姿で、ネコのような姿勢で前進した。歯車で作動したのは間違いない。そして歩みを止めたあと、機械の前部か口から花をあふれださせた。

19ページより：……驚くことなかれ、台に乗った堂々たるライオンが中央に姿を現し、その4本の足で立ち上がり動きはじめた。2度体を動かして胸を開くと中にあふれんばかりの花が見え、見る間にそれらは双頭の鷲へと姿を変えた。フランス国王のリヨン来訪時にレオナルド・ダ・ヴィンチが披露した見せ物に似ている……

作家ブオナローティはマリア・デ・メディチとフランス王アンリ4世の婚姻の宴の様子を記録し、1600年にフィレンツェで48ページの小冊子として刊行した

ライオンのイメージ

レオナルドの手稿に、4つ足動物のロボットに関する記述はない。ライオンのスケッチはあるが、どれもロボットの設計とは無関係だ。しかし、レオナルドがライオンについての解剖学的知識をもっていたことの証であり、ロボットの外観を想像する手掛かりにはなる。

右ページは男の顔を描いた手稿だが、右下にライオンの頭部がある。男の険しい表情や乱れた頭髪がレオナルドにライオンを想起させたのだろうか。あるいは、ライオンに重ねて男の衣装が薄く描かれており、ライオンは男が着ていた祝祭用の衣装の装飾品かもしれない。

赤チョークで描かれた男性像とライオンの頭部。上は描線を強調したライオンの拡大図。ウィンザー紙葉12502／18.3×13.6cm、1505-10

■咆哮するライオンの頭部

短縮法（遠近法の一種）を使った怒れる野獣のスケッチ。歯のない口元がいっそう不気味である。下に綴ったテキストは人間とミツバチの寓話で、スケッチとは無関係。
ウィンザー紙葉12587／8.7×6.4cm、1500-02

■ライオンの頭部

正面図、側面図とも短縮法は使わず、芸術的というよりは科学的なスケッチである。「スフォルツァ騎馬像」の構想図もそうだが、こうしたスケッチは3Dでの再現がしやすい。
ウィンザー紙葉12586

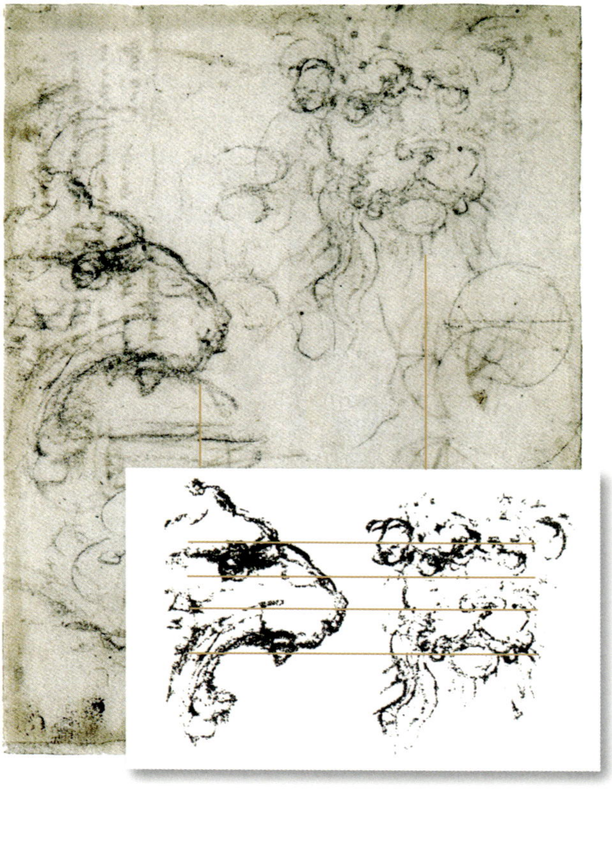

■ヘラクレスとネメアのライオン

こん棒を手にしたヘラクレスと、ネメアのライオン（ギリシャ神話に登場する獰猛な獅子）。別の紙に写すためなぞられた跡があり、レオナルドのスケッチかどうかは定まっていない。彫刻か絵画のための習作とみられる。木炭、メタル・ポイント。
トリノ王立図書館蔵／28 × 19cm、1505-08

■兜《かぶと》

頂部の羽飾りが、途中から口を大きく開けたライオンの鬣（たてがみ）になっている。
ウィンザー紙葉12329／25.1 × 14.5cm（の一部）、1517-18

■馬、ライオン、男の頭部

7頭の馬、男、ライオンの頭部、建築物を描いた手稿。主役はライオンではなく馬で、「アンギアリの戦い」の準備スケッチとみられる。一様に怒りの表情をみせる中央付近の男、馬、ライオンの横顔は同じアングルで描かれ、大きさの比率も実際に即している。怒りの頂点に達すると動物も人間も同じ形相になる、とレオナルドは伝えたかったのだろうか。3者の形相を見比べると、ライオンは人間と馬の中間相にあたる。
ウィンザー紙葉12326／19.6 × 30.8cm、1503-04

上のスケッチから馬、男、ライオンの顔を取り出してみる

■兜と胸当てをつけた騎士の横顔

レオナルドが画家修行を積んだヴェロッキオ工房時代のスケッチ。練習用に描いたものだが、他の弟子たちが胸当てにハーピー（ギリシャ神話に登場する半人半鳥の怪物）をあしらうなかで、レオナルドはライオンを選んだ。たんなる好みか、鎧にはライオンのほうがふさわしいと考えたのか。ライオンのスケッチのなかでも、これはとくに表情が豊かである。騎士の兜を飾るのはドラゴンの翼だが、レオナルドにはドラゴンとライオンの戦いを描いた風変わりなスケッチもある（次ページ参照）。
大英博物館蔵／28.5 × 20.7cm、1472

修業時代のスケッチと、描線を強調したライオンの拡大図（上）

習作A

習作D

周辺の4つのスケッチは絵画「猫と聖母」のための習作である。ウフィツィ美術館蔵／16×23cm、1503-04

習作B

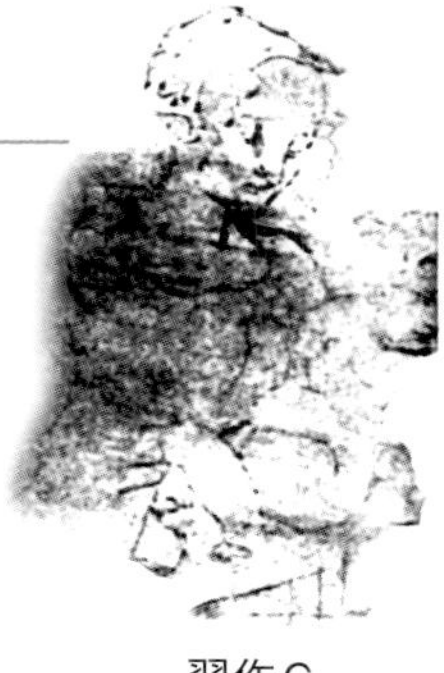

習作C

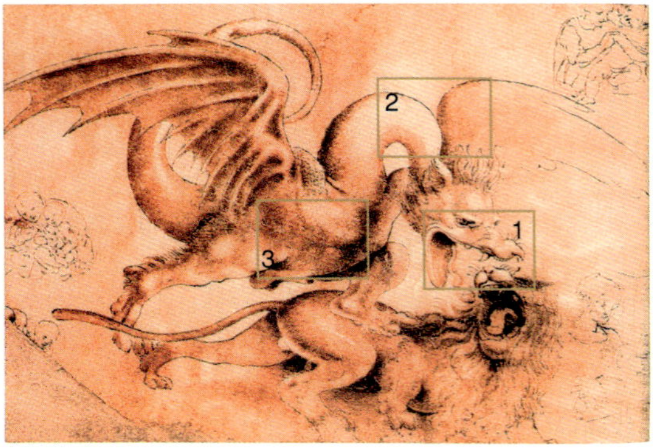

■ドラゴンとライオンの戦い

印象的なスケッチだが、レオナルドの作とされているのは正しくない。彼の手も入ってはいるが、ここに使われたキアロスクーロ（明暗法の一種）の仕上げは第三者による。詳述すると、(1) 明瞭な輪郭線はレオナルドのスタイルではない　(2) 赤チョークを薄く塗ったぼかすような陰影のつけ方も、彼の他のスケッチには見られない　(3) 陰影を強調する濃いラインだが、左下から右上に向かうのは右利きの描き方。左利きのレオナルドのラインはこれと逆向きであり、また彼はもっと均一な陰影を描いた。

いっぽう、余白にある4つの小さなスケッチはレオナルドの作で、絵画「猫と聖母」の一連の習作と同じ図像である。「猫と聖母」は現存せず、失われたか、または未完に終わったのだろうが、聖母、猫とたわむれる幼子（前ページ習作A参照）を描いた絵だった。猫とライオンは形態が似ており、レオナルドは動物の研究で猫をライオン属の一種と分類している（ウィンザー王立図書館蔵、解剖手稿 173）。

1

2

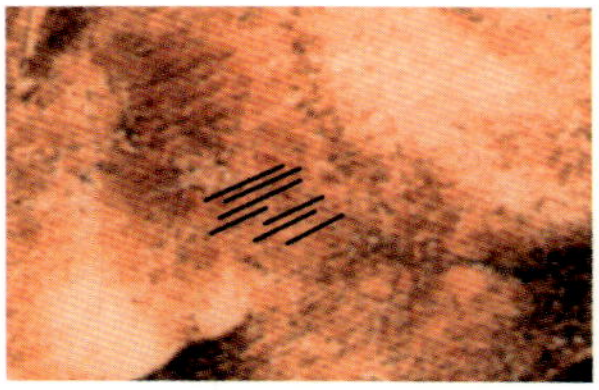
3

「猫と聖母」のための習作。
大英博物館蔵／132×95cm、1478-80

「猫と聖母」のための習作。
大英博物館蔵／27.4×19cm、1478-80

「ドラゴンとライオンの戦い」は第三者の手で仕上げられたが、最初のデッサンや下絵はおそらくレオナルドが描いた。寸分たがわぬライオンを描いたレオナルドの別のスケッチ「咆哮するライオン」は、「ドラゴンとライオンの戦い」の習作とみられる。鼻、口、鬣（たてがみ）はよく描きこまれ、胴体、足、尾は輪郭線のみ。頭部の細かな描写とキアロスクーロが鮮やかで、大きく開けられた口が印象的である。

聖母子像の習作とみられるこの手稿にも、ライオンとドラゴンが描かれている。
ウィンザー紙葉12276r／40.2×29cm、1478

ドラゴンとライオンの戦い
（ウフィツィ美術館蔵）

2点は同じ構図

咆哮するライオン（フランス・ボナ美術館蔵、17×10cm、赤チョーク）

ウフィツィ美術館蔵／24.7×15.7cm

■ローブをまとった男、ドラゴンの頭部、男の頭部、機械

赤い紙にシルバーポイント（銀筆）、黒インクで描いたスケッチ群。中央下部に、「ドラゴンとライオンの戦い」のドラゴン頭部と同じ図柄がある。雑多なスケッチの寄せ集めだが、機械仕掛けのライオンと関係はあるのだろうか。とくに気になるのが、カート装置のスケッチである。

ここに描かれたドラゴンは、「ドラゴンとライオンの戦い」と同じ構図である

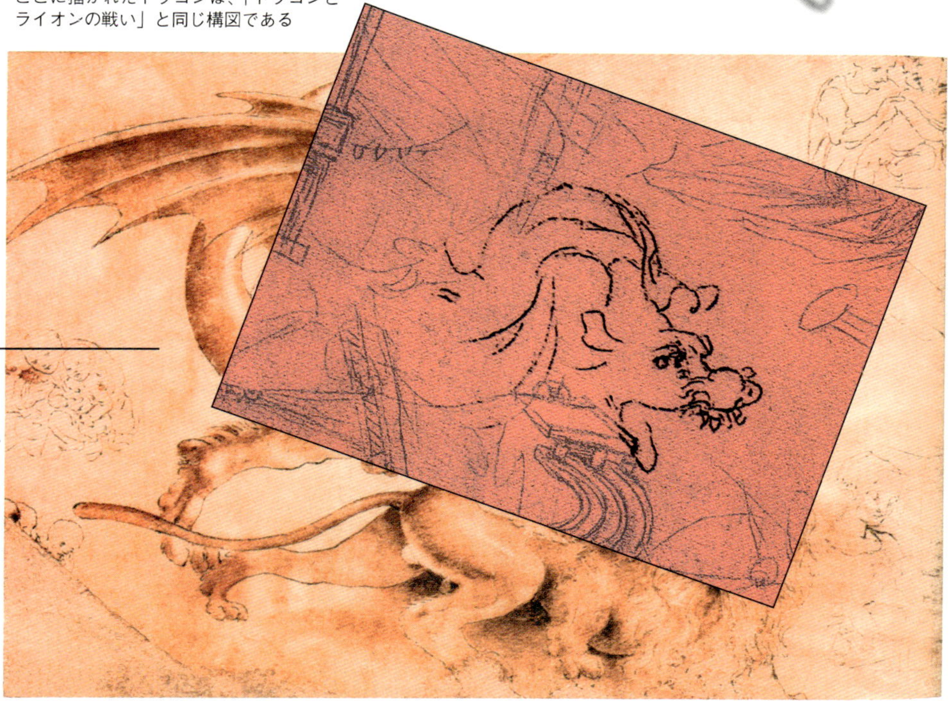

ドラゴン頭部の下にある機械と同じスケッチは、アトランティコ手稿956vにも描かれている。溝をつけた回転柱と3つの突起をもつ部品を組み合わせたもので、回転すると溝に沿って突起部品が左右に動く。回転柱が作動するかぎり、突起部品は交互運動をくり返す。

同じ装置が描かれている

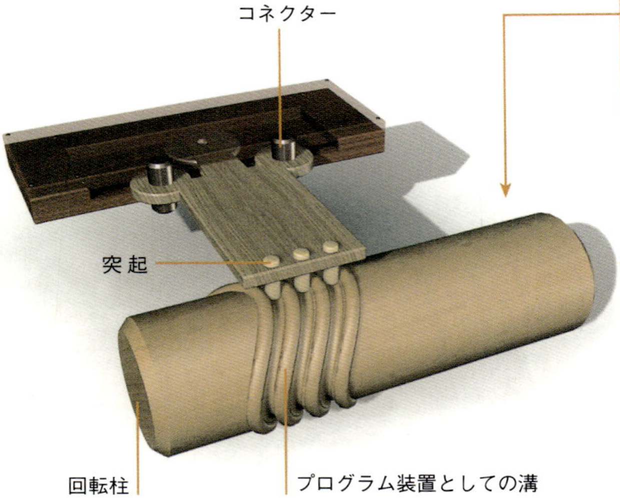

溝でプログラミングする
交互運動の装置

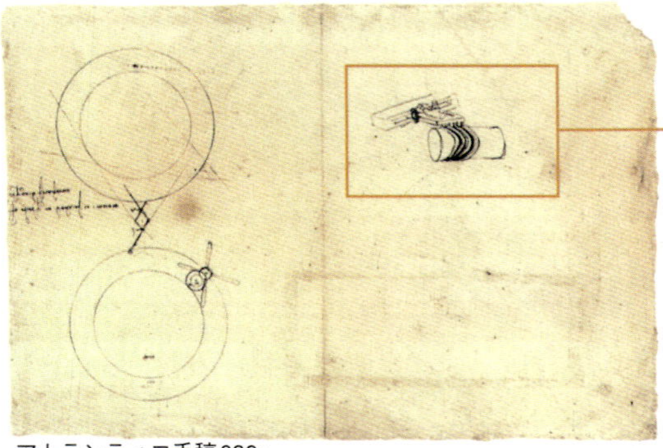

アトランティコ手稿986v

拡大図

溝によるプログラミングと機械式カート

↻ 90°

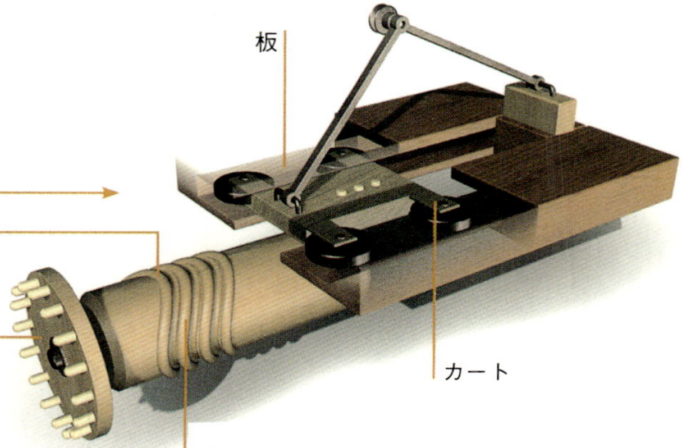

回転運動

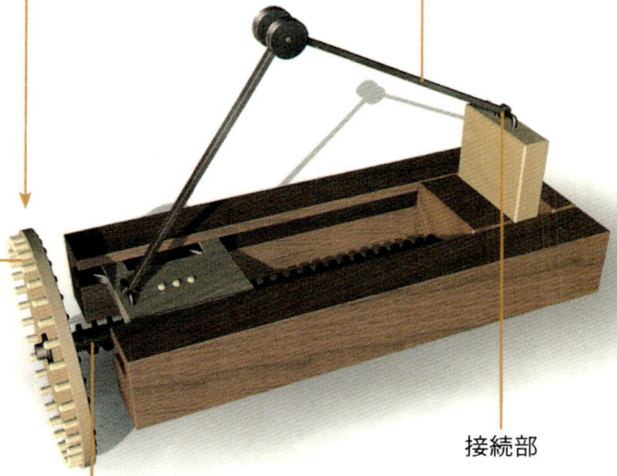

拡大図

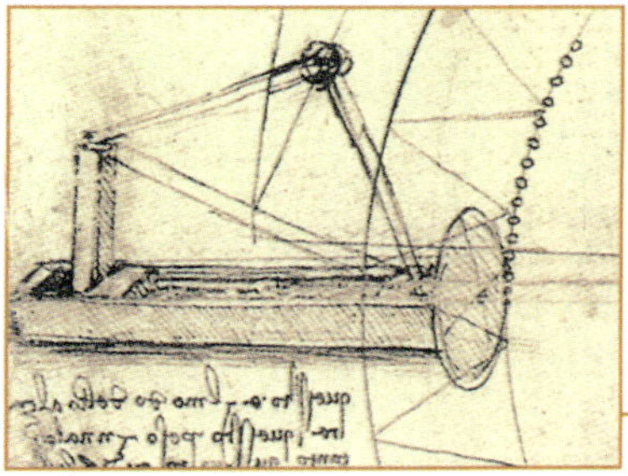

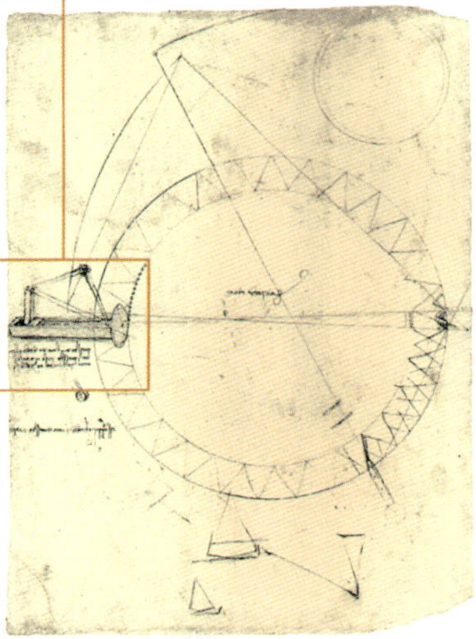

アトランティコ手稿926r

この回転柱と同じものは、右上にも描かれている。宝探しのように、またもレオナルドの手稿を一から調べ直すと、926rに大歯車と連結されたカート装置が見つかった。すでに自走式カートの項で検証した手稿だが(p85)、ここではあらゆる可能性を探りつくすという意味で取り上げてみた。ライオンと関連がないことは承知済み、ロボット・ライオンに結びつく手がかりを期待しているのではないのだが……。

←「聖ヒエロニムス」
ヴァチカン美術館蔵／
102.8×73.5cm、1480-82

レオナルドのライオンの絵では、「聖ヒエロニムス」がよく知られている。やはり未完に終わった絵画で、後年になって発見・修復されるまで板きれ同然の扱いを受けていた不運な作品である。

手前に横たわるライオンの背の描写は、レオナルドが解剖学に通じていたことの表れである。背中に届く長い鬣はロボット機構をうまく隠せそうだ。この絵も示すとおり動物は尾を使って体のバランスをとるが、動物ロボットも同じだろう。

レオナルドのスケッチは、芸術的にはもちろん、動物も含めて解剖学的にも力量が突出している。同時代にも、その後数世紀においても、レオナルドを超える画力をもつ人間はいなかった。レオナルド以上にすぐれた動物ロボットを作ることができる人間はいなかったはずだ。

しかし外観はそれでよくとも、動物ロボットの体内には機械が詰まっている。5,000枚を超えるレオナルドの手稿に、その仕組みの手掛かりはあるのだろうか。

わかりやすく複写した絵画中のライオン

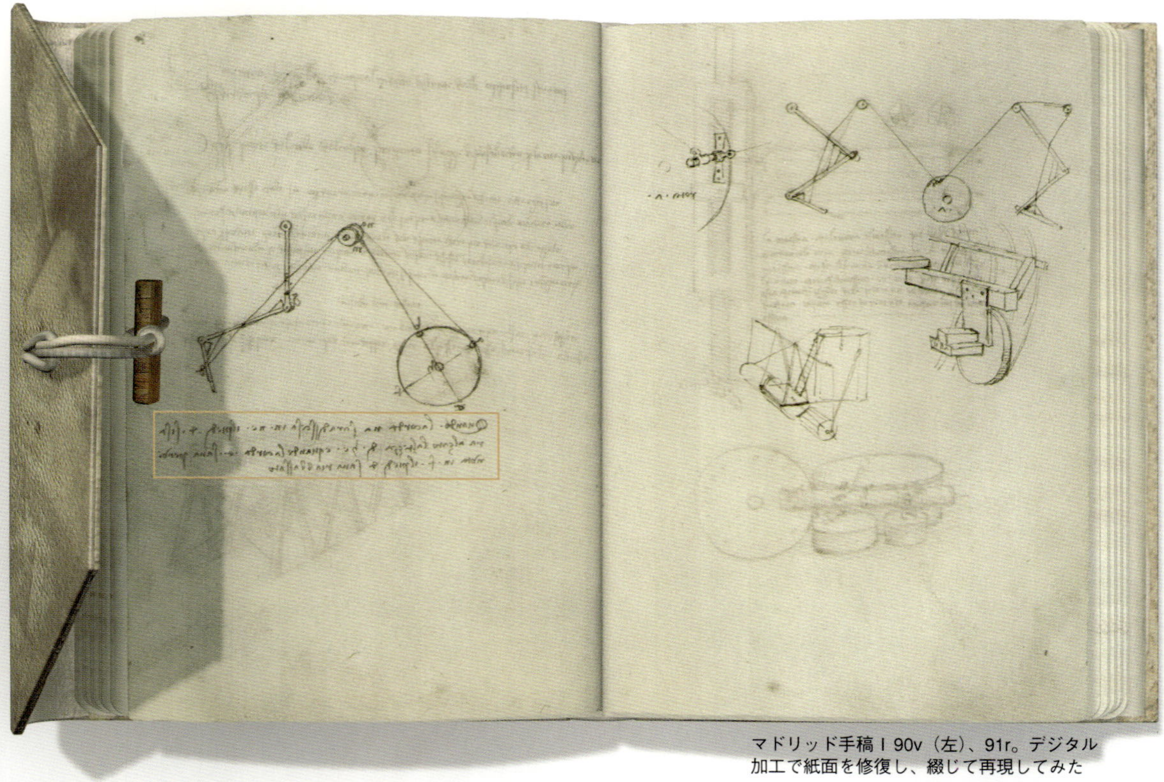

マドリッド手稿Ｉ 90v（左）、91r。デジタル加工で紙面を修復し、綴じて再現してみた

たった一つの手掛かり

2章で見たように、マドリッド手稿Ｉは機械学の書である。正確な記述に丁寧なスケッチ、ページ構成もよくまとまっている。数少ない例外がメモ代わりに記したとみられる数枚の手稿で、これらにはレオナルドの旅ノートのような気まぐれな記述が並ぶ。分類のしようがない機械が描かれ、多くは何の説明もない。

この例外のうち、もっともページ番号の早い90vには、大きな回転盤に3本の棒を連結した装置が描かれている。ロスハイムはこれを馬に乗るロボット人形の設計図と解釈したが、そう断言できる証拠はなく、誤解釈だろう。しかし、これが足のように見えるのはたしかで、さらに隣接する91rには、綱を張った2つの仕組みの間に回転盤をつないだ装置が描かれている。ロボット・ライオンに関係する手掛かりがあるとすれば、この2枚しかない。

90vではスケッチの下に、装置の作動を説明した次の短いテキストがある。

「綱*n a*が*n e*の位置まで下がると、足*d*は上方向に上がる。
そして綱*e*が*f*の位置までくると、足*d*は再び下の方へ下がる」

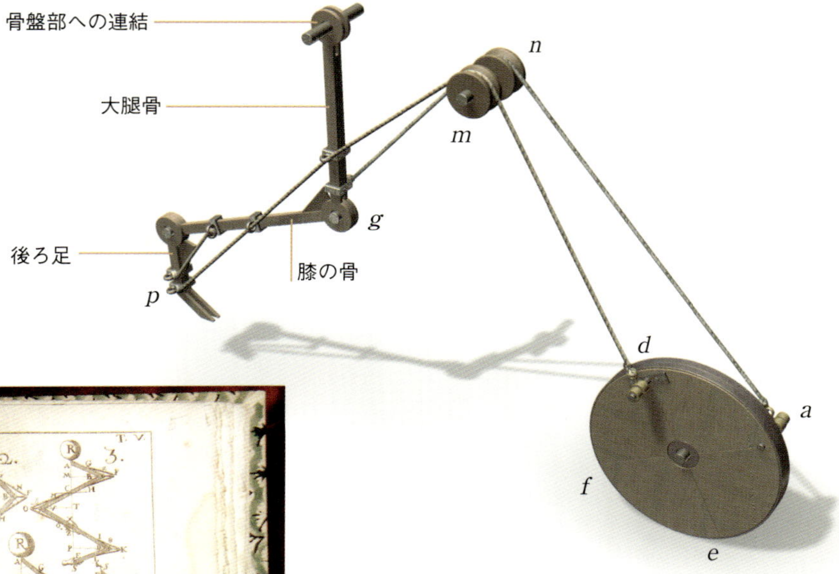

　装置の動き方はともかくとして、レオナルドはこの説明のなかで「足」という言葉を使っている。やはりこれは足の動きを再現する装置で、3本の棒は大腿部、ふくらはぎ、足首に相当するのだろう。L手稿29rにも人間の足の動きを模した同様の図があり、こちらには背骨（図4.19のa-b）も描かれている。なお、その後17世紀の学者ジョヴァンニ・ボレリは、3部位ではなく4部位に分けた同様の図を著した。

ジョヴァンニ・ボレリが描いた動物の足関節の図。動き方、体重の支え方、バランスのとり方が示されている（1681年）

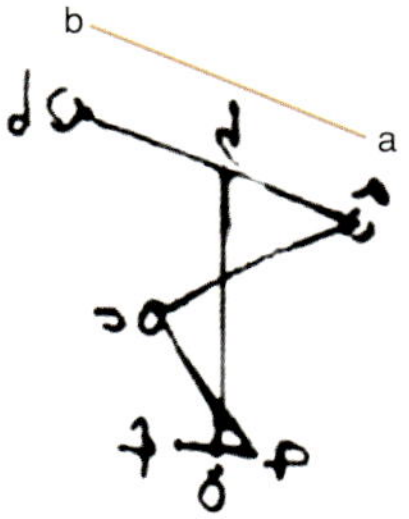

L手稿28v、29rのスケッチは、ページ番号のナンバリングと上下逆向きに描かれている

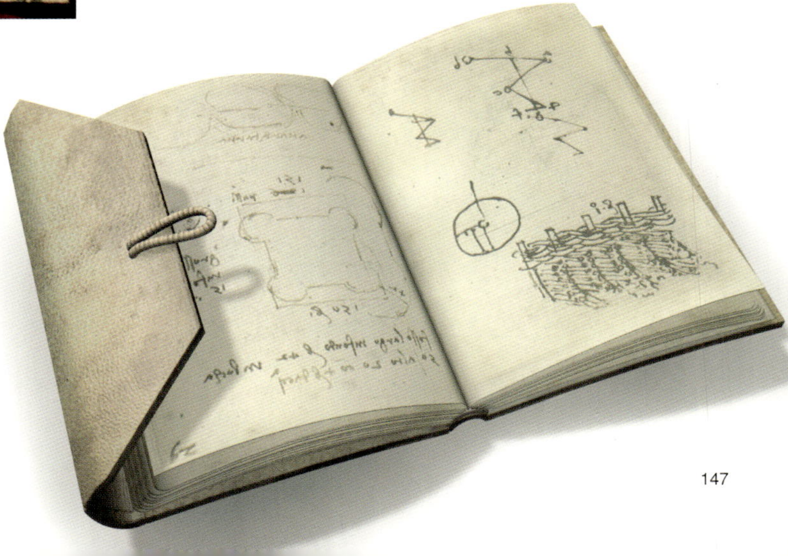

マドリッド手稿Ⅰ 91rより

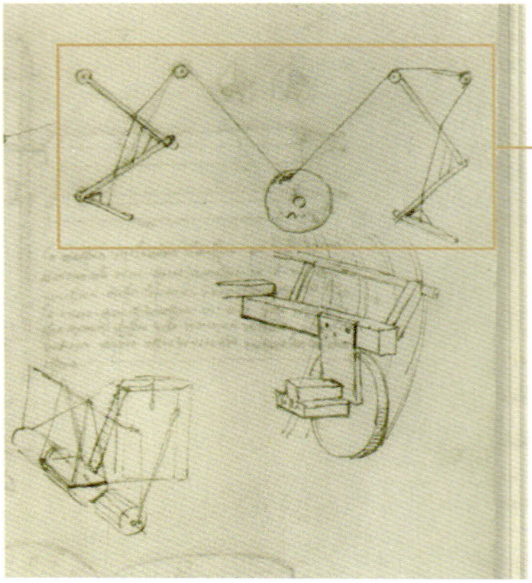

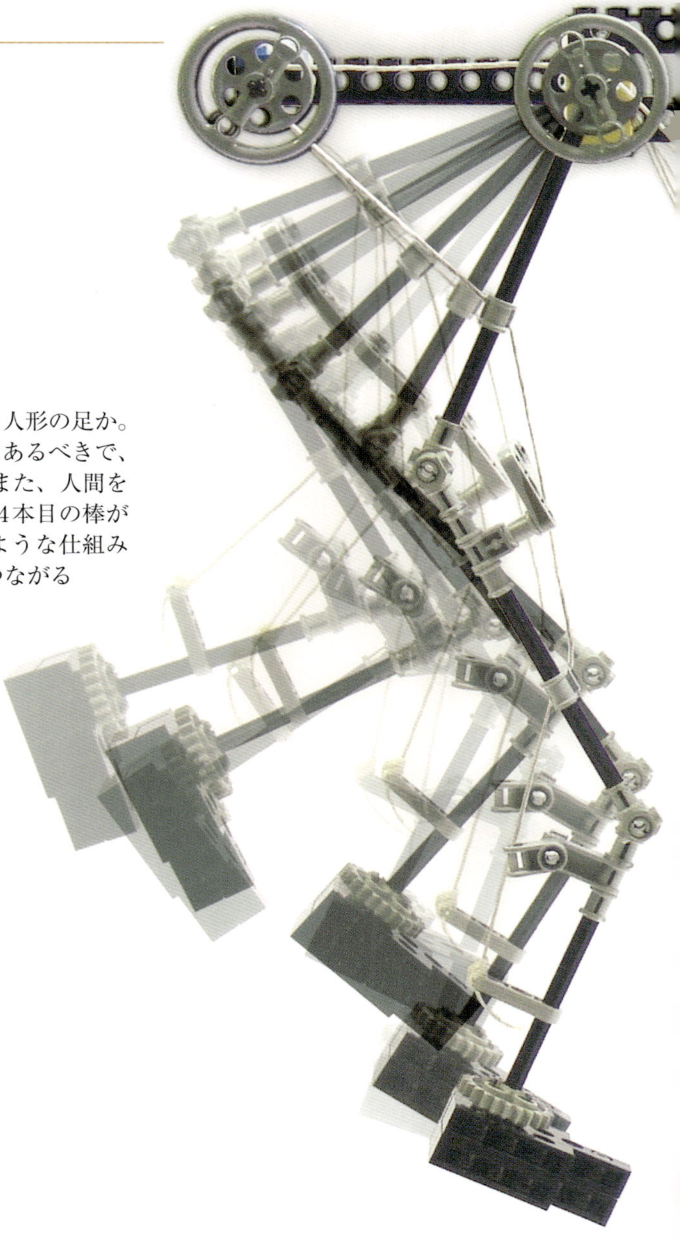

この装置はロボット動物の足か、ロボット人形の足か。ロボット人形であれば、回転盤は装置上部にあるべきで、前部に位置している理由が説明できない。また、人間を模した装置なら、装置上部に背骨にあたる4本目の棒が必要だろう。また、91rの装置はこの足のような仕組みを左右に1つずつもっているが、回転盤につながる綱の固定位置は同じではない。

通常、私たちは装置の解釈と再現に3D技術を利用している。しかし今回は「レゴテクニック」というブロックを使い、91rのスケッチをもとに小さな模型を作ってみた。できた模型を動かし、1対、つまり2本の足が連動する様子を私たちは驚いて眺めた。装置は4つ足動物の半身（＝前足と後ろ足）の動きを再現したのである。

中央の回転盤を回すと、滑車を介してそれぞれの足先まで連結された2本の綱が交互に引っ張られる。足は大腿部、ふくらはぎ、足首の3つに分かれ、動きを制御する三角形のストッパーがついている。最終的に、装置は4つ足動物が歩行するときのふぞろいな足並みによく似た動きをした。

回転盤を45°ずつ回転させ、それぞれの足の動きの位置を記録して重ね合わせた。足の動きはこのようになる

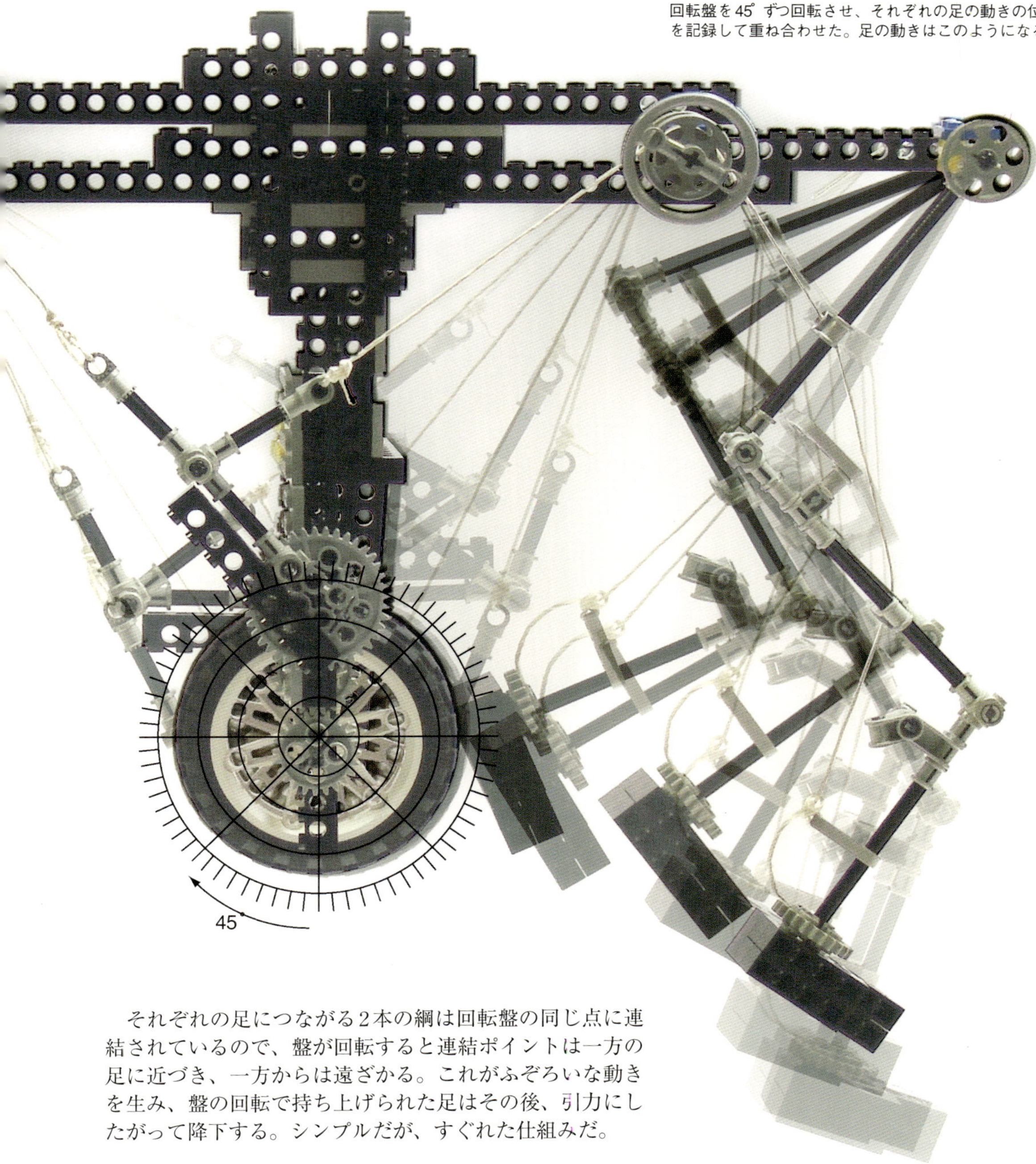

それぞれの足につながる2本の綱は回転盤の同じ点に連結されているので、盤が回転すると連結ポイントは一方の足に近づき、一方からは遠ざかる。これがふぞろいな動きを生み、盤の回転で持ち上げられた足はその後、引力にしたがって降下する。シンプルだが、すぐれた仕組みだ。

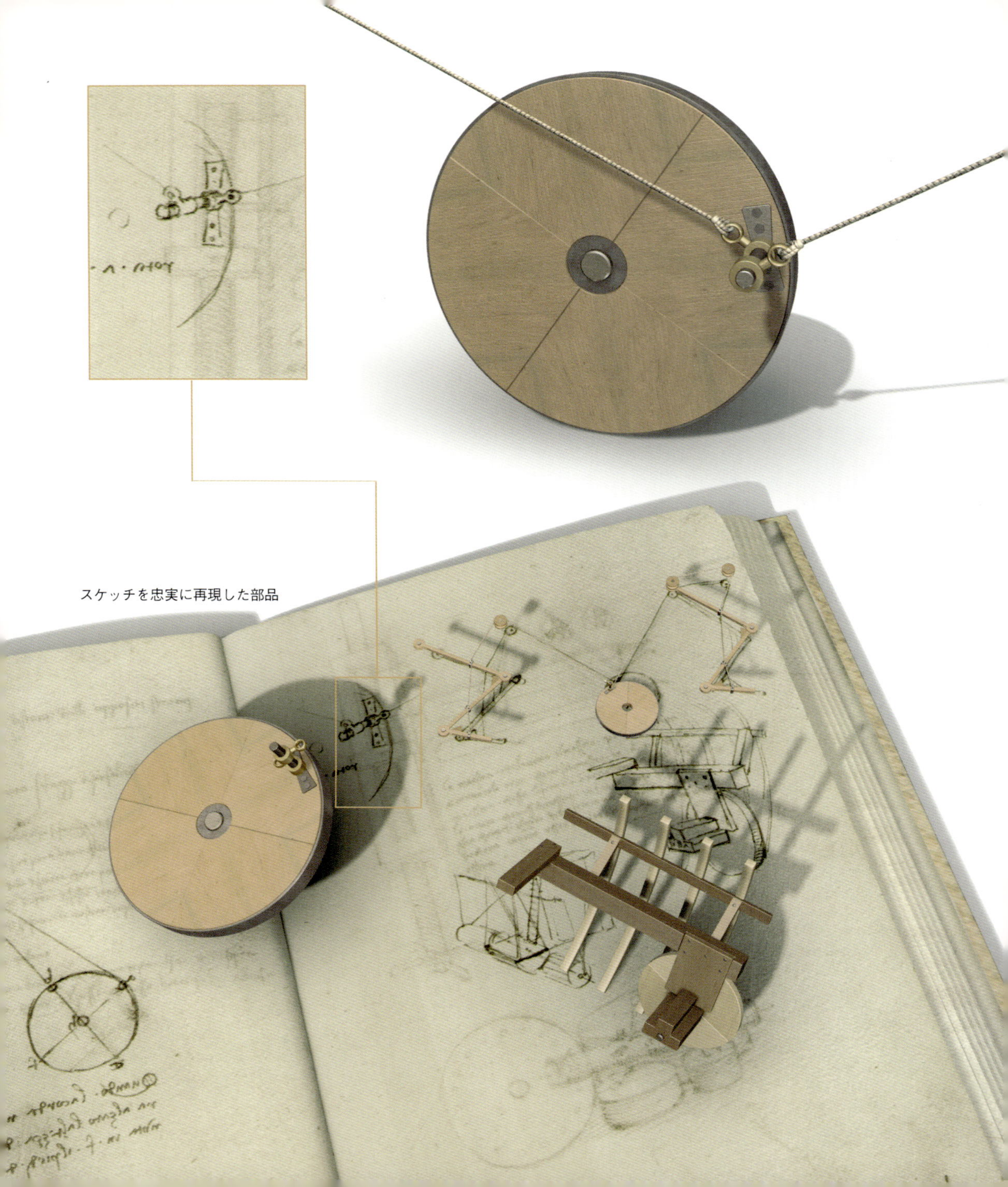
スケッチを忠実に再現した部品

2本の綱と回転盤の連結ポイントは、綱がからみ合わないよう工夫されている

91rの左上にある小さなスケッチは回転盤の詳細図で、2本の綱がからまることなく作動する仕組みが説明されている。動きの方向からして、やはり人間の足ではなく、動物の前足と後ろ足の再現装置である。

レオナルドの時代、「足」という語は人間の足を意味したが、動物の足を指すこともあった。レオナルドは動物の足並みを観察し、アトランティコ手稿にこう記録した。

「人間の歩行も4つ足動物の歩行も同じである。馬の早足など4つ足動物の歩行では、足が斜めに交差する。人間は4本の手足を交差させるのだ……」

この「2本足の装置」を、動力源としての回転盤や軸を中心に左右に1組ずつ配置する。右半身、左半身をそれぞれ制御する2組の綱と回転盤を平行に設置すれば、4つ足動物の足の交互運動が再現される。

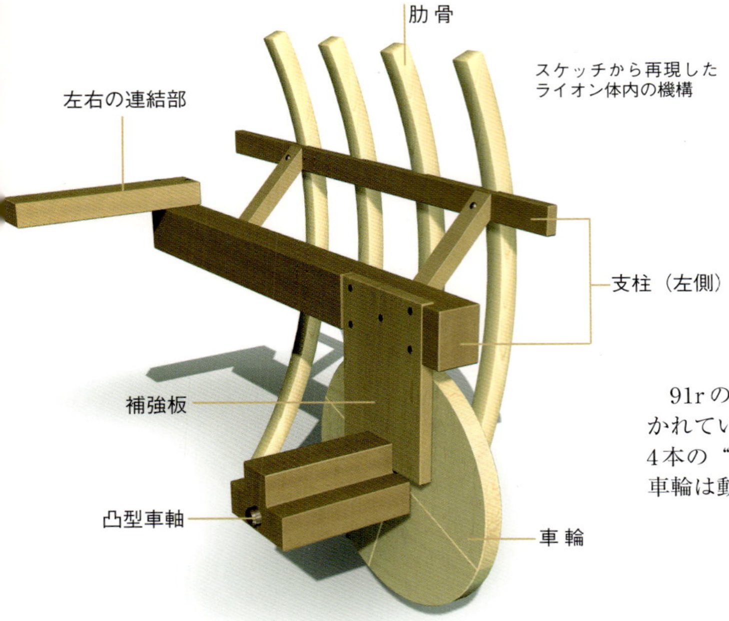

スケッチから再現した
ライオン体内の機構

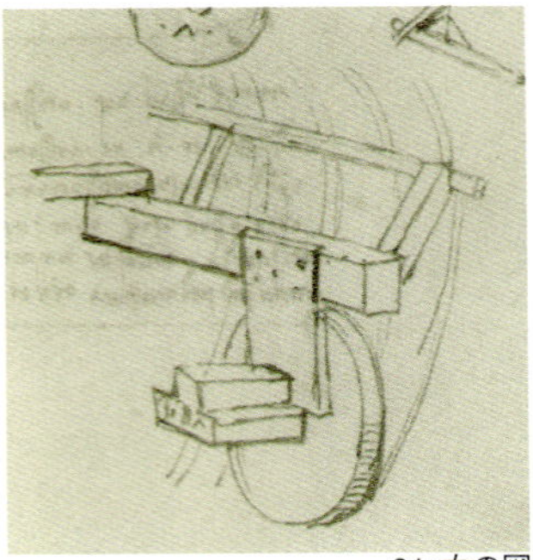

91r右の図

91rの中央部には、支柱（左側）と車輪が描かれている。体内の機構らしく、支柱を支える4本の“肋骨”が見える。凸型の車軸をつけた車輪は動力源か、または動力の伝達装置だろう。

しかし、この「2本足の装置」には問題があった。前足の“骨”がライオンの実際の骨格と一致しないのである。

ネコ科動物の前足の関節は内側に向かって曲折しており、人間の膝と同じ構造の後ろ足とは逆向きに曲がる。馬も同じである。レオナルドは馬の足の構造は正しくとらえたが、ライオンのスケッチを山ほど描き残しながらも、前足の関節の観察は完璧ではなかった。

右図のとおり、レオナルドは猫の動作を細かく研究した。猫の体はライオンとよく似ている。

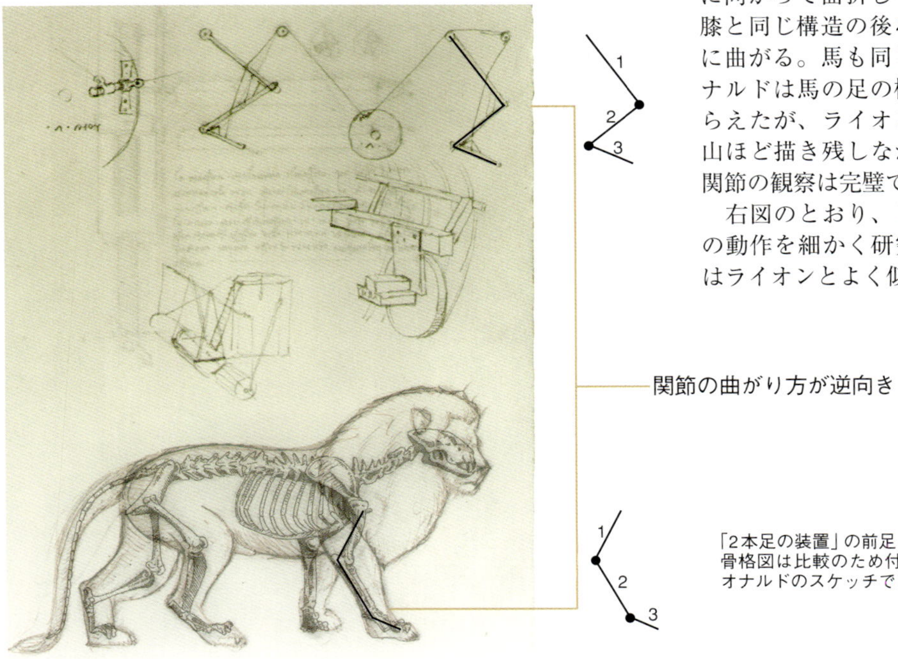

「2本足の装置」の前足とライオンの骨格図。骨格図は比較のため付け加えたもので、レオナルドのスケッチではない

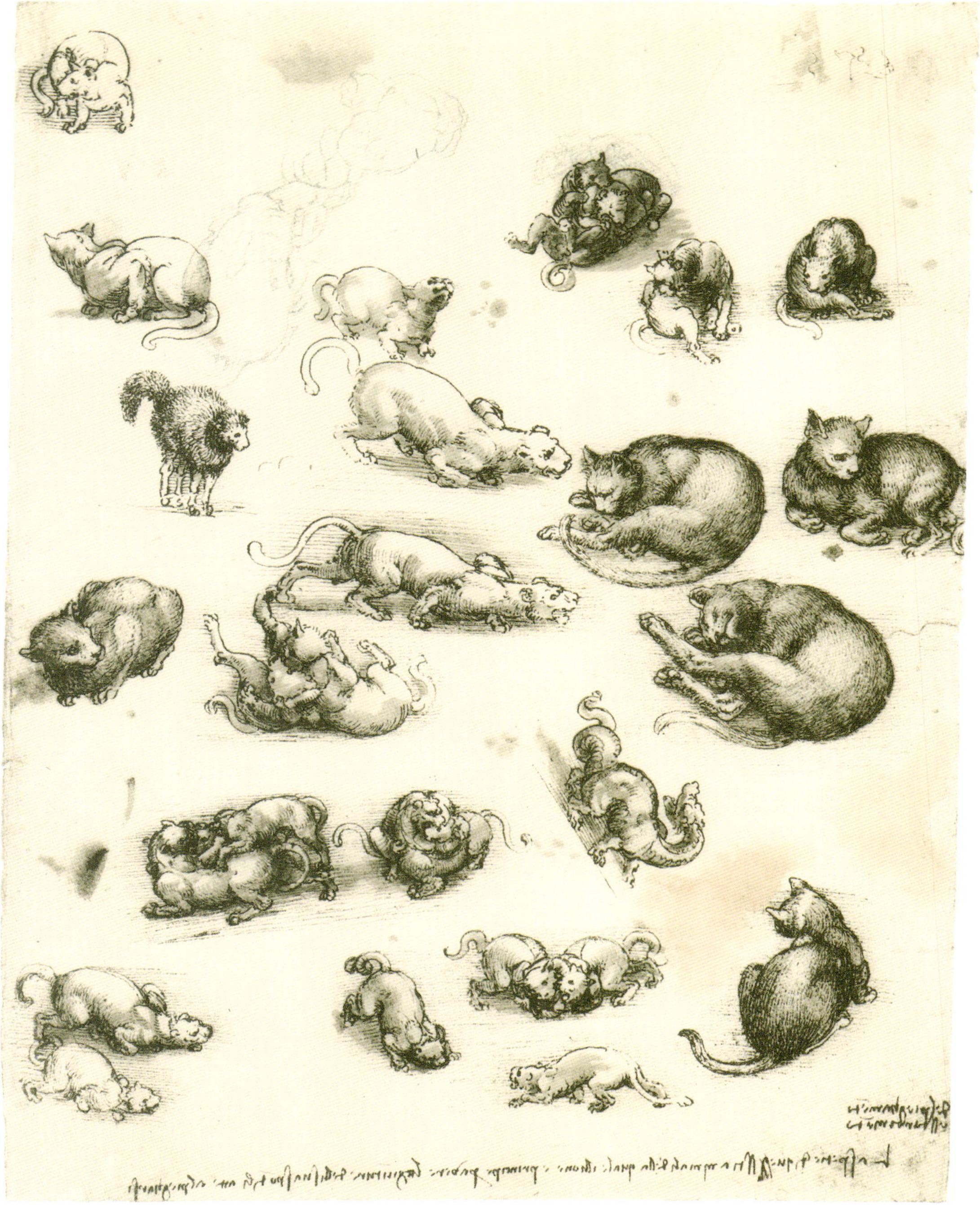

29匹の猫と1頭のドラゴン。ウィンザー紙葉12363／27.1×20.1cm、1513-16

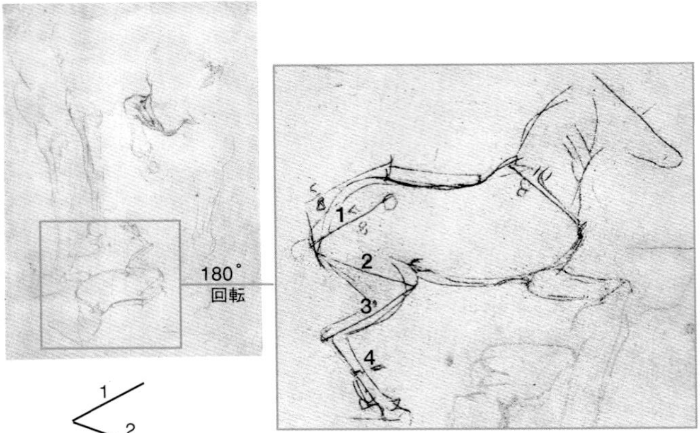

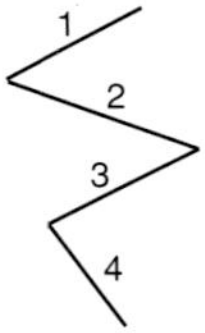

上下逆さまのスケッチをデジタル技術で見やすく加工。ボナ美術館蔵／21.5×24.9cm

　レオナルドは馬の研究にも熱心で、1冊の研究書ができるほどのテキスト、スケッチを描き残した。左図はその1枚で、この手稿自体はとくに重要ではないが、マドリッド手稿にある同様のスケッチでは骨が3本だったのが、このスケッチでは4本に修正されている。解剖学的な見地から骨の長さを調べたものか、あるいは馬のロボットを作ろうとしていたのかもしれない。前足の関節の問題は馬も同じだが、そのことについて触れた手稿は存在しない。

　関節が実際と逆向きなのは、単純なミスかもしれないし、設計に必死でそこまで気を払わなかったのかもしれない。しかし、この関節を逆向きにしても装置は作動する。再現にあたり、私たちはこの間違いを修正した。

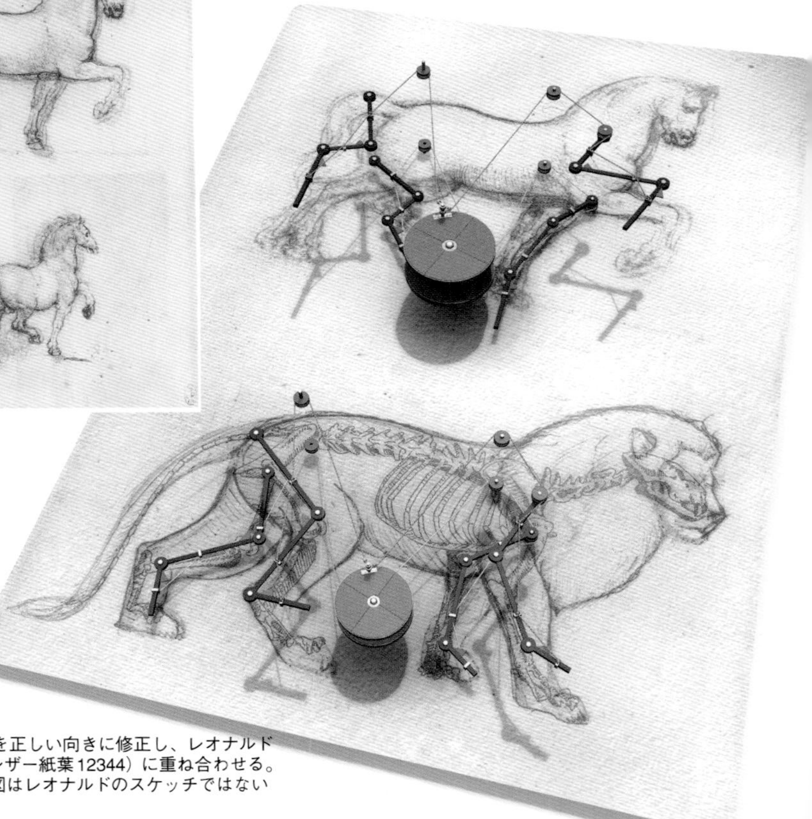

装置の足の関節を正しい向きに修正し、レオナルドの馬の絵（ウィンザー紙葉12344）に重ね合わせる。下のライオンの図はレオナルドのスケッチではない

関節部の拡大図

青ウォッシュ紙に描かれた馬のスケッチより。白は明部を、黒の部分は暗部を表すのだろう。トリノ王宮図書館蔵／15.4×20.5cm、1490

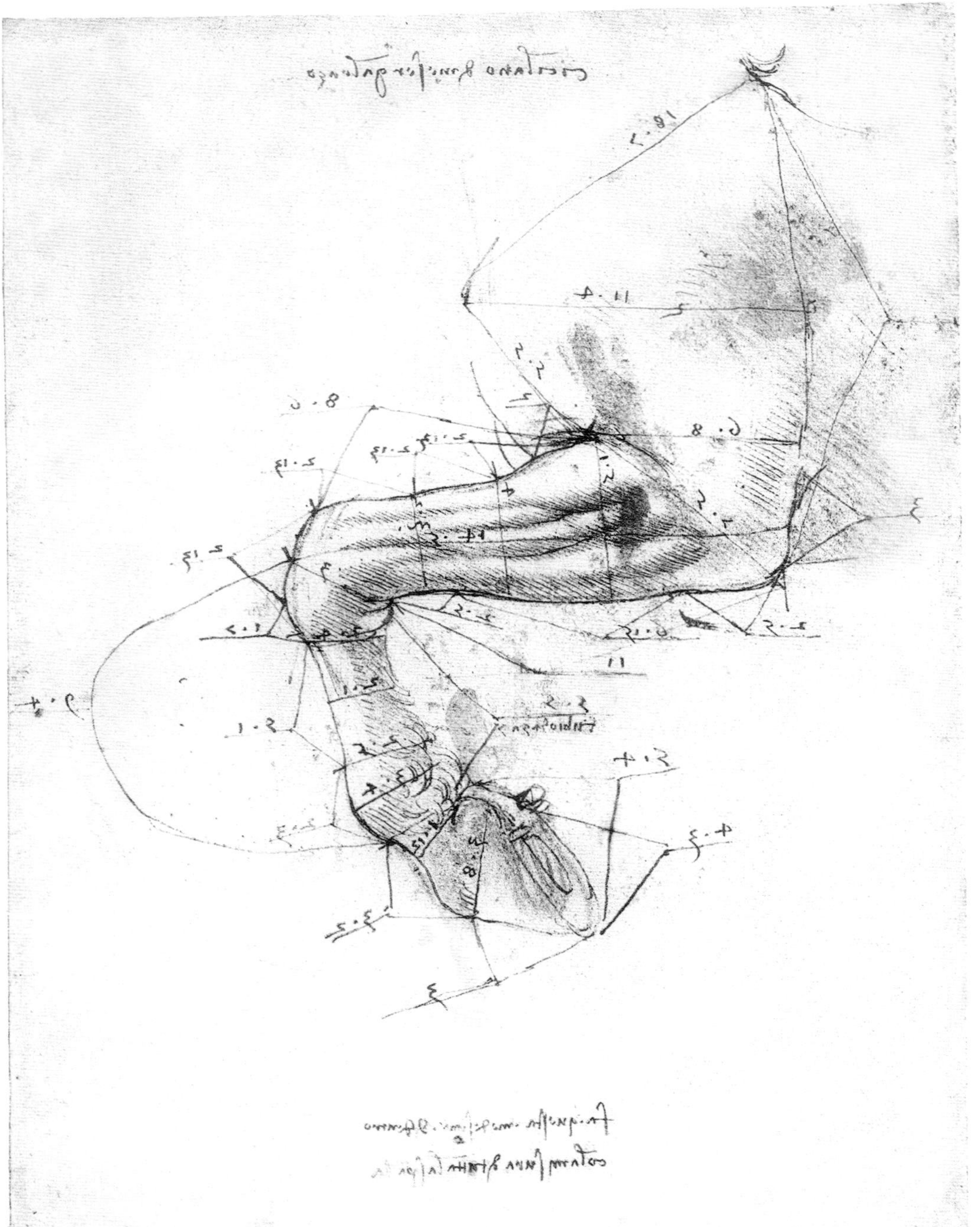

馬の足、ひづめの研究スケッチ。ウィンザー紙葉／25×18.7cm、1485-90

ロボット・ライオンの設計図

ここまでは足の動き方だけを見てきたが、装置を実際に動かすには強力なバネと、狂いのない綿密な設計が必要である。

三角形のストッパー部品がバネで、その働きで足が動くと仮定すると、回転盤を作動させる強い動力はどこからくるのか。中央の大きな車輪は接地しており、装置を前進させる役割だろう。レオナルドのスケッチでも、この車輪は足の先端と同じ高さにある。車輪はもっと高い位置でも装置の動きに支障はなく、つまりレオナルドはたまたまではなく、意図してこの高さに描いた。レオナルドは適当に描くことはせず、スケッチは細部まですべてに意味がある。

つまり、2本足の装置は足の動きを再現する以上の役割をもたず、動力は中央の車輪から供給された。形、各部の長さからすると、馬の足ではなさそうである。ロボット・ライオンの可能性は高い。

再現模型は、解剖学的なライオンの図にもとづいて体の各部を一つずつ作ることにした。きっかけは馬の足、ひづめを仔細に分析したスケッチである。どのスケッチよりも詳細なこの手稿は「スフォルツァ騎馬像」の設計図らしく、製作にあたりレオナルドは解剖学的にも正しい馬の姿を作ろうとした。材料はブロンズを予定し、鋳造技術の改良にも挑んでいた。

スケッチは騎馬像の内部の作りとみられる

マドリッド手稿Ⅱの最終ページ

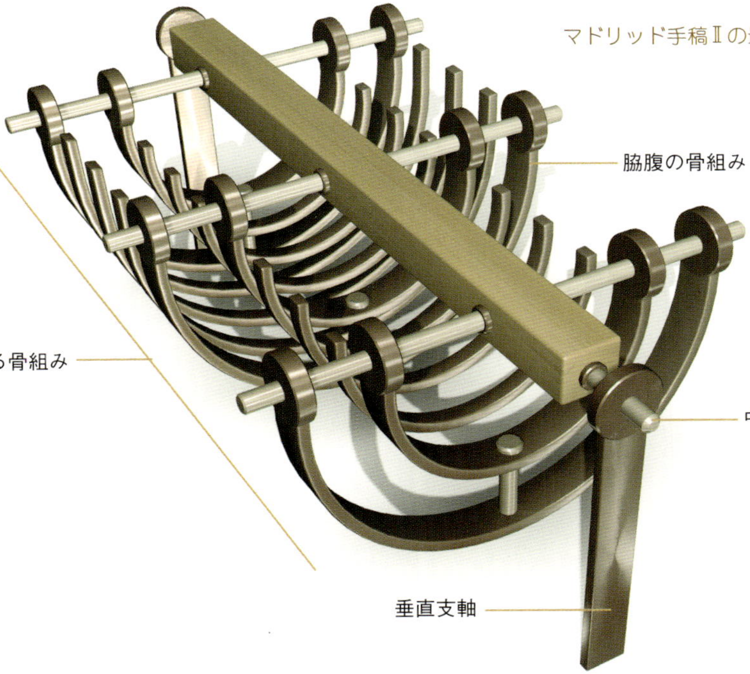
馬の体躯を支える骨組み
中央支柱

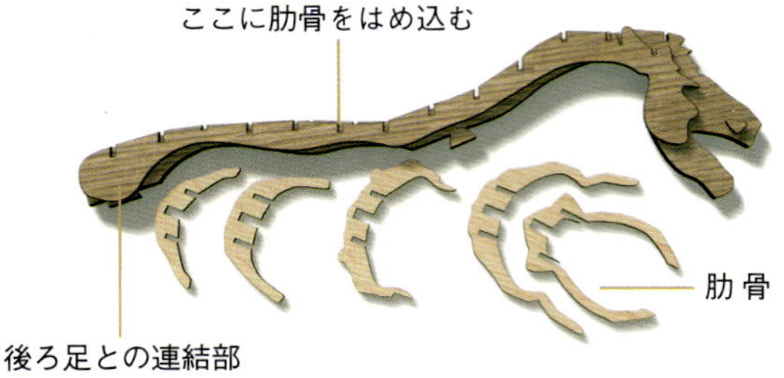

「騎馬像」の構想はマドリッド手稿Ⅱに描かれている。うち1枚には巨大な馬の体躯に仕込む骨組みの設計図があり、私たちはこの仕組みをロボット・ライオンに採用することにした。装置外側の素材は金属、及び紙か木で、体表には機械部分やジョイント、歯車などを隠すための毛皮、鬣《たてがみ》があしらわれただろう。

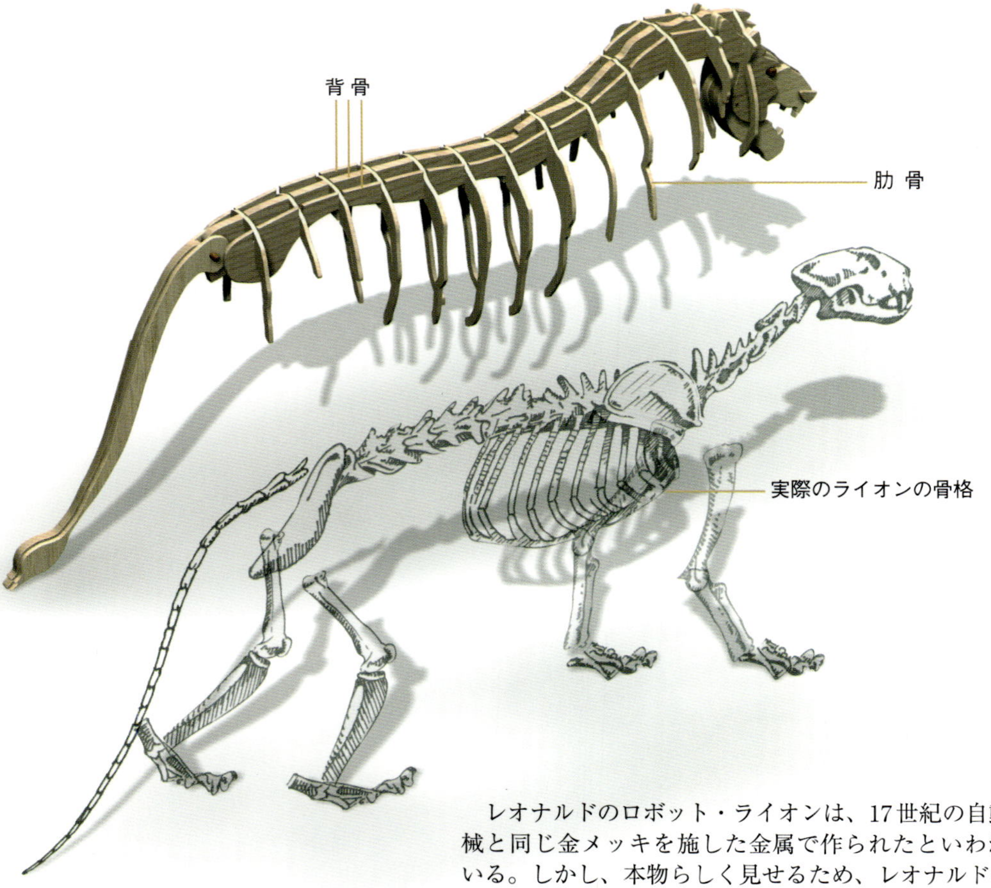

レオナルドのロボット・ライオンは、17世紀の自動機械と同じ金メッキを施した金属で作られたといわれている。しかし、本物らしく見せるため、レオナルドなら実際のライオンの毛皮を使ったはずと私たちは考えた。

マドリッド手稿Ⅰ 91rをもとに再現した2本足の装置

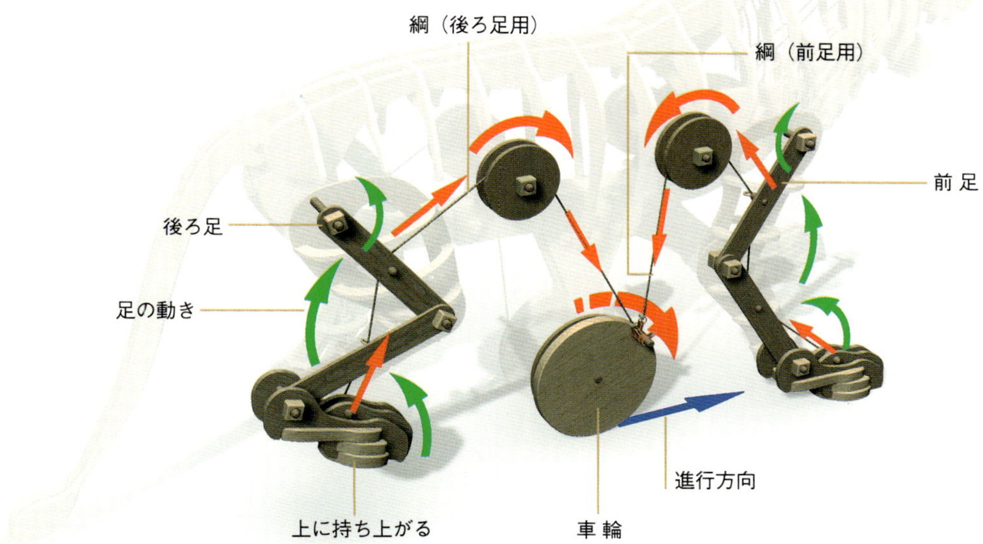

■2組作り、平行に組み合わせる

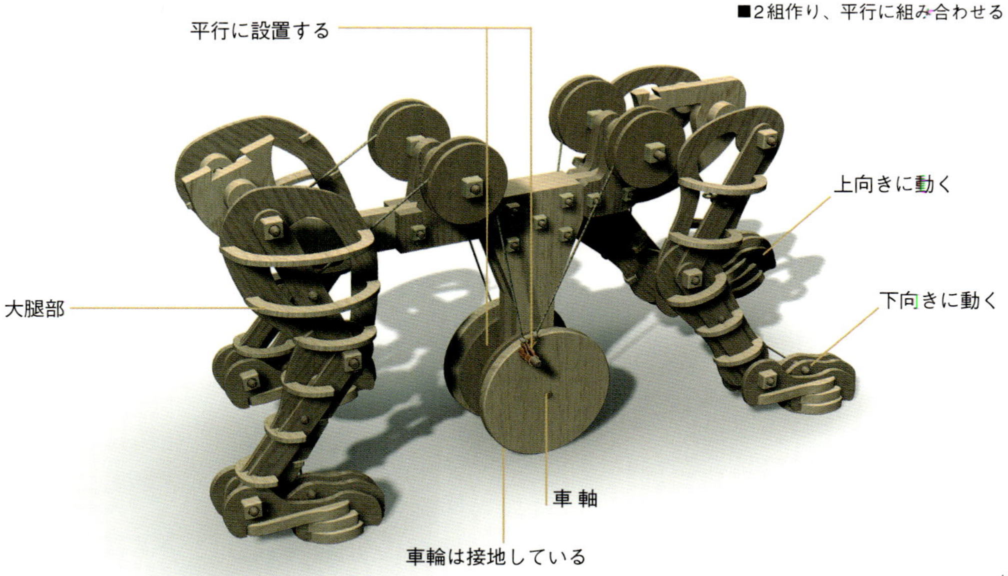

尾、4本の足、2つの車輪を備えたロボット・ライオンの骨組み

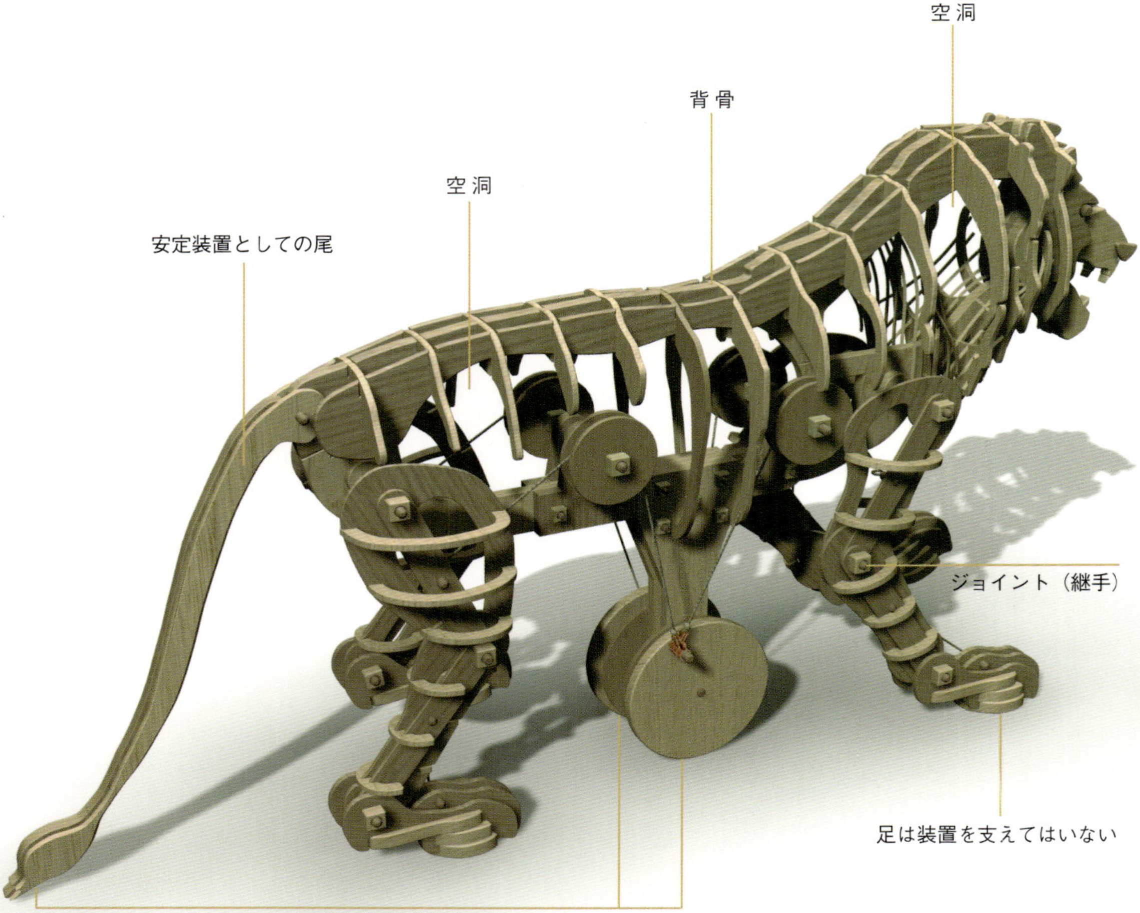

これは中央の2つの車輪で装置全体を支え、まっすぐ立ち上がったロボット・ライオンである。足はあやつり人形のように動き、地面から浮き上がって前後に動作するが、推進装置の働きはない。前後にぐらぐら揺れるのを防ぐため、尾が安定装置の役割を果たす。猫が尾でバランスをとるように、動物ロボットの尾も接地していれば装置は安定する。

隠された設計図

手稿を調べ、装置の作動や構造を推測したはいいが、不安はつねにつきまとった。マドリッド手稿Ⅰにある一連のスケッチは動物の足の動きの観察記録にすぎないのではないか。ロボット・ライオンとは無関係なのでは？しかし、それでは湾曲した肋骨部品のスケッチ（p152）の説明がつかない。ロボット・ライオンか、少なくとも4つ足動物ロボットの内部構造でなければ、これは何なのだろうか。

私たちの仮説を裏付ける証拠は、思いがけないところから見つかった。役に立たなさそうな手稿でも、記述を丁寧に読み解いていくと（できれば複製でなく手稿原本がよい）必ず発見がある。今回、それは先に取り上げた手稿90vに隠されていた。

90vは、中央部に車輪と足、そして丸い“頭”が1つずつ描かれている。スケッチは明確でわかりやすく、だからこそ余白には注意が払われてこなかった。しかし、ページ裏側の記述が裏写りしていると思われた部分に、もう1つの設計図があったのだ。

薄くかすれて見えづらいが、中央スケッチの滑車の上、ちょうどレオナルドが“n”と記した文字の上に、2つの車輪と何本かの線、滑車、そして左上に四角形が見える。ページ裏（90r）の記述と区別するため、私たちはこの手稿をデジタル加工して調べてみた。90rの左右反転画像（鏡像）を作り、それを90vから取り除くのである。

この処理をすると、90rの記述は青く浮き上がった。黄〜白色に浮かび上がっているのが90vの記述である。さらに見やすいように強調加工をすると、90rの記述だった左上の四角形は濃い青になって見えなくなった。そして、長い年月のあいだにかすれて見えなくなっていた設計図が現れた。

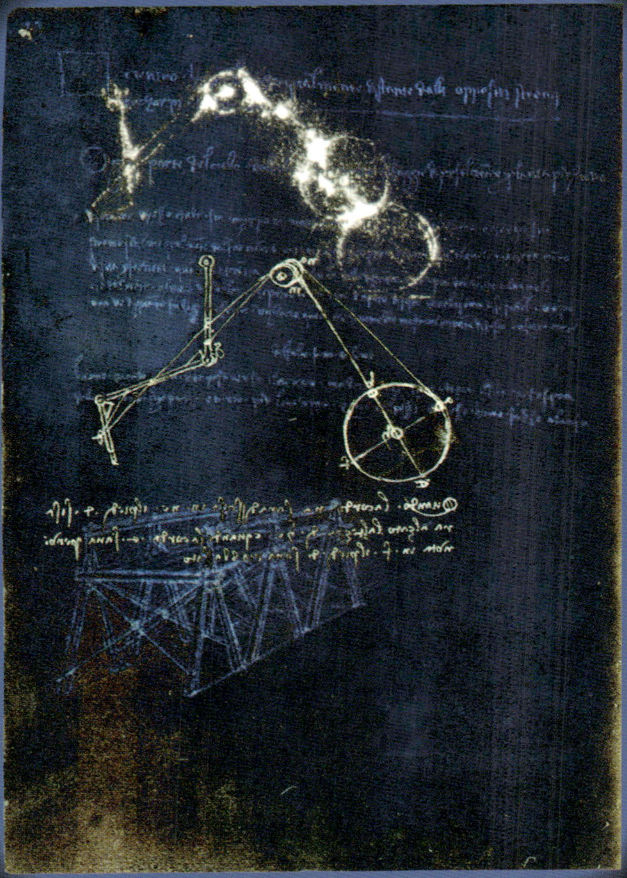

デジタル処理で裏写りを区別して浮かび上がったマドリッド手稿Ⅰ90vの記述

90rの記述を示す色相

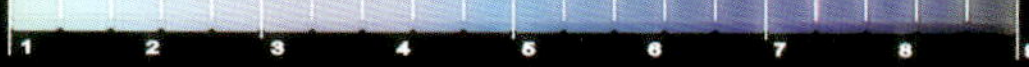

90vの記述を示す色相

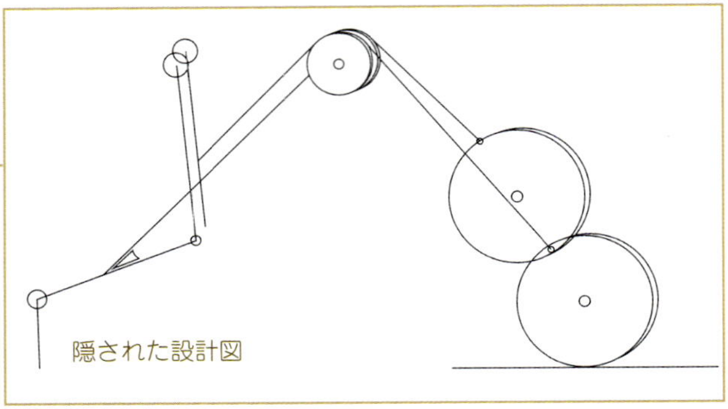

浮かび上がった図は、車輪・滑車・綱からなる2連構造の装置だった。綱と車輪の角度は45度、手前の車輪の下には地面を表すらしい1本の横線が引かれている。車輪から延びる綱は滑車を通り、棒（＝足）につながっている。注目したいのは、2連構造であること、そして車輪が地面に接地していることだ。

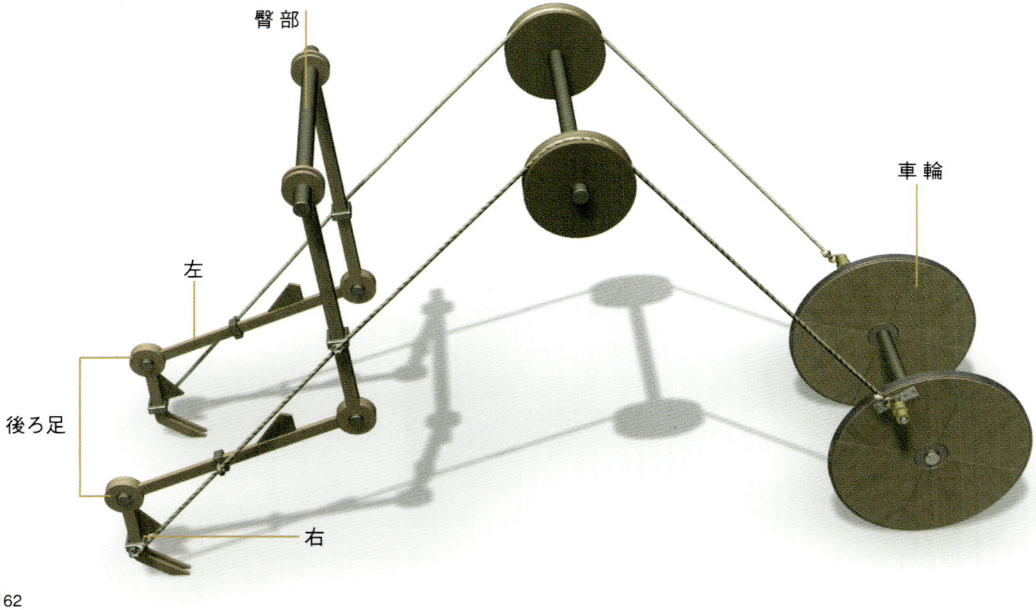

エンジン

ここまではレオナルドのスケッチを頼りに、歴史的正確さを考慮しながらロボット・ライオンの足の構造を再現してきた。ライオンは足を地面につけて立ち、綱のようなもので引っ張るか、または尾を押すかして前進させる。中央の車輪が回転すると、足が連動してあのふぞろいな足並がを再現される。

しかし、ライオンが歩きだして自動的に止まる仕組み、口か胸の跳ね上げ扉を開いて花をあふれさせる仕組みについては何の手掛かりもなかった。

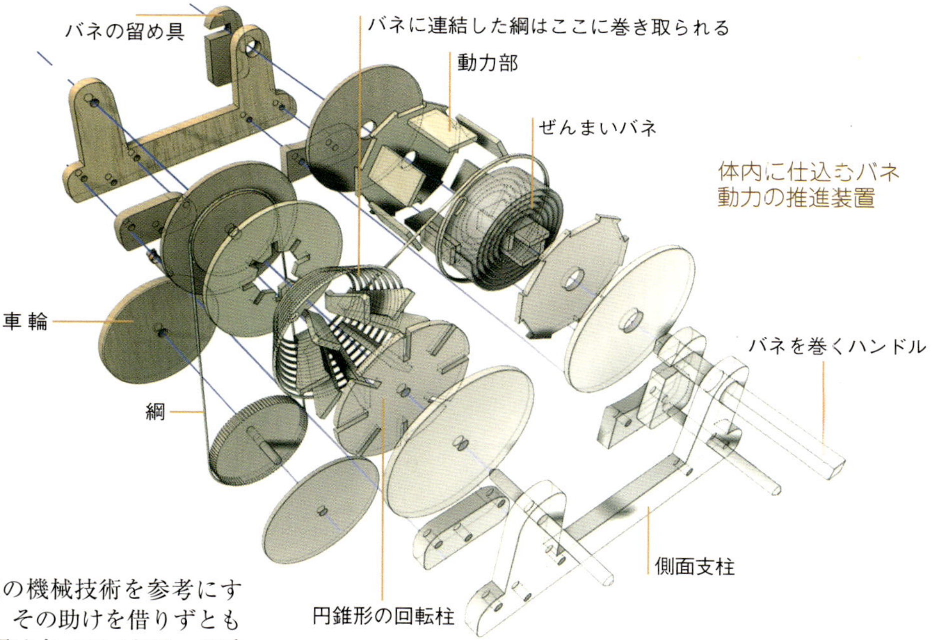

17、18世紀の機械技術を参考にするのも手だが、その助けを借りずとも自動機械の原理はすべてマドリッド手稿Ⅰに詰め込まれている。先に引用したヴァザーリの言葉を信じ、私たちはここから先も仮説を立てて再現を進めた。“正しい”機械学からは少し足を踏み外すだろうが、“レオナルドの機械学”には忠実を心がけて——。

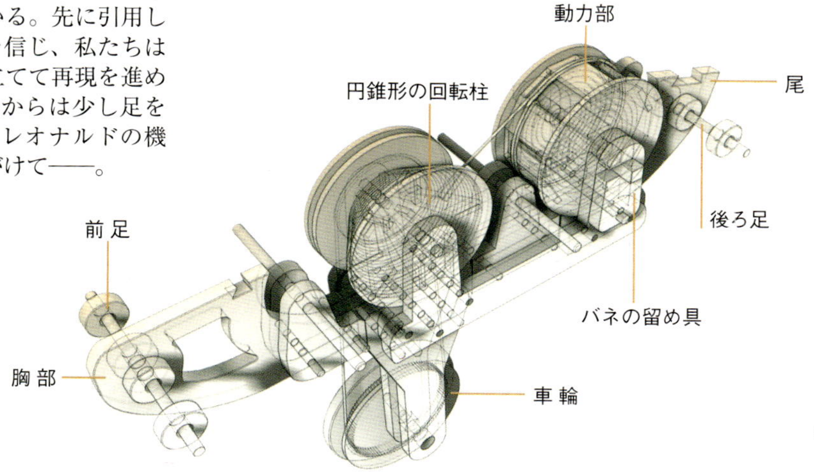

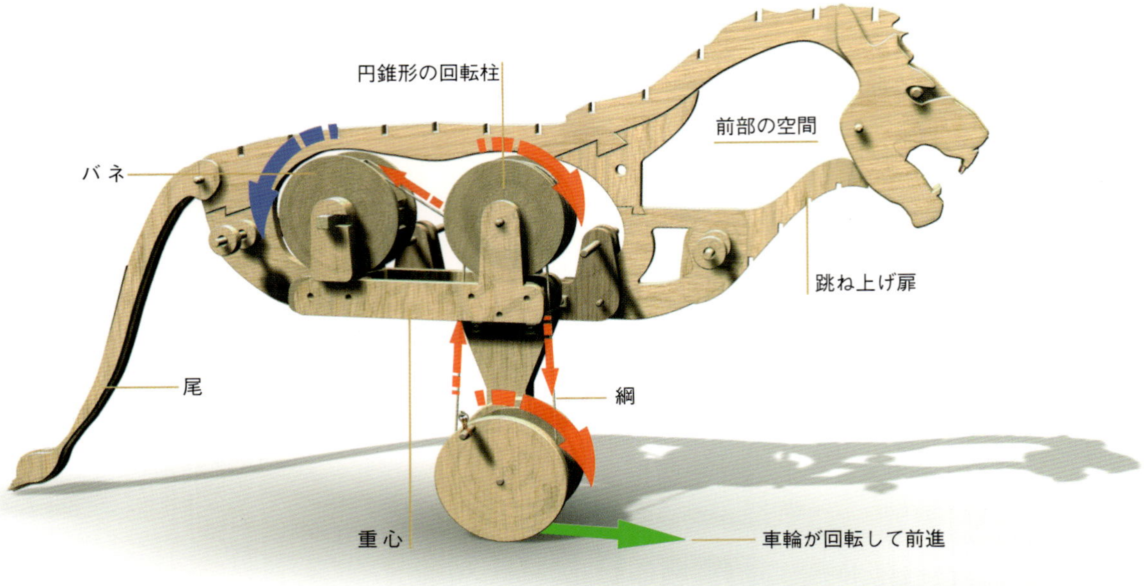

まずはロボット・ライオンを動かす動力について、綱か歯車で車輪に連結されたバネを仮定した。マドリッド手稿Iにあるバネ装置だ（p34参照）。設置場所はライオンの骨盤部あたりで、ここにあれば尾と2つの車輪の間に重心が落ち着く（車輪の間や真上に重心を置くとライオンは前につんのめってしまう）。

車輪の上にはバネと並べて歯車を設置し、これを介してバネと車輪を連結する。バネ動力は滑車を介して歯車に伝達されるか、あるいはバネの伸張力を無駄なく利用するため、円錐形の回転柱を使う。いずれにしても、これでライオンの体は安定する。

次は歩みを進めたあと停止する動作だが、前進のための機構をストップさせるカム装置にトランスミッションを連結する方法がある。または、数歩の歩みを進めるのに必要なバネの巻き数を割りだし、単純にバネの動力が尽きるまで前進させればよい。

最後の仕掛けについては、まずバネ装置をライオンの後部に設置すると、前部に空間ができる。この鬣《たてがみ》と鼻の間に花を仕込み、歩みを進めたあと、前進のための機構が胸部か口の留め具をはずすように設計する。すると重力にまかせて、花がこぼれ落ちる。

この前部の空間はかなりの容量があり、花を仕込むだけでなく、別の機構が格納されていた可能性がある。レオナルドが考えそうなことといえば、思い浮かぶのは「音」だ。

とくにミラノにおいて、レオナルドは宮中式典の演出家として定評があった。舞台「天国の祝祭」が記録に残されたのは、そのレオナルドがすべての楽器を考案・制作し、振り付け、衣装、舞台装置まで担当した一大イベントだったからだろう。そこでだが、先に見たマドリッド手稿Iにある「2本足の装置」の次ページ（91r、91v）には、機械仕掛けの太鼓装置が記されている。2本足の装置と同じで、これもまた機械学の書としてまとまった構成をもつマドリッド手稿Iのなかでは分類のしようがない装置である。

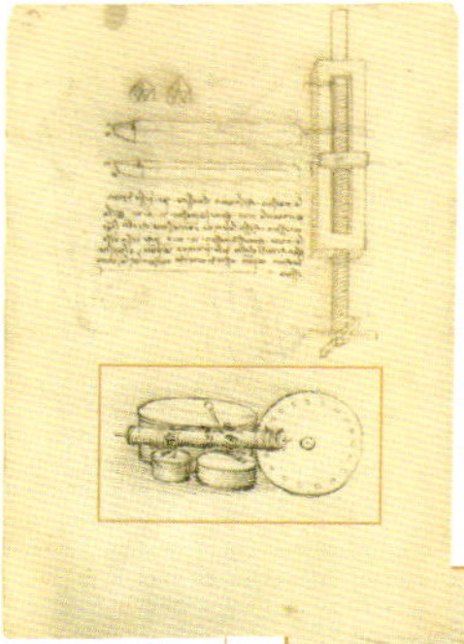

突起を使ってプログラミングし、大・中・小の3つの太鼓をスティックで叩くオルゴールのような仕組みである。動力は歯車で、中央の回転柱に取り付けた突起の位置、数で太鼓のリズムをプログラムする。スティックは突起に押されて跳ね上がり、太鼓を打ったあとは重力でそのまま太鼓の上に静止するか、小さなバネを使って静止させたようだ。この装置がライオンの体内に仕込まれていた、とは考えすぎだろうか。大胆な仮説だが、不可能ではない。

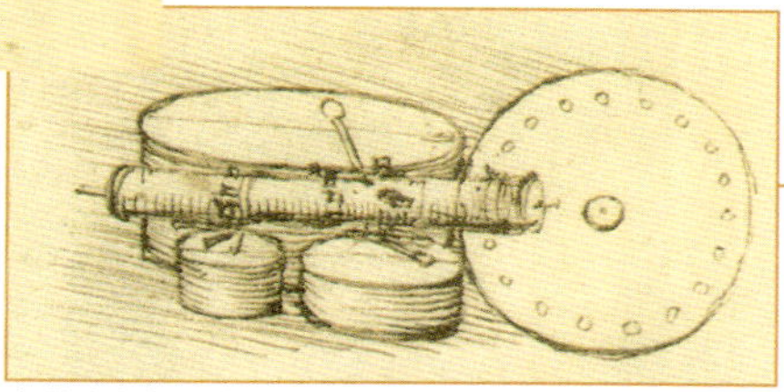

自動演奏太鼓（マドリッド手稿Ⅰ）91v）

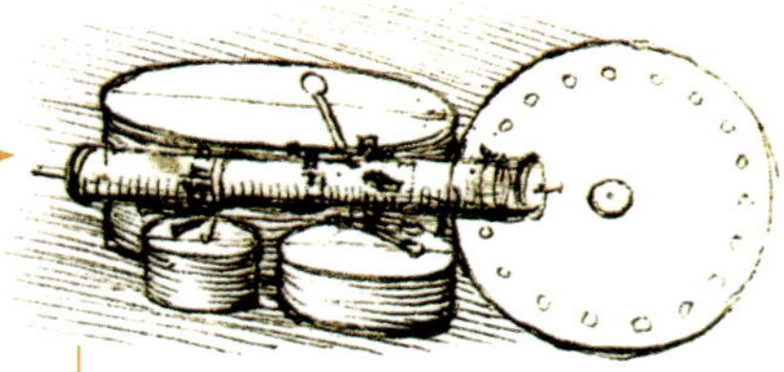

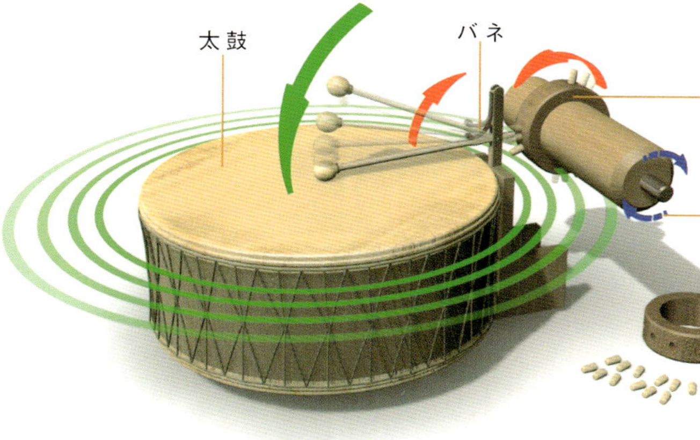

太鼓装置が組み込まれたとすると、位置は鬣《たてがみ》で隠れる首のあたりである。ここで音が鳴れば、あたかもライオンがうなるかのように音はのどから口へ抜ける。花を仕込む空間はまだ充分にあるし、花を出すのに口を開けるとライオンの“声”はひときわ大きく鳴り響く。太鼓装置の動力である歯車は、ライオン本体の回転柱に連結されていたのだろう。

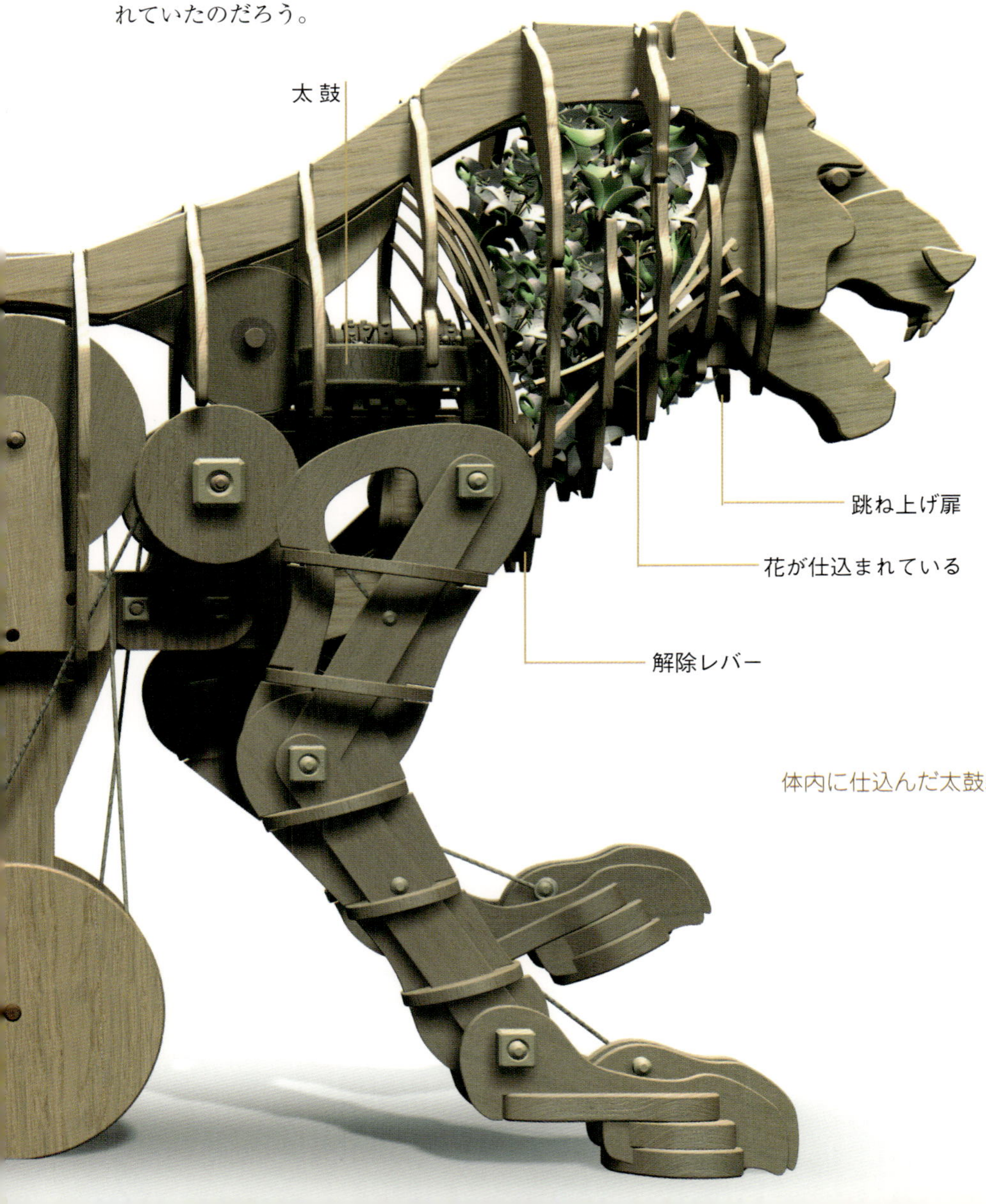

体内に仕込んだ太鼓装置

ロボット・ライオンの完成像

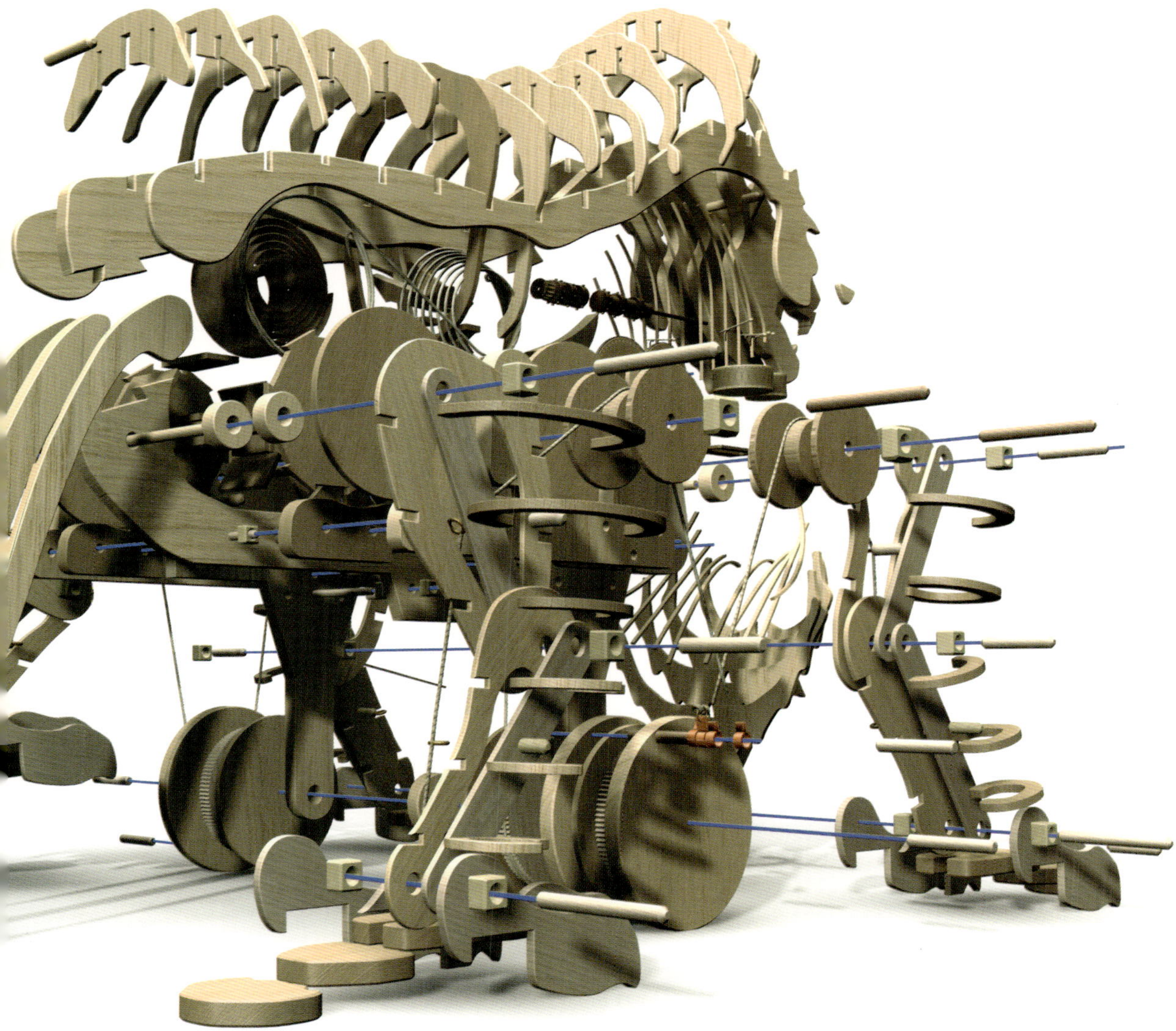

分解図——機械は動力部、動力伝達部、太鼓など

再現模型の完成

主要機構部の組み立て。中央が筆者

2007年5月、私たちは1/4スケールの再現模型を作り、これまでの仮説を検証した。足はきちんと動くか。動力のバネは1つで足りるのか——。装置の表面には、本物のライオンの毛皮か、あるいは覆いのようなものをかぶせたのだろうか。外枠は本物の毛皮の重さにも耐え、たとえ覆いがなくともライオンらしい姿形を見せたはずである。

とくに苦労したのは、バネと車輪を連結する綱の長さと、足の位置を決めることだった。ロボット・ライオンの動作は、全体の重心バランスと足の位置にかかっている。実際、綱の長さとその固定位置が少し変わるだけで、動きは大きく変化する。バランスの点では、確実に接地し、足が地面を踏みしめているように見せるため、前足に重みがかかる作りにした。前足が接地するときも中央の車輪は回転をつづけ、ライオンの体は前進する。接地したあと前足はしばらく静止しているが、重みがかかることでライオンを前へ押し歩かせているようになる。やがて前足は綱に引っぱられ、再び地面から持ち上がり、関節を曲げる。

装置を動かす動力は、ハンドルを使って体内のバネを巻き、留め具で固定して準備する。小さな空間に円錐形の回転柱を設置するのはむずかしく、またバネを巻き直す際に問題が生じたが、滑車装置のようにバネと回転柱を直接つなげるか、または歯車を用いて解決した。ライオンを後進させれば、バネが自動的に巻き直される仕組みに——。

この第1号模型はバランスもよく、動力のバネもその他の機構もきちんと作動した。なお、耐荷重の点から、尾に2つの回転盤を加えた。

1/4スケールの再現模型

主要機構部とその他のパーツ

動力部

肋骨と尾をかぶせる

完成間際のロボット・ライオン

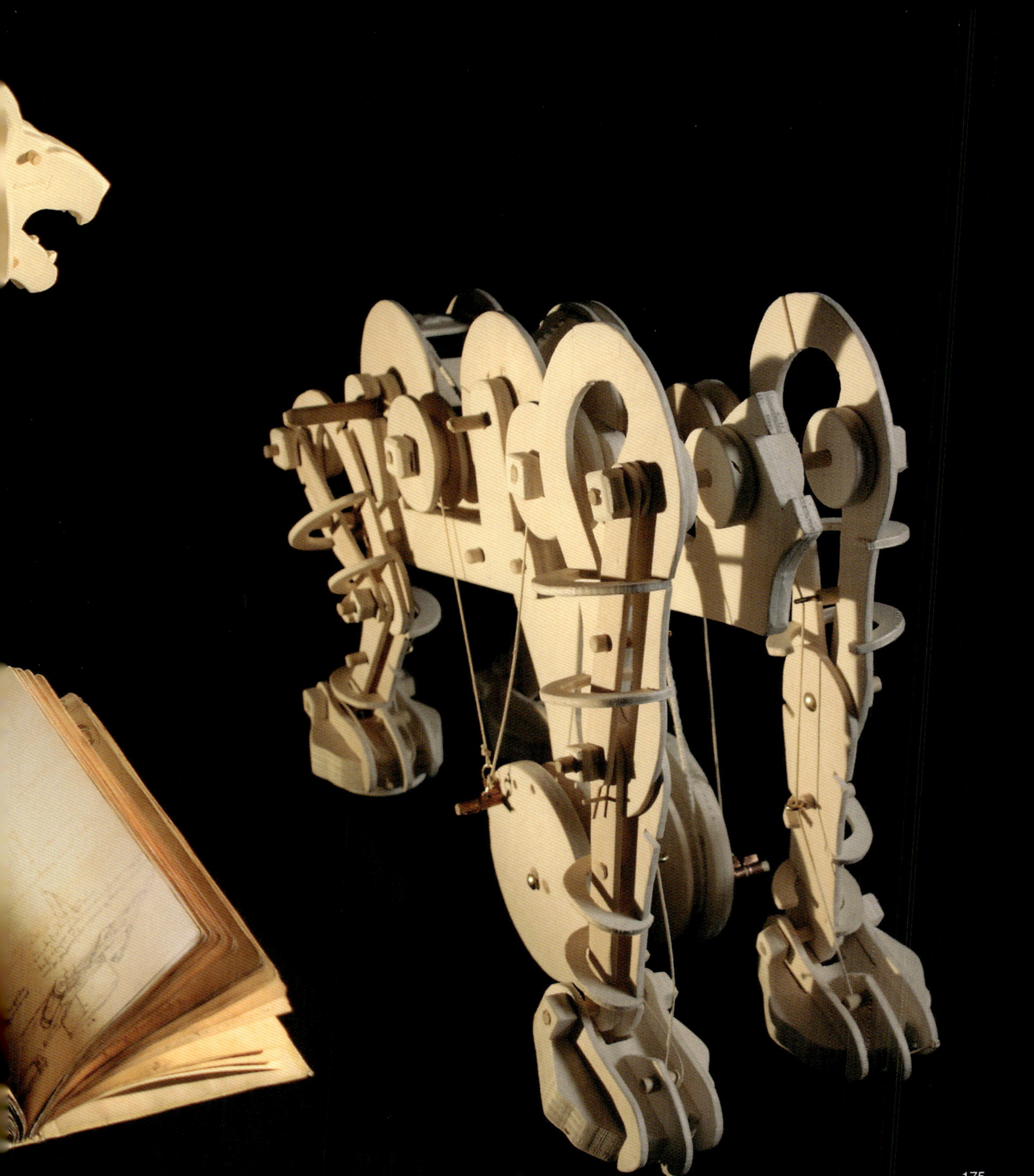

プログラム機能をもち、見た目も歩き方も本物らしいこのライオンは、まさにロボットである。もっとも、レオナルドが作っていたらどんなだったか、私たちの再現模型がどこまで近づけたのかは知るよしもない。レオナルドが作るライオンは、より複雑で洗練されていただろう。あるいはもっと単純で、観客を興奮させる派手な動きをしたのだろうか。

レオナルドは、「歩行」というもっともむずかしい動物の動作を再現しようとした。今日でも、ロボット学の分野では歩行の研究が行なわれ、

1500 ― ―

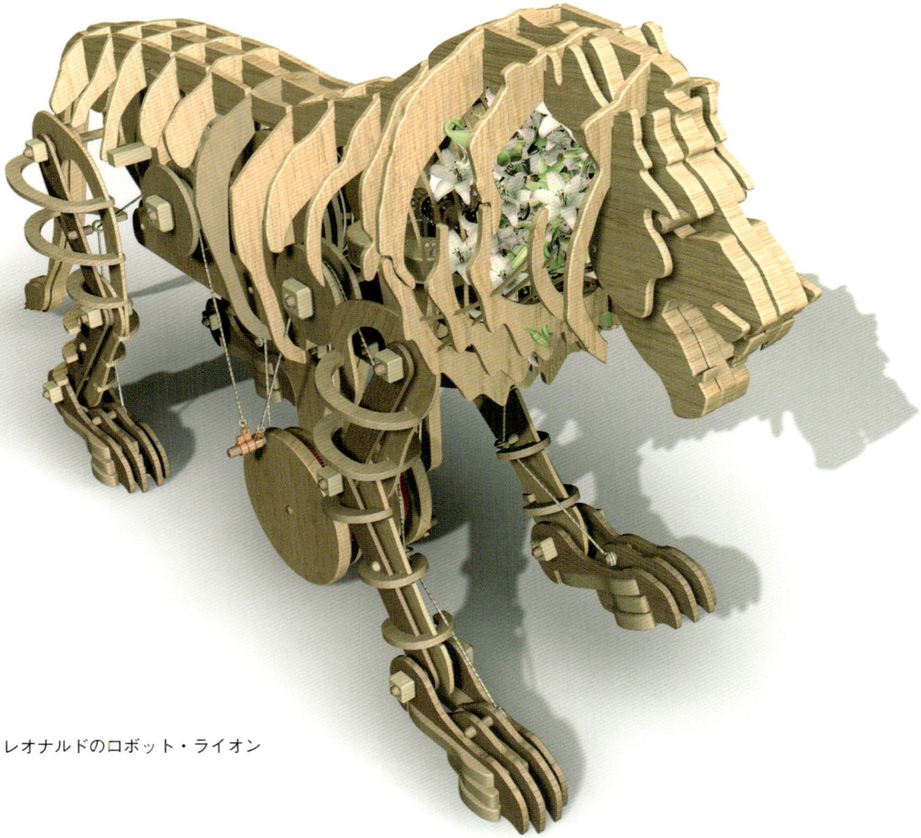

レオナルドのロボット・ライオン

研究のため、エンタテイメントのためにさまざまなモデルが制作されている。車輪ではなく足を使って移動する4つ足動物のロボットが作られたのはつい近年のことで、ソニーが開発した史上初のエンタテイメント用ロボット「AIBO」が知られている（註1）。子どものおもちゃとして、大人の最先端玩具として、人々の目を楽しませた「AIBO」は、レオナルドのライオンの末裔と呼べる。

→ 2000

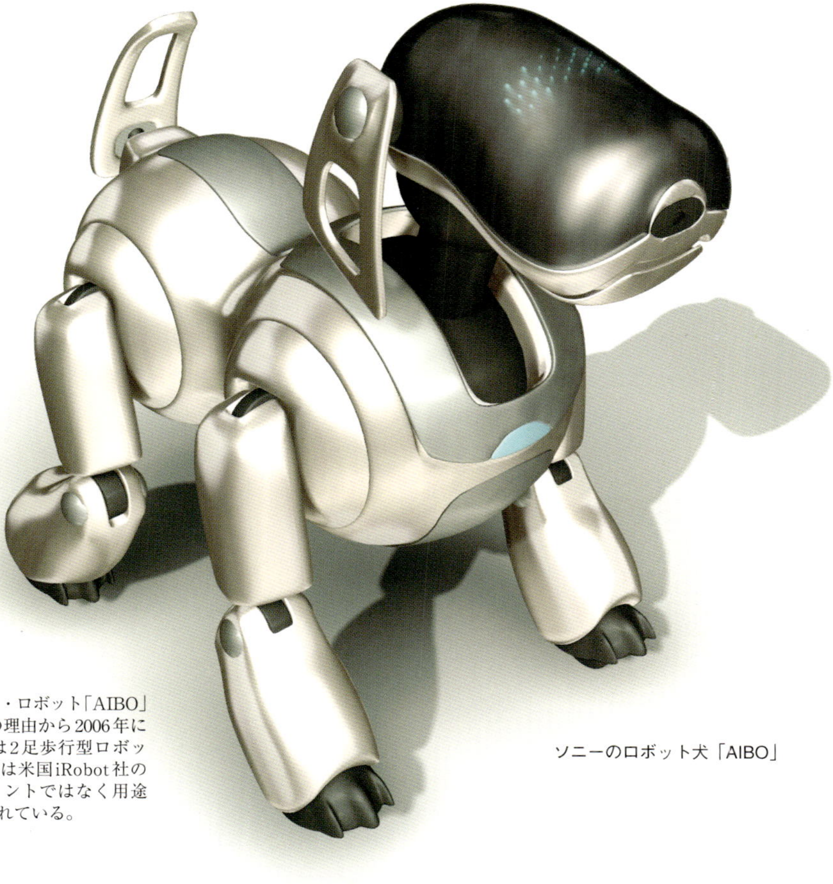

註1：ソニーのエンターテインメント・ロボット「AIBO」は15万台を売り上げたが、経営上の理由から2006年に製造が中止された。同年、ソニーは2足歩行型ロボット「QRIO」の開発も中止。近年では米国iRobot社の掃除ロボットなど、エンタテインメントではなく用途をもった実用ロボット製品が注目されている。

ソニーのロボット犬「AIBO」

レオナルドの単純機械

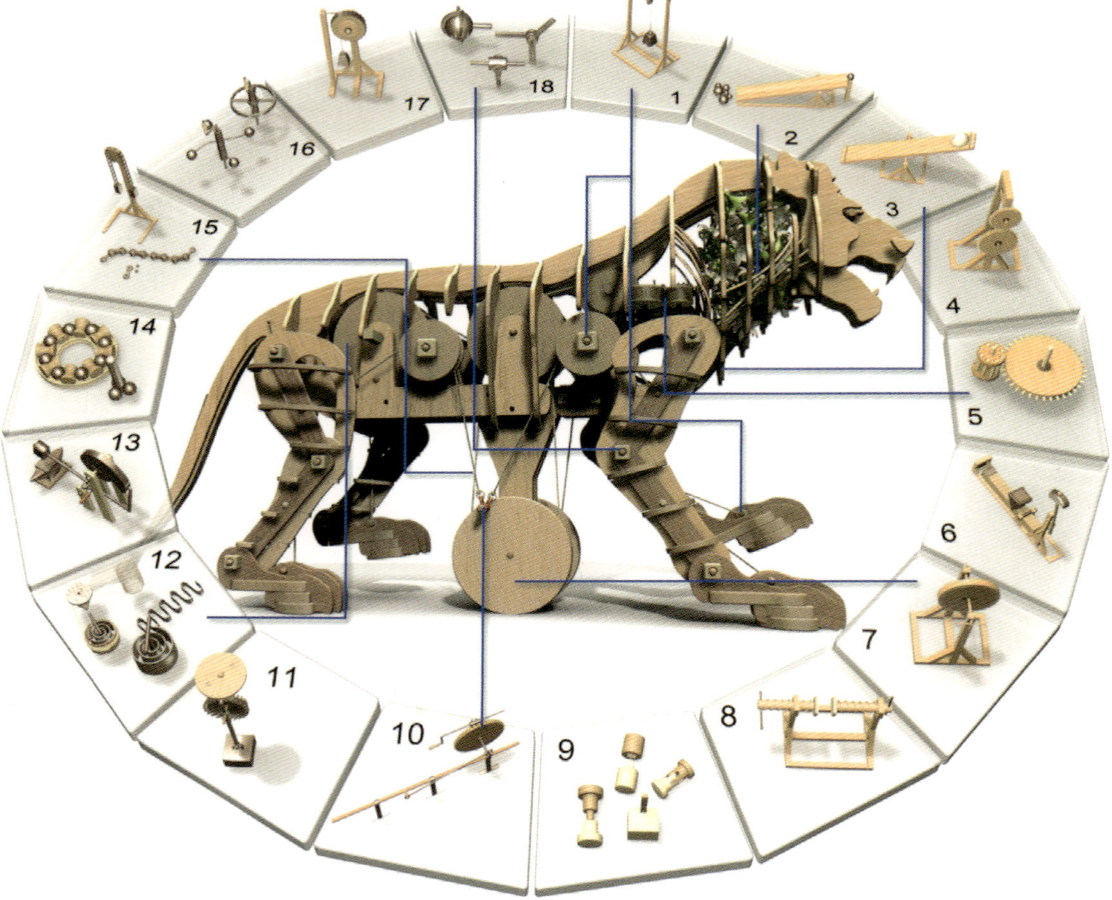

1. 滑車／巻き上げ機
2. 斜面
3. てこ
4. 歯車装置
5. ピン歯車
6. くさび
7. 心棒
8. スクリュー（ネジ）
9. ジョイント（継手）
10. コネクティング・ロッド（連接棒）とクランク
11. 振り子
12. バネ
13. カム
14. ベアリング（軸受け）
15. チェーン（鎖）
16. フライホイール（はずみ車）
17. 抑制装置
18. 関節継手

＊太字はロボット・ライオンに使われている部品

Chapter 5
鎧の騎士、あるいはロボット兵士

謎のロボットをめぐって

ルネサンス時代には古代ギリシャ文化が見直され、自動機械の技術が大きく発展した。科学的精神、ならびに天文学、数学、幾何学の発達にともない、さまざまな技術が進歩を遂げた。アレクサンドリアのクテシビオス、ヘロン、ビザンチンのフィロなど古代の科学者の功績（アラブやビザンチンで受け継がれていた）が再発見され、ルネサンス期の学者は彼らから多くを学んだ（註1）。

近年、レオナルドの「ロボット兵士」が話題を集めている。1957年にカルロ・ペドレッティが膨大なスケッチのなかから見つけたもので、1974年にはラディスラオ・レティが編著書『マドリッド手稿』で取り上げた（註2）。しかし、その後20年以上にわたってだれも再現模型には手を出さず、マーク・ロスハイムが再現を試みたのは1996年のことだった。そのころロボット学の研究書を出版したロスハイムは、彼の研究展示を含む展覧会（註3）を開催したフィレンツェ科学史研究所博物館との共同作業により、模型を2002年に完成させた。これがイギリス・BBC放送のドキュメンタリー番組で紹介されると（註4）、やがて車輪に乗った兵士の人形が「レオナルドのロボット」としてあちこちの展覧会を賑わすようになった。

ロボット兵士の研究はアトランティコ手稿に記され、なかでも579rにその原案があるといわれている。解明がすすむと、さらに1077r、1021r、1021vも重要なカギを握ることがわかった。

この章では、これらの手稿を検証した過程を紹介する。ここには「ロボット部品」が描かれているといわれてきたが、私たちはまず一切の先入観を捨て、一から丹念に調べてみた。というのも、散りばめられた種々のスケッチからロボットの姿はまず想像できない。上下逆さまのスケッチも多く、正しい向きを見極めることすらむずかしいのだ……。

見てのとおり、4枚の手稿はいわばパズルである。雑然とした図の数々はどれがメインということもなく、うごめくパズルのような寄せ集めのスケッチに意味を見出すことは不可能に思えた。他の手稿を手掛りに一つずつ根気よく読み解いていくしかなく、事実、解明のヒントはあちこちの手稿に散らばっていた。

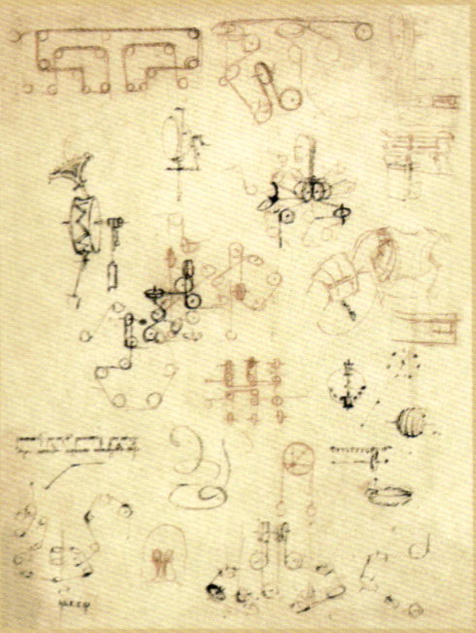
アトランティコ手稿579r

アトランティコ手稿1021r

アトランティコ手稿1021v

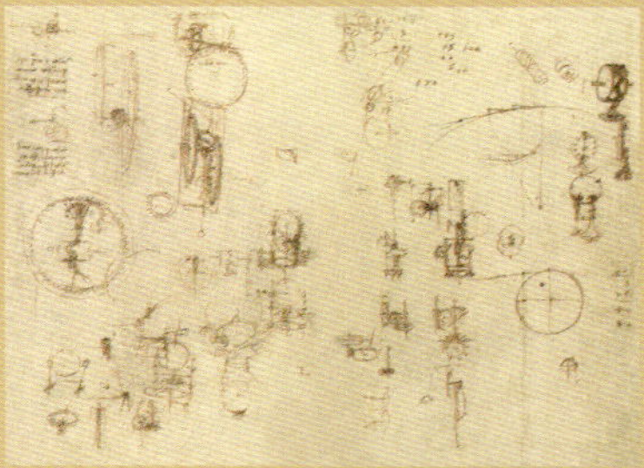
アトランティコ手稿1077r

手稿にはロボット兵士が隠されているのだろうか？

1997年、フィレンツェでガブリエレ・ニコライが再現したロボット兵士

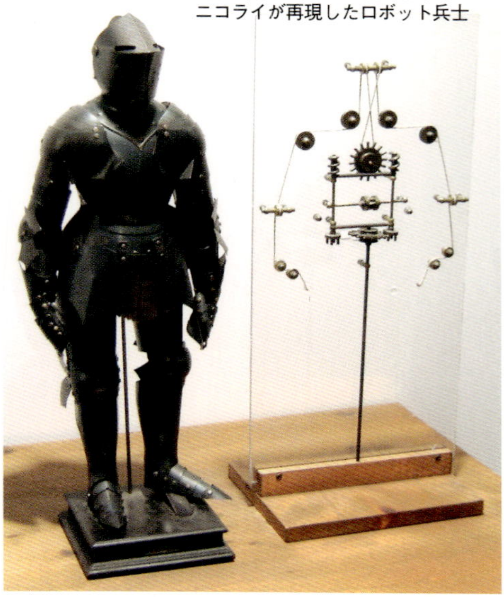

ロボット兵士の構造は1077rに示されているという解釈があり、これまでの再現模型はこの説にしたがって作られてきた。しかしその結果は、雑多な部品や車輪を適当に組み合わせて鎧をかぶせたものにすぎなかった。579rを見れば動作の様子がわかるというが、レオナルドがきちんとヒントを記しているにもかかわらず、鎧は歴史考証を無視した作りのものばかりである。

ロスハイムがBBCのために製作した模型はこの類いではなかったが、それでも見た目を派手にするために手稿にはない部品や機能が加えられている。私たちは手稿を読み調べ、あらゆる可能性を考慮しながらどんな小さなスケッチも正しく意味づけることに専念した。そのうえで初めて、ロボットに関係する要素を絞り、その構造を考えることができる——これが正確な再現に近づくための唯一の方法だからだ。

ここでは、実はわずかしか見つからなかったロボット部品と、レオナルドが複数体を構想していた可能性について紹介する。さらに、これまで誰も言及していない装置の目的——レオナルドはなぜロボット兵士を研究したのか——について。

ロボット兵士の構想は人目に触れぬよう秘密にされ、レオナルドは全体像のスケッチを残さなかった。あまりに革新的な発明であり、危険すぎると危ぶんでいたのだろうか。たとえば潜水艦の研究も、他人に読み解かれぬようレオナルドは幾つかの手稿に断片的なメモを記すにとどめた（アトランティコ手稿881r、B手稿64r、81v、ハマー手稿22v）。潜水艦という兵器の危険性を怖れてのことだった。

アトランティコ手稿881r

（註1）とくにレオナルド以降の科学者への影響が大きい。1575年には、ヘロンの『気力学』の翻訳が出版された。

（註2）第3巻76ページの註13で、レティは「336r-b、216v-bに鎧のパーツのスケッチがある。スケッチは明瞭で、実用の鎧ではなく、兵士型の自動人形の研究と思われる。鎧のパーツはその一部だろう」と述べている。

（註3）“ルネサンスの技術者たち：ブルネレスキからダ・ヴィンチまで”。1997年にニューヨークで開催されたときの展覧会タイトルは“機械の不思議：レオナルドの時代の発明展”。

（註4）“レオナルド：危険な関係”、初放映は2003年4月18日。3部構成で、ロボット兵士は第2部に登場。ほかに取り上げられたのは、グライダーと潜水服。ロスハイムの模型は2003年に米国のベネディクト・スウィーニーに買い取られ、スウィーニーは展覧会“レオナルドの失われたロボット兵士”を開催してサンディエゴ、シカゴなどで公開した。

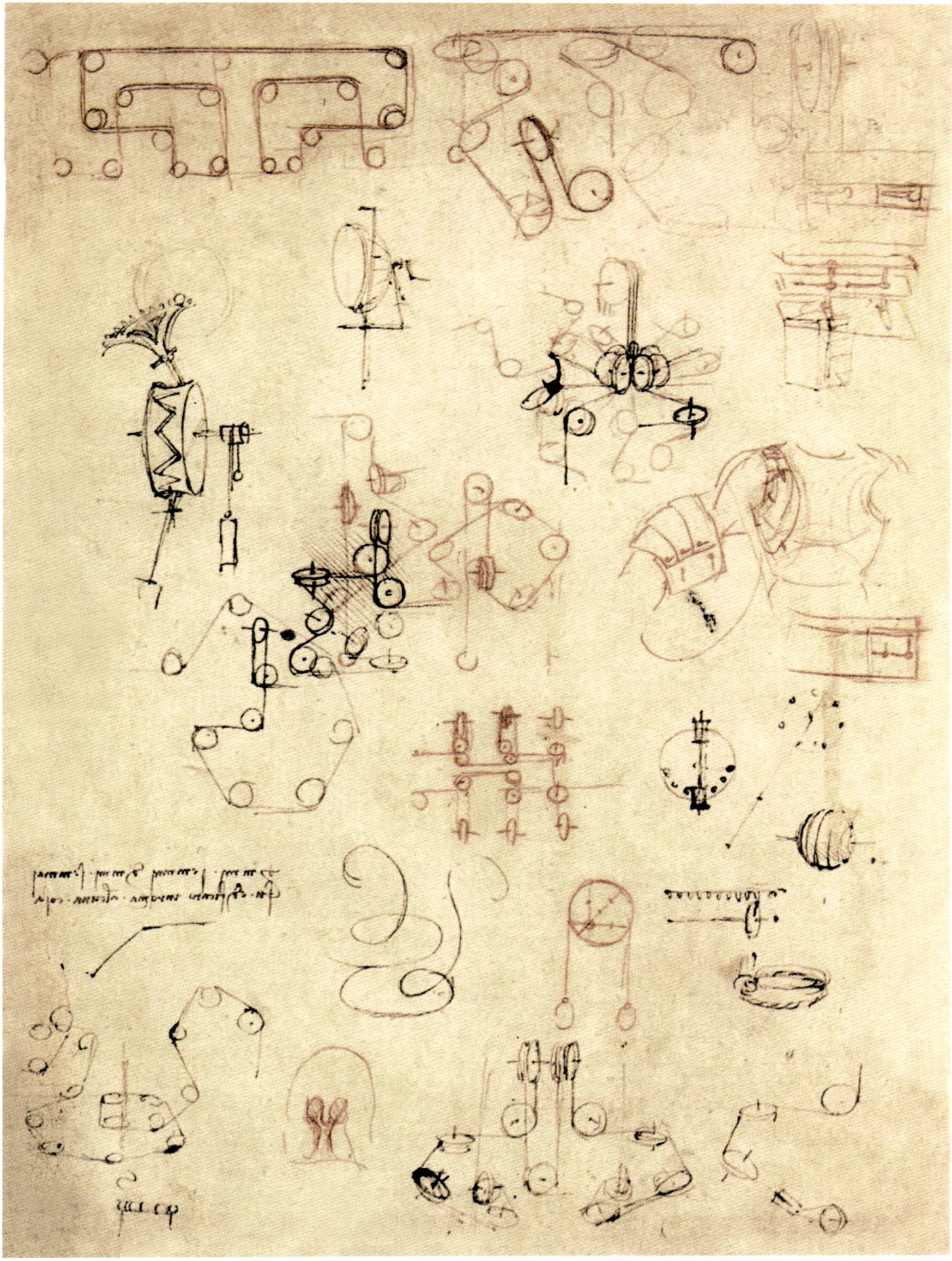

デジタル処理で復元したアトランティコ手稿579r

アトランティコ手稿579r

滑車装置の研究を主とした手稿で、一部に赤チョークが使われている。ページ中央の2つのスケッチから推測すると、レオナルドはまず赤チョークで描き、仕上げに黒インクを使ったらしい。折を見て気まぐれにページを埋めたのではなく、おそらくスケッチはすべて一時期に描かれた。

唯一のテキスト（579r-19）は重要な手掛りかと期待したが、描かれた滑車装置がすでに発明されていたかどうかを懸念するレオナルドの独白で、装置の解説ではない。なお、その筆跡は、やはり重要なカギを握るとされる1077rの文字とはスタイルが異なり、2枚の手稿は別々の時期に製作されたようである。おそらく579rのあと、後年になって1077rが記された。

579rにロボット兵士の研究と見られる図は少なく、滑車装置が数点と右方にある鎧の上半身のスケッチだけである。1077rとの接点も往復運動の装置（1077r-16、579r-20）しかないが、それでも579rがロボット兵士の研究に関連することはたしかだ。

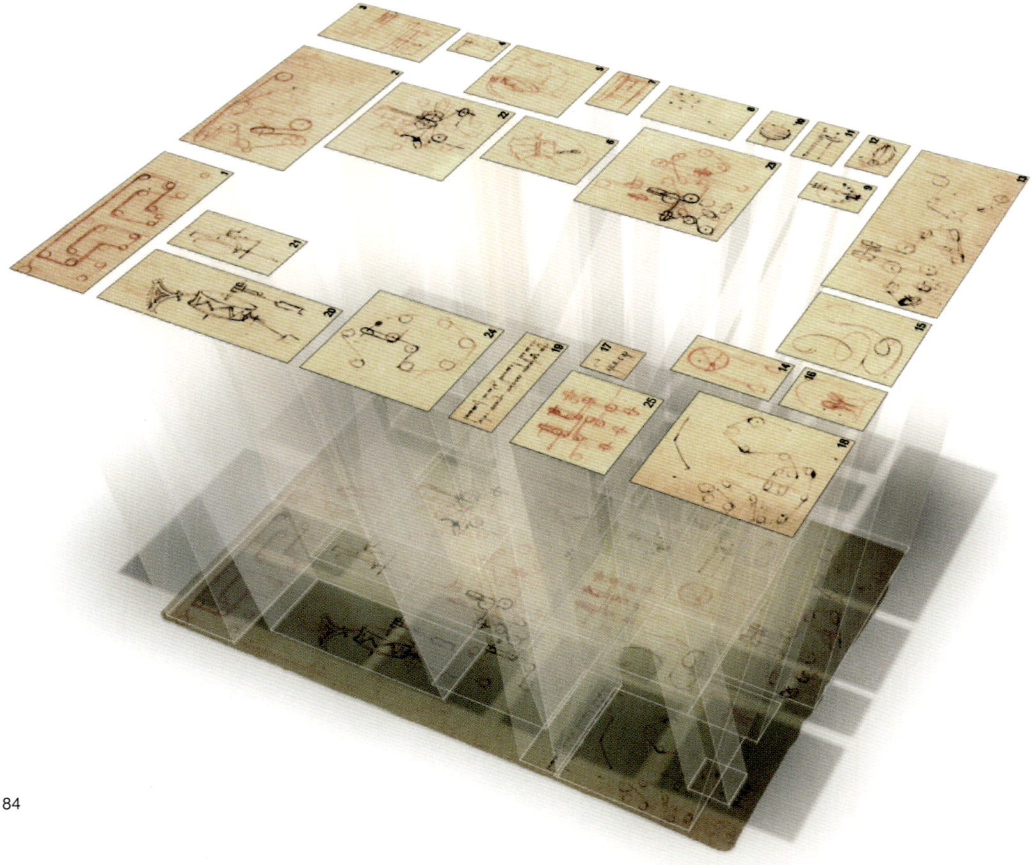

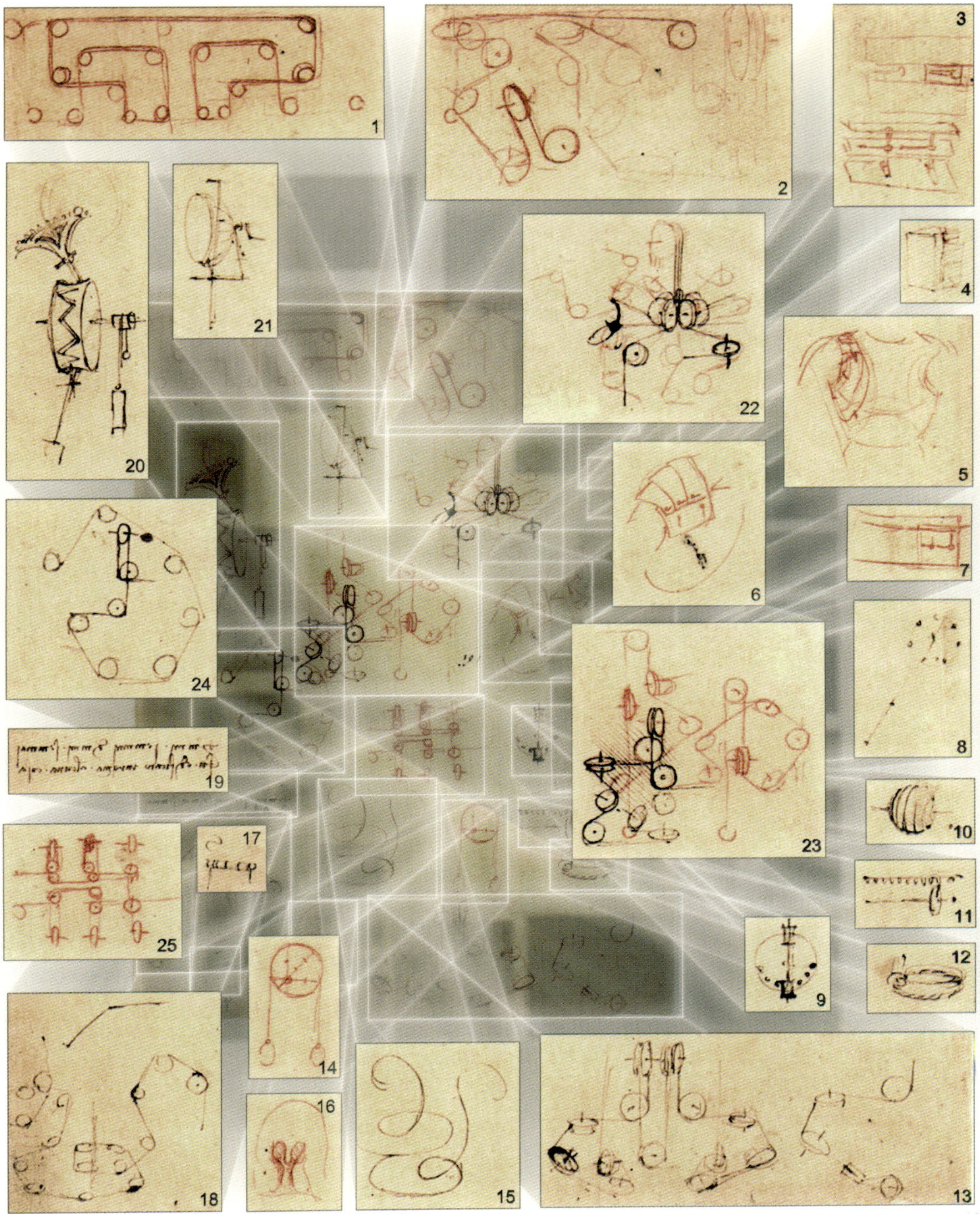
1
2
3
20
21
22
4
5
24
6
7
8
23
19
10
25
17
11
12
9
14
16
15
18
13

579r-1

最初のスケッチは平面的な滑車装置。20の滑車（離れたところにもう3つの滑車がある）が1本の綱で連結されている。

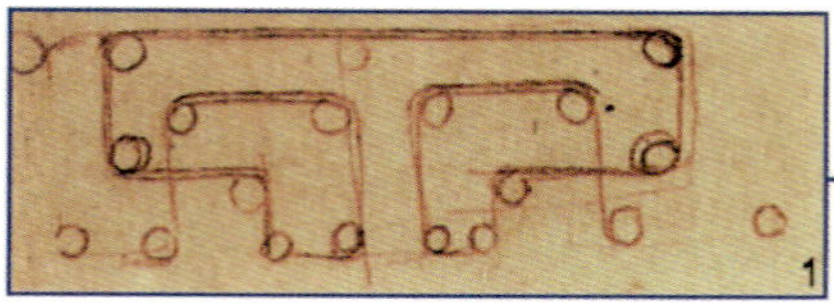

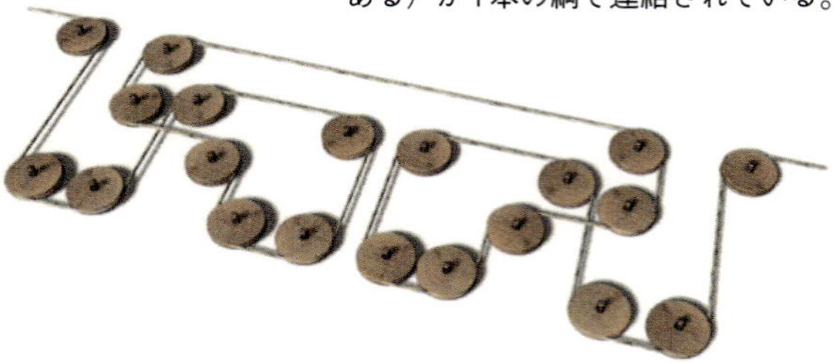

579r-2

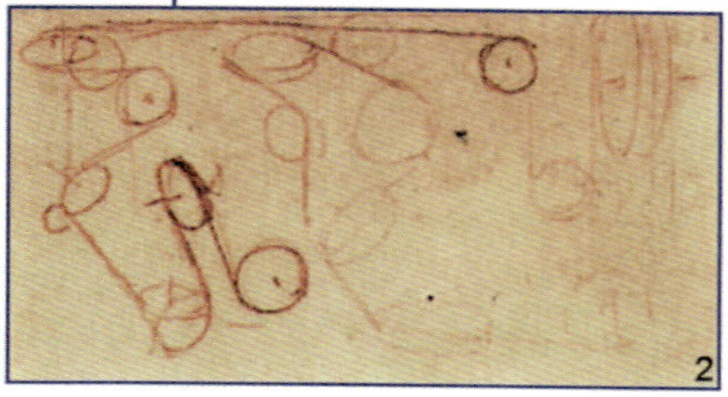

これも似たような滑車装置だが、構造は立体的。14の滑車が1本の綱で連結され、右手にある回転盤は動力だろう。不均衡な構造だが、動力伝達機構の研究とみられる。

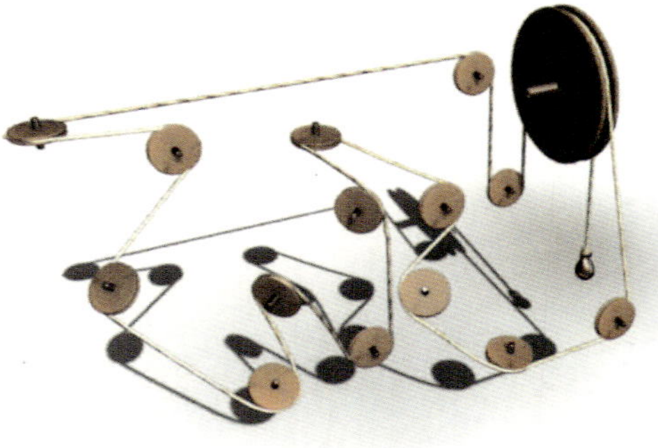

579r-3

連結用の埋め込みボルト、カギ穴状の溝のついた金属板は、鎧（579r-5）の接合部品だろう。溝穴に差し込んだボルトは、溝に沿ってすべらせるか、または重力の作用で自然に固定される。当時の鎧は組み立てと装着がとても厄介で、レオナルドは改良を試みたらしい。

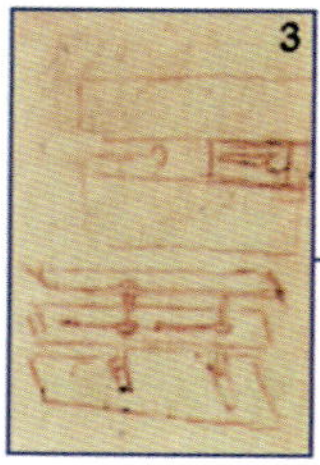

579r-4

4つのパーツからなる直方体。

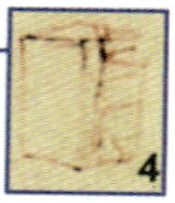

579r-5

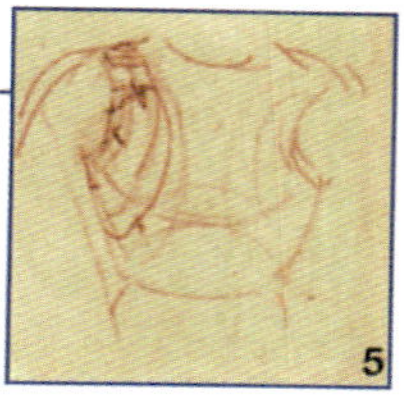

金属でできた鎧の上身ごろ。ロボット兵士の存在を裏付ける大きな手掛りである。ボルト－溝穴システムを使い、レオナルドは多様な金属パーツの接合法を研究した。

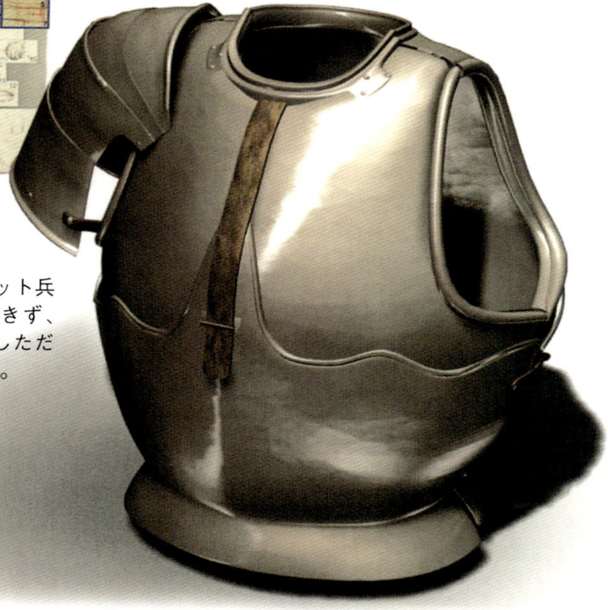

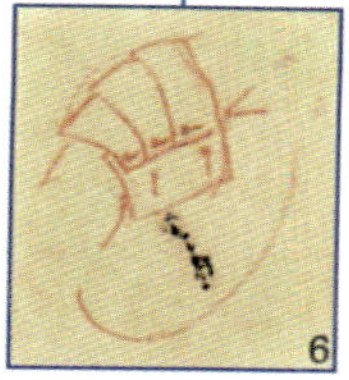

ただし、これがロボット兵士の部品とは断定できず、たんに鎧をデザインしただけという可能性もある。

579r-6

鎧の上身ごろに接合する肩鎧。上部に3つ、下部に2つの溝穴が描かれている。

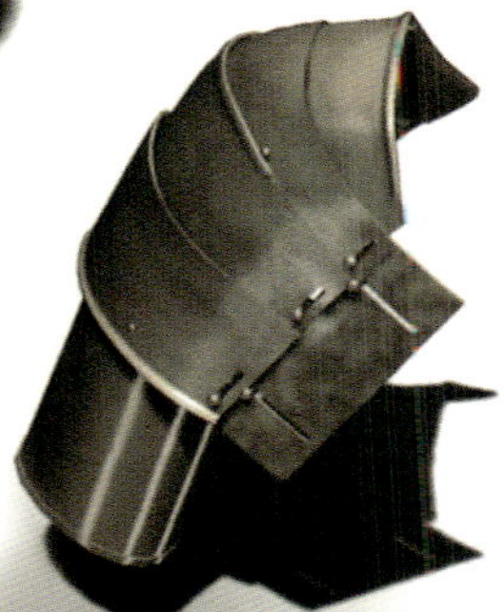

579r-7

L字型の溝穴をあけた金属部品。溝の角部をボルトで留めると、金属板は2方向へ動かせる。

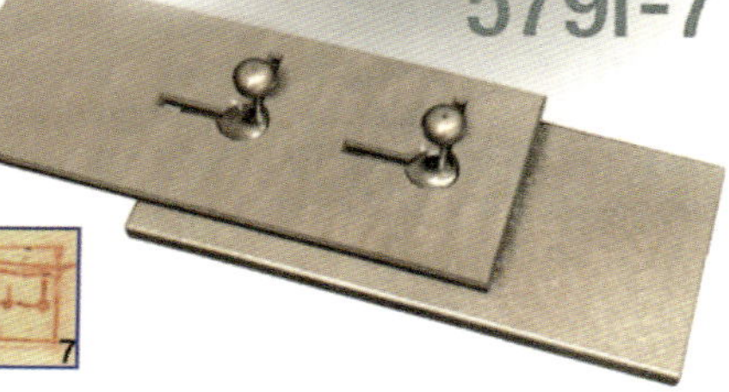

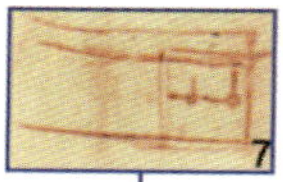

579r-8

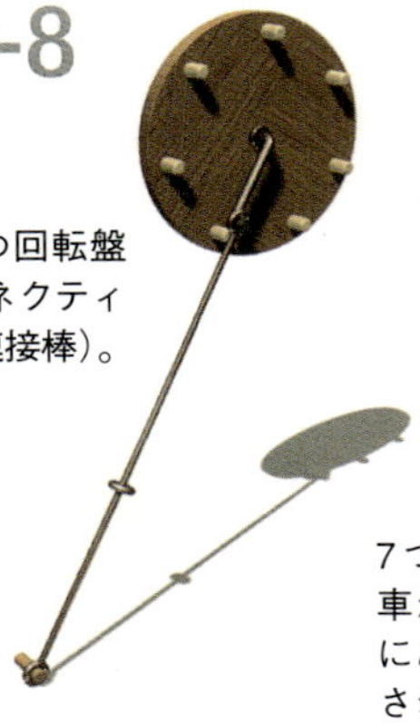

7つの突起をもつ回転盤と、傾斜したコネクティング・ロッド（連接棒）。

579r-9

7つの突起をもつ歯車、2つのカゴ歯車からなる装置は、マドリッド手稿Ｉにあるさまざまな往復運動装置に採用されている。歯車が回転すると、突起は2つのカゴ歯車と交互に噛み合う。

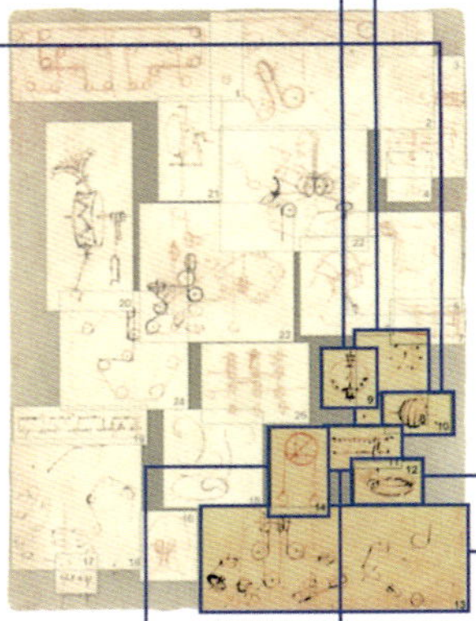

579r-10

ボールネジ。2極に軸棒があり、本体には螺旋状に6本の溝が刻まれている。目の錯覚を利用した玩具か、またはネジ部品の研究だろう。

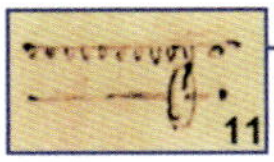

579r-11

いびつな円盤は、回転するとネジの役割を果たして上方のラック（歯ざお）を動かす。マドリッド手稿Ｉの119vによりくわしい研究がある。

579r-12

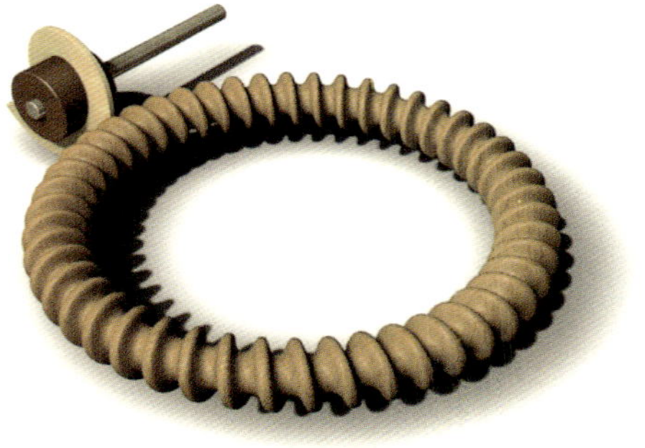

579r-11に似ているが、こちらは受けのラックが円盤形。似た装置の研究がマドリッド手稿Iの70rにある。

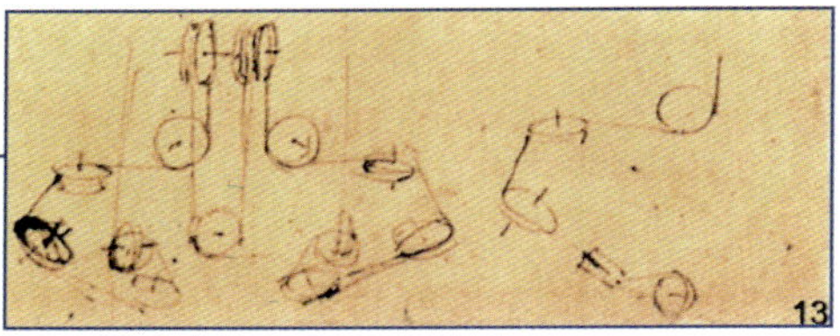

579r-13

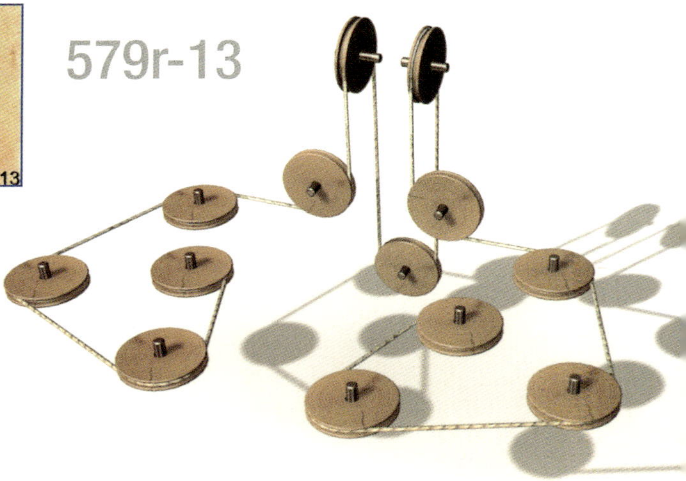

2本の腕を動かすための滑車システムだろうか。左のスケッチは、左右対称に配置された13の滑車。中央は動力部で、ロボット兵士の胴部に仕込むと仮定しよう。右側のスケッチは「腕」で、上から首、肩、肘、手とつながっている。詳しい解釈は後述する。

579r-14

てこ・滑車システムの研究で、心棒の位置を中心からずらした滑車装置。スケッチで円盤上に示された線は、重りのバランスが取れる位置を示す。

579r-15

立体的なうず状の線は、おそらく滑車システムが全方向に展開できることを確認するために描かれた。いたずら書きではなく、579r-18の滑車システムの素案である。

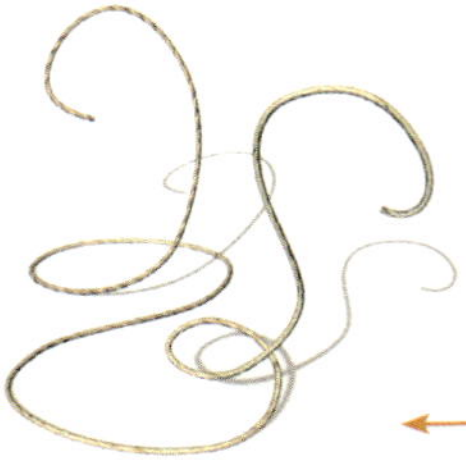

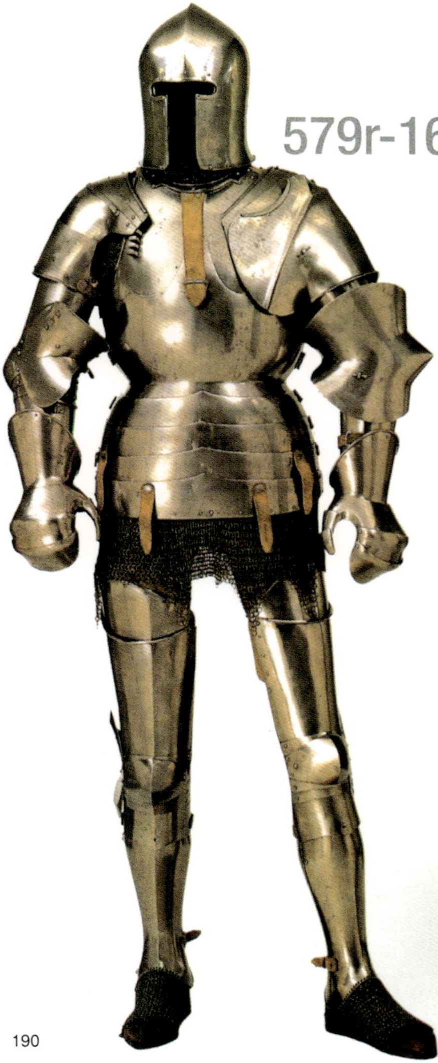

579r-16

15世紀の兵士はこうした鉄兜を装着した。同じ赤チョークで描かれていることからも、579r-5の鎧との関連は明らかである。ロボット兵士の構造、外観を正しく再現するための大きな手掛りだ。

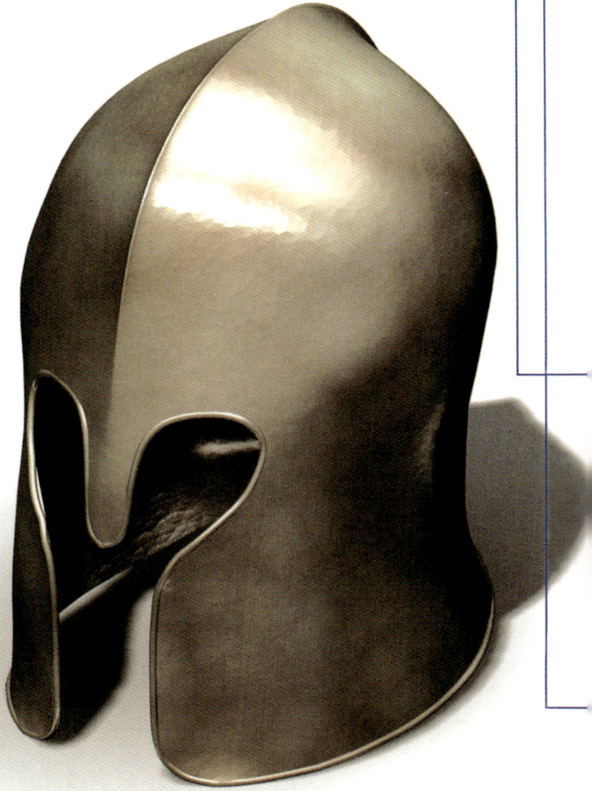

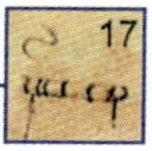

579r-17

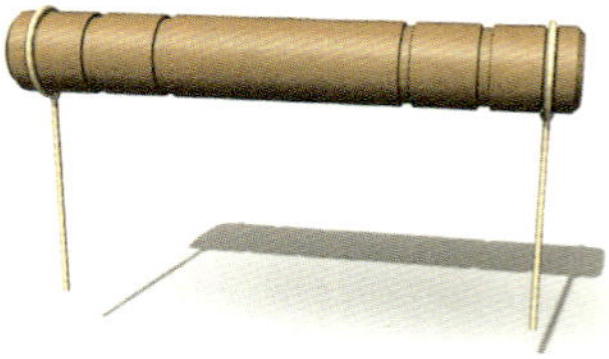

目盛りをつけた物差し、または複数の滑車綱をとりまとめるシャフト。

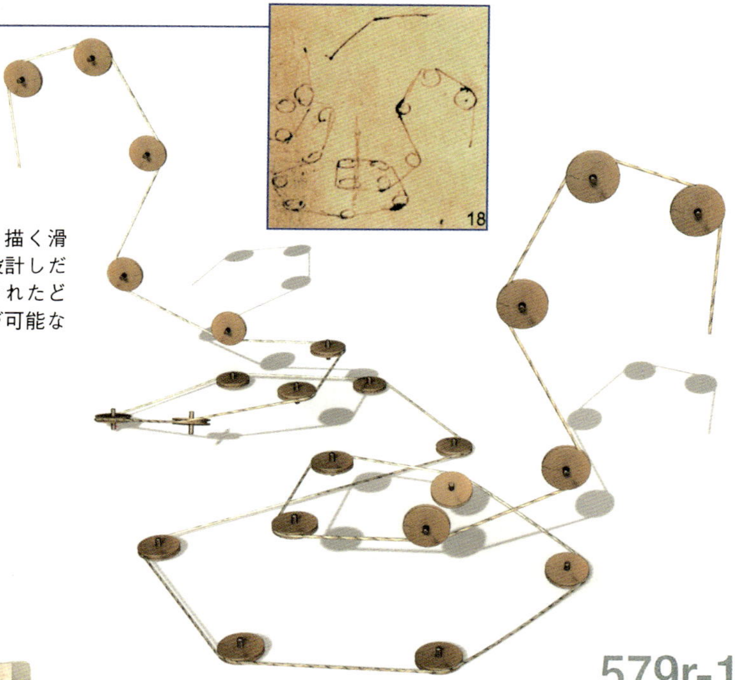

579r-18

579r-15と同じ曲線を描く滑車システムである。設計しだいで、立体的に配置されたどの滑車にも動力伝達が可能なことが示されている。

579r-19

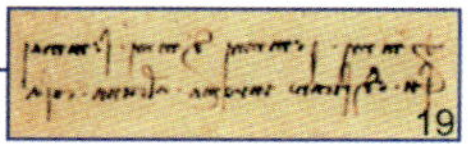

「古代ローマにこのような装置があっただろうか」。唯一のテキストは装置の説明ではなく、アイデアや装置構造の独自性にこだわったレオナルドらしいメモだった。

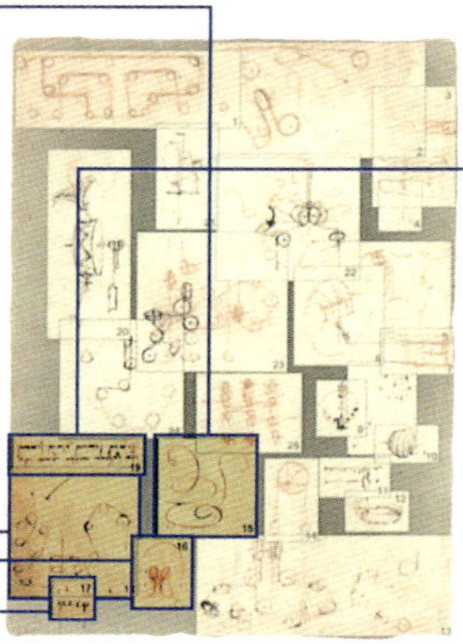

579r-20

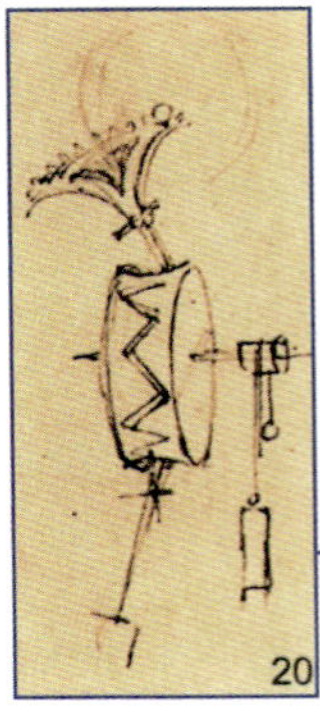

この手稿でもっとも明確、かつ具体的なスケッチ。1077r-16と関連する。プログラム式の往復運動装置で、心棒からぶら下がった重りを動力に回転盤が回ると、上下に設置した2つの部品が振り子運動を行う。回転盤に刻まれた溝でプログラムが可能。この装置の最終形はマドリッド手稿Ⅰの11vにある。

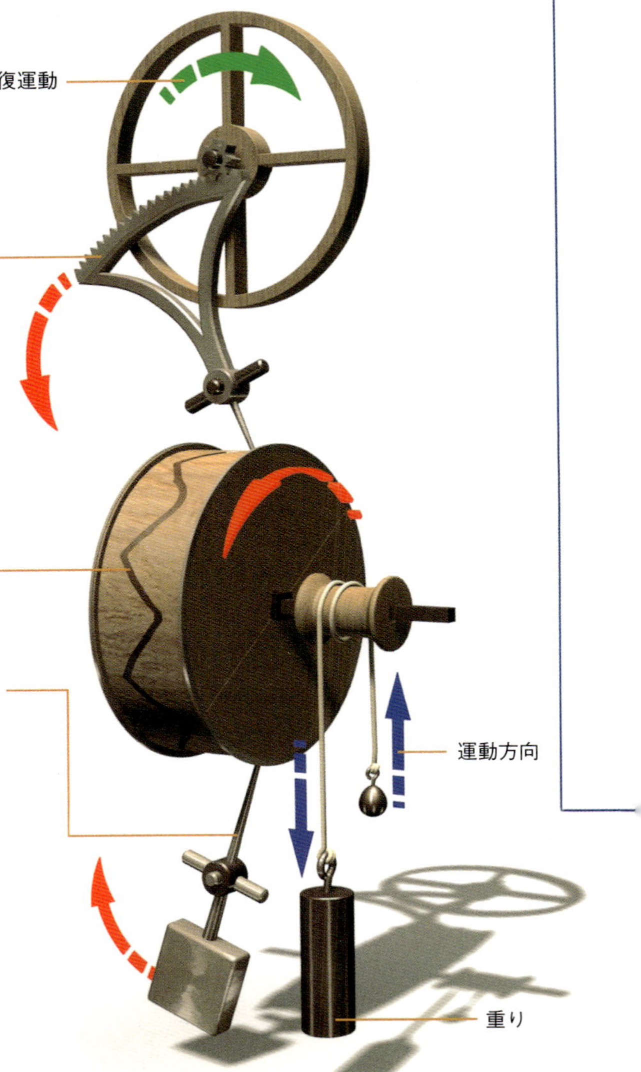

579r-21

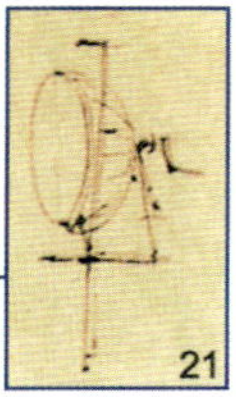

調節機能のついた太鼓装置で、構造は579r-20に似ている。右にあるハンドルを回して綱を巻き取る仕組みで、演奏中でも太鼓の皮の張り具合が調節できる。

なお、この579rを「太鼓の研究」と解釈する説がある（1956年）。おそらく手稿の中でこのスケッチしか解釈できなかったからで（フォスター手稿II 10vを手掛りにしたはずだ）、周囲に描かれた滑車装置は鐘を鳴らす装置とみなされた。しかし、579rでは楽器はこのスケッチだけで、他はマドリッド手稿Iに整理された機械要素か、ロボット兵士のパーツである。

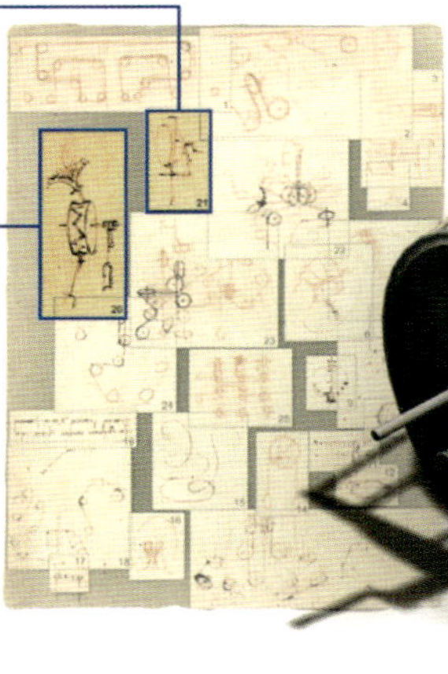

579r-22

7連の滑車が放射状に延びている。中心ではそれぞれの始点となる滑車が円形に並び、7連の滑車数はみな同じである。上部の回転盤は動力装置だろう。綱が2本か4本ならロボット兵士の手足に関連する装置とも考えられるが、7本という数は奇妙だ。

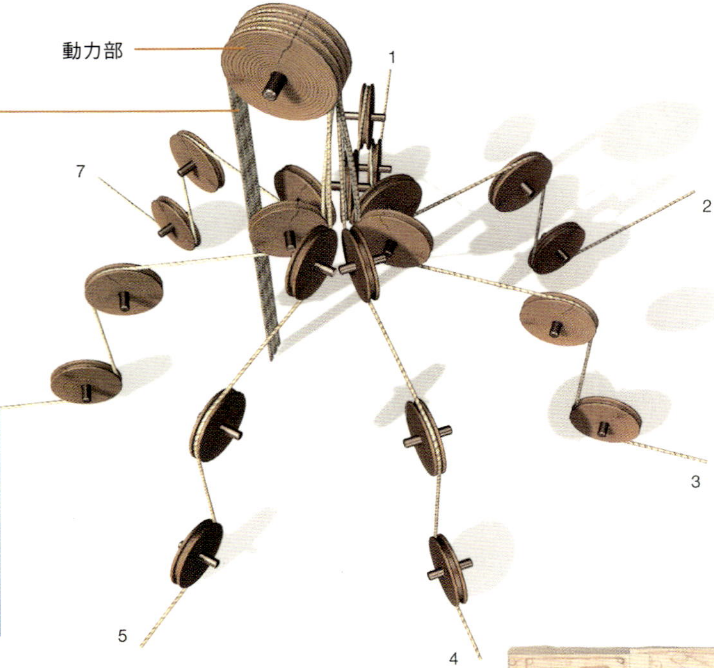

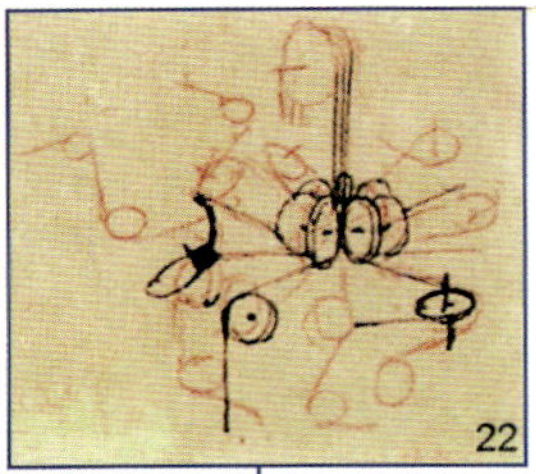

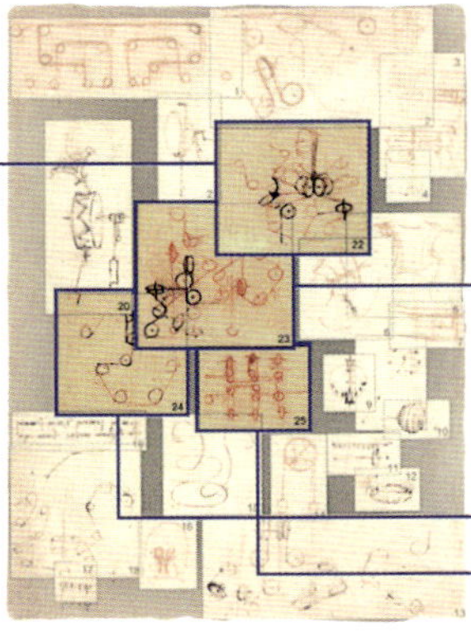

偶然かもしれないが、天動説では惑星の数は7つとされ、レオナルドは「天国の祝祭」の舞台装置として7つの大きな環状部品を配した機械仕掛けの太陽系を作った。「天国の祝祭」はミラノ公のために1490年1月13日に上演され、レオナルドが演出を担当した舞台だが、装置に関する手掛りは残っていない。舞台装置か、それともランダムな動きを考察したスケッチか。後述するが、こうした滑車装置のスケッチはアトランティコ手稿369rとも関連している。

579r-23

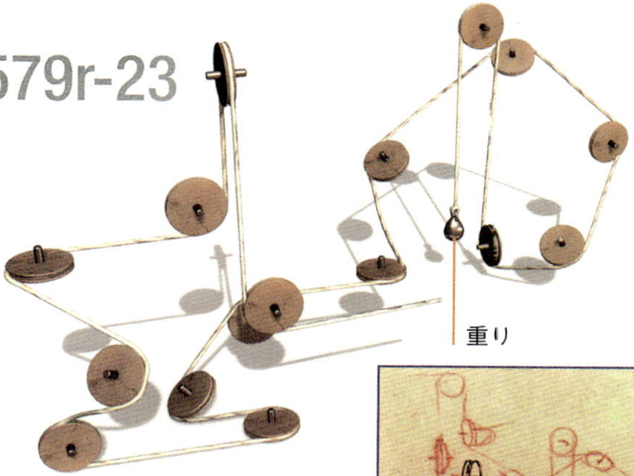

16方向に展開する複雑な滑車装置。すぐ下に、最初の5つの滑車で構成される部分がもう一度描かれている。考え抜かれた立体的な構造が、レオナルド独特の陰影で表されている。

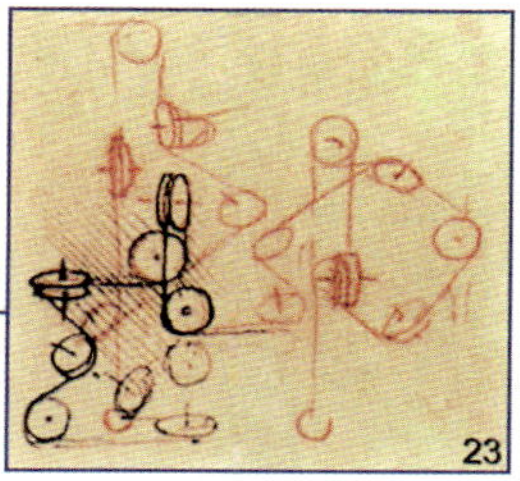

579r-24

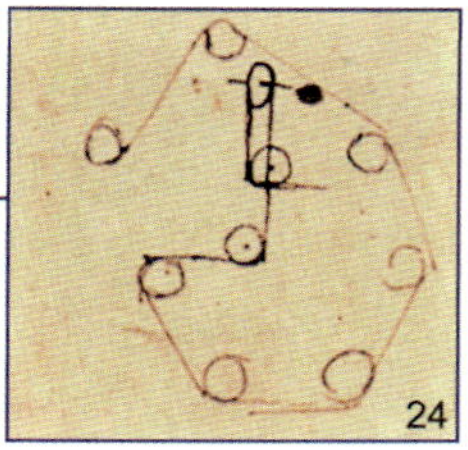

10個の滑車を使い、上のスケッチの一部を描いたもの。構造は平面的である。

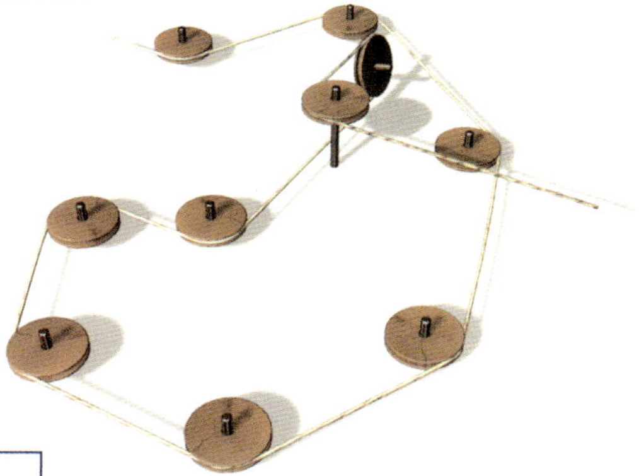

579r-25

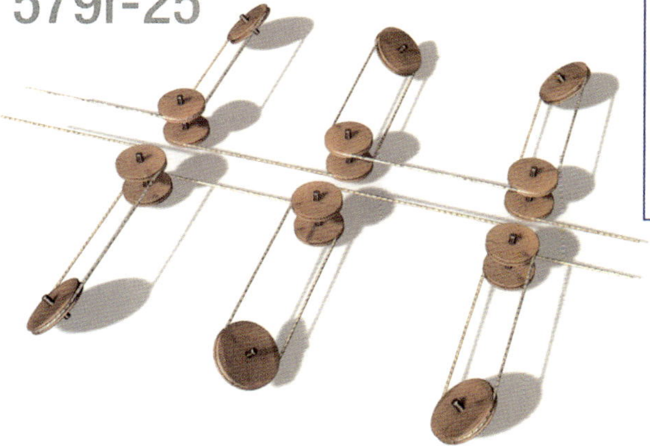

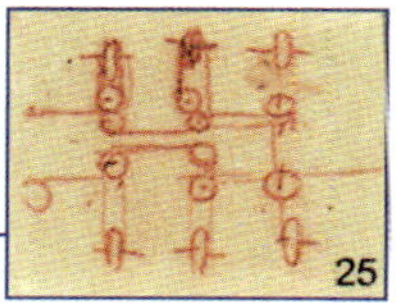

滑車を3つずつ使った3連ユニットが上下対称に配置され、それぞれを制御する綱は装置外部へと延びている。

579rに描かれた各スケッチの3D再現図

アトランティコ手稿1021r

スケッチはすべて同じ筆記具で描かれ、短期間で一気に制作されたようだ。解読にあたって、まず手稿を本来の姿に戻すことから始めなくてはならなかった。かつてこの手稿の所有者だったポンペオ・レオーニにより、ページの一部が切り取られていたからだ。私たちは切り取られた紙片をウィンザー紙葉から探しだし、デジタル処理で再現した。

レオーニは切り取った部分に紙を貼り付け、レオナルドのスケッチを真似て復元していたが、彼の描線は正確ではなく、インクの色も違うので、これを見分けるのはむずかしくなかった。

1021rを描く前に、レオナルドはまず紙を2つに折りたたみ、小冊子に挟み込めるようにした（同じような記述内容のアトランティコ手稿77も持ち歩いたに違いない）。記述は多岐にわたり、結局は完成しなかった機械学の専門書のための備忘録やメモも多く含まれている。

もっとも紙幅が割かれているのは3つの回転盤をもつ不可思議な装置で、相関運動装置の基礎構造とみられる。不可思議といったのは、レオナルドは動作の仕組みについては説明しているが、相当に複雑な装置であるにもかかわらずその使用目的には一切触れてないからだ。可能性として浮かぶのは、天動説における月や惑星の動きを真似た「機械式太陽系装置」である。後述するが、装置はジョヴァンニ・ドゥ・ドンディが14世紀に考案した天文時計「アストラリオ」の文字盤に酷似している。彼の論考（“Tractatus astrarii”）に触発され、レオナルドは機械仕掛けの太陽系を作ろうとしたのだろうか。

ともあれ、手稿を検証していこう。数は多くないが、ロボット兵士に関連する“奇妙な”スケッチが見つかっている。

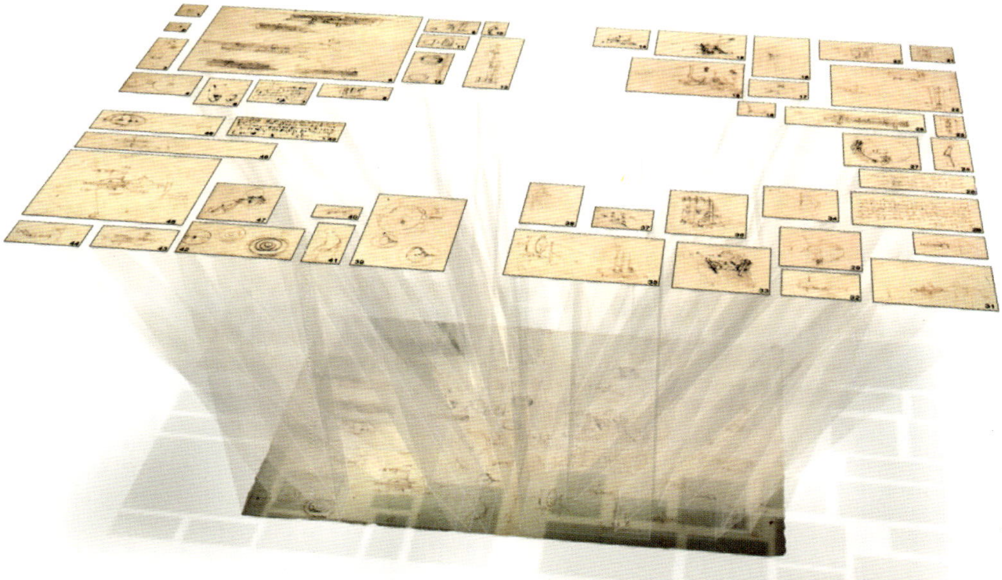

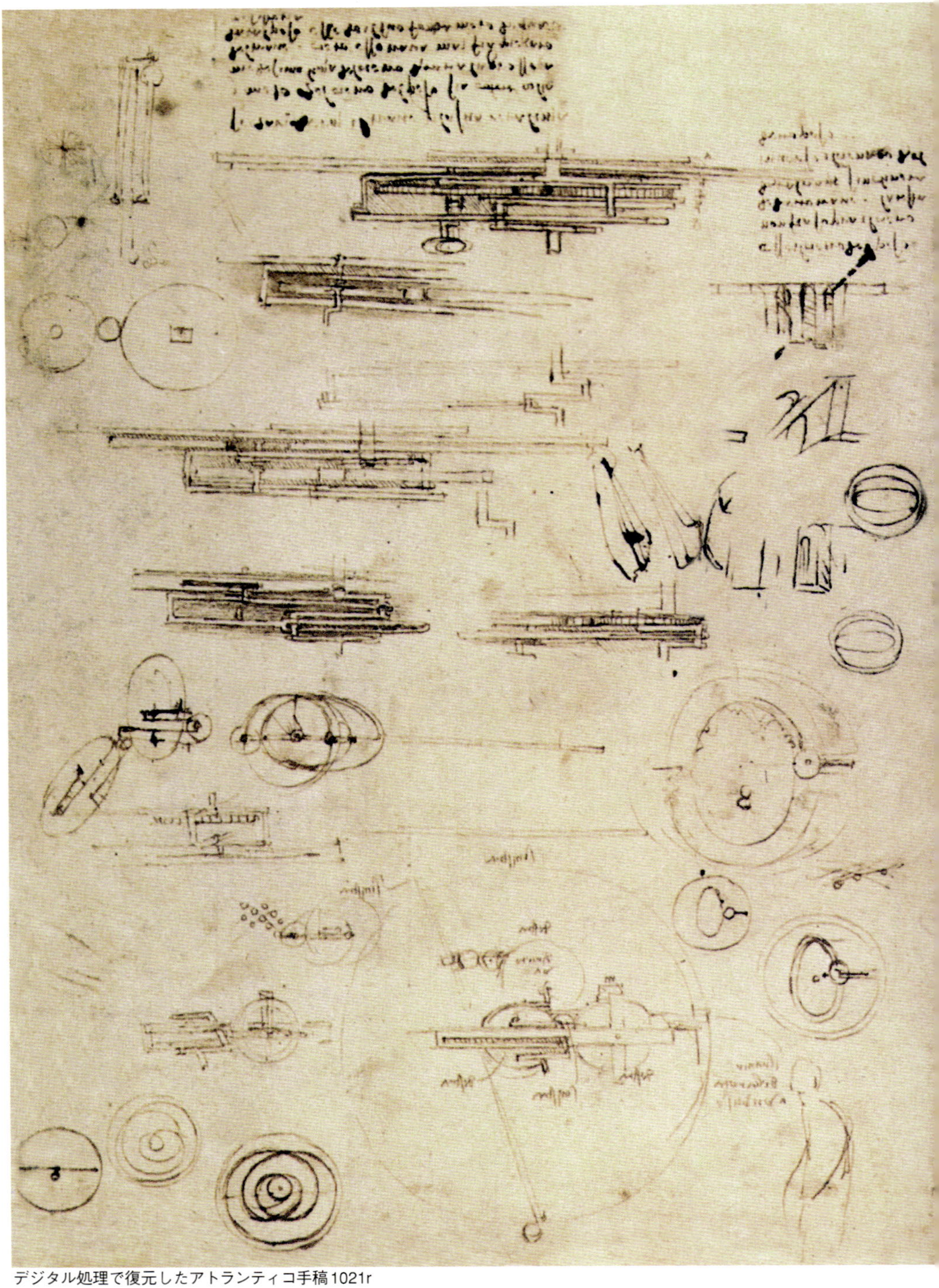

デジタル処理で復元したアトランティコ手稿1021r

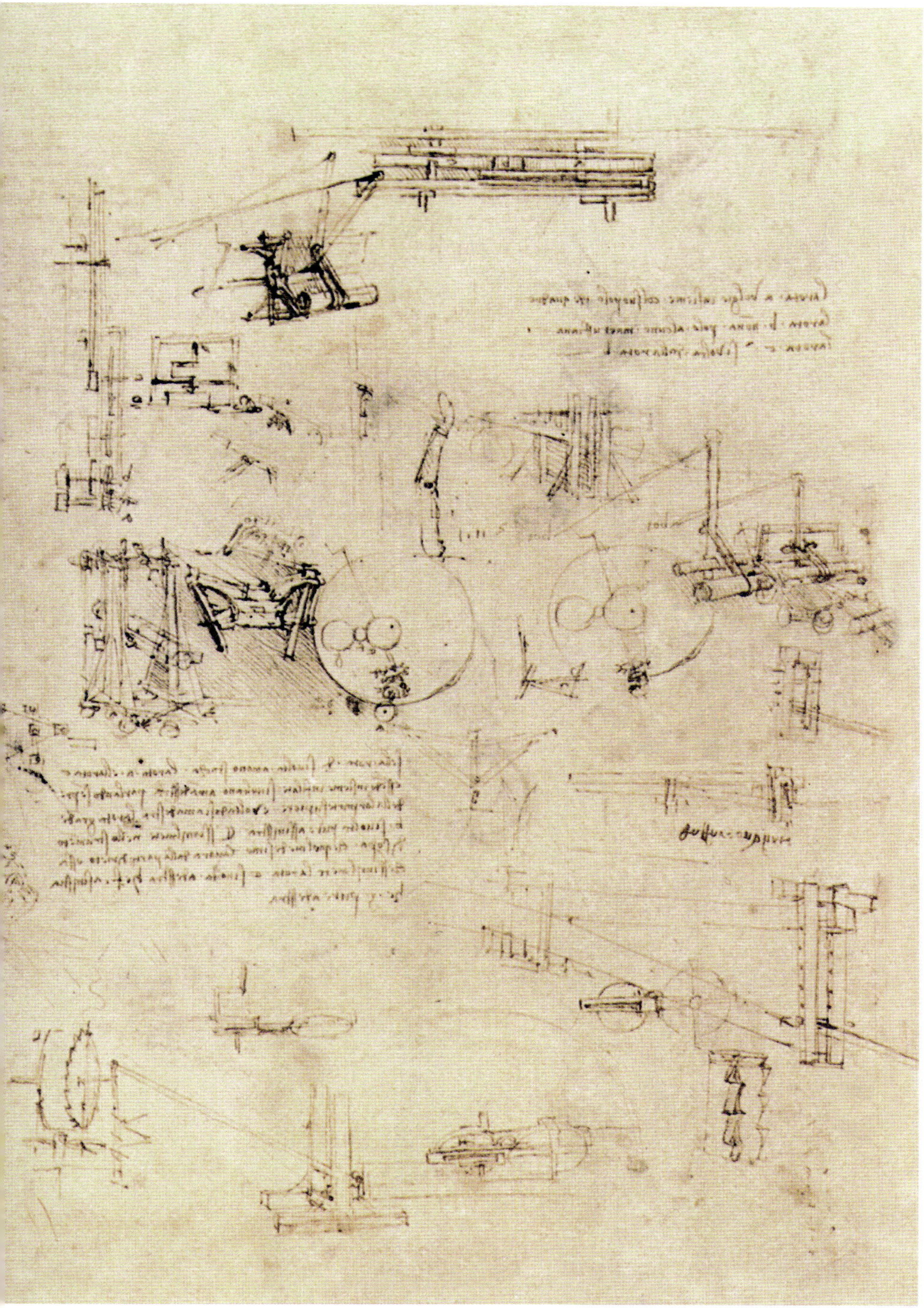

1021rは49点のスケッチで構成されている

14
15
16
20
21
17
19
22
18
25
23
27
24
26
34
28
38
37
36
30
29
35
33
32
31

1021r-1

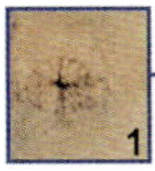

放射状に延びるスポーク

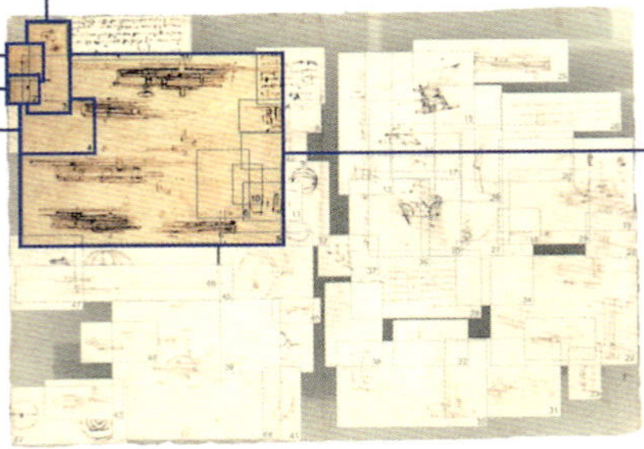

1021r-2

円と、円の外側で
交わる2本の接線

1021r-3

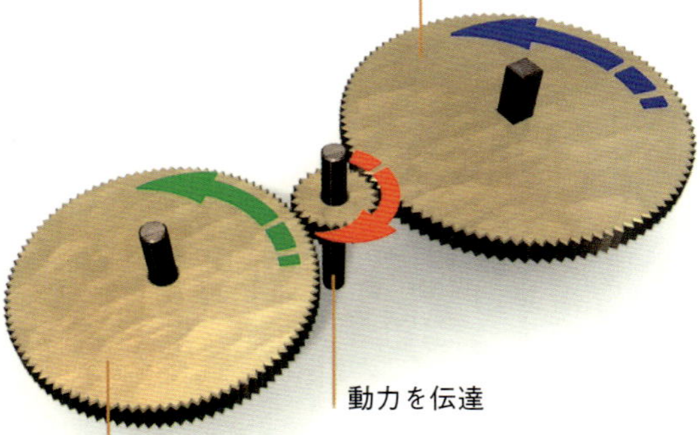
主歯車（反時計回り）
結果としてこの歯車も反時計回りに回転

重りをつけた滑車装置、または太陽系装置の概要図。

1021r-4

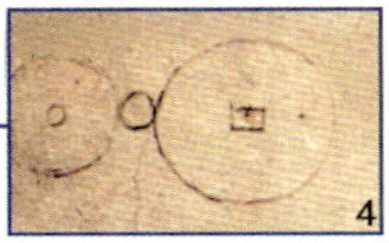

3つの回転盤の装置。右端の盤は心棒の受け口が四角形をしている。

1021r-5

ある装置の側面図。構造はどれも少しずつ異なるが、得られる結果はほぼ同じとみられる。再現しようとすると、構造上の欠陥や障害が見つかった。実はだからこそ5つものバージョンが描かれていて、この装置の完成形は1021r-25にある。

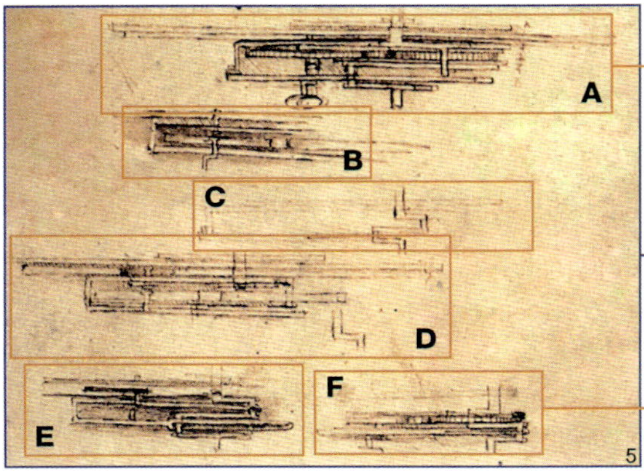

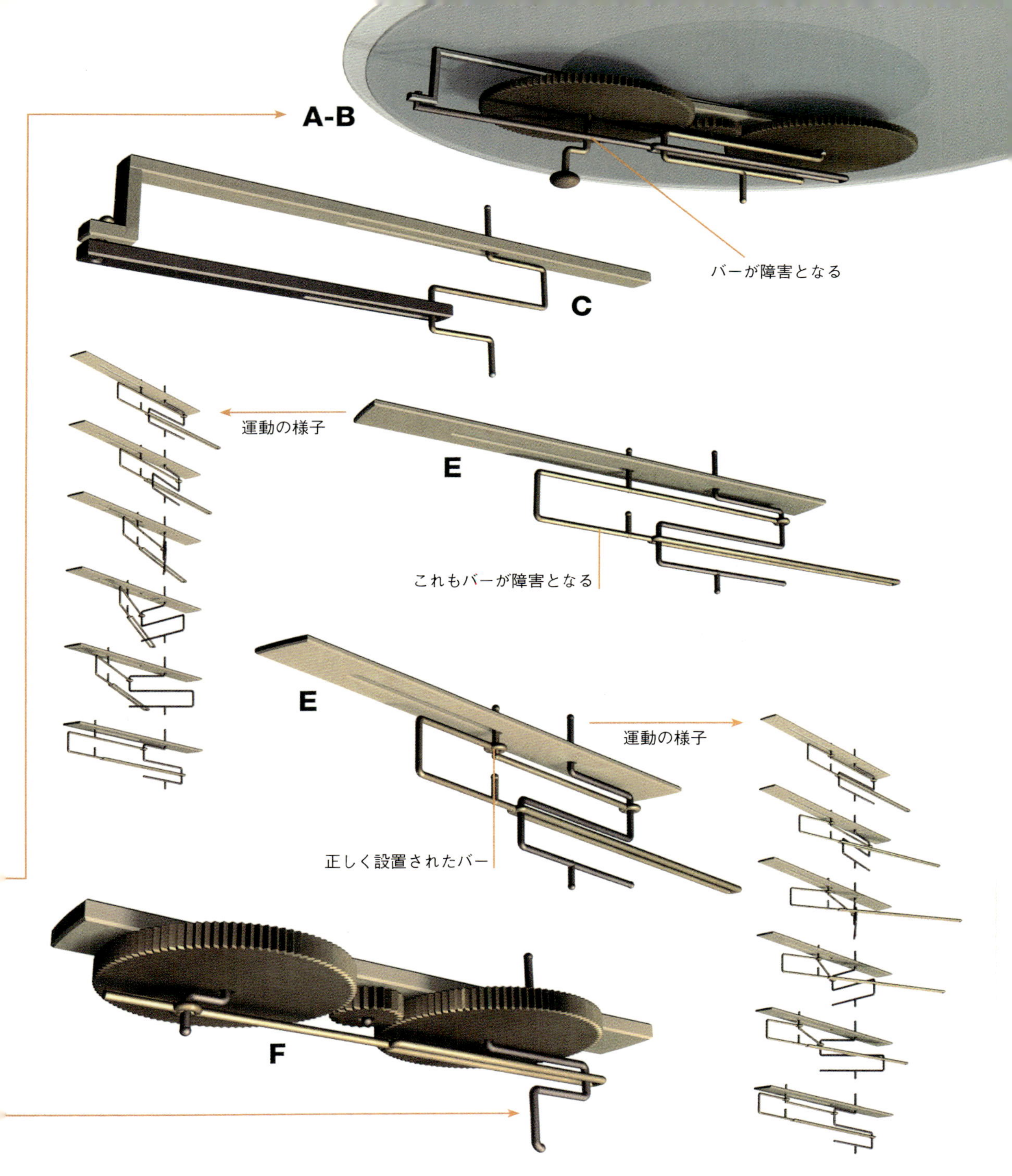
A-B
バーが障害となる
C
運動の様子
E
これもバーが障害となる
E
運動の様子
正しく設置されたバー
F

1021r-6

切り取った部分を再現するためにレオーニが描き加えたスケッチ。梁とみられる。

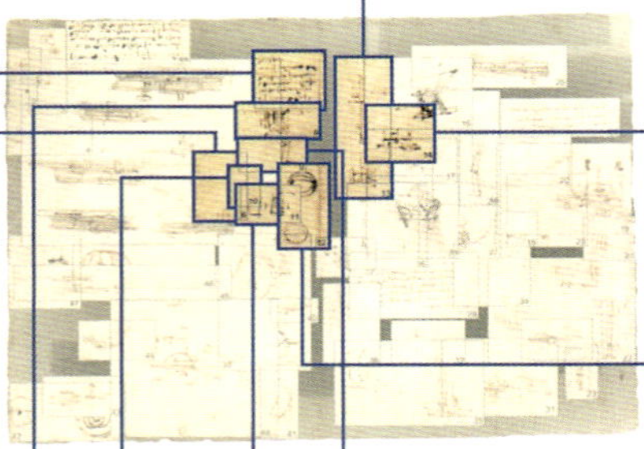

1021r-7

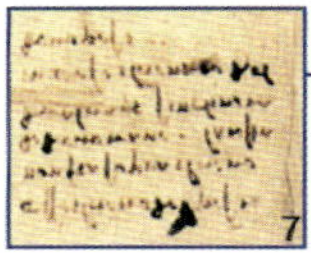

梁の取り扱いについて述べたメモ書き

1021r-8

梁、または柱

1021r-9

ポルティコ（柱廊）

1021r-10

尖頭形の梁（レオーニによる再現）

1021r-11

家屋の窓（レオーニによる再現）

1021r-12

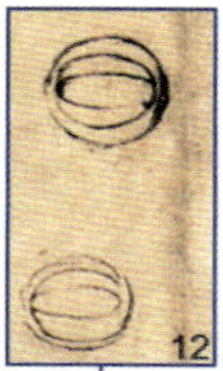

2つの円、1つの楕円からなる図（レオーニによる再現）。1021r-42に関連する。

1021r-13

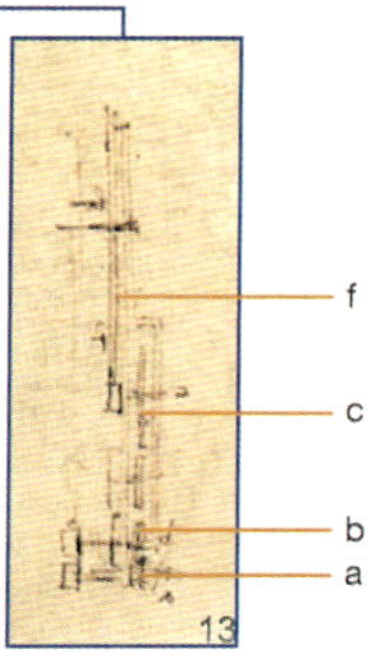

時計機構の図説である。動力は回転盤を介してa-b-c-fと上方向へ伝わるにつれ徐々に弱まるので、合わせて盤の回転数を減らしている。短針だけの単純な時計構造に似ている。

1021r-14

底部に大きな重りがあり、ハンドルが四角いフレームに固定されている。粉砕機か研磨機だろうか。フレームの両端は地面に固定する仕組み。

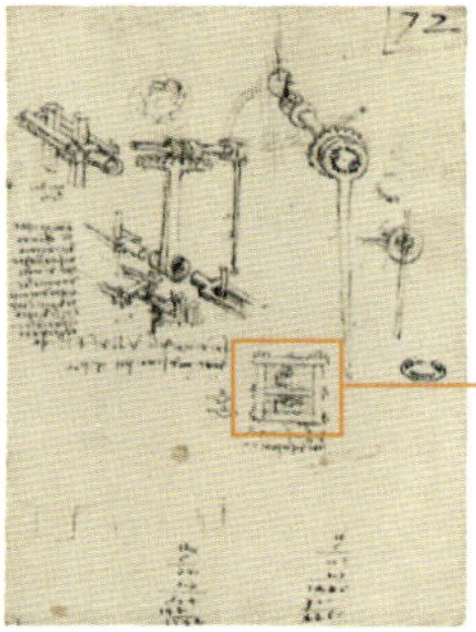

B 手稿72r

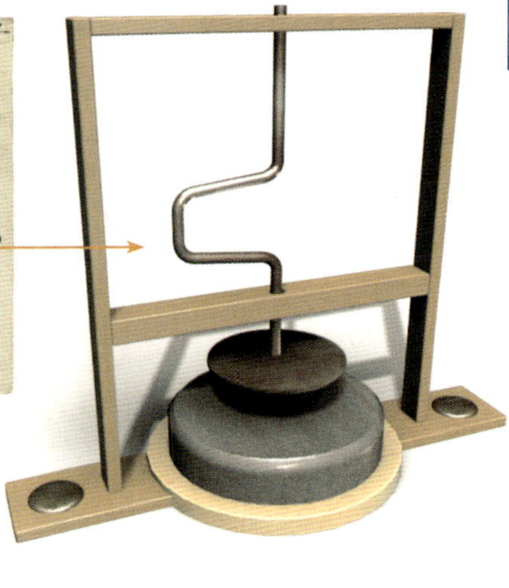

1021r-15

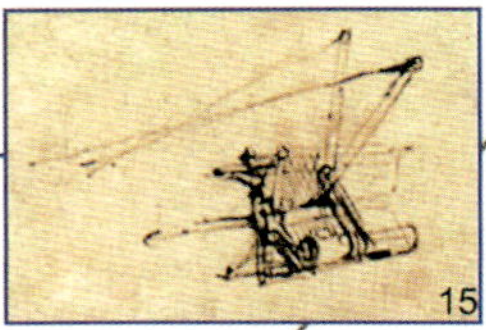

柱や大砲の砲身など、柱状の重量物を牽引するカート装置。巨大な軸棒につないだ綱を引き、横に倒したカートを起こして積み込む。同じ装置はマドリッド手稿Ｉの33rにも描かれている。

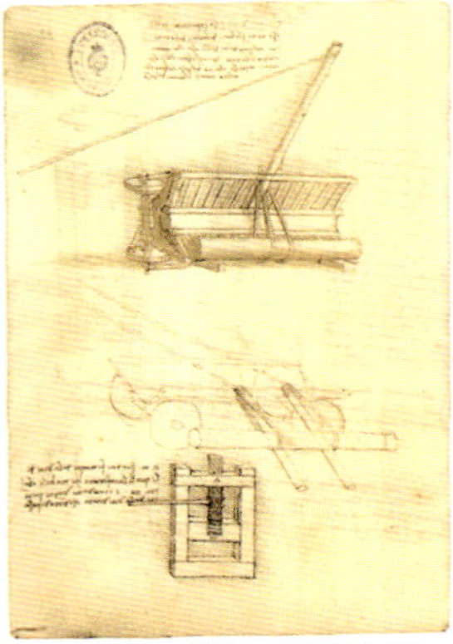

マドリッド手稿Ｉ 33v

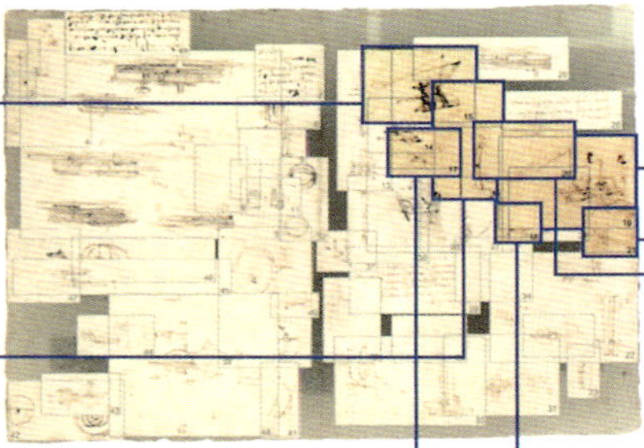

1021r-16

かすれて見づらいが、柱を持ち上げる装置。階段のような刻み目がついている。マドリッド手稿Ｉの44rにも同じ装置がある。

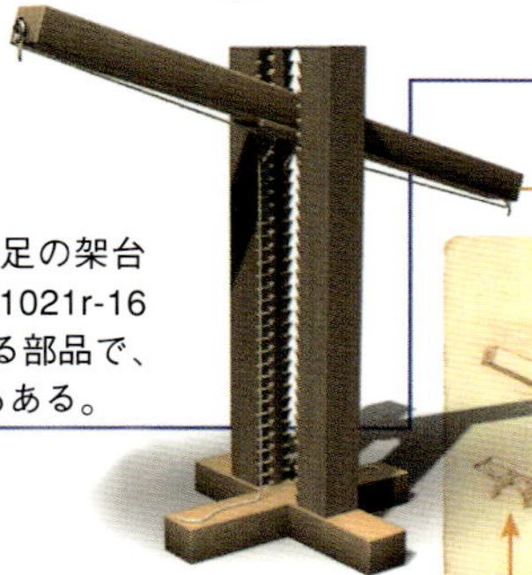

1021r-17

これも薄くかすれているが、4本足の架台をもつ厚板が2つ描かれている。1021r-16の装置の2本の支柱の間に噛ませる部品で、やはりマドリッド手稿Ｉの44rにもある。

1021r-18

てこ、綱からなる重量物の牽引装置

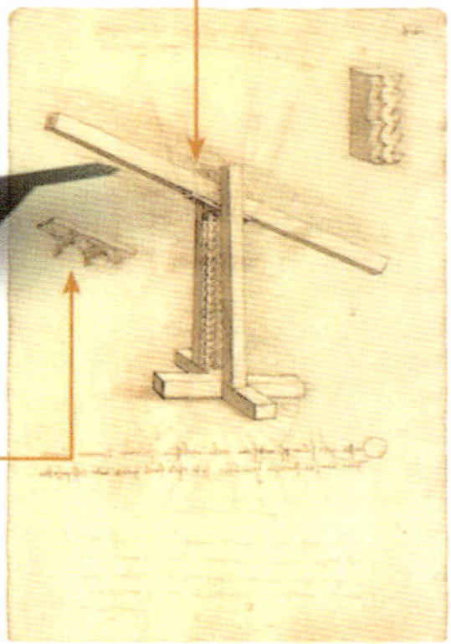

マドリッド手稿Ｉ 44r

1021r-19

1021r-15に関連するスケッチ。てこの原理でカートを起こすと砲身が貨台に収まる案、砲身を2本の棒に沿わせて貨台に載せる案、の2つが描かれている。レオナルドは牛の利用を想定していた。

1021r-20

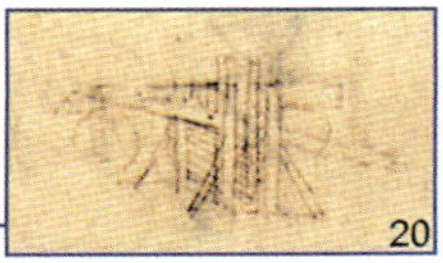

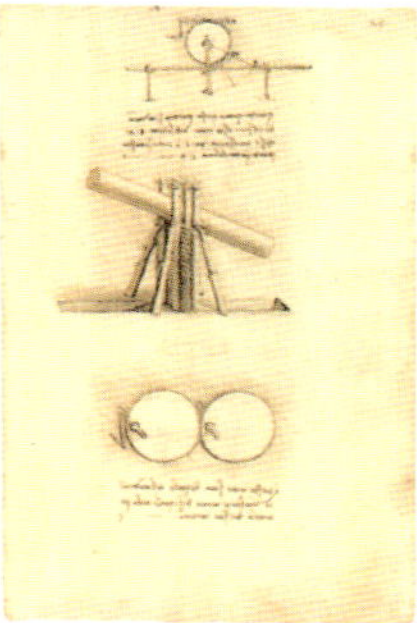

マドリッド手稿 I 29r

柱状の重量物を持ち上げる装置。シーソーのように重量物の先端を傾け、装置中央の2列のすき間に交互に棒を差し込んでだんだん高さを上げていく。マドリッド手稿 I の29rに完成形が描かれている。

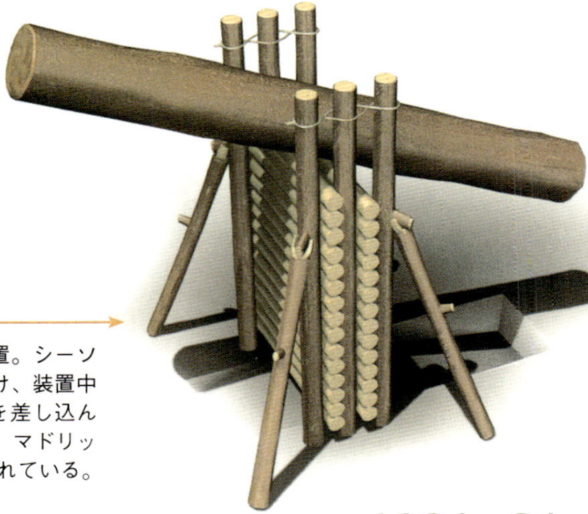

1021r-21

てこの原理を利用した装置で、支枠内に渡した棒の上に柱状の重量物を載せて使う。棒の片側を穴から抜き、上段に差し込むことを交互にくり返して高さを上げていく。

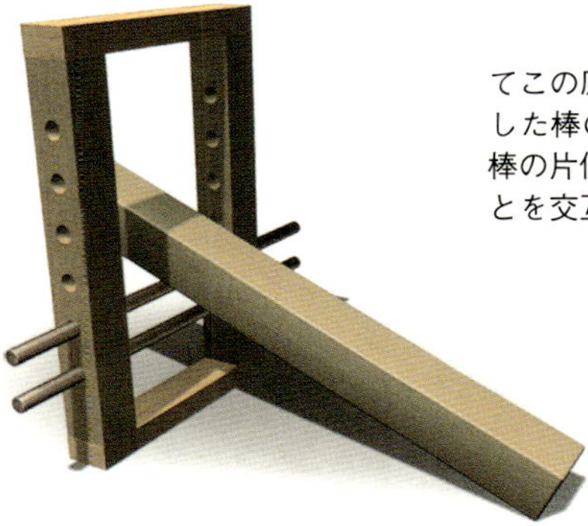

1021r-22

梁を持ち上げる装置。てこの力で梁の片端を持ち上げ、すき間に次のてこ運動の支点となる棒を差し込む。この2つのスケッチと1021r-21は、上下逆さまに描かれている。

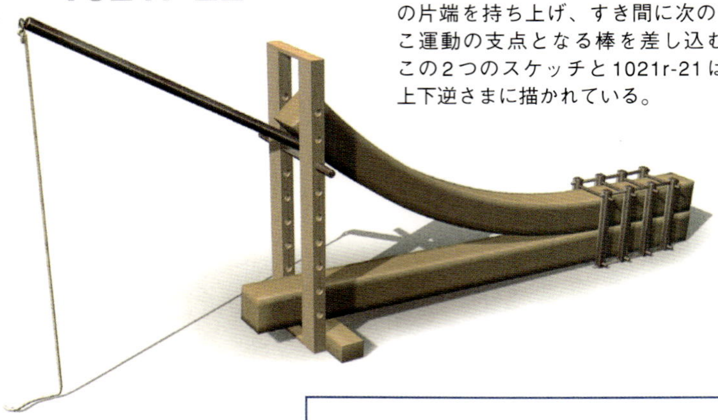

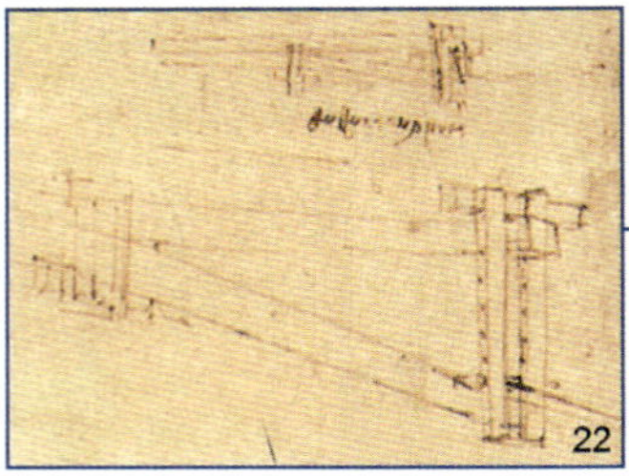

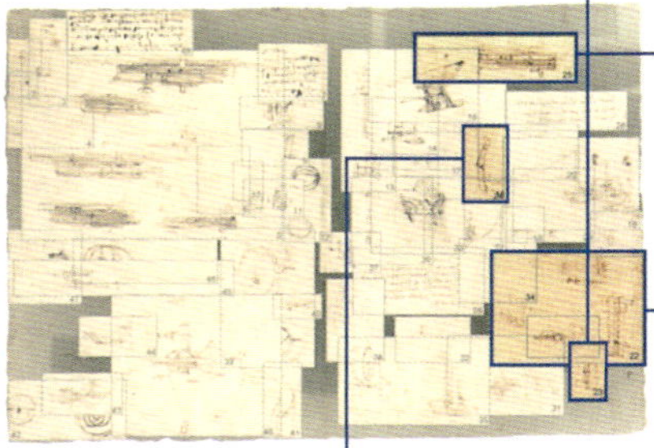

1021r-23

階段状に切りだした直方体の図は、1021r-16の装置の作り方を説く。同じ図がマドリッド手稿Ｉの44rにある。

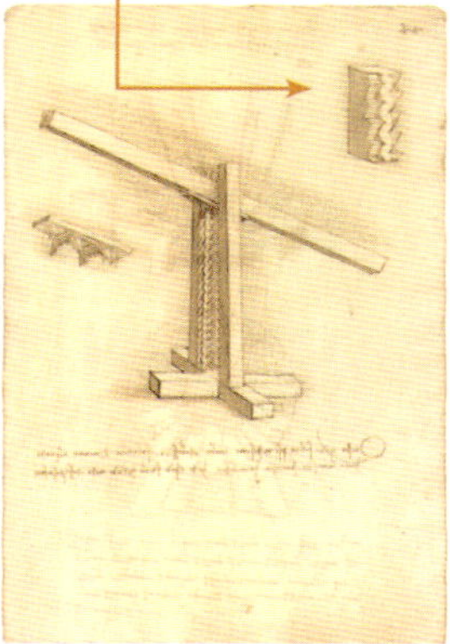

マドリッド手稿Ｉ 44r

1021r-24

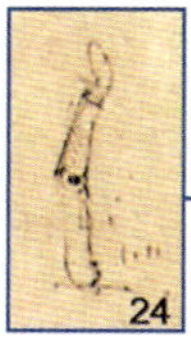

探していた手掛りである——スケッチを180度回転させると、肘が曲折する腕の模型が現れた。人形模型のたんなるアイデアスケッチか、それとも“わざと分散させて描いた”ロボット兵士の一部か？

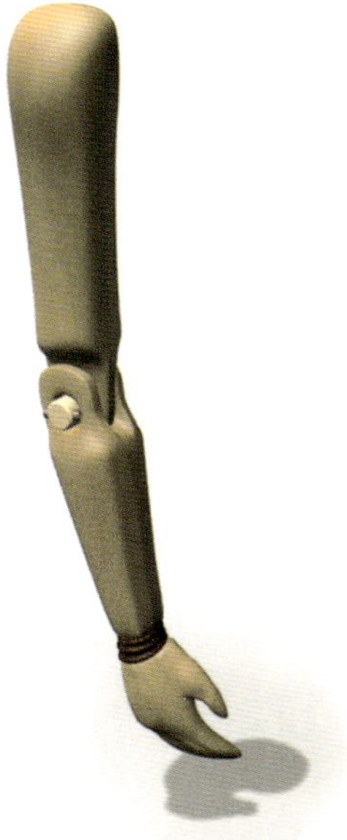

1021r-25

3つの回転盤をもつ装置。盤にはA、b、cの記号がついている。
素案が1021r-5に、動作の説明が1021r-26にある。

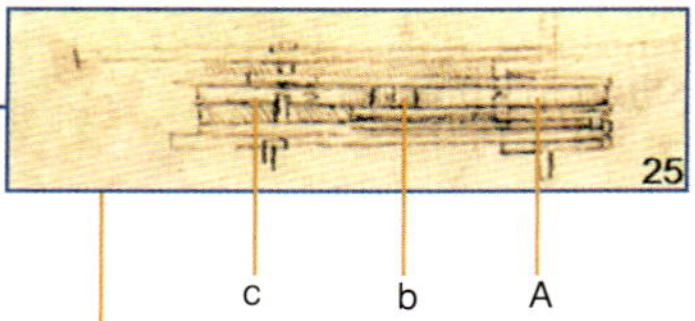

アトランティコ手稿77r

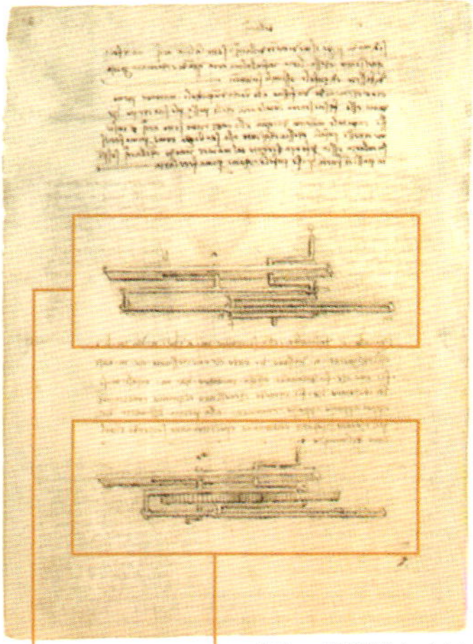
マドリッド手稿 I 111v

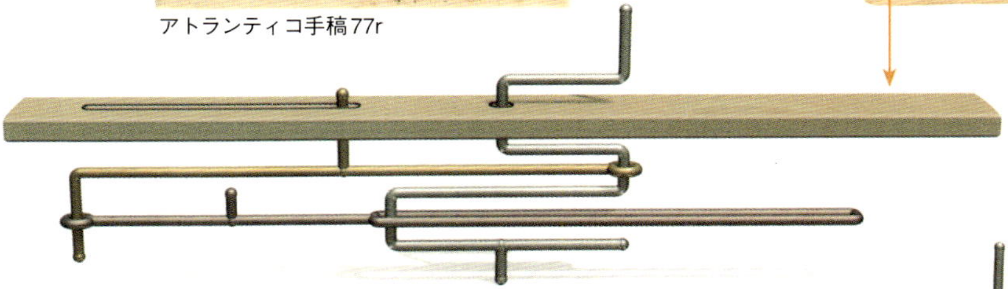

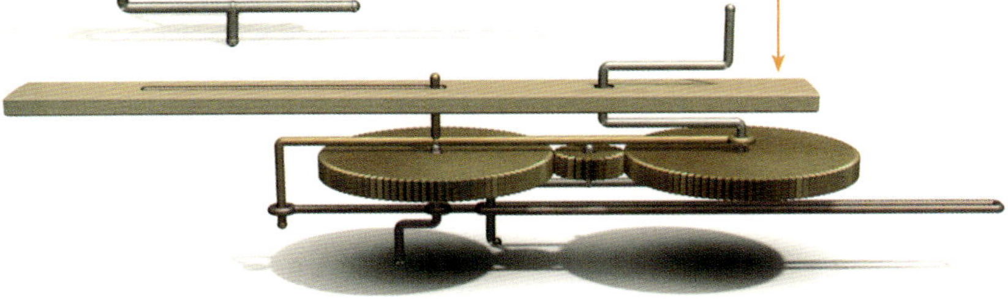

この研究の続きはアトランティコ手稿77rにあり、さらにマドリッド手稿 I 111vへと引き継がれた(111vに描き写したあと、レオナルドは77rに線を引いて消している)。つまり、この1021rには装置の基礎構造の素案を書きとめたにすぎず、たしかに構造には欠陥もある。それでも一考の価値はある。

1021r-25にある2つのスケッチはよく似ており、幾通りにも作動する。下の図では、2種類の固定法と装置の作動をシルエットで示した。細長い板状部品を固定した場合、作動は不規則になり、使えなさそうである。

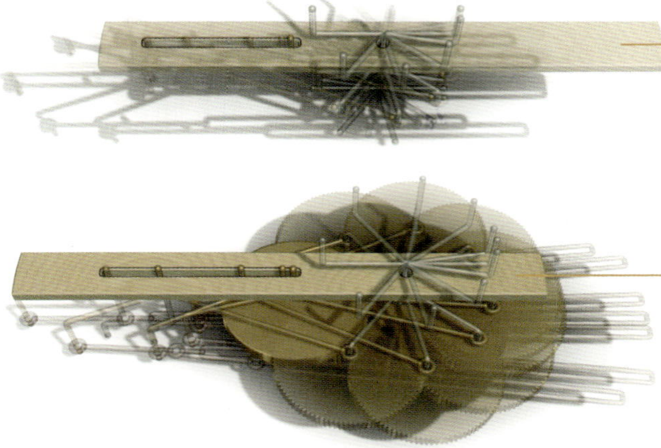

板を固定した場合

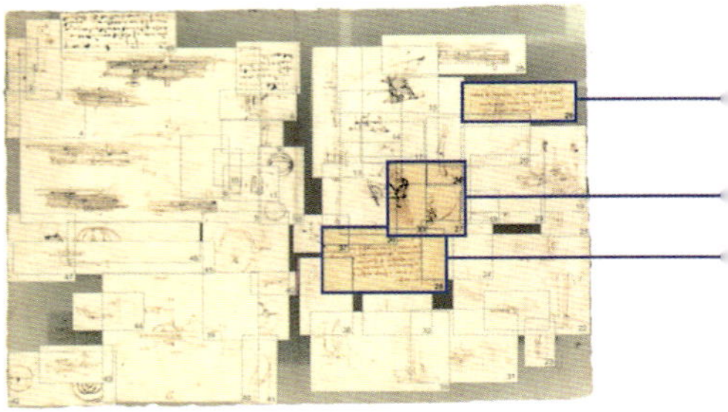

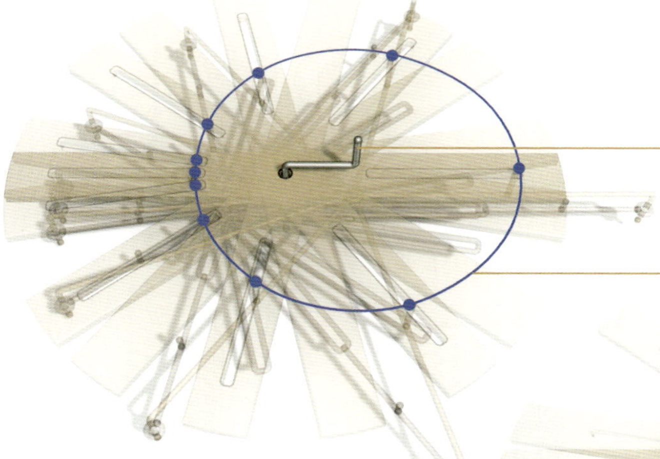

ハンドルを固定した場合

周転円運動

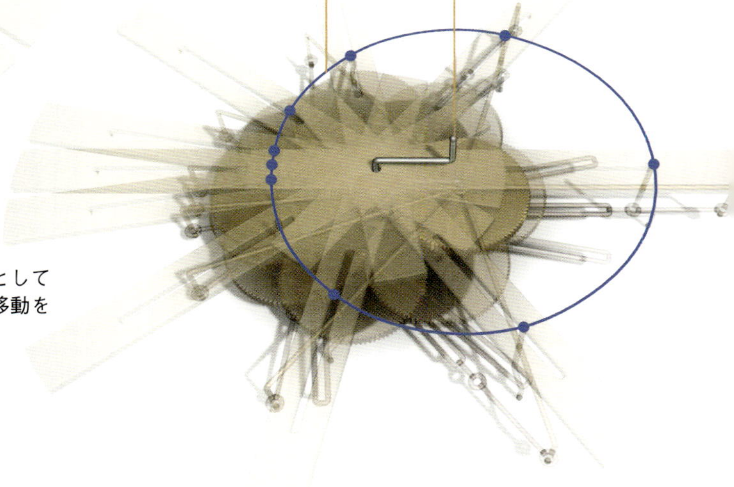

しかし、ハンドルを固定し、それを軸点として板状部品を可動にすると、装置は惑星の移動を思わせる複雑な動作を見せる（p279参照）。

1021r-26

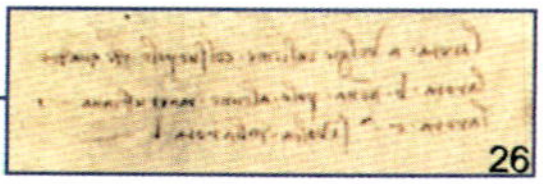

「回転盤Aはハンドルとともに回る。回転盤bにハンドルはなく、自律的ではない。回転盤cも自律的でなく、回転盤bの作用で回る」
つまり、回転盤AはS字型ハンドルに連結されている。bにはそうしたハンドルはなく、またcはbが回転することでAと同じ方向に回転する。

1021r-27

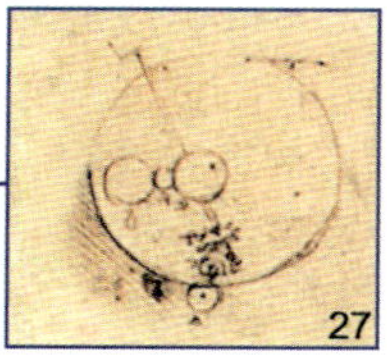

1021r-25の装置の俯瞰図である。装置を取り囲むように大きな環状部品が加えられ、回転盤の記号A-b-cがここではg-f-eになっている。詳細は77rにある。
このスケッチと、すぐ左にある1021r-33にレオナルドは陰影をつけている。2つの装置に共通点はないが、陰影はひとつづきに描かれている。

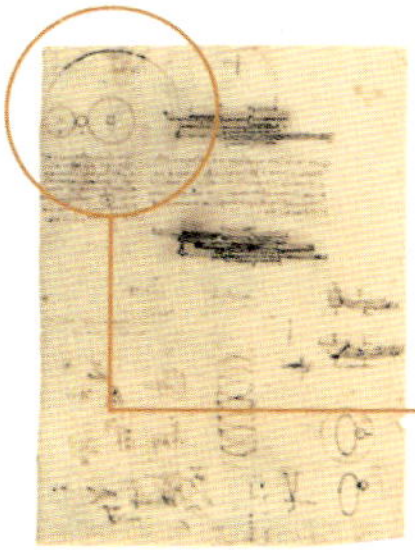

1021r-28

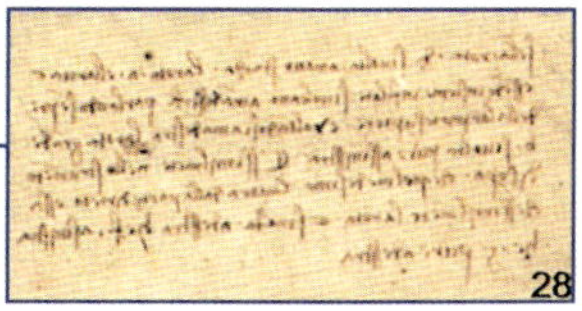

「回転盤dの動きが緩慢な場合は……」など、1021r-27の装置について、それぞれの歯車の動作や回転方向が説明されている。回転盤b、fは左回りに、A、b、c、e、gは右回りに回転する。

1021r-29

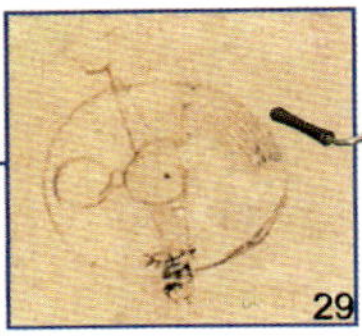

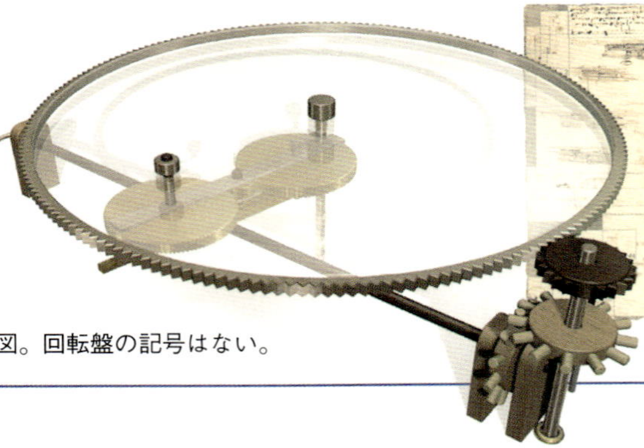

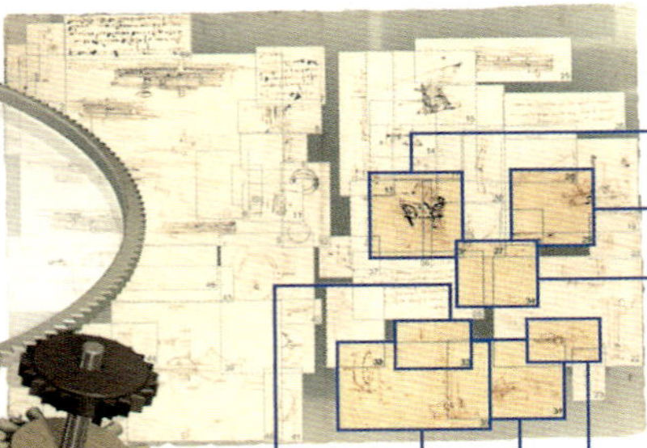

1021r-27と同じ図。回転盤の記号はない。

1021r-30

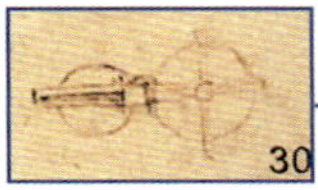

装置に十字架型のフレームが加えられた。他の部品との接触から右の回転盤を保護するためとみられる。

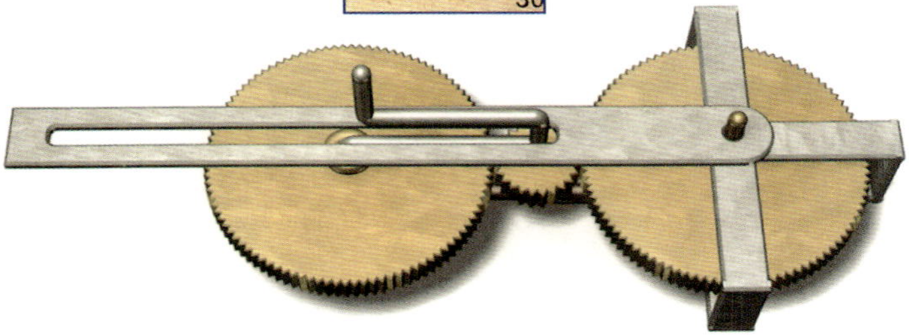

1021r-31

1021r-30の装置が環状部品の中に収められている。

1021r-32

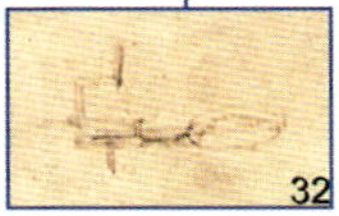

左回転盤の片面に、さらにS字型ハンドルを加えた図。

1021r-33

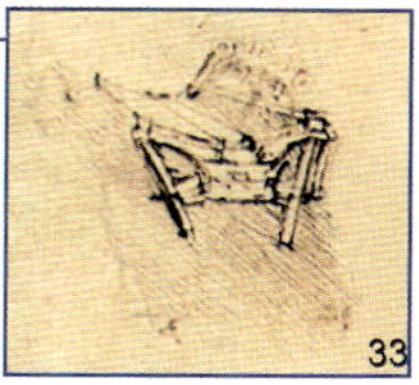

大砲の砲身を運ぶカート装置。前方の車輪が傾斜している。

1021r-34

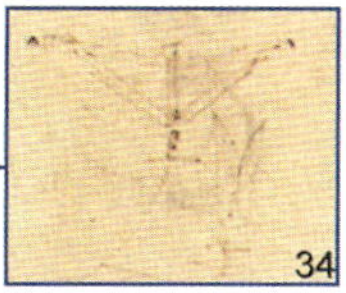

上下逆さまのスケッチは、天井などに使われるV字型構造に渡した梁。張り具合の調節・維持を目的とした装置だろう。同じ装置はマドリッド手稿Ｉの81vのほか、アトランティコ手稿の他のページにも散見される。

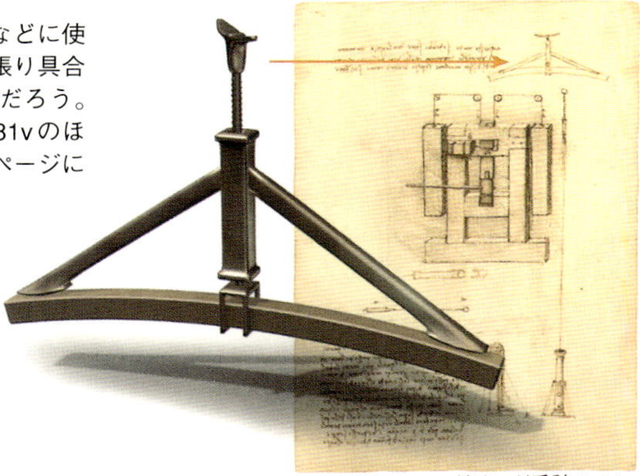

マドリッド手稿Ｉ 81v

1021r-35

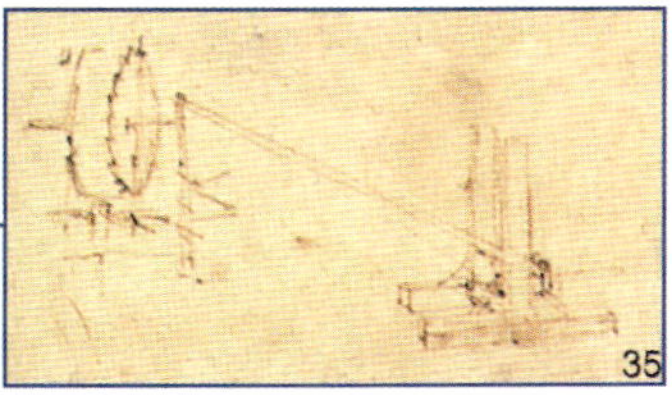

2つの装置は無関係のはずだが、なぜか棒で連結されている。左は重量物を持ち上げる装置。水車輪に連動して下部の回転部品が回り、脇にそびえる大ネジが上下する。右は1021r-21と同じ装置。連結棒に意味があるとすれば、左の装置が生みだす大きな力が、右の装置の動力（てこの力）として作用するということか。

1021r-36

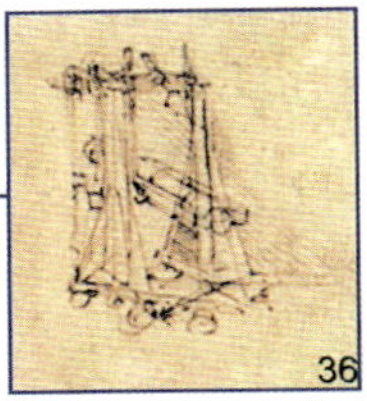

円柱状の重量物を持ち上げ、目的の位置に設置する巨大クレーン。2本のハンドル、2本の大ネジをもつ複雑な装置で、より洗練されたスケッチはマドリッド手稿Ⅰの34rのほか、アトランティコ手稿の他のページにも散見される。向きを変えられるように、重量物を格納する箱状の固定具は中央の重心点を軸に回転する構造である。

マドリッド手稿Ⅰ 34r

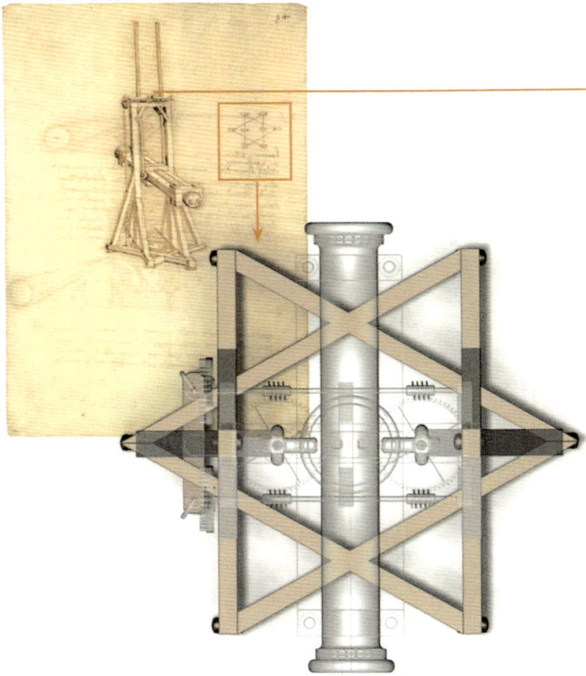

1021r-37

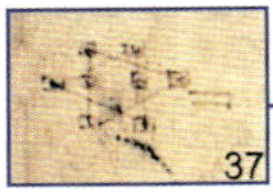

1021r-36の装置底部の図。6角星型の強固な構造で、移動用の車輪がついている。マドリッド手稿Ⅰの34vにも同じ図がある。

1021r-38

女性像。幼子を抱くようにも見えるが、両手を合わせ祈りを捧げる姿だろう。絵画的なスケッチは、「猫と聖母子」または「聖母子像」のデッサンだろうか。

1021r-39

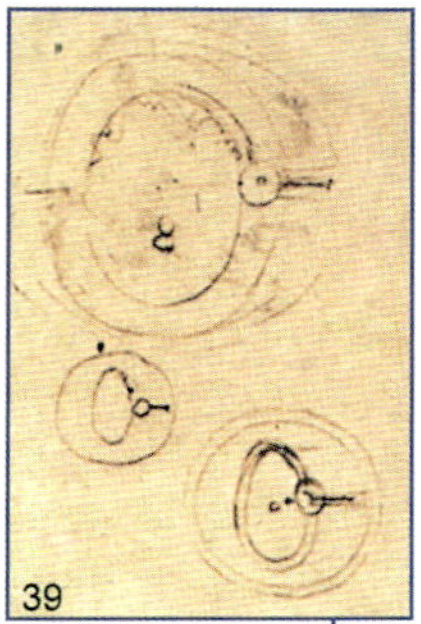

3つの回転盤。大円盤の盤面に長円形の軌道を描きながら、小円盤が移動する。マドリッド手稿Ⅰの24rに完成形がある。

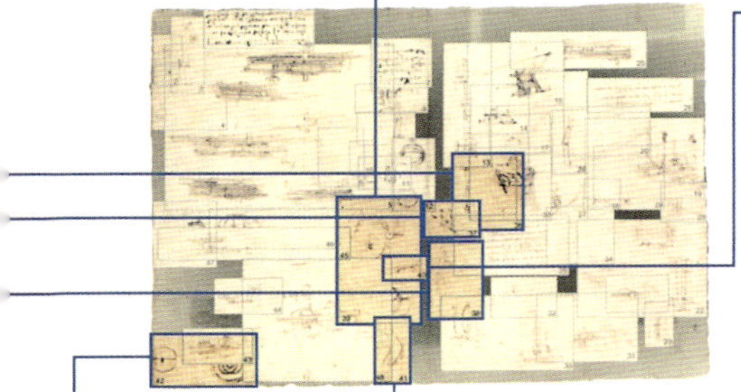

1021r-40

交差させた厚板のスケッチ

マドリッド手稿Ⅰ 24r

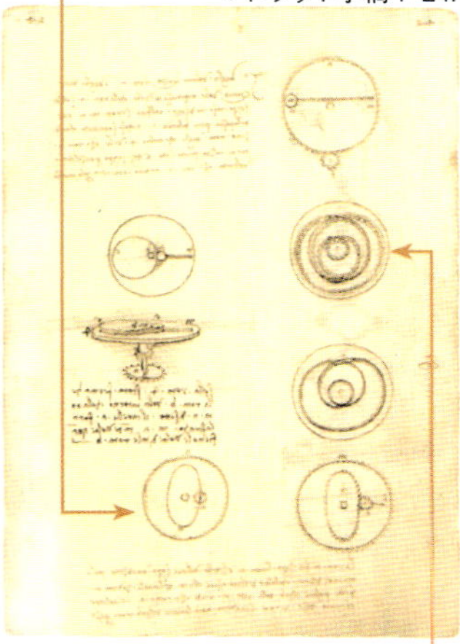

1021r-41

外套をまとった男性像？
あるいは人形模型？

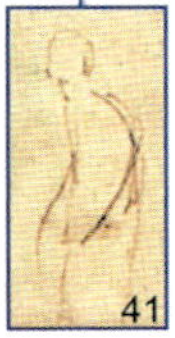

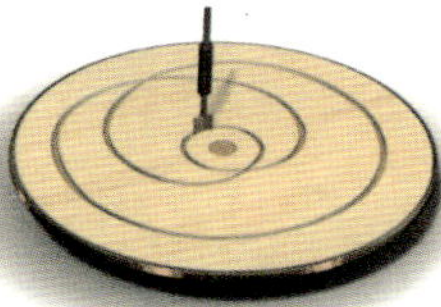

1021r-42

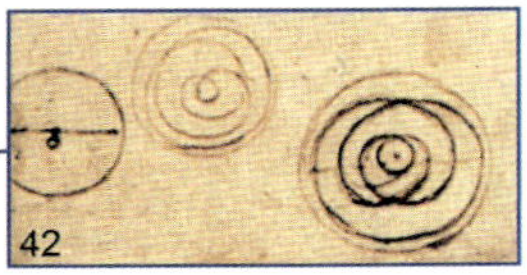

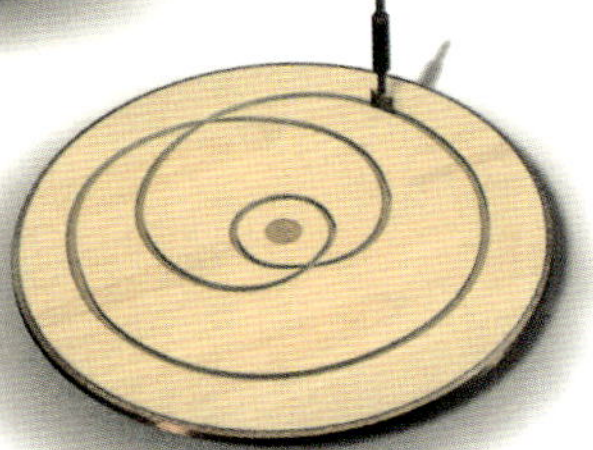

1021r-39と同様、物体を回転盤上の軌道に沿って水平に動かすことを目的とした装置。同じ図はマドリッド手稿Ⅰの24rにもある。

1021r-43

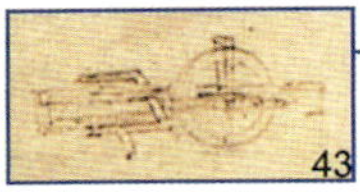

回転盤と十字架型のフレーム。右の盤はより軽量な環状形である。

1021r-44

移動の軌道図で、1021r-46に似ている。
左の10個の小さな円は装飾品らしい。

1021r-45

3つの回転盤のうち、描かれているのはメインの1つだけ。このスケッチでは、板状部品とフレームが主役である。

1021r-46

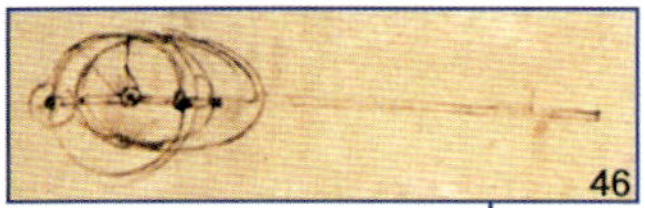

右の回転盤の長円形軌道が決定された。

1021r-47

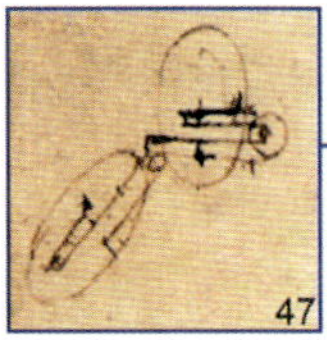

S字型ハンドル、3つの回転盤を固定する留め具が確認できる。ここに示された長円形が最終的な軌道だろう。回転方向を変えて、同じスケッチが2つ描かれている。

1021r-48

この手稿にさまざまな形で登場した3つの回転盤装置の最終版。装置の目的は示されていないが、各回転盤の横に「時計回り」「反時計回り」とメモ書きがある。

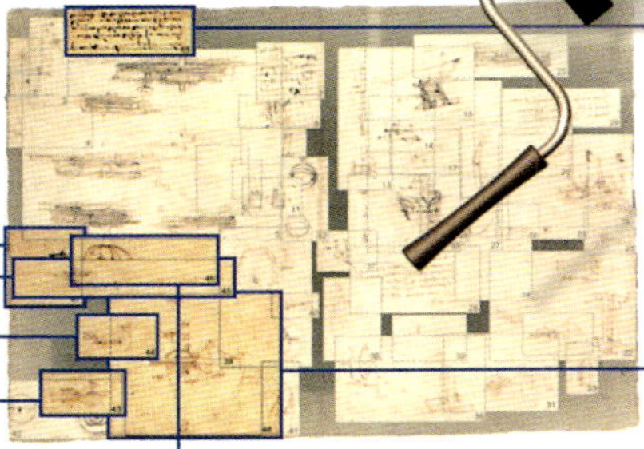

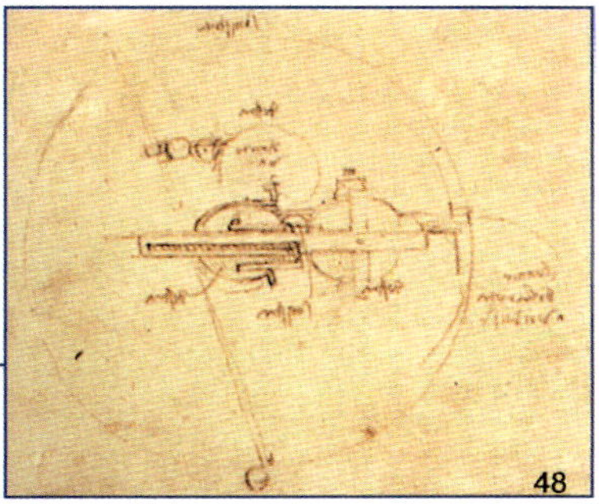

48

1021r-49

49

上下逆さまに記されたテキスト。梁の設置に関する内容で、1021r-34に関連する。1021r-9、10、11との関連も考えられる。

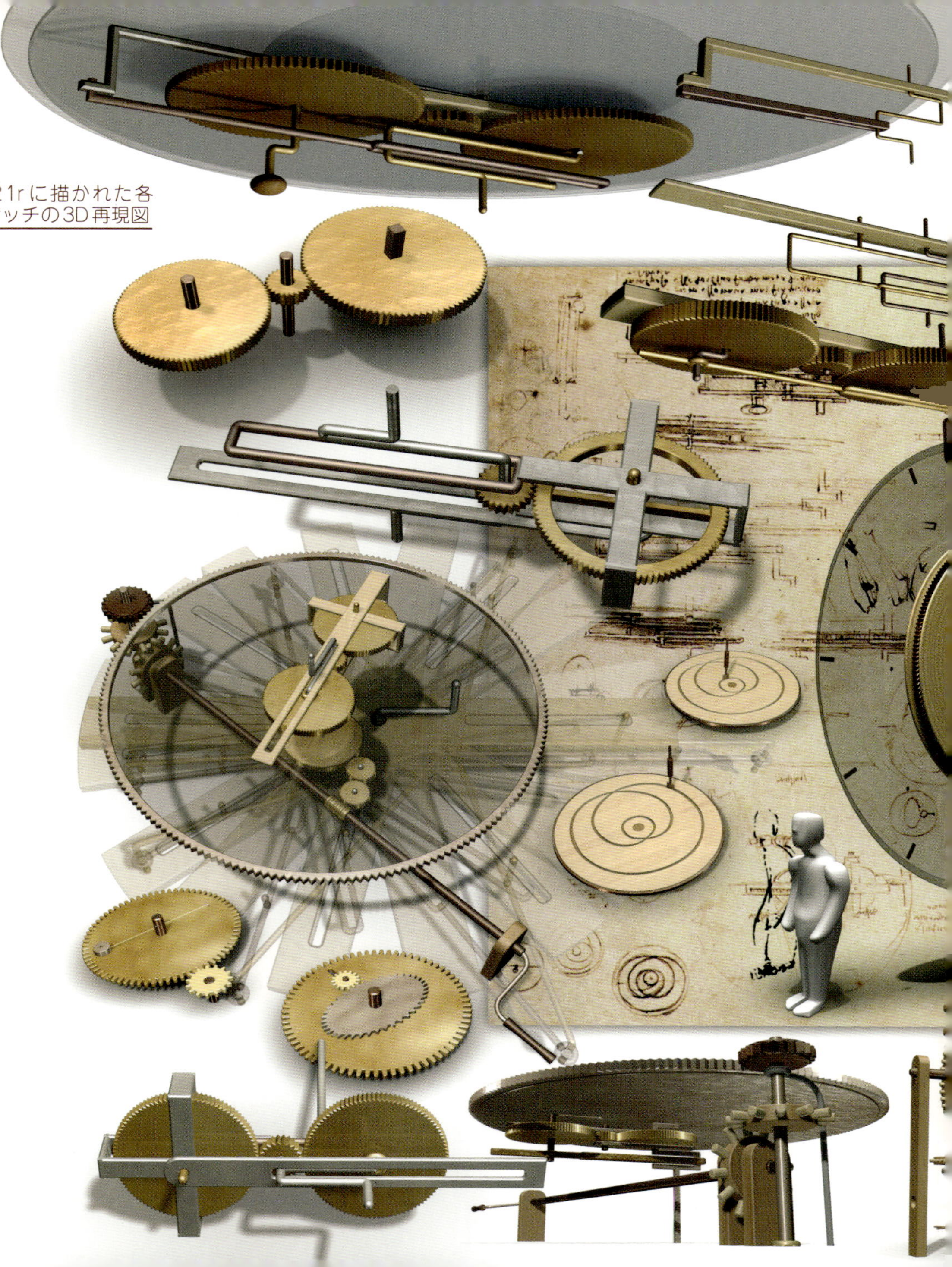

1021rに描かれた各スケッチの3D再現図

デジタル処理で復元したアトランティコ手稿1021v

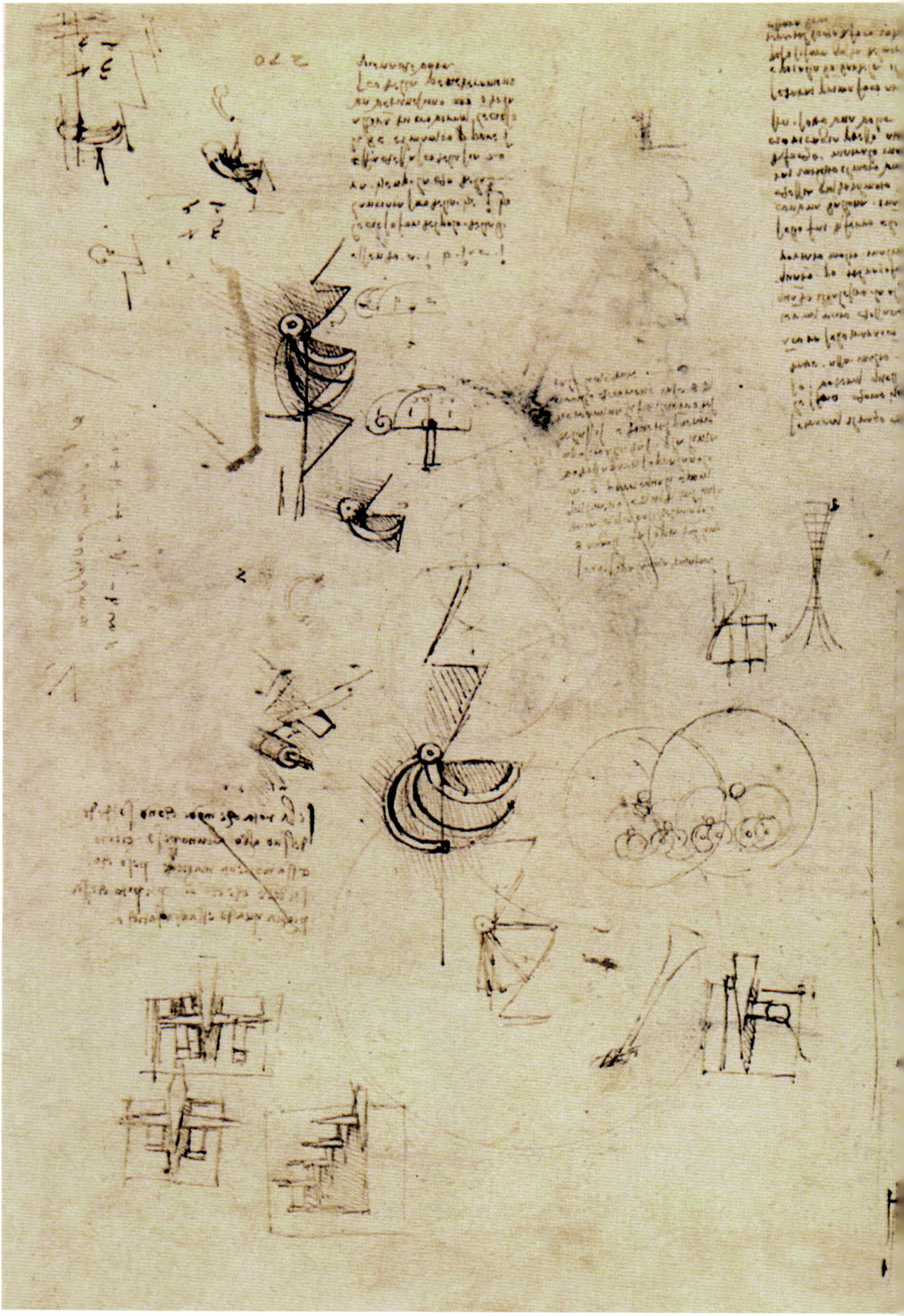

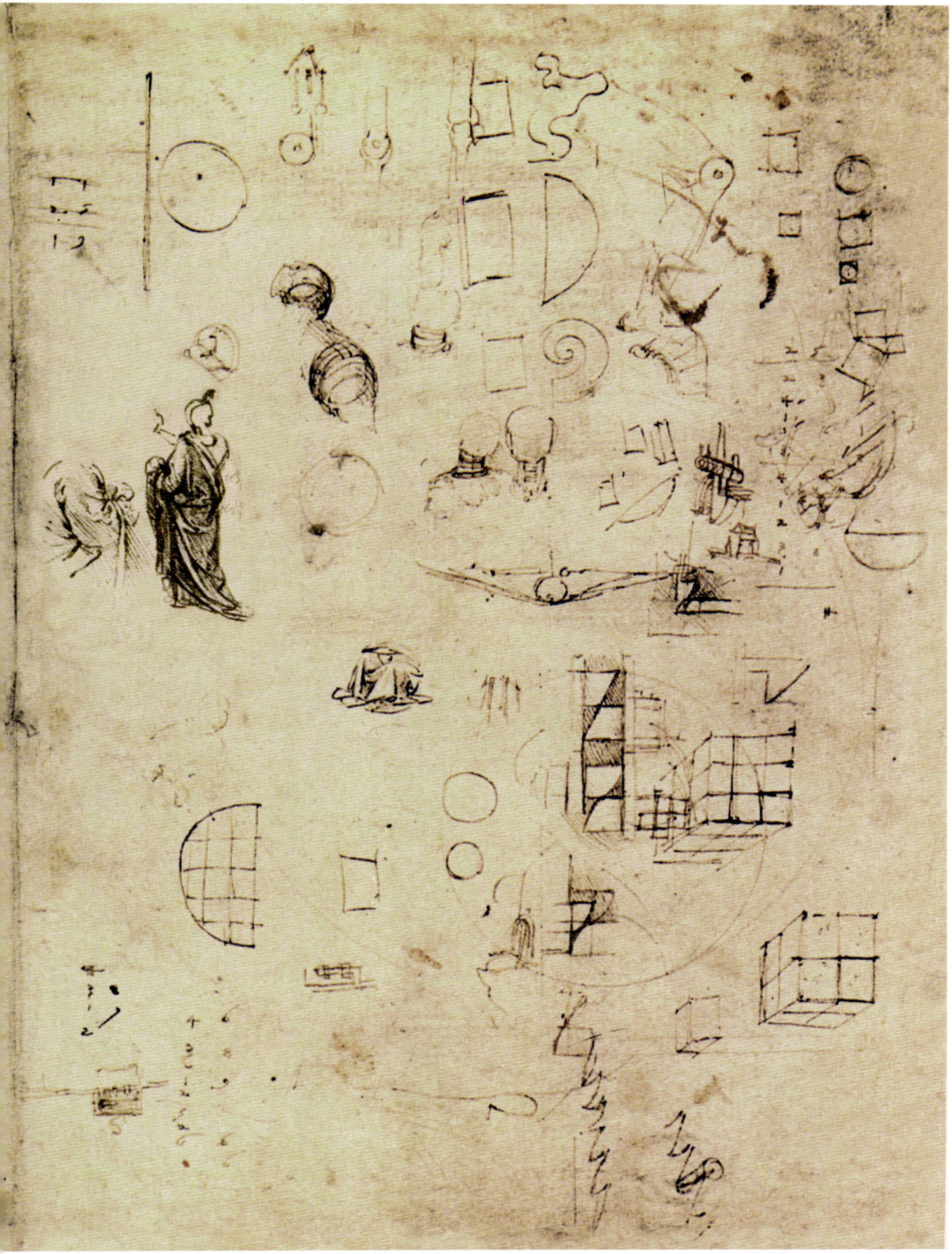

1021ｖは53点のスケッチで構成されている

11
12
13
14
15
16
17
18
19
20
21
22
23
24
25
26
27
28
29
30
31
32
33
34
35
36
37
38
39
40
41

アトランティコ手稿1021v

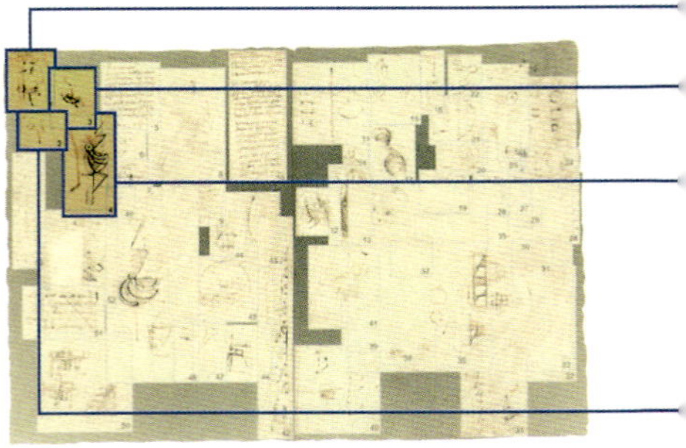

1021rの裏面である。やはり無数の小さなスケッチが散りばめられ、共通テーマもなければ1021rとの関連もほとんどない。筆致とインクにばらつきはないが、内容からすると1021rからはずいぶん後に描かれたようだ。

220ページは、ポンペオ・レオーニがハサミを入れる前の元来の姿をデジタル技術で復元した図である。400年ぶりに現れた本来の手稿を見て、レオーニが一部を切り取った理由がわかった。切り取られたスケッチは、外套をまとった後ろ姿の男性像のスケッチだった。レオーニは、絵画的なスケッチ（と現在は失われたもう1枚の断片）を切り分けたのである。

このあと全スケッチを見ていくが、手稿の左半分に記されたテキストの一部は、上から線を引いて消されている。技術書をまとめるためにアイデアや理論を整理したのだろう、レオナルドは記述をある手稿から別の手稿へと書き写す習慣があった。スケッチと同様、テキストも必要部分を抜粋しては技術書の原稿や別の手稿へと書き写され、これはその証拠である。残念ながら書き写した先の最終版は現存しておらず、ここにあるのは練り込まれた技術書の準備段階として書き散らした荒削りなテキストである。

1021v-1

のこぎり状の歯をもつ歯車装置の図。数字が書き込まれている。スケッチは上下逆さまである。

1021v-2

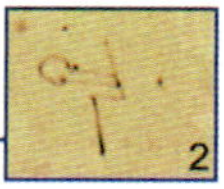

歯車装置の一部

1021v-3

歯車装置のレバー。数字が書き込まれている。

1021v-4

レバーと歯車の図。輪郭線をインクでなぞり描きし、影を表す斜線が2か所に描き込まれている。レバーの動きを表す短線は、現在のマンガにも使われる効果法。
多くの研究者は、本手稿中のこのタイプのスケッチを鍵システムの研究と解釈している。

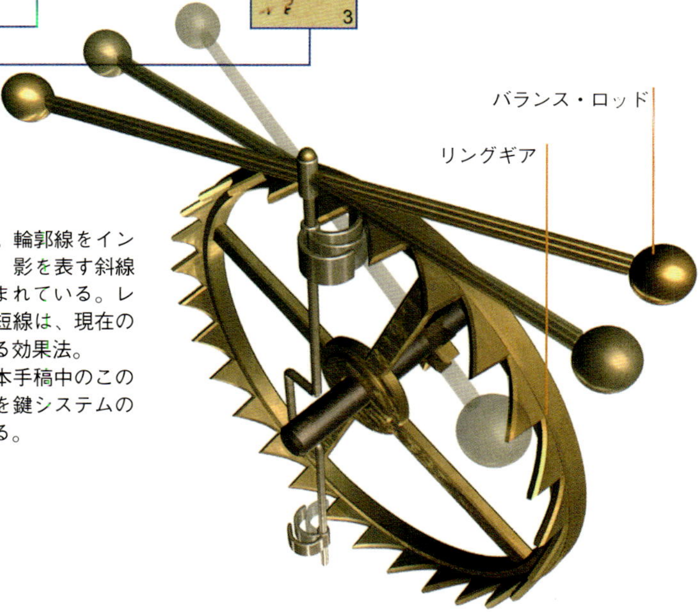

しかし、ここには最終形は描かれていないが、これはリングギア・エスケープメント機構だろう。半円形のフック部品が弧を描いて歯と噛み合う仕組みで、当時の一般的な時計機構に使われたエスケープメント構造である。

1021v-5

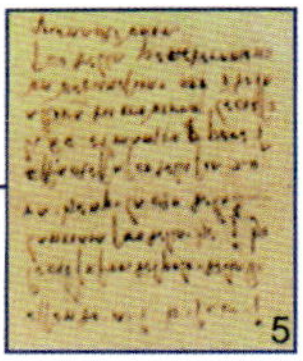

上下逆さまのテキストで、鉢をつかった実験のメモ。鉢を吊り下げ、空っぽのときと、水を満たしたときとで均衡を調べた。鉢は1021v-6、7に描かれている。

1021v-6

実験に使う鉢。図中にふられたa-b-cの記号はテキストに対応する。

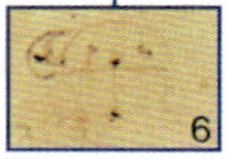

1021v-7

取っ手があり、鉢がより詳細に描かれている。内側の線は水の分量を量る目盛りか。

1021v-8

しみのような痕は、木炭のデッサン（現存していないので図柄は不明）か、手稿の上に置いた別の絵が移ったものだろう。ねじれた物体のようである。

1021v-9

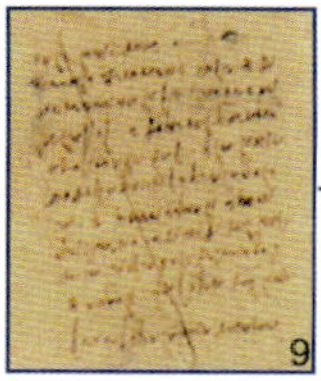

上下逆さまのテキスト。他の手稿に書き写した印として、上から大きく線が引かれている。2本のコンパスを使った8角形の描き方の説明で、1021v-48で実践されている。

1021v-10

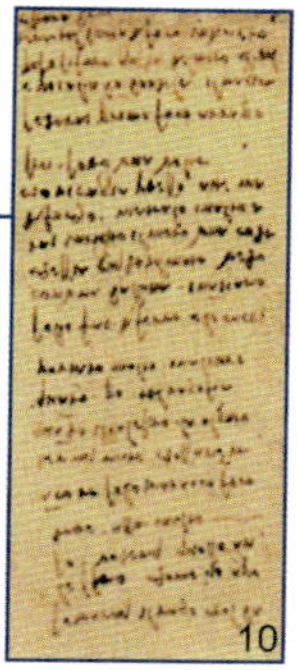

これも上下逆さまで、内容は軌跡を描いて飛ぶロケット花火の作り方。1021v-8のねじれたような曲線は、この花火の軌跡かもしれない。

1021v-11

棒と、あわてて描いたような円は、歯車装置だろうか。マドリッド手稿Ⅰの11rには、同じ図が太陽系装置の部品として描かれている。

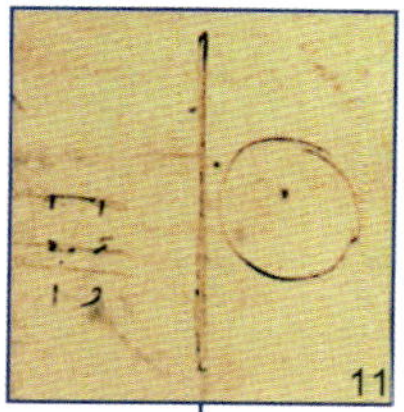

1021v-12

外套をまとい、胸元で腕を組んだ男性のスケッチ。レオーニが878rから切り取ったスケッチとほぼ同じ図。

1021v-13

やはり外套をまとった男性の後ろ姿。140ページに紹介したスケッチと同じ構図である。レオーニが切り取った部分で、現在はウィンザー紙葉の1枚。

1021v-14

バネ仕掛けで開閉する装置。上下をひっくり返すと1021v-36の口のような部品と同じに見える。

1021v-15

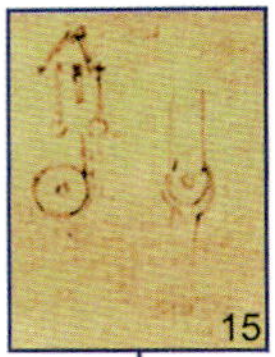

滑車、重り、ジョイント（継手）の図は、右隣に描かれた膝関節のスケッチ（1021v-16）と関連するだろう。機械の関節を作る試みである。

1021v-16

頚骨（脛《すね》部分の骨）、大腿骨、膝蓋骨が描かれている。こちらが先で、レオナルドはこの後に1021v-15を描いた。

1021v-17

肩鎧の設計図。腕が動きやすいように、金属製の円柱型ジョイントが構想されている。

1021v-18

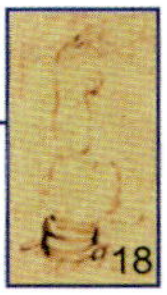

首鎧も金属製。3連構造である。

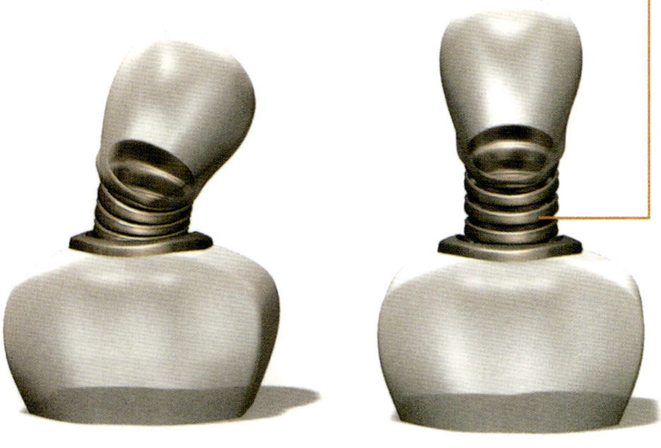

1021v-19

頭を自由に動かせるよう、首鎧は4部品からなる。右側のスケッチに、ネジ型の留め具がうっすらと見える。

1021v-20

渦巻きと四角形

1021v-21

長方形と円。1021v-20と同じで、左側に四角形が描かれている。両者は関連しているのだろうか。

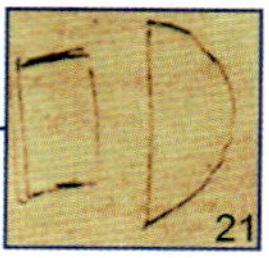

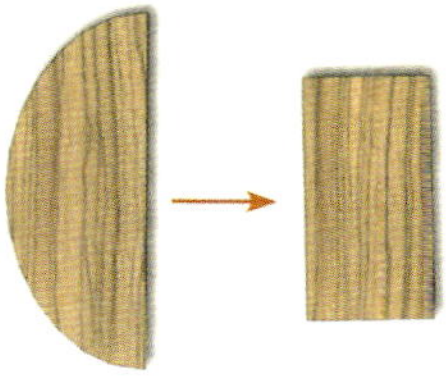

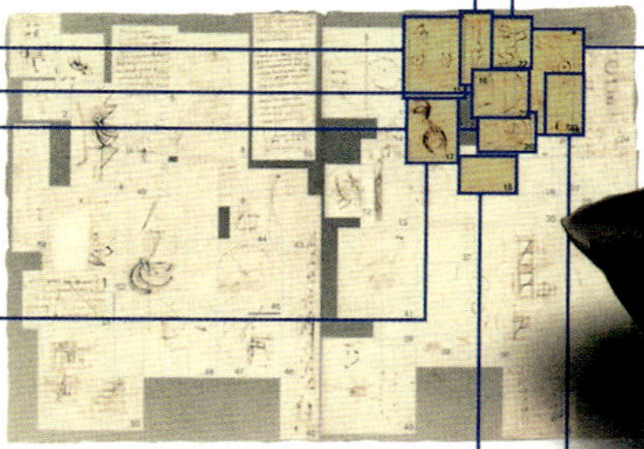

1021v-22

上下逆さまにするとアヒルの形になる。不規則な形は1021v-20、21につづくスケッチか、または単純なパズル細工の覚え書きか。

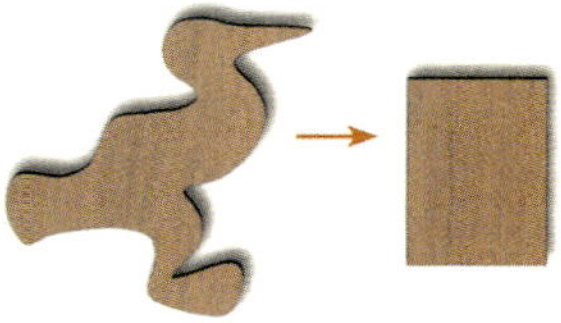

1021v-23

1021v-15の人工関節を組み込んだ足の側面図。滑車の左に、足が曲がりすぎるのを抑えるストッパー装置（またはバネ）がある。

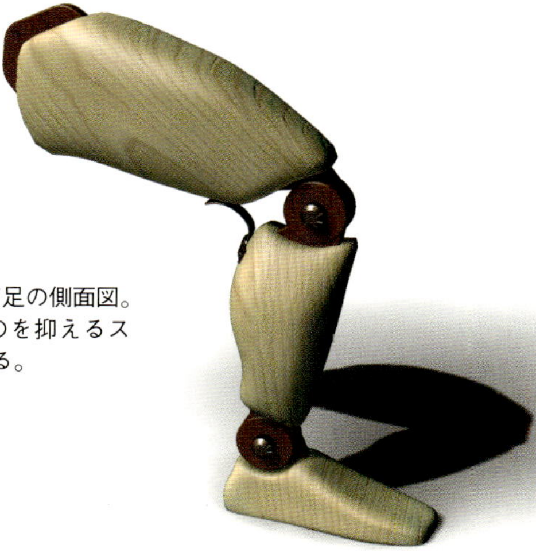

1021v-24

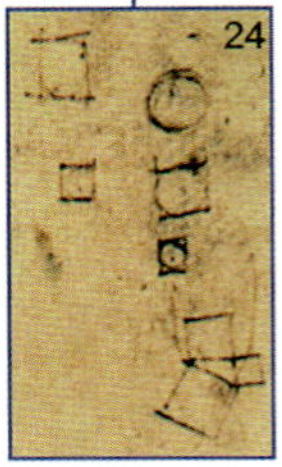

円と、ピタゴラスの定理を考察した図。

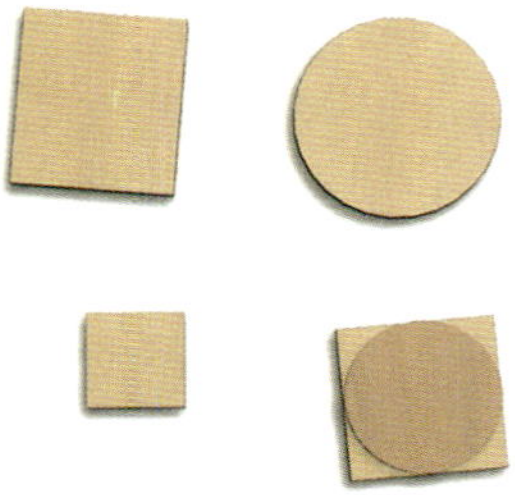

ピタゴラスの定理

1021v-25

鎧の一部で、4部品からなる。肩鎧だろうか。

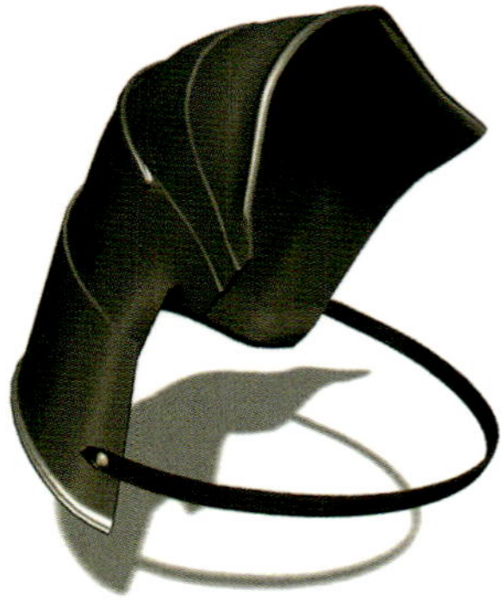

1021v-26

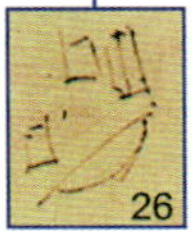

幾何学的な図形

1021v-27

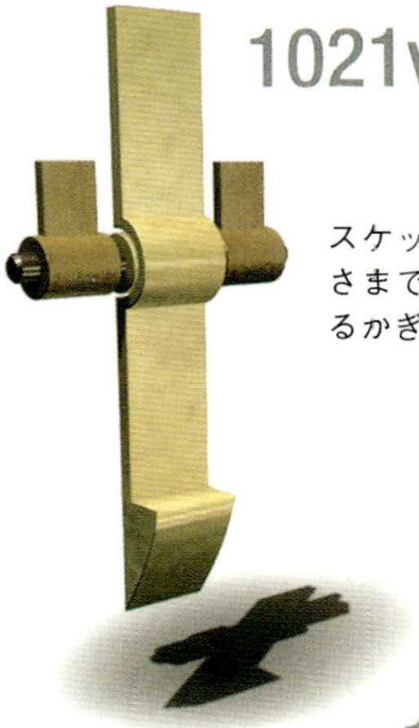

スケッチはたぶん上下逆さまで、何かを引っ掛けるかぎ状の部品らしい。

1021v-28

上下逆さまにすると、数式に混じって2人の人物が現れる。抱き合って愛をささやく恋人たちか。他には見られない構図。

上下を反転させる

1021v-29

小さな家屋？　目盛りがふってあり、パズル細工の図と見られる。

1021v-30

1021v-27の装置の形状
と固定方法の考察

1021v-31

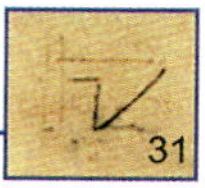

1021v-27の装置の側面図

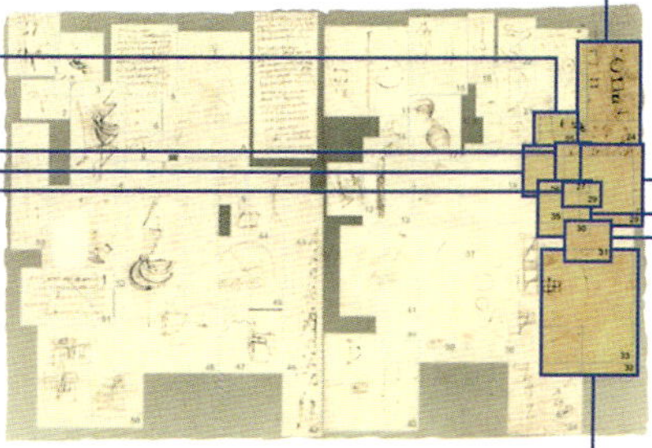

1021v-32

立方体の体積の考察。1コ組、
2コ組、3コ組と並べてあり、
体積は1：8：27。

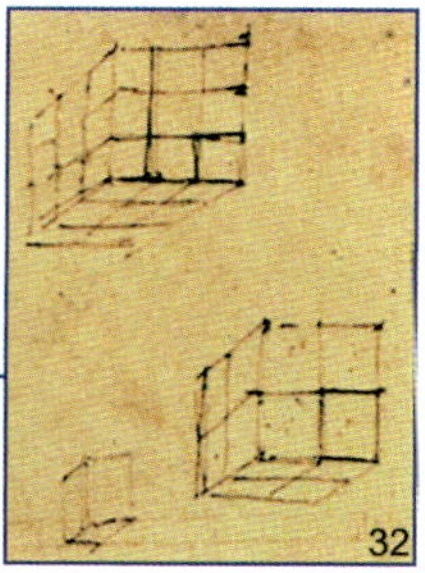

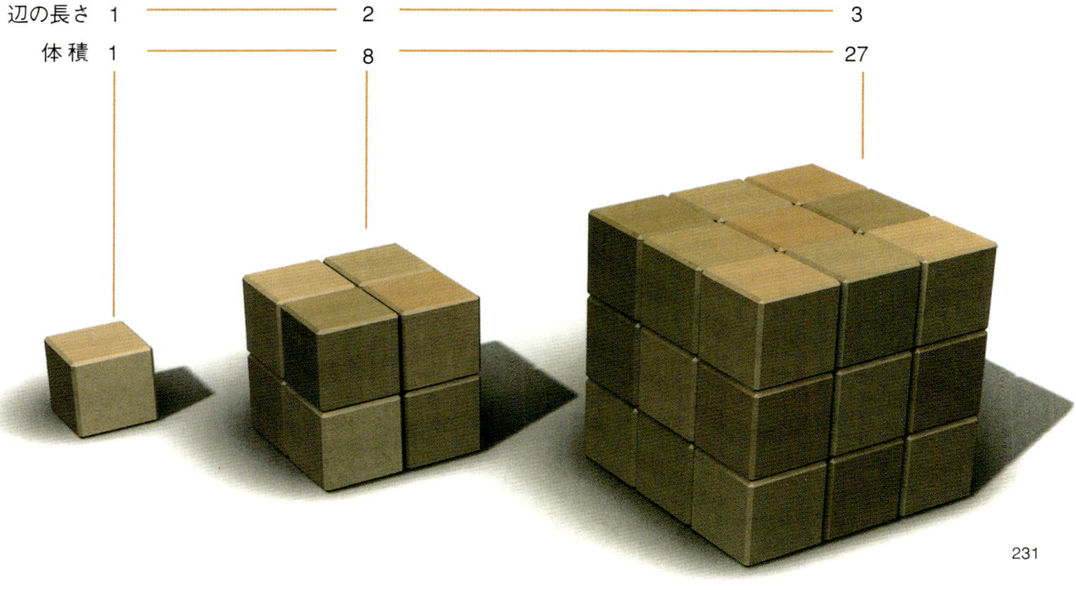

1021v-33

歯車の歯とかぎ状部品の連結図。
コンパスで描いた5つの円。

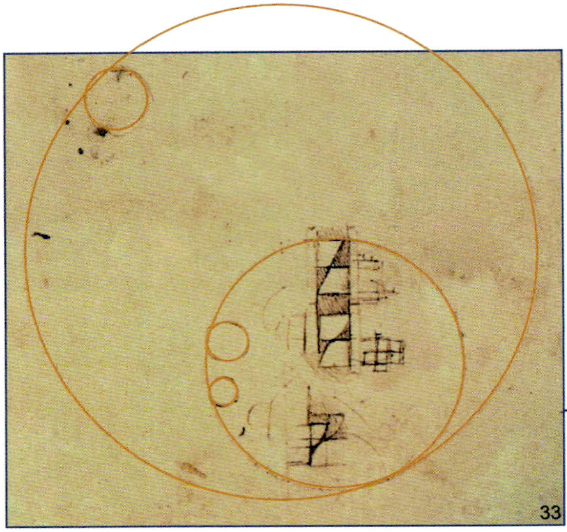

1021v-34

リングギア・エスケープメント機構の不規則に並ぶ歯。
1021v-4参照。

1021v-35

梁、または重量物を支える何らかの装置。綱とかぎ状の部品がある。

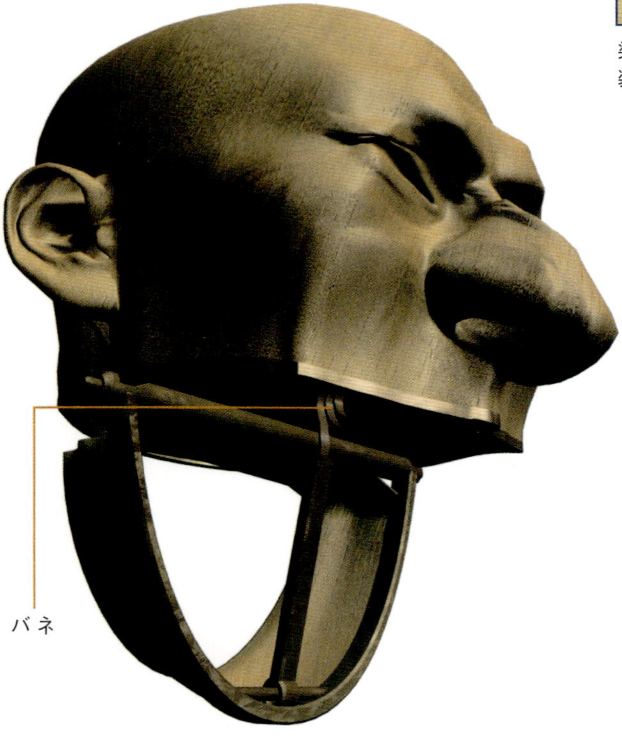

1021v-36

上下逆さまにすると、大きなわし鼻の顔とバネ仕掛けの口に見える。

1021v-37

膝にかけられた布のデッサン。
1021v-12、13と同類のスケッチ。

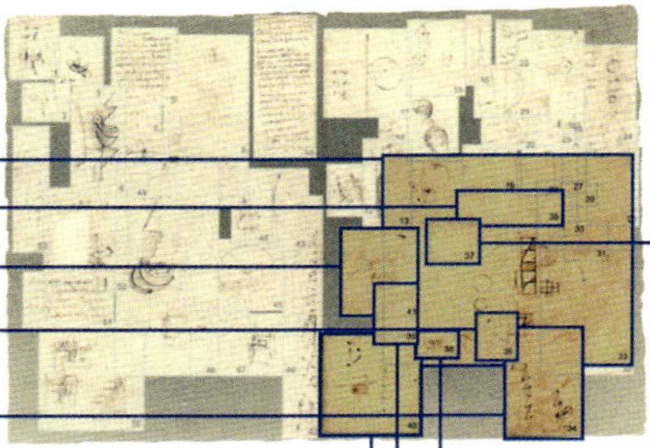

1021v-38

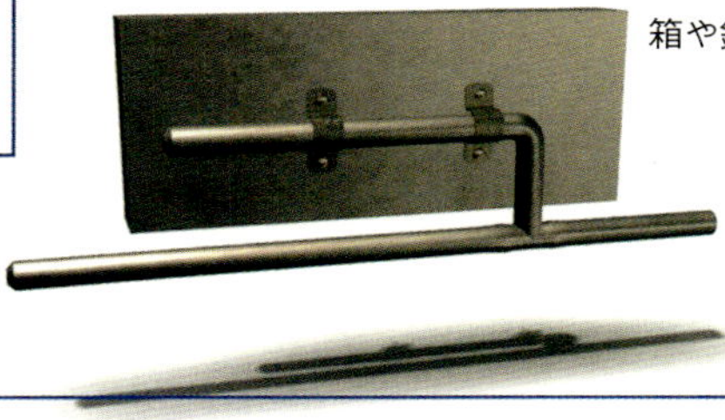

箱や鎧を締めるボルト

1021v-39

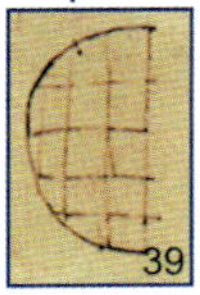

半円形の表面積の計算らしい。

1021v-40

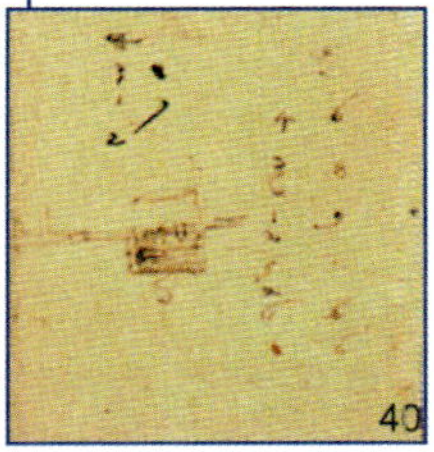

ちょうつがいと綱のついた跳ね上げ戸。
右には数字が羅列されている。

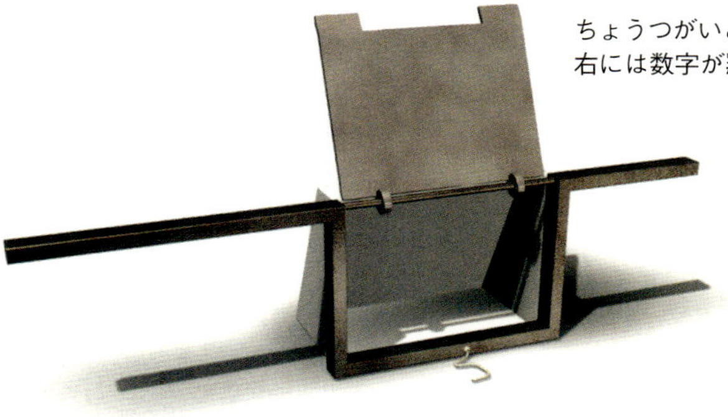

1021v-41

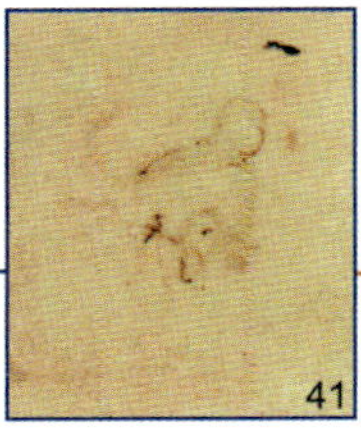

かすれてよく見えないが、頭を垂れて幼子を抱く女性像。

1021v-42

折り目に沿って描かれているのは8組の太鼓とバチ。背景が坑道と考えると、8組の穴掘り用のシャベル、バケツにも見える。

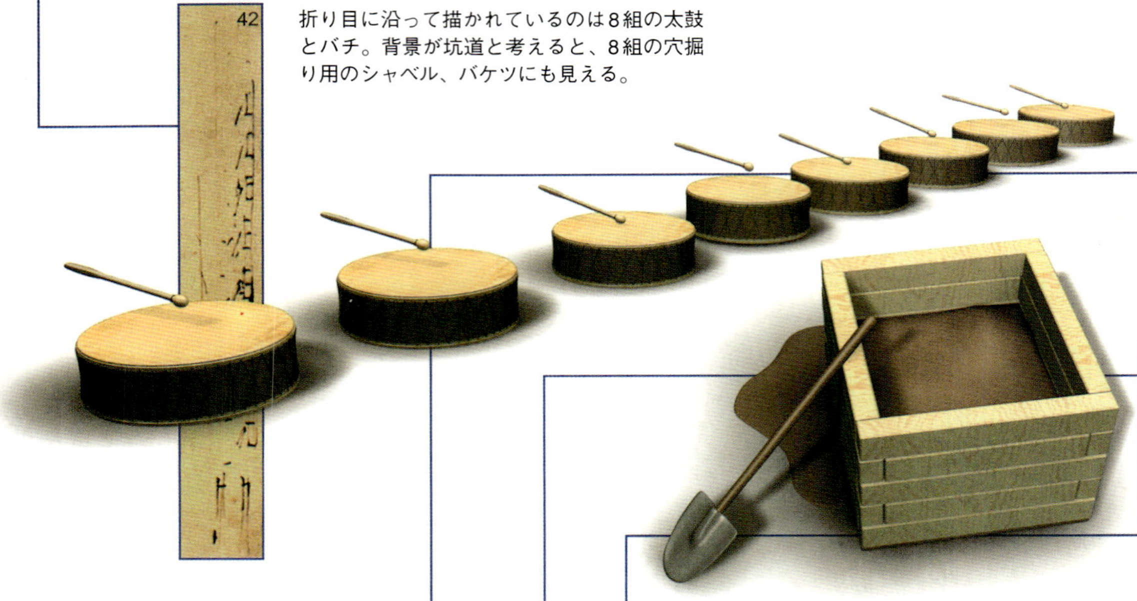

1021v-43

曲線

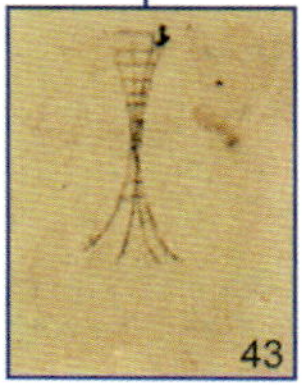

1021v-44

らせん階段のある建造物

1021v-45

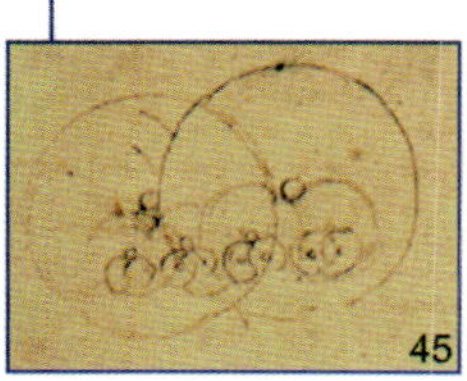

ボールベアリング（転がり軸受け）の重量配分の考察。大回転盤が2枚あり、軸はそれぞれ2枚の中回転盤の上にのっている。中回転盤は互いに逆方向に回るので、重量、摩擦は半分になる。さらに重量を配分するため、中回転盤の計4本の軸もそれぞれ2つ（計8つ）の小回転盤の上にのっている。レオナルドはこの図をあちこちに描いており、マドリッド手稿Ｉの12vにもある。

1021v-46

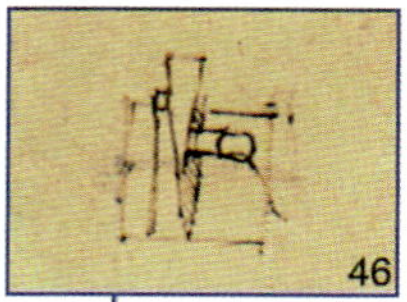

くさびを仕込んだ四角い装置の断面図。くさびを溝に打ち込んで使う。管や貨幣の切断具らしい。

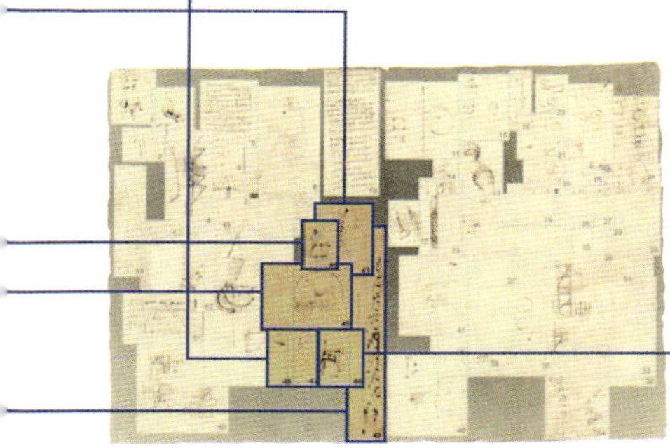

1021v-47

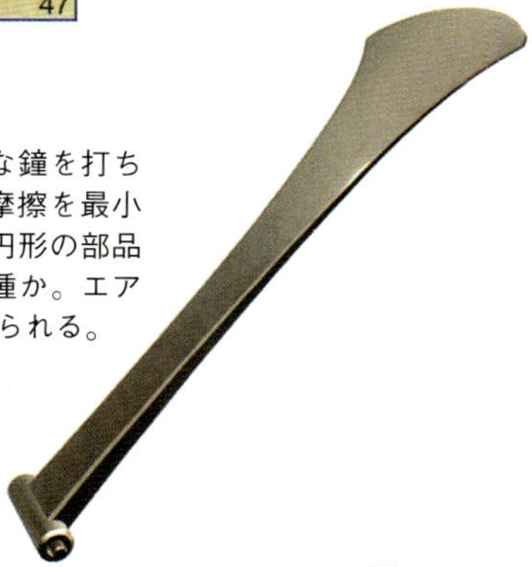

丸みを帯びた平たい棒。大きな鐘を打ち鳴らすために、レオナルドは摩擦を最小限に抑え、少ない力ですむ半円形の部品を考案したが、これもその一種か。エアエスケープ装置の羽根とも考えられる。

マドリッド手稿 I 12v

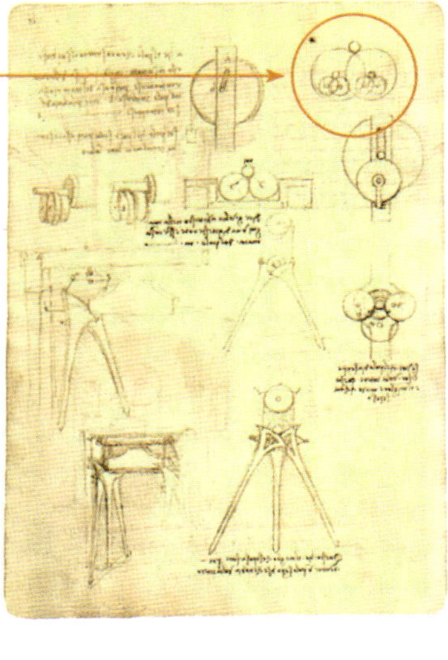

1021v-48

リングギア・エスケープメント機構の考察。小さなフック部品のついた棒が反時計回りに回転し、歯と噛み合う。フック部品は3連構造ではなく、レオナルドが位置や動き方を考察するため動画のように描いたもの。フック型ではなく平らなブレード型も考えてみたらしく、下のほうにスケッチが描かれている。スケッチ上部に見える8角形は、1021v-9の考察の実践。

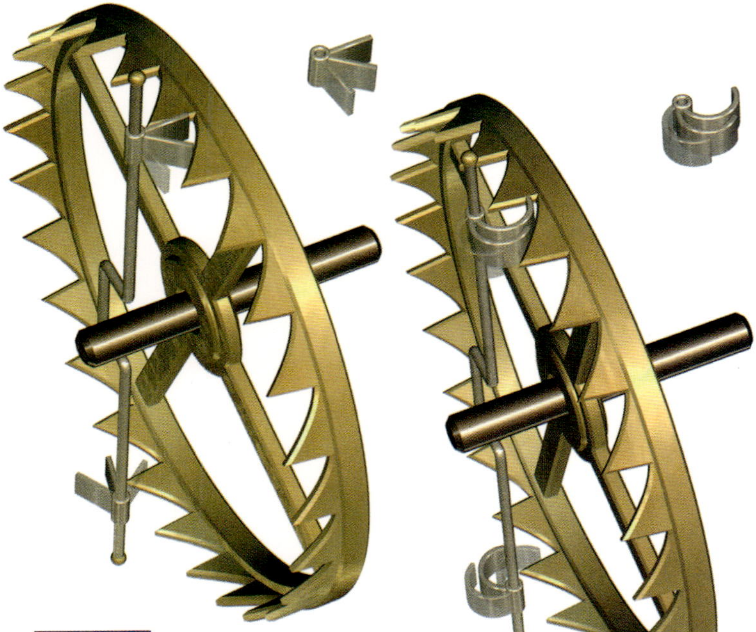

1021v-49

リングギア・エスケープメント機構のレバーは形が複雑で、いくつも描かれている。力が加わるとフック型部品は跳ね上がり、次々とリングの歯と噛み合っていく。上部、下部と2カ所にある1対のフックは連動して動く。

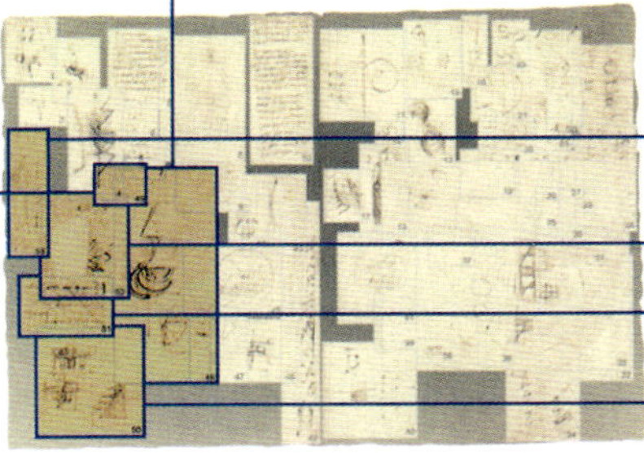

1021v-50

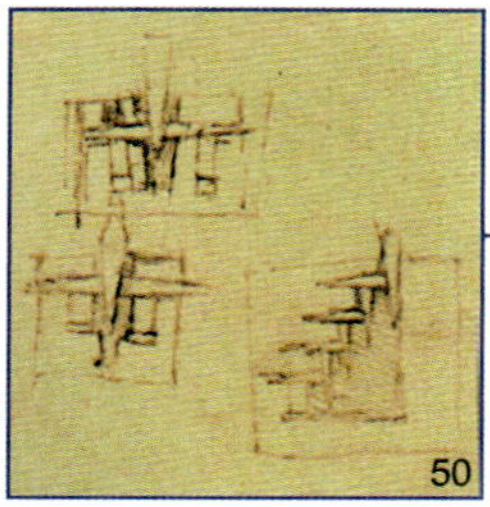
50

くさびを仕込んだ装置の断面図。複数のくさびがそれぞれ90度の角度で設置されている。ハンマーで叩くと、力は一番上のくさびから下へと順番に伝わり、一打で複数回の作業ができる仕組み。羊毛を切る機械か、または鉄を打つ鍛造機か。

1021v-51

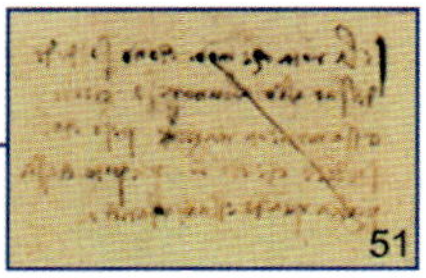
51

1021v-52のシャフトについて述べたテキスト。シャフトにつけるカムの数と作業効率の考察で、レオナルドは「歯」は1つだけつけるのがもっとも効率的だとしている。

1021v-52

カムシャフト。レオーニが切り取ったため、スケッチの一部が欠けている。1021v-49のレバーを固定する棒状部品とも考えられる。

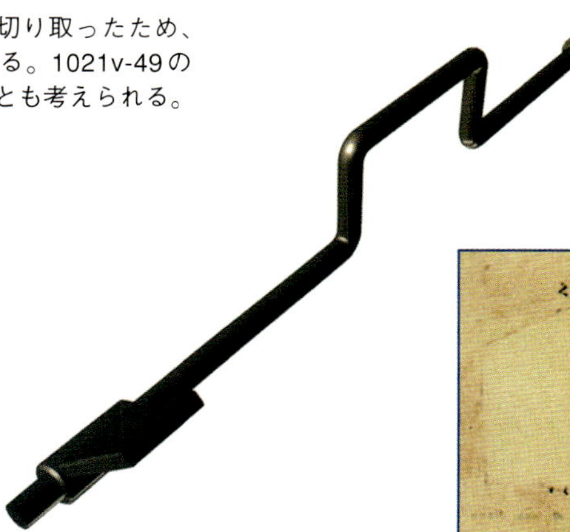

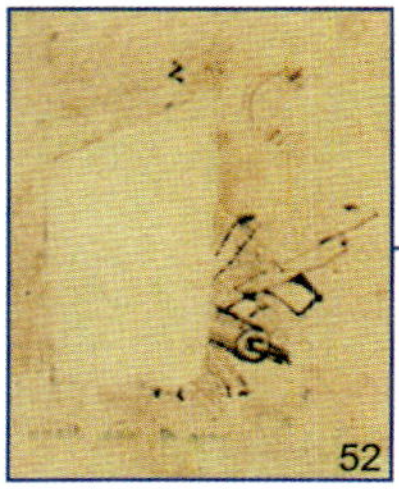
52

53

1021v-53

代数の計算式。上下逆さまである。

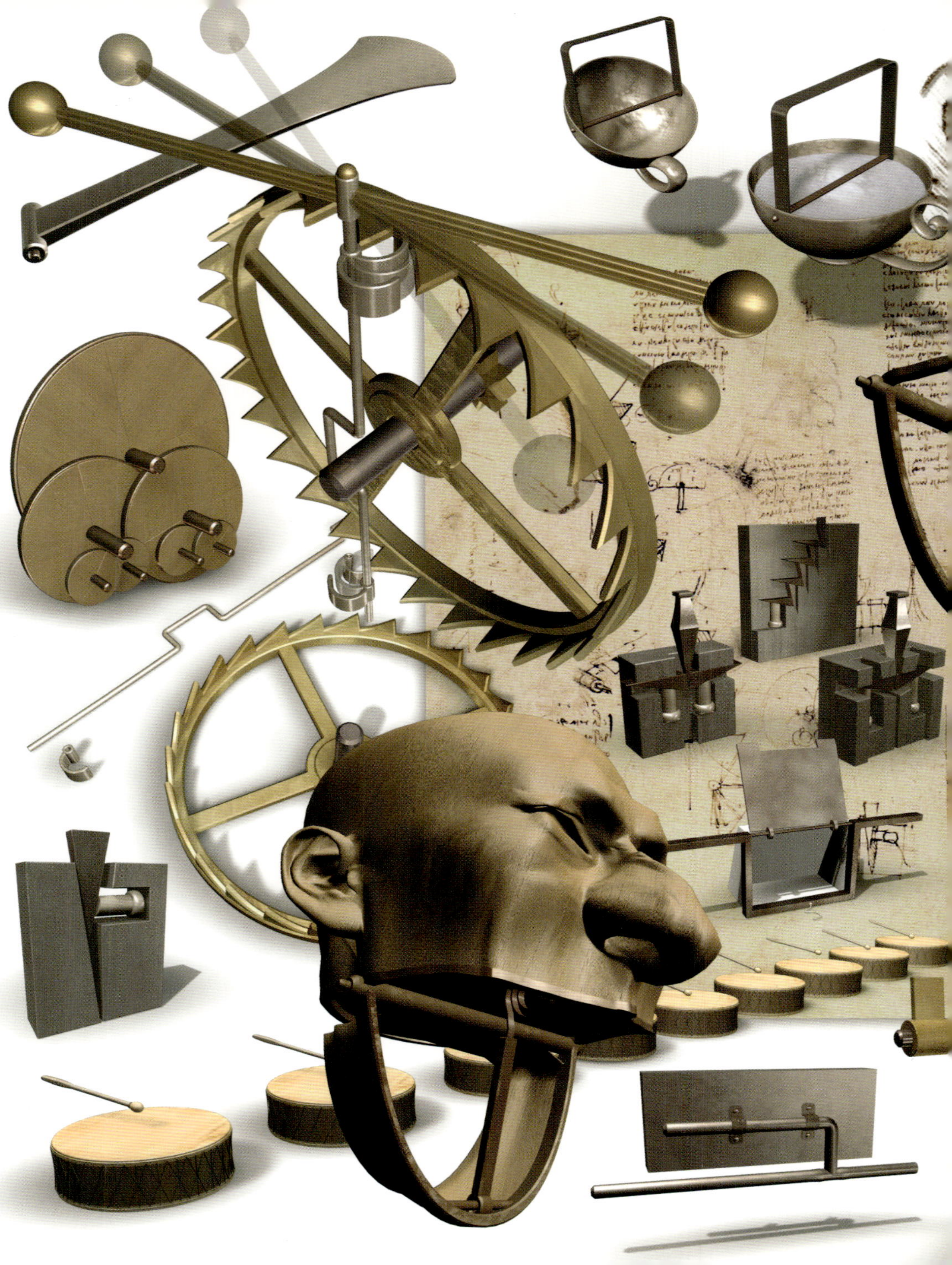

1021vに描かれた各スケッチの3D再現図

デジタル処理で復元した
アトランティコ手稿1077r

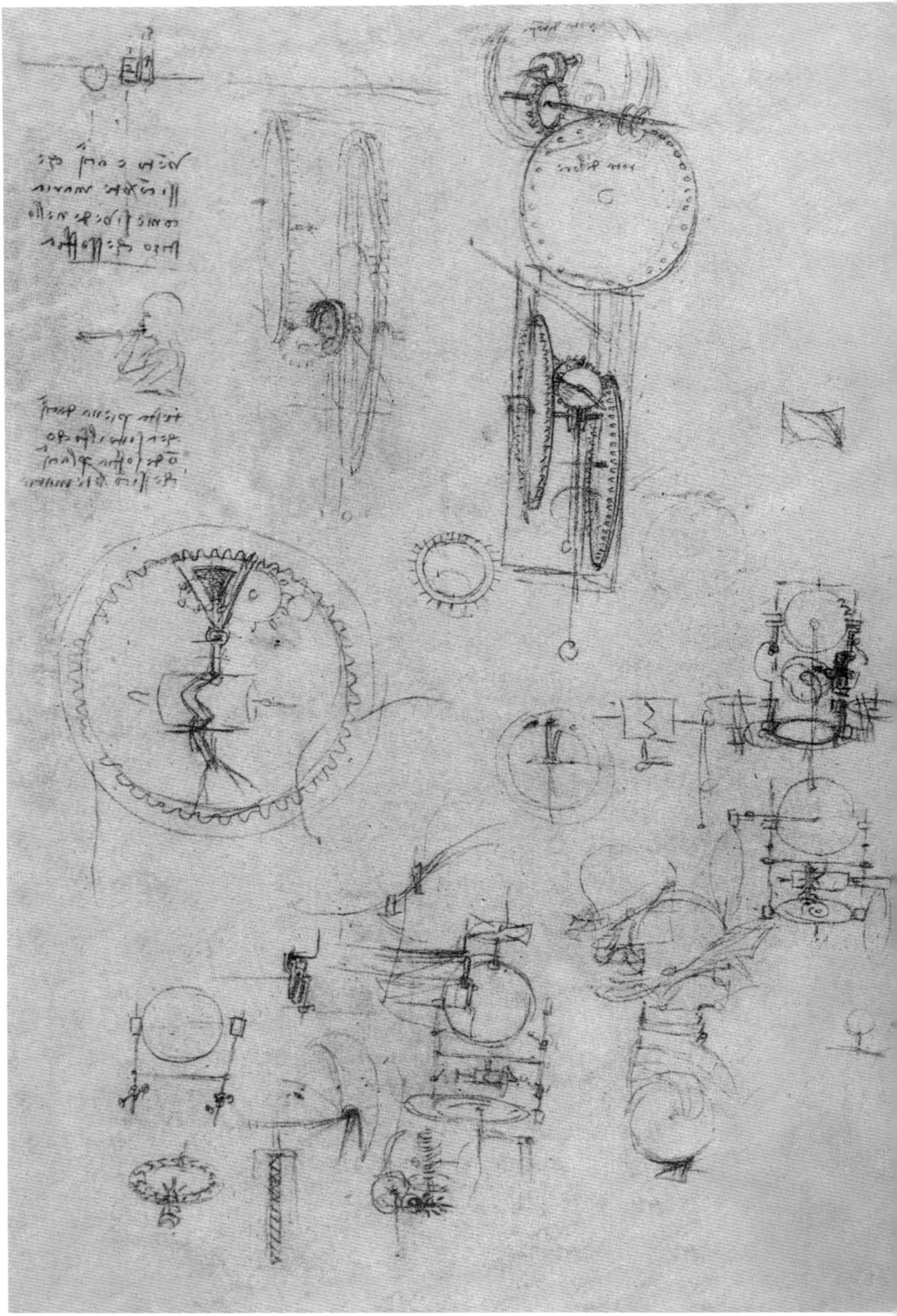

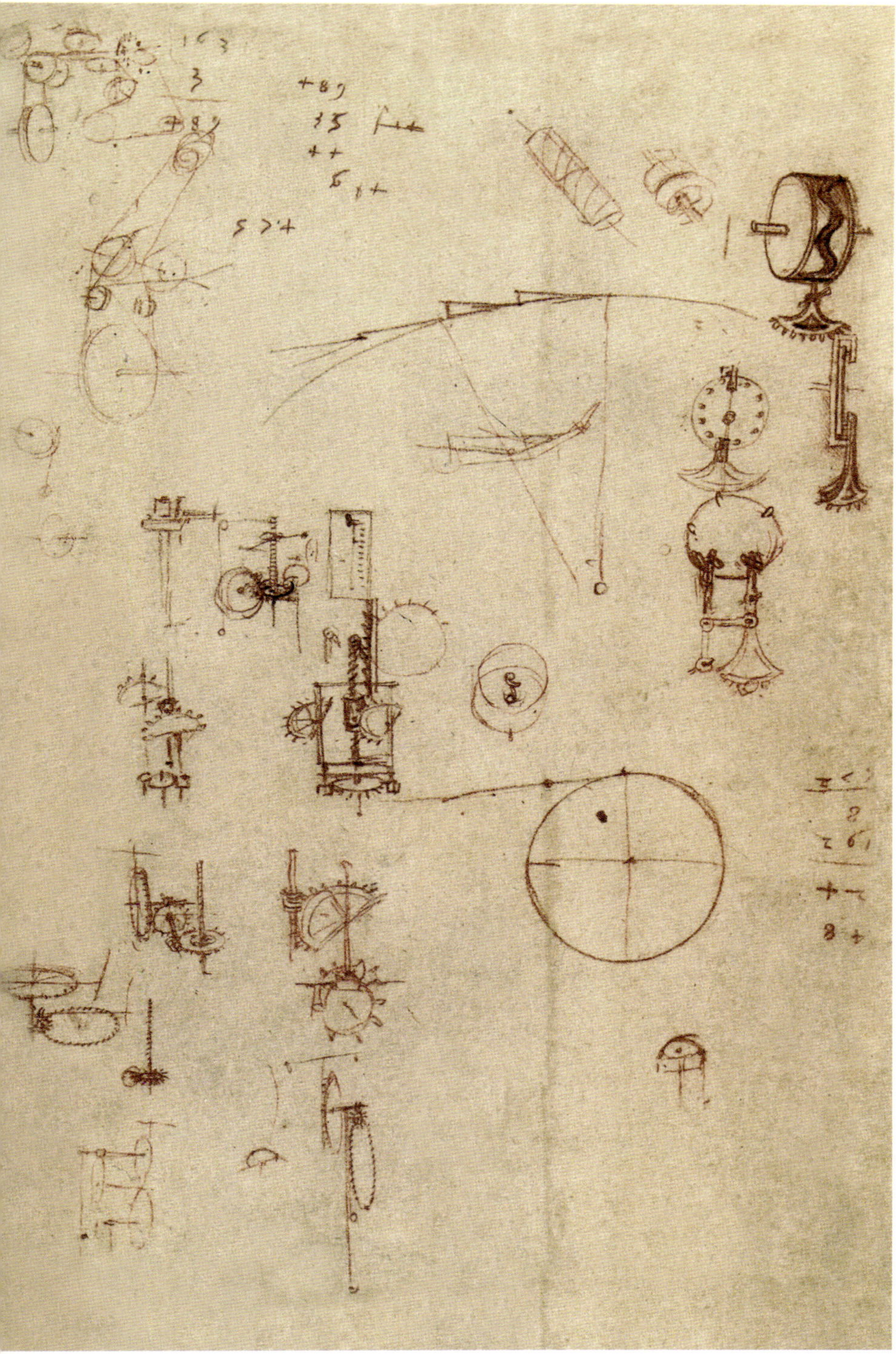

1077rは47点のスケッチで構成されている

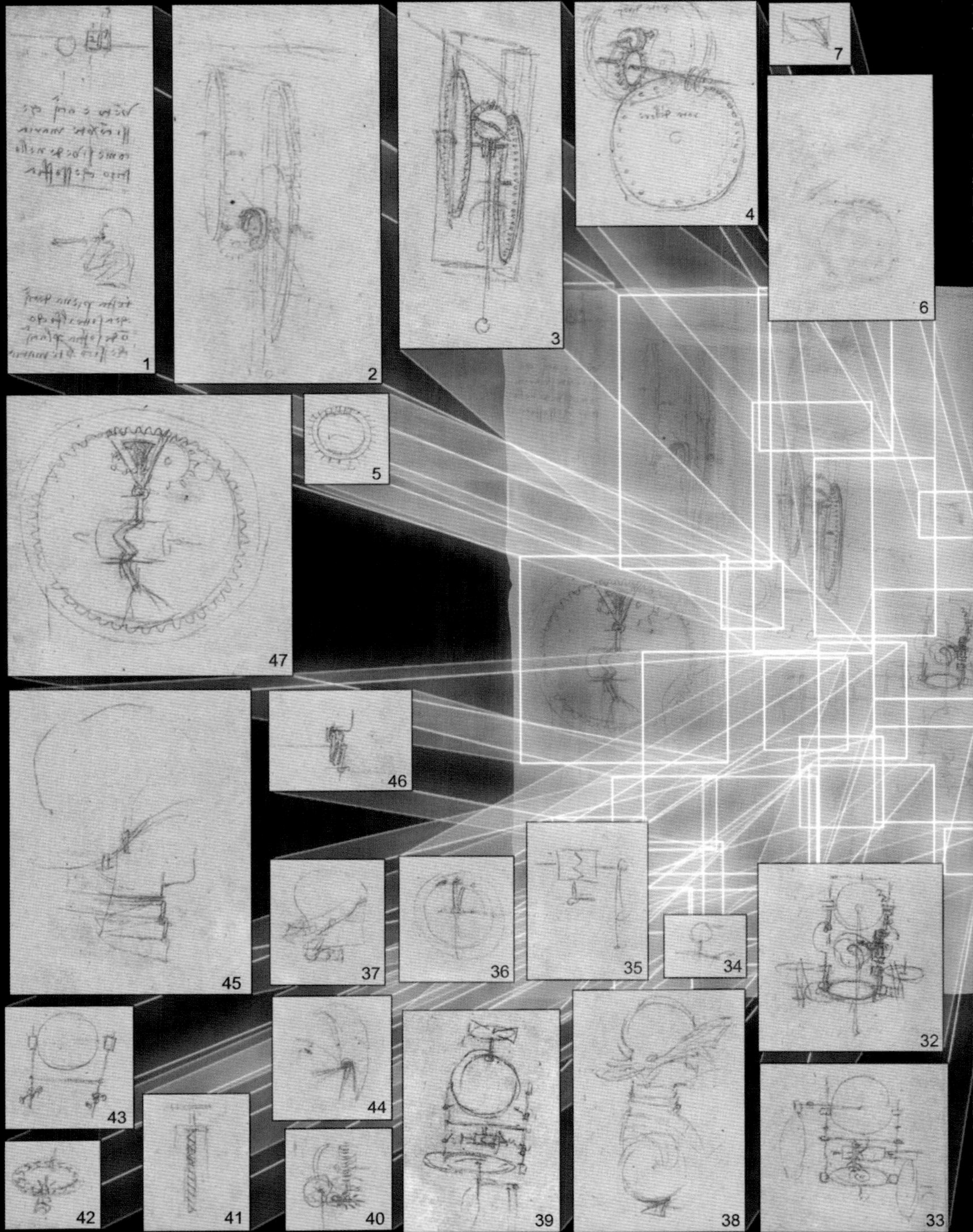

8
11
12
13
9
10
14
15
16
17
18
19
20
21
22
23
24
25
26
27
28
29
30
31

アトランティコ手稿1077r

細々としたスケッチはどれも同じ赤チョークで描かれ、すべて一時期に記されたとみられる。スケッチは比較的まっすぐで整然と並び、また裏面は記述がなく真っ白なことから、レオナルドはこの手稿をある一時期しか使用せず、丁寧に扱ったのだろう。レオナルドにしては珍しい手稿で、彼は一枚の手稿に時を違えて思いつくままに描き込むのがふつうだった。スケッチが斜めに傾いたり、テーマも筆記具もバラバラなのはそのためである。

次々とスケッチを描き並べ、レオナルドはこの手稿を短期間で仕上げたとすると、各図には何らかの共通テーマがあるのだろうか。47のスケッチは5グループに分類できるが、解釈できそうなのは1グループだけで、あとは何の手掛りもない。スケッチの大半は機械要素でその目的もはっきりしており、多くは機械学の書のために描かれたようだ。しかし、ただ一つ、他の手稿には見られないスケッチが見つかった。金属製のヘルメット――ロボット兵士の謎を解く鍵を握る重要アイテムである。

1077r-1

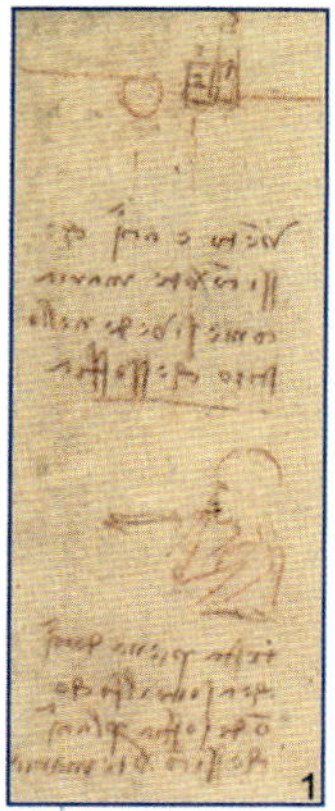

この手稿では唯一のテキスト付きのスケッチ。蒸気送り装置で、装置のアイデアは、レオナルドが注目していたマリアーノ・ディ・ヤコポ（タッコラ）の研究からの拝借である（タッコラは、ヘロンとウィトルウィウスの説にもとづいて考案したとみられる）。装置の外観については草案でしかなく（112vにより詳しく示されている）、ここでは装置の構造が説明されている。火を燃やして温めると、少年の姿をした金属製の本体内部の水分が蒸発し、圧力が増して蒸気がパイプの先端から吹き出るという仕組みである。

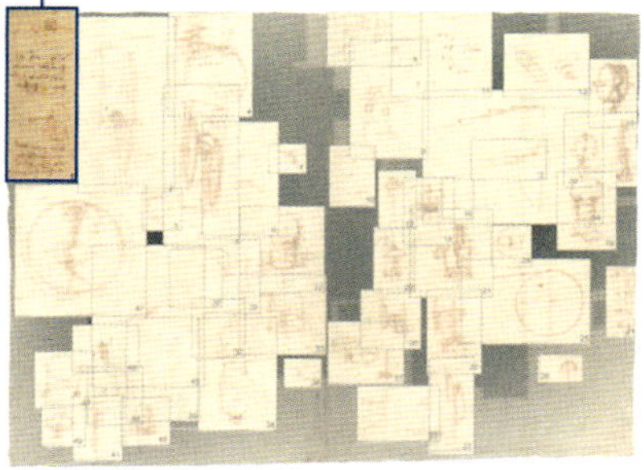

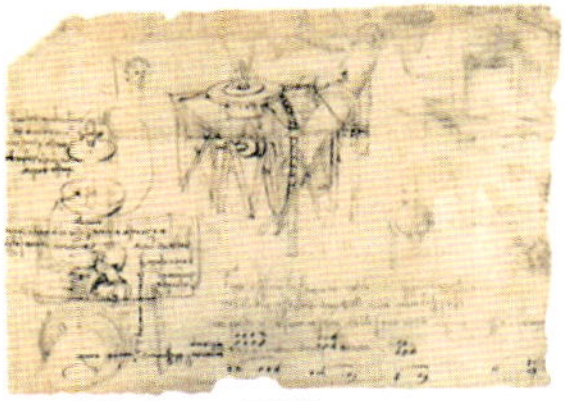

アトランティコ手稿1112v

蒸気機関の原型と解釈する説が主流で、再現模型では蒸気で回転する羽根が仕込まれたりしたが、これは正しくない。装置のアイデアはタッコラの焼き直しにすぎず、レオナルドも「発生する蒸気を利用した送風器（ふいご）」のつもりで研究していた。技術者ジョヴァンニ・ブランカにより原動機としての蒸気機関が考案されたのは1629年のことで、レオナルドのこの装置は「機械式ふいご」である。ロボット兵士とは無関係だろう。

1077r-2

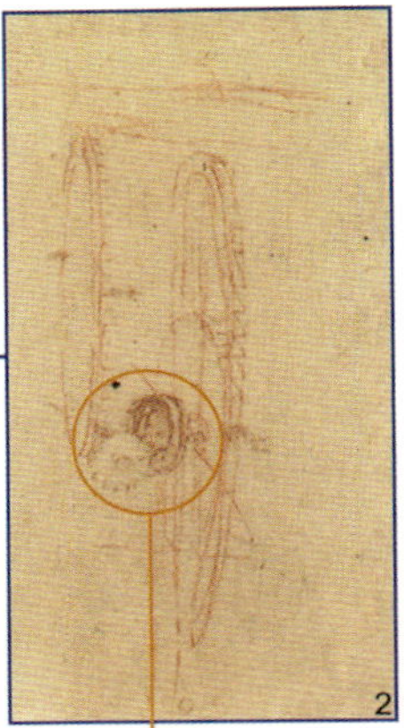

緩慢な動作を目的とした動力伝達装置。構造は1077r-3により詳しい。リングギアと環状部品とをずらして設置することで、環状部品の1回転につき、リングギアは1歯分しか作動しない。

正面図

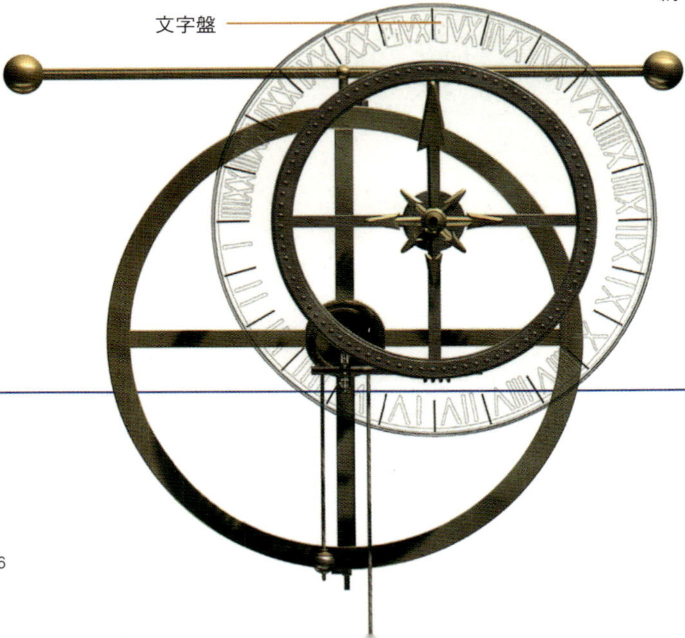

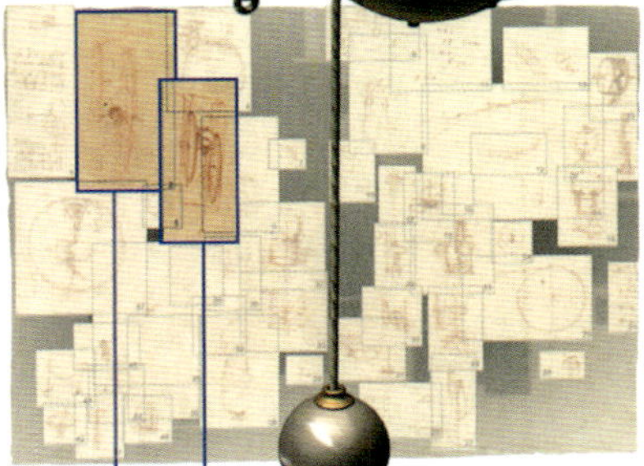

1077r-3

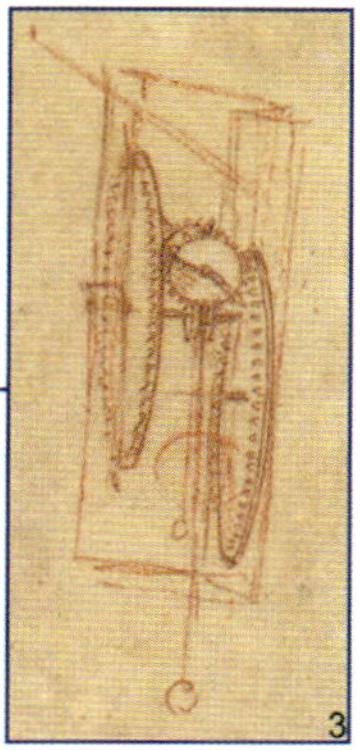
3

振り子式時計。機械仕掛けのライオンにも「万能歯車」（p127）を使ったが、この手稿に描かれた歯車装置はすべてロボット研究の一環と私たちはみている。もっとも、この装置は振り子とエスケープメントの研究だろう。吊り下げられた球体＝歯車を動かす重りに注目したい。スケッチの上部に見える傾斜した棒状の物体は、エスケープメントの一部。

1077r-4

時計の主要部品である歯車。上の環状部品に「時間車」、下に「時刻車」とメモが添えられている。

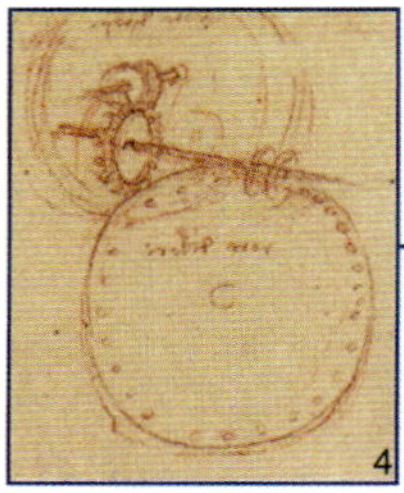

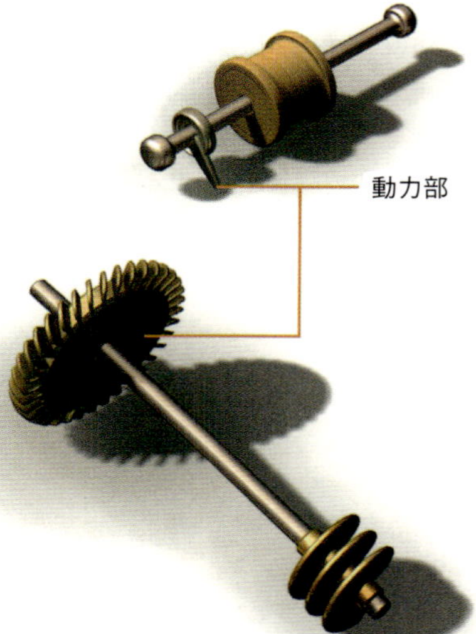

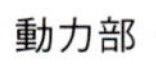

1077r-5

時計部品のリングギア

1077r-6

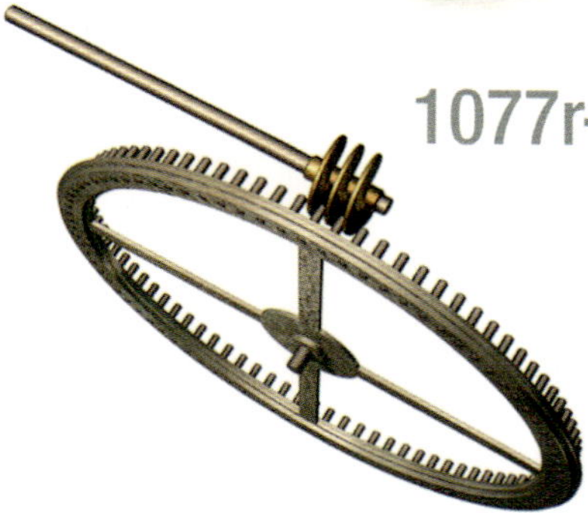

リングギアとウォームネジ

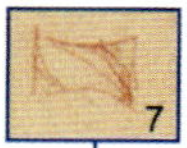

1077r-7

歯車どうしの連結に関する考察か、おそらくはらせん状の溝を刻んだ回転体の考察。マドリッド手稿 I 19rに描かれたアイデアの原案。

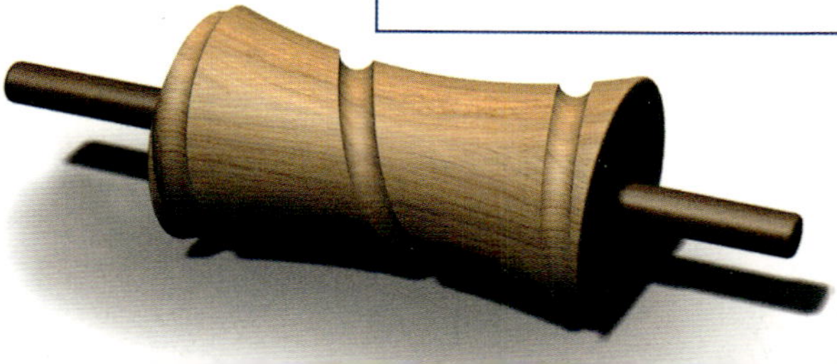

1077r-8

立体的に組まれた滑車群。簡素なアイデアスケッチで、579rに描かれた一連の滑車システムと関連している。579r-13のシステムと似ているが、上下の向きが反対で、始点と終点がなく環状構造である。

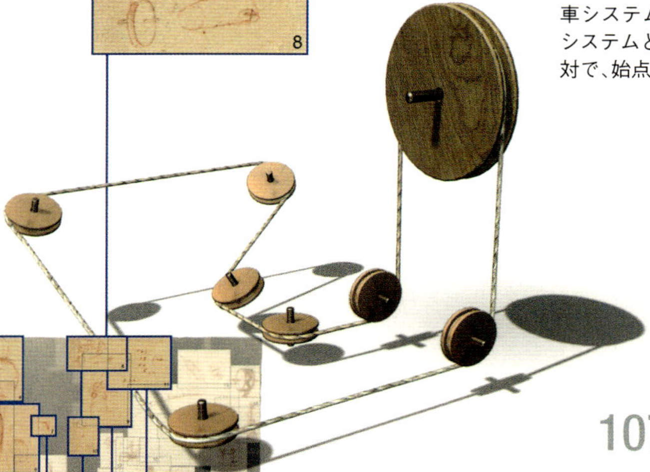

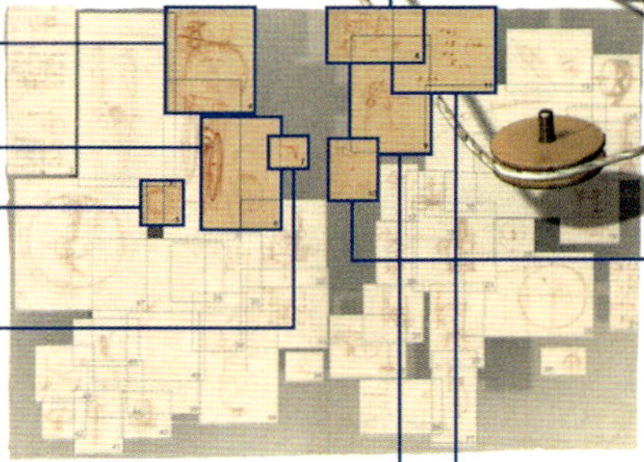

1077r-10

滑車と重り

1077r-9

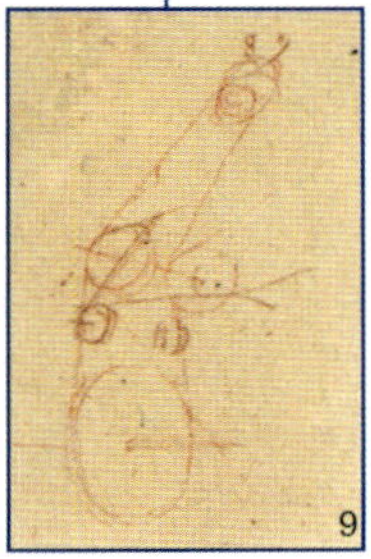

1077r-8に似た滑車システムだが、579r-13とは作動が異なる。

1077r-11

計算式。数字は1077r-2、3、4のリングギアの歯数に関連するとみられる。

1077r-12

3部品からなるジョイント（継手）か、または機械式の翼の図か。後者の場合、飛行機械（アトランティコ手稿70r）に関係しているのかもしれない。

1077r-13

円柱形の回転部品とウォームネジ。マドリッド手稿Ｉ 18rに詳述されている。

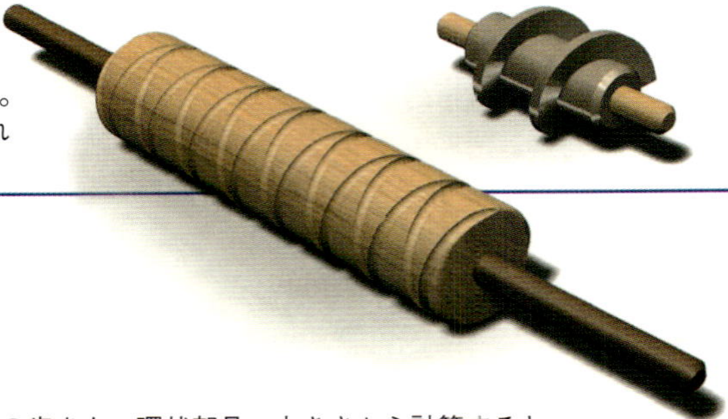

1077r-14

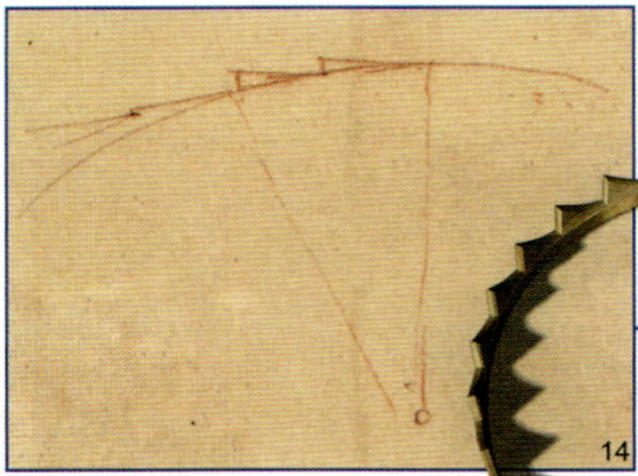

突起状の歯をもつ環状部品。大きさから計算すると、歯の数は24本である。右方向に回転することから、この手稿に描かれた時計機構の一部である1021r-48と同種の装置とみられる。

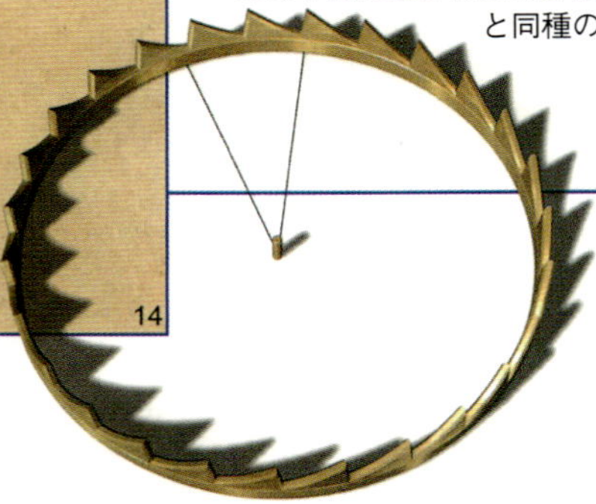

1077r-15

マドリッド手稿Ｉ 8rにあるプログラム式歯車装置。側面にあるヘビのような溝の働きが往復運動を生む。

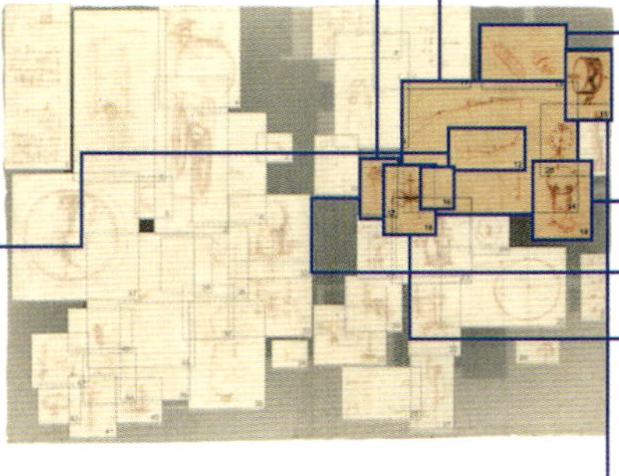

1077r-16

スタンド式の尺度計測器

1077r-17

滑車のついたネジ歯車。
綱がぶら下がっている。

1077r-18

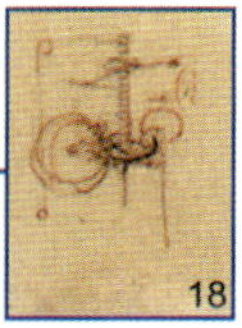

重り、滑車のある装置で、やはり時計の一種らしい。重りの作用で中央軸が回転すると、下の環状部品が回り、また軸に水平方向に取りつけられた棒状部品も動く。棒状部品はエスケープメントか。

1077r-19

往復運動の装置。棒状部品が回転盤の5つの突起と順々に噛み合い、イチョウ型部品は左右に振れる往復運動をくり返す。連結された左の棒も連動する。

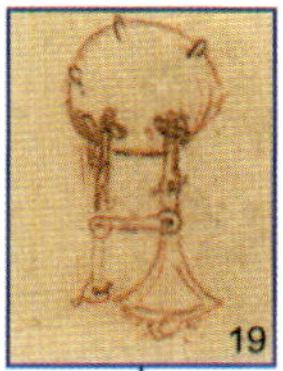

1077r-20

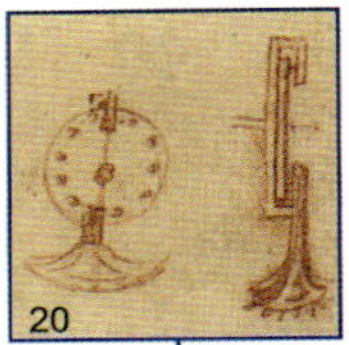

これも往復運動の装置で、前面図と側面図。回転盤には12個の突起がある。

1077r-21

代数計算式。上下逆さまに記されている。

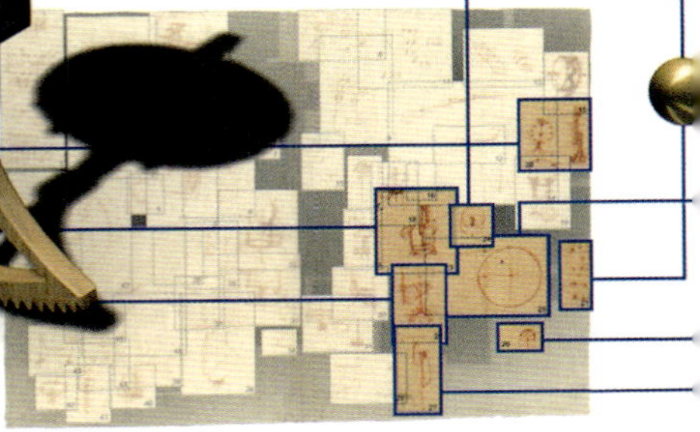

1077r-22

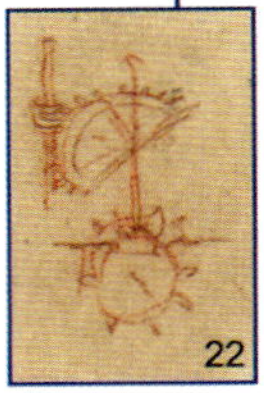

往復運動の装置。回転ドラムの両側に9本ずつの突起があり、上部の半円形部品を左右に動かす。これに連結した部品は、結果として往復運動をくり返す。

1077r-23

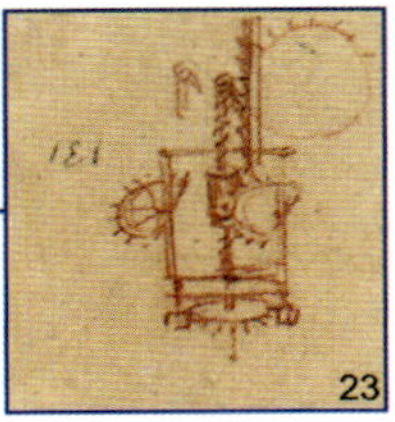

底部にある回転盤を回すと、中央軸に設置されたカゴ歯車が左右の半円形部品と交互に噛み合う。中央軸は時計回り・反時計回りをくり返し、上部のラック（またはスケッチにうっすらと見える回転盤）は上下運動をつづける。

1077r-24

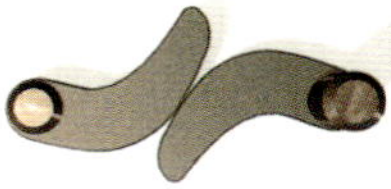

カム部品をはさんで重ねた2枚の回転盤。共通軸に設置した小さなカム部品の作用で、回転盤どうしは交互に荷重をかけ合う。一方向にしか回転しない。

1077r-25

回転盤、または車輪

1077r-26

滑車輪

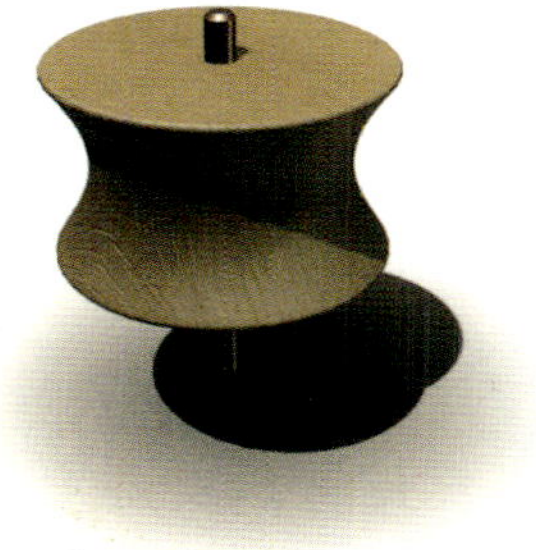

1077r-27

簡素なスケッチだが、時計機構の要素がすべて含まれ、設計図と呼べるほど。綱の両端に重りがぶら下がり、中央部には小型の歯車装置がある。中央の歯車が下の回転盤（時計の文字盤にあたる）と上のリングギアに動力を伝える。リングギアにはエスケープメント・ロッドがついており、動作をゆっくりとした一定速度に保つ。

1077r-28

かすれて見づらいが、1077r-27と同じ装置。下部に回転盤が1枚加えられており、これによって下の回転盤が示す時間はより長くなる。

1077r-29

1077r-23の装置の主要機構部

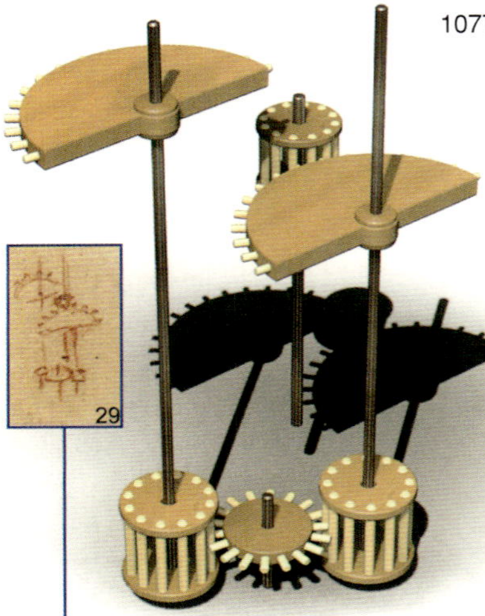

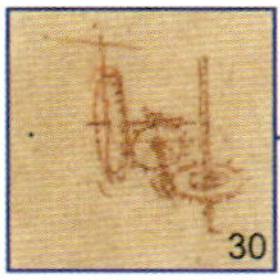

1077r-30

時計機構。左にあるエスケープメント装置の働きにより、右手の垂直軸はゆっくりと安定した作動が保たれる。

1077r-31

1077r-30の機構の歯車部

1077r-32

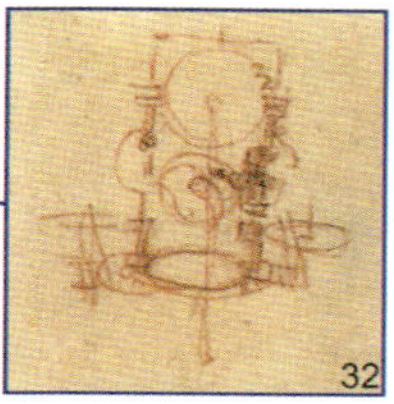

カムをもつ装置は、上部の回転輪を交互に方向を変えて回すことを目的とする。最終作動はシンプルだが、そのためにレオナルドが組み上げた構造は実に複雑だ。底部の回転盤が回ると、歯車が噛み合って左右の機構が同時に作動する。

左右ともそれぞれ上部にウォームネジが設置され、一つは時計回りに、もう一つは反時計回りに回転するが、カム部品の働きで上部の回転輪との接触が制御される。つまり、カム部品が回転すると、片方の機構は上部の回転輪から引き離され、同時にもう片方の機構は引き寄せられる。こうして左右の機構が振り子運動のように作動することで、回転輪を交互に時計回り・反時計回り方向に弾くことをくり返す。

1077r-33

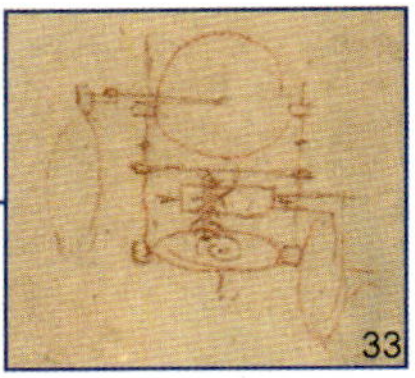

1077r-32の応用形。やはり複雑な構造をした往復運動の装置だが、こちらは左右2つの機構の動作をプログラムできる。プログラム部品は装置中央部にある小型の回転柱で、1077r-15に似た溝が刻まれている。すぐ上に渡された棒の突起が溝をなぞり、左右の機構が振動運動のように水平方向に振れる仕組みである。

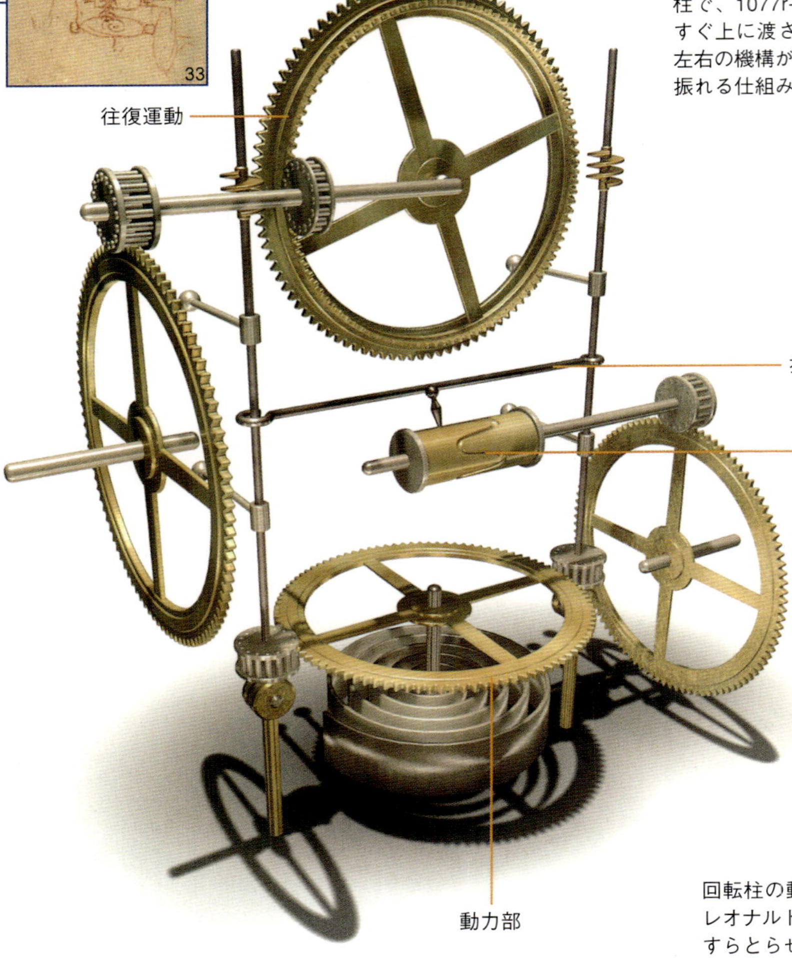

回転柱の動力は装置右側の歯車だが、レオナルドは中央下部の回転輪にうっすらとらせん模様を描いている。動力源としてぜんまいバネを想定していたのかもしれない。

1077r-34

エスケープメント機構のラフスケッチ

1077r-35

1077r-33に使われている回転柱

1077r-36

3つの突起、2本の棒を
備えた回転盤機構

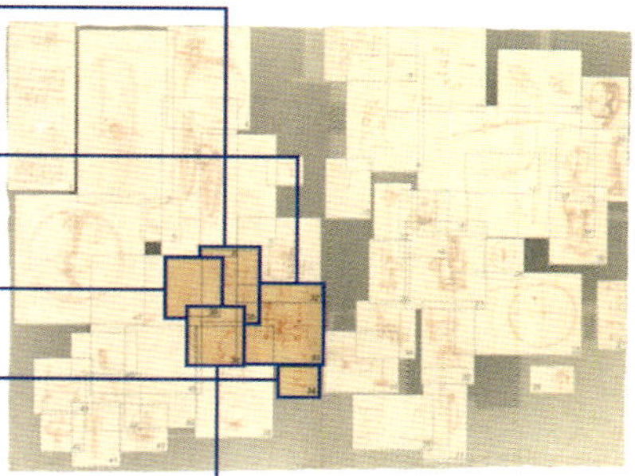

1077r-37

いよいよ現れた兵士
のヘルメット（兜）

1077r-38

ヘルメットの全体図。先の尖った顔当てを開けた状態がはっきり見てとれる。手稿には羽飾りのようなものが見えるが、1077r-33の一部である。ヘルメットそのものは中世の時代に一般的なスタイルで、槍の攻撃をまともに受けないよう全体的に角張った形をしている。

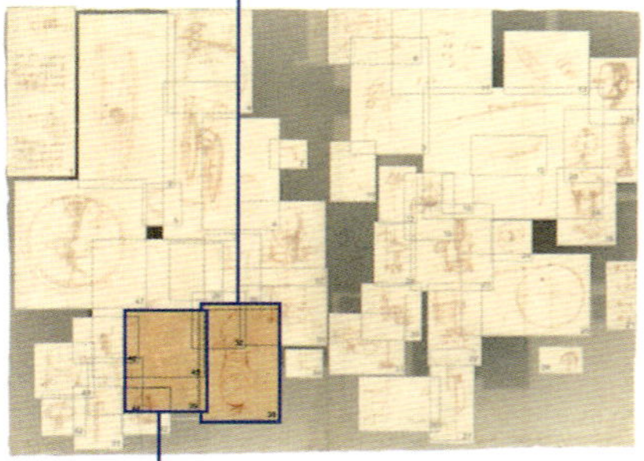

注目すべきは首の部分で、3つの輪を重ねたような形状はレオナルドのオリジナル。ヘルメットと身ごろをつなぎながら、首を前後左右に動かしやすいよう工夫したのだろう。また、肩の部分には円が描かれ、かぶさるような三角形の部品が見える。これが解明できればこのスケッチがたんに新型ヘルメットのデザイン案でなく、ロボット兵士であることは明らかになる。

1077r-39

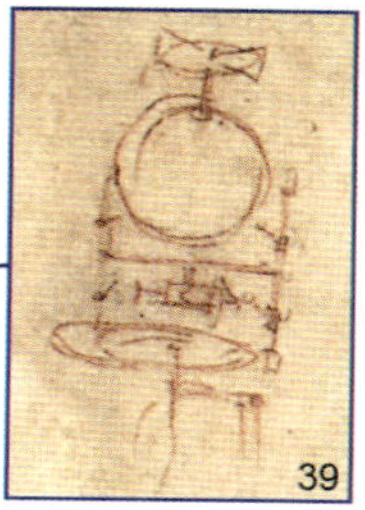

1077r-45の上に重ねて描かれた図で、1077r-33と同じ装置。輪郭線がより明確で、ここでは回転輪の上にイチョウ型の羽根が2枚とりつけられている。エアエスケープメントだろうか。

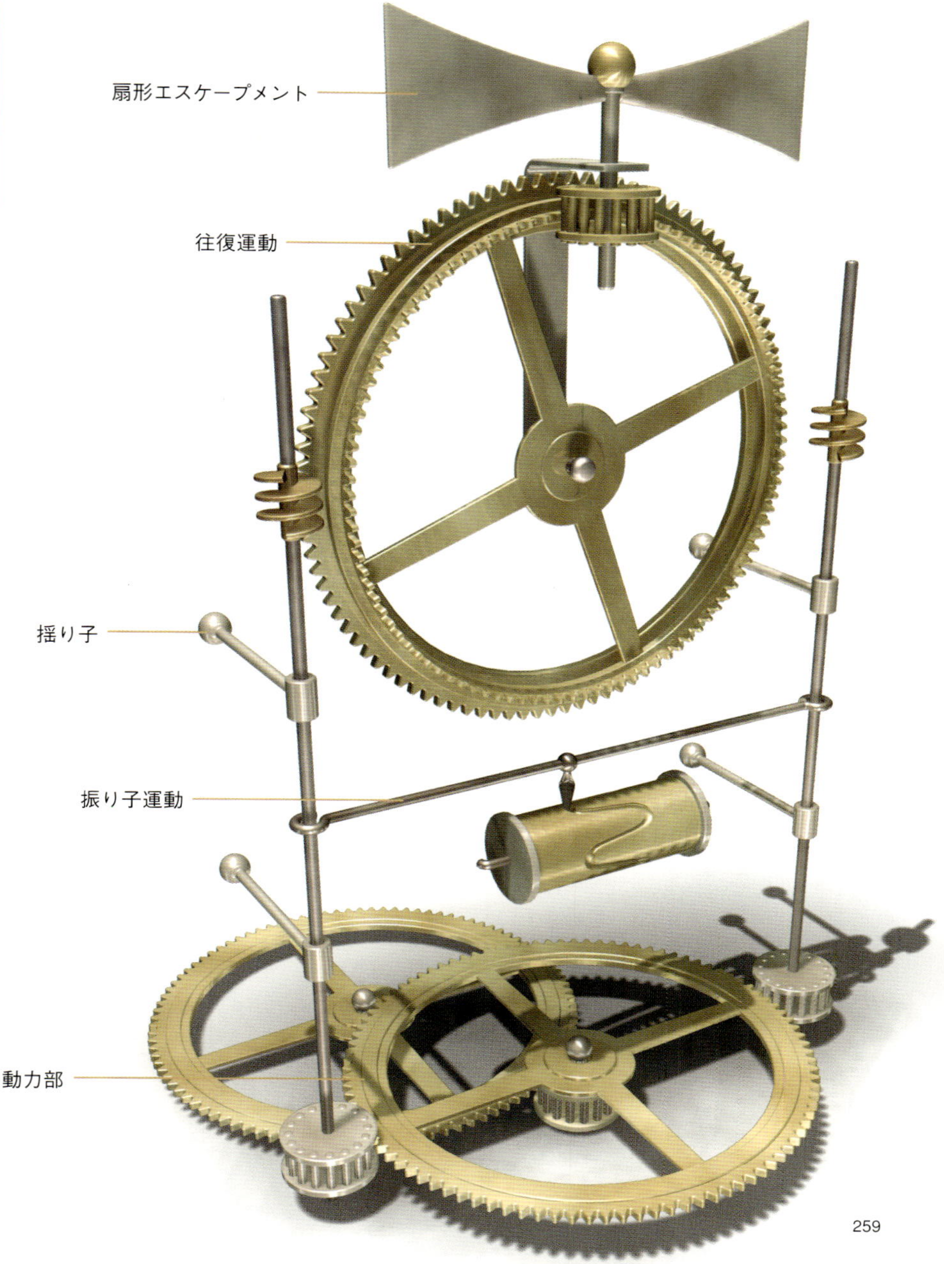

1077r-40

歯車装置

1077r-41

アルキメデス・スクリュー

1077r-42

環状部品。刻まれた溝に2つの回転部品が連結しているらしい。

1077r-43

1077r-33の装置のラフスケッチ（上部のみ）

1077r-44

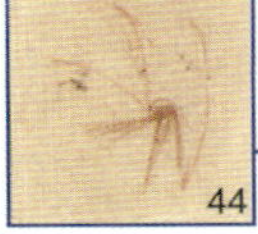

4枚の金属板を組み合わせた肩鎧

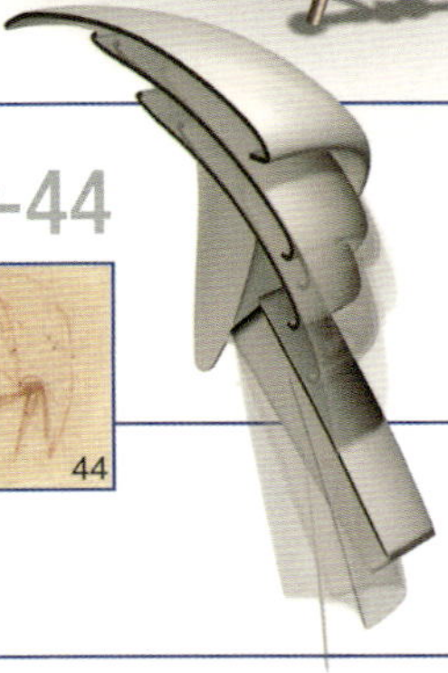

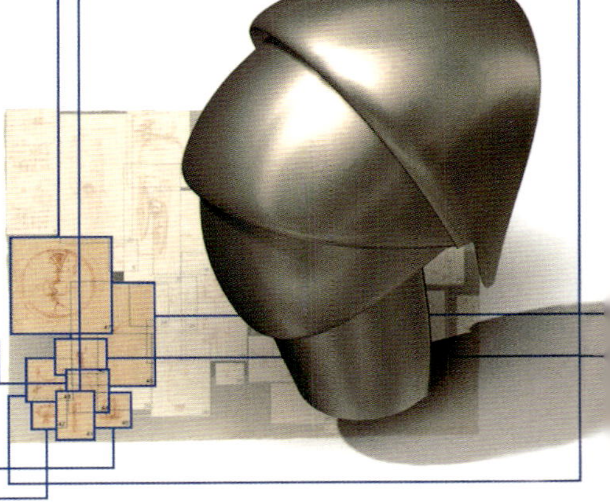

1077r-45

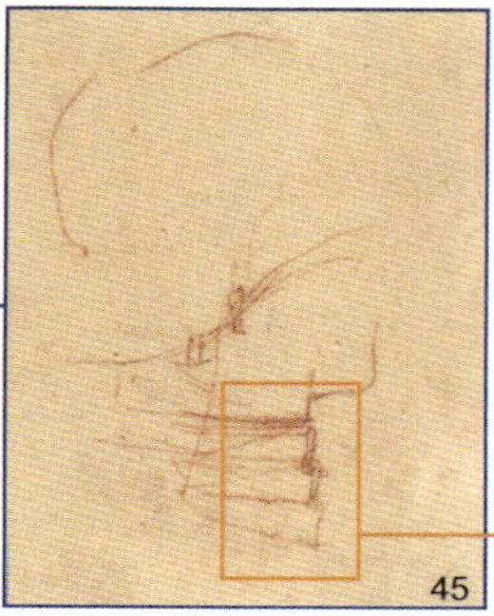

他のスケッチと重なり合って見えにくいが、デジタル処理で抜き出すとヘルメットの垂直断面図と判明。首部分の構造がよりはっきり描かれ、S字型の金属板を噛み合わせて接合していることがわかった。

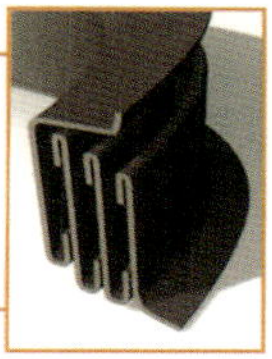

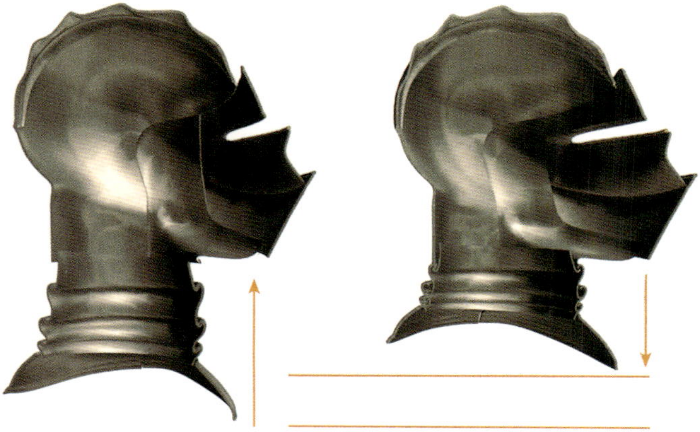

1077r-46

これも首部分の断面図。1077r-45の図は伸張した状態（首を伸ばす／上を向く）だが、ここでは圧縮した状態（首を縮める／下を向く）が描かれている。

1077r-47

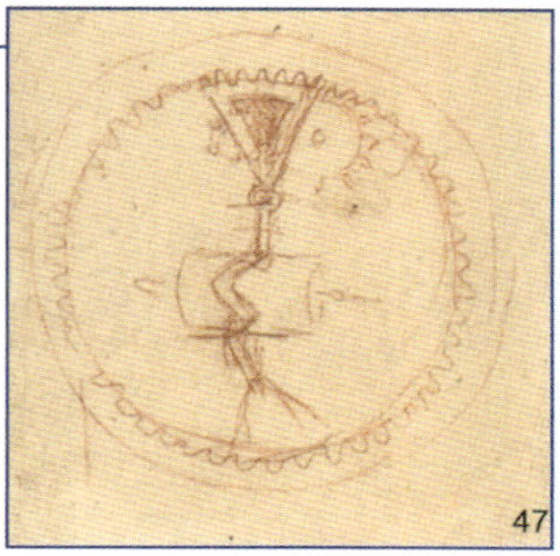

環状部品。内側に歯があり、1077r-15の装置が設置されている。1辺に歯をつけた三角形の部品は環状部品と噛み合いながら左右に振り子運動をくり返す。

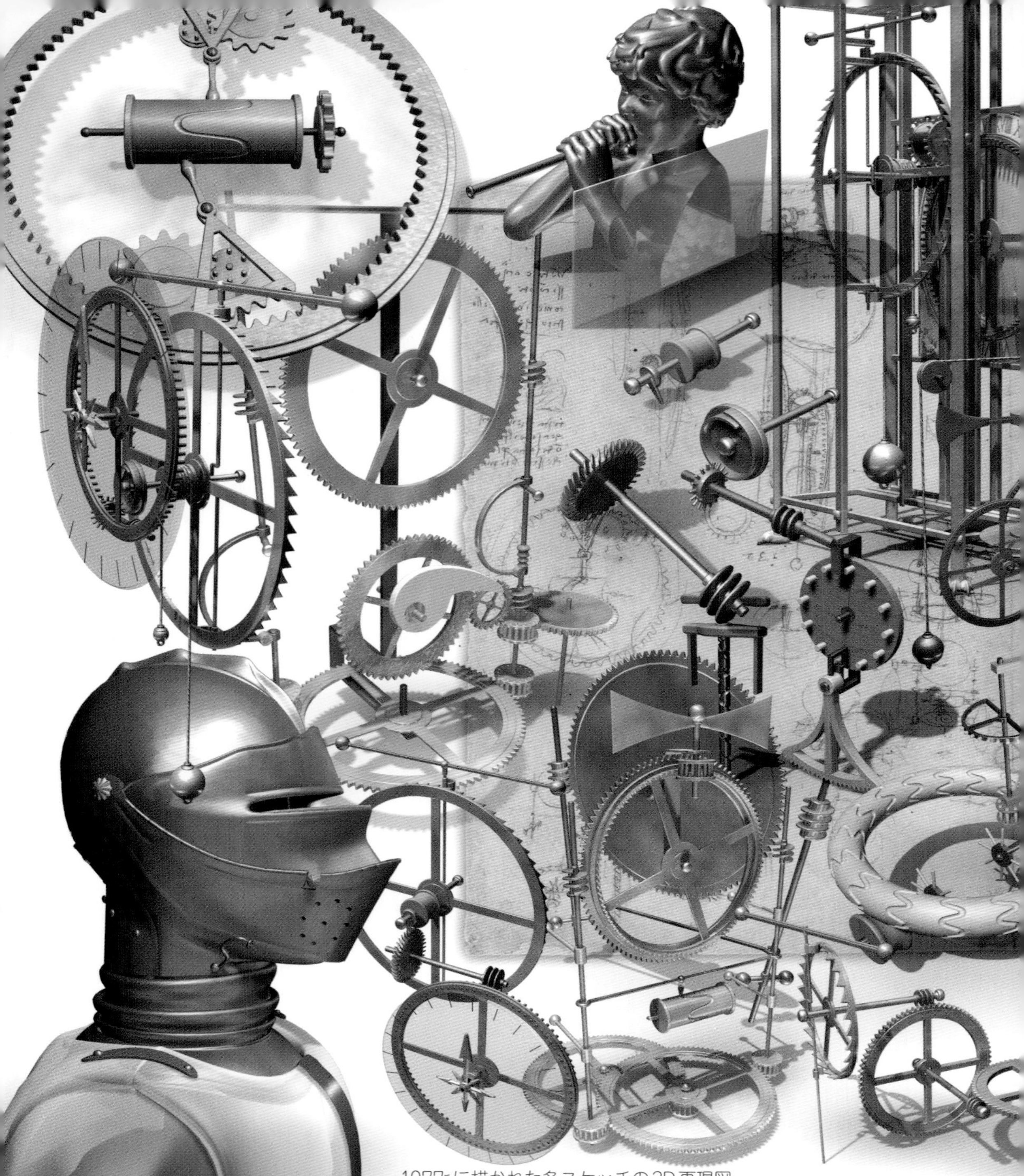

1077rに描かれた各スケッチの3D再現図

ハイパーテキスト的考察

4枚の手稿、計174（25+49+53+47）点の図を客観的に、ほとんど愚直とも言えるくらい根気よく見てきたが、スケッチというレオナルドの“言語”による機械学を理解するにはこの方法しかない。それぞれのスケッチを独立した部品とみなし、その用途を考えるのではなく、ロボットに関連のあるスケッチはどれかという視点が必要なのだ。

分析の結果、174点の大半はロボットとはまるで関連がなく、手掛りはほんのわずかだった。ただのロボットではなく、レオナルドは何か思いがけないことを考えていたのだろうか。

たとえて言うと、レオナルドの機械研究は“ハイパーテキスト”的である。1965年に登場したこの語は、リンクをたどって次々とページをたどるインターネットの構造を思い浮かべるとわかりやすい。その概念は、直線的なリニア構造ではなく、まさに“ウェブ”の語が示すとおりクモの巣に似ている。

レオナルドは、世界で初めてハイパーテキスト的手法を使って考え、設計をした。あちこちの手稿に散らばったスケッチは無数に連関し、寄せ集めにしか見えない手稿のスケッチも、それぞれは何らかの意味でつながっている。レオナルドが考え、描いた概念は広大な科学・芸術の世界を縦横無尽に往来する。すべてが関連しあうその様は、5000枚の手稿（註1）が紡ぎだすスケッチとテキストの巨大なハイパーテキスト空間だ。

見てきた4枚の手稿だけでも、スケッチどうしの無数の連関を文章で表現するのは不可能に近い。レオナルド自身も複雑な事柄はスケッチのほうがはるかに表現しやすいと考え、実践した。ならば彼の研究の全体像を把握するには、図による表現が不可欠である。

心臓の解剖図も機械のスケッチも、そして私たちの再現図にしても、絵は言葉より強く訴える。だからこそレオナルドの精神にならい、私たちは再現イメージや3D画像を使って彼の機械を解明しようとしているのだ。

註1：5000枚は現存する数であり、120巻に及ぶ手稿の大部分は失われている。

レオナルドの手稿の各スケッチは、複雑に連関している。ここでは579r、1021r、1021v、1077rを中心とした連関を示した

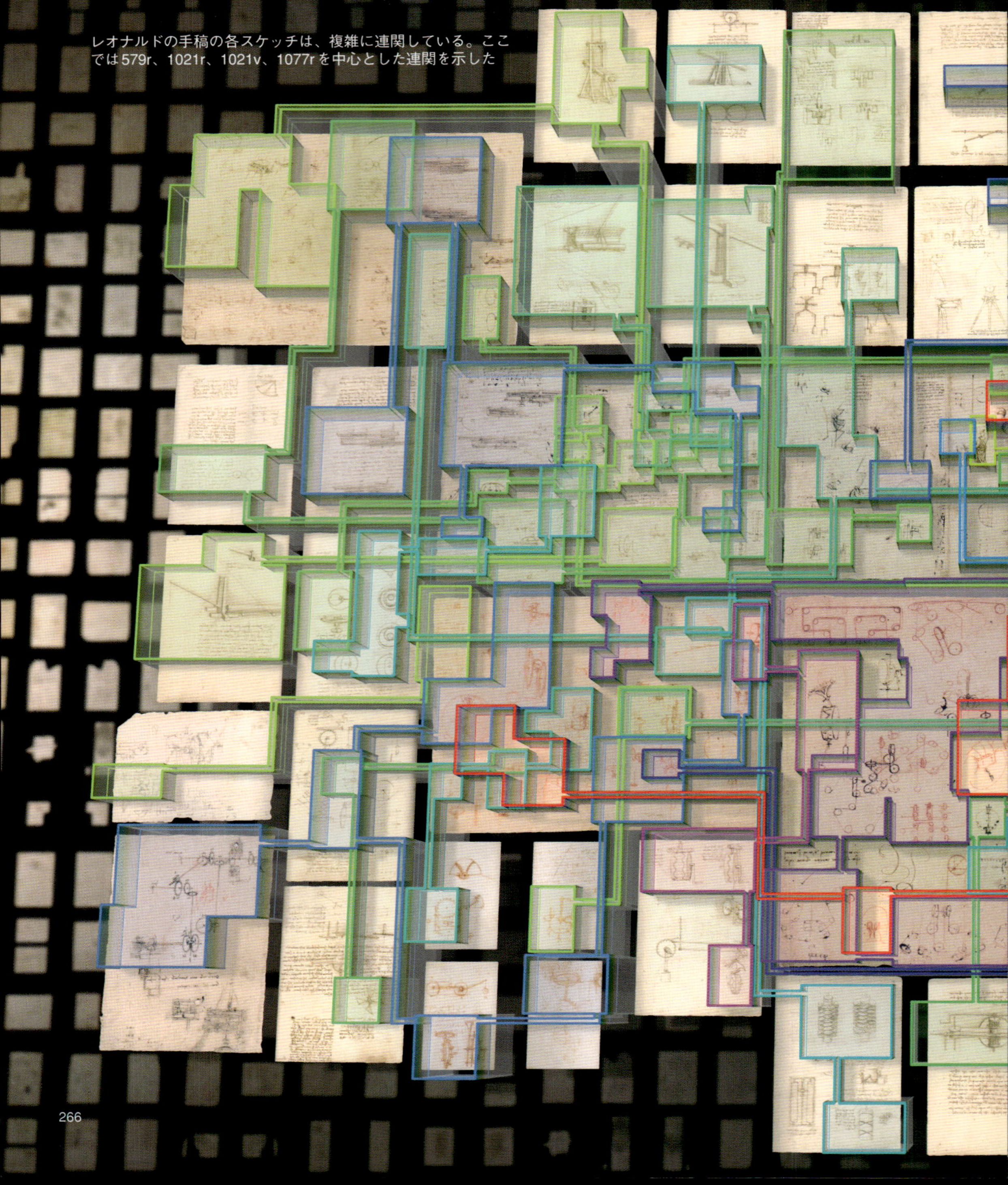

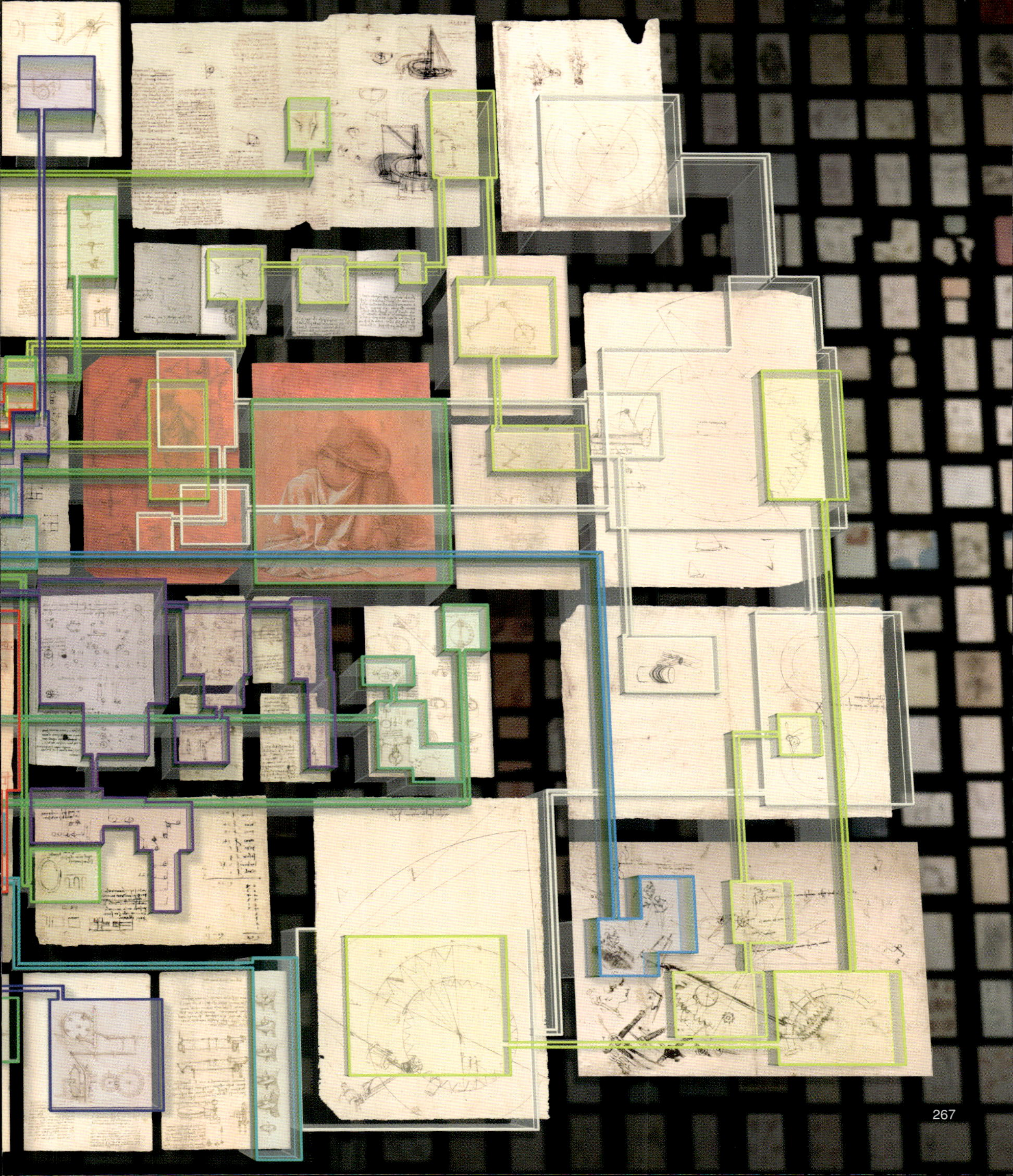

レオナルドは絵と言葉を比較し、ウィンザー紙葉19071rにこう書いている。
「ああ、物書きたる諸氏よ！　絵図というものが表すこの完璧なる構造をいかなる言葉で表現するというのか。何も知らないあなたはそのような無秩序で何を表そうというのか。あなたは十二分に表現したと思い込み、何らかの本質的構造をとらえたと言う。しかし、物事の本質は何も伝わっていないのだ。言わせてもらおう。目で伝えることができないのなら、物事の理解を妨げるような言葉は使わないでくれ。もし言葉を使うなら、人々の目でなく耳に働きかけるなら、物事の本質または実体を語れ。人々が目で理解する物事を耳に吹き込もうとするような邪魔はよしてくれ。絵描きの手は、あなたの手よりも優れた仕事をするのだから」

579rから広がる相互関連
- 「ア」はアトランティコ手稿
- 「マ」はマドリッド手稿Ⅰ

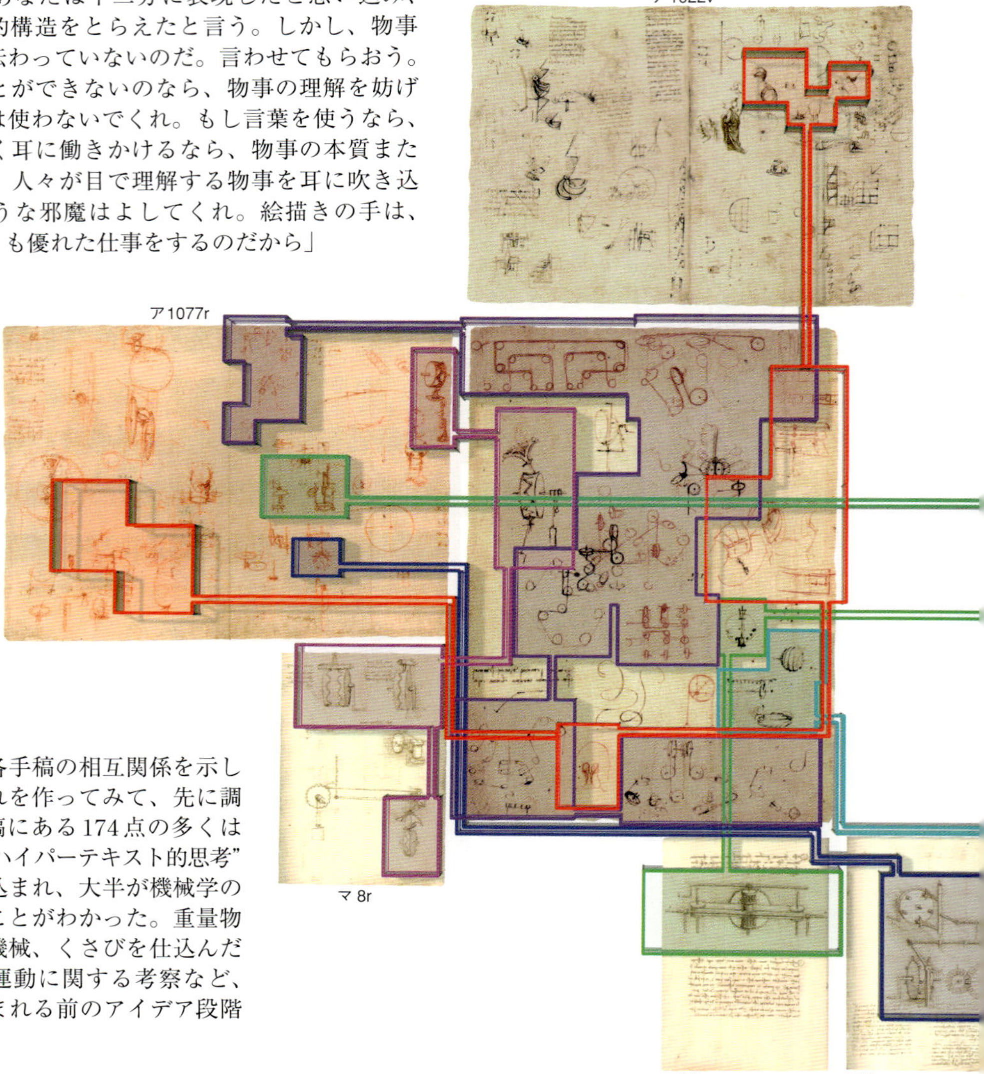

この図は、各手稿の相互関係を示したものだ。これを作ってみて、先に調べた4枚の手稿にある174点の多くはレオナルドの“ハイパーテキスト的思考”の一部に組み込まれ、大半が機械学の書に関連することがわかった。重量物を持ち上げる機械、くさびを仕込んだ機械、物体の運動に関する考察など、どれも練り込まれる前のアイデア段階のスケッチだ。

手稿1021は、機械だけでなく絵画デッサンについてもアトランティコ手稿ほか他の手稿とつながりをもち、1077は時計機構の研究においてマドリッド手稿Ⅰ、アトランティコ手稿と深く連関している。579にはマドリッド手稿との連関のほか、滑車と重りの考察に関する記述が確認できた。

このハイパーテキスト的思考図には、レオナルドの機械研究を形づくる数多の連関が示されている。視点を変えて見れば、ロボット兵士とは無関係のつながりでも各スケッチはさまざまな手稿に連関するだろう。レオナルドがアイデアなり設計図なりをその場限りとして描くことはめったになく、必ず他のスケッチにつながっている。

マ91r

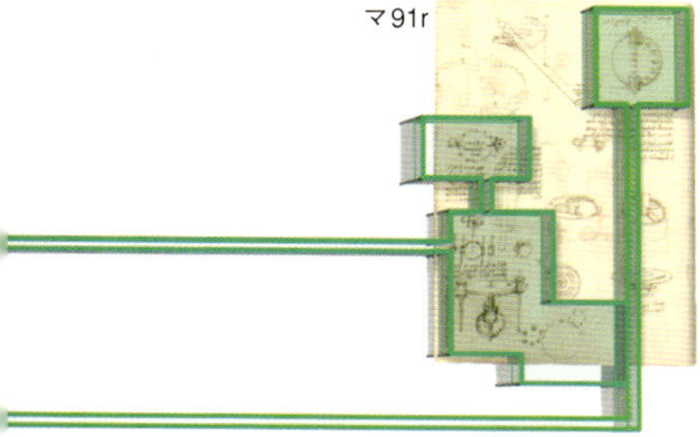

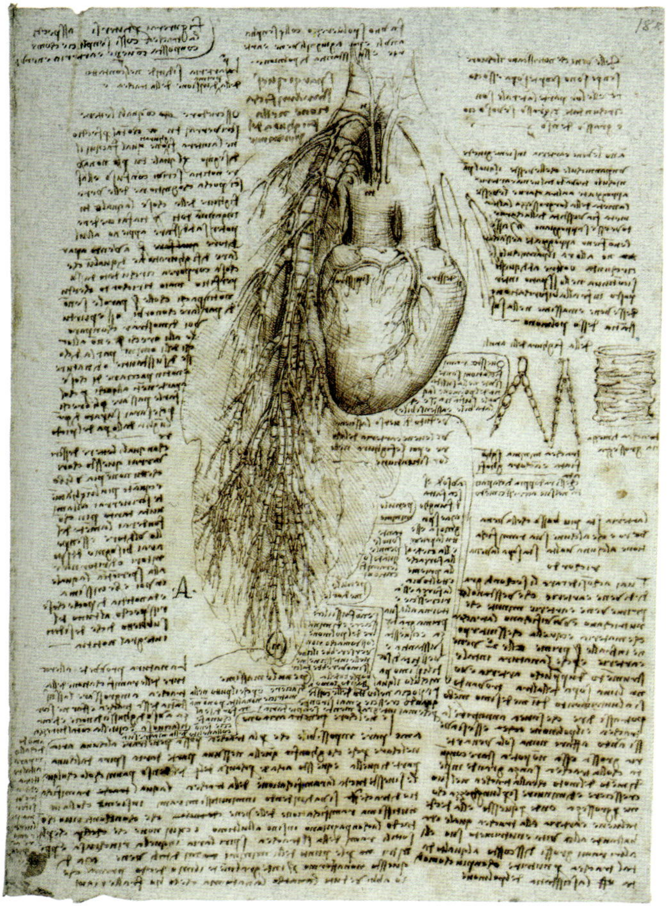

心臓の解剖スケッチを描き、絵の重要性を説いたウィンザー紙葉19071r

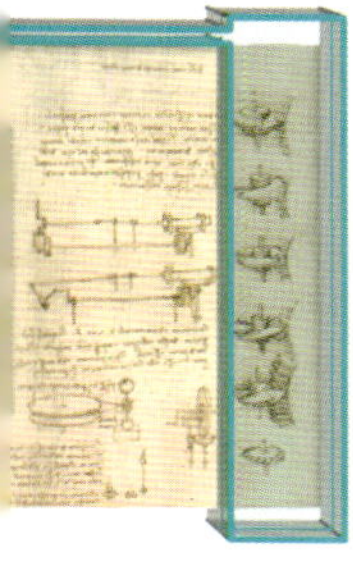

マ19v

このことを念頭に置けば、自転車をめぐる誤解釈のような間違いは起こらない。それには5000枚以上の手稿すべてを記憶しなくてはいけないが、現代ではコンピュータという強力な助っ人がいる。私たちはレオナルドの全手稿をデータ化し、検索・相互参照のできるデータベースを作りあげた。気の遠くなるような作業だったが、それ以上に完成に何年もかかったのは、手稿を所有する美術館や出版社が閉鎖的だったせいだ(手稿の閲覧はなかなか許可されず、一部の“お偉いさん”にしか門戸は開かれていなかった)。

1021rから広がる相互関連

- 「ア」はアトランティコ手稿
- 「マ」はマドリッド手稿Ⅰ

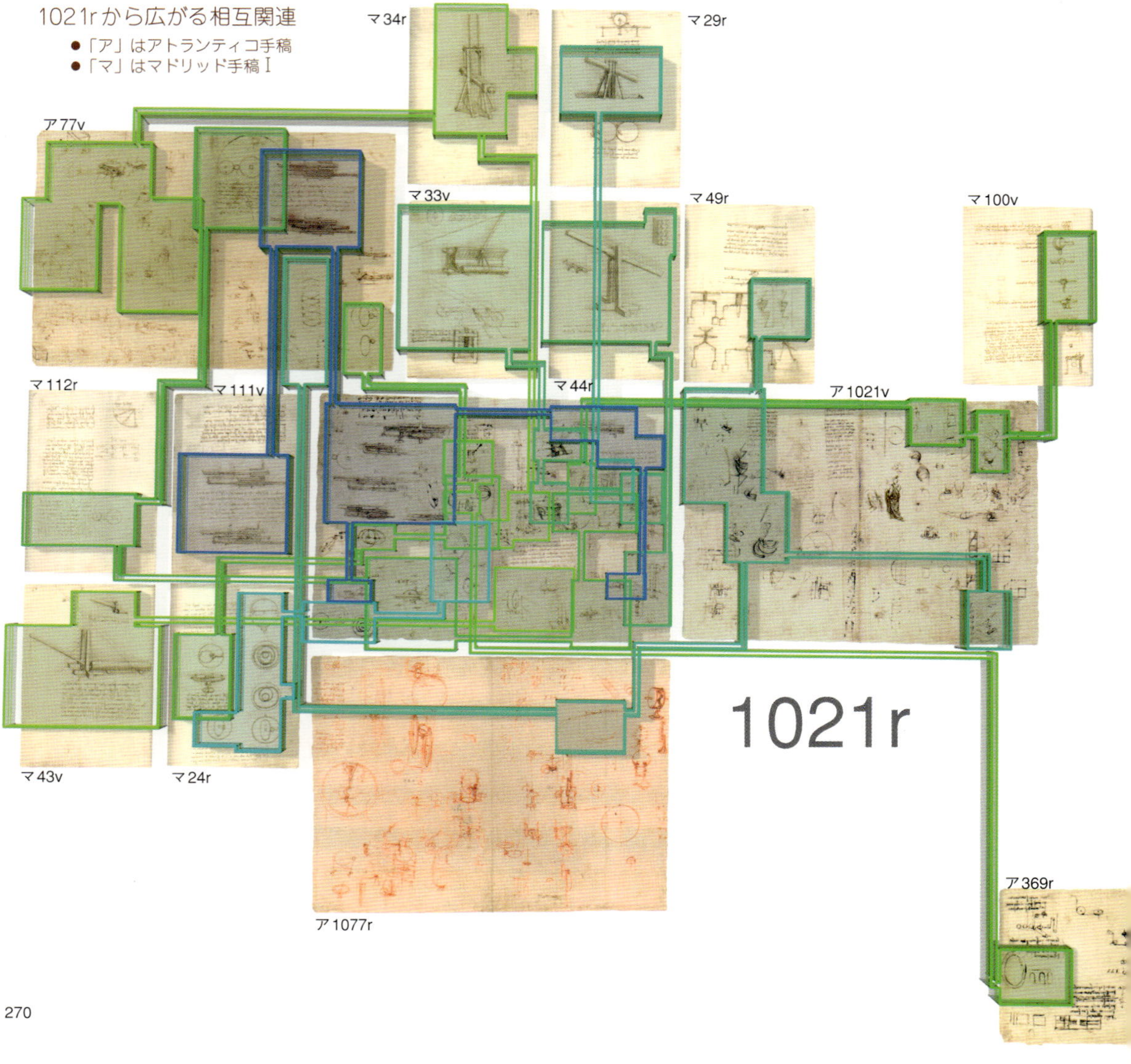

1021vから広がる相互関連
- 「ア」はアトランティコ手稿
- 「マ」はマドリッド手稿Ⅰ
- 「レ」はレスター手稿

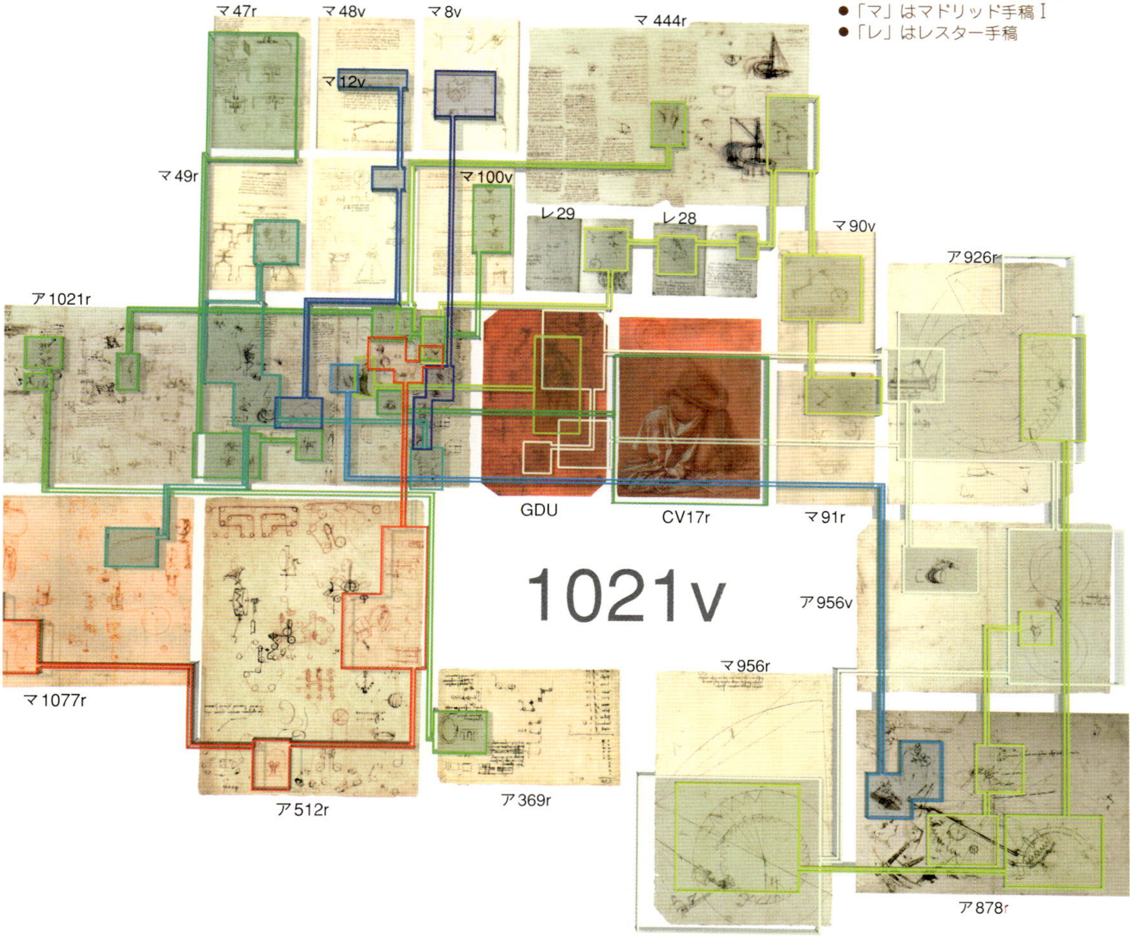

コンピュータは手間のかかる調査を一瞬で可能にしてくれたが、もちろん調査には目的がいる。「何を」見つけたいのか、というこの問いは、複雑きわまる調査をいっそう魅力的にする。まだ解明されていないレオナルドの機械や発明は山ほどあり、だからこそ私たちはこの調査を“レオナルドの考古学”と呼ぶ。表面を撫でただけの浅薄な調査や、難解で専門的すぎる研究が、いまだ掘り起こしていない謎を明かすのだ。

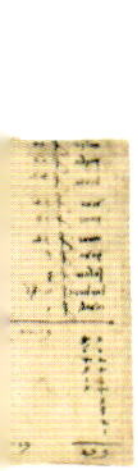

“ハイパーテキスト的思考図”に戻ると、見てのとおりロボット兵士の鍵を握る4枚の手稿どうしのつながりは少ししかない。鎧（赤で表示）、滑車（薄紫）、往復運動の機械（濃紫）だけで、ここから何らかの結論を導きだすのは無理がある。しかし、形状的なつながりと内容的なつながりを見ていくと、まずはマドリッド手稿Iに整理された機械や装置に関連するスケッチを対象外として外すことができる。さらに、他の手稿に描かれた機構や装置につながるものも同様に対象外とすると、残るスケッチはざっと2グループに分けられた。謎の時計機構（青緑、青、水色）、そして鎧・滑車（赤、薄紫）である。ロボット兵士の解明はこの赤のつながりだけを手掛りとすべきで、他の装置につながるスケッチから類推するようなことはすべきでない。

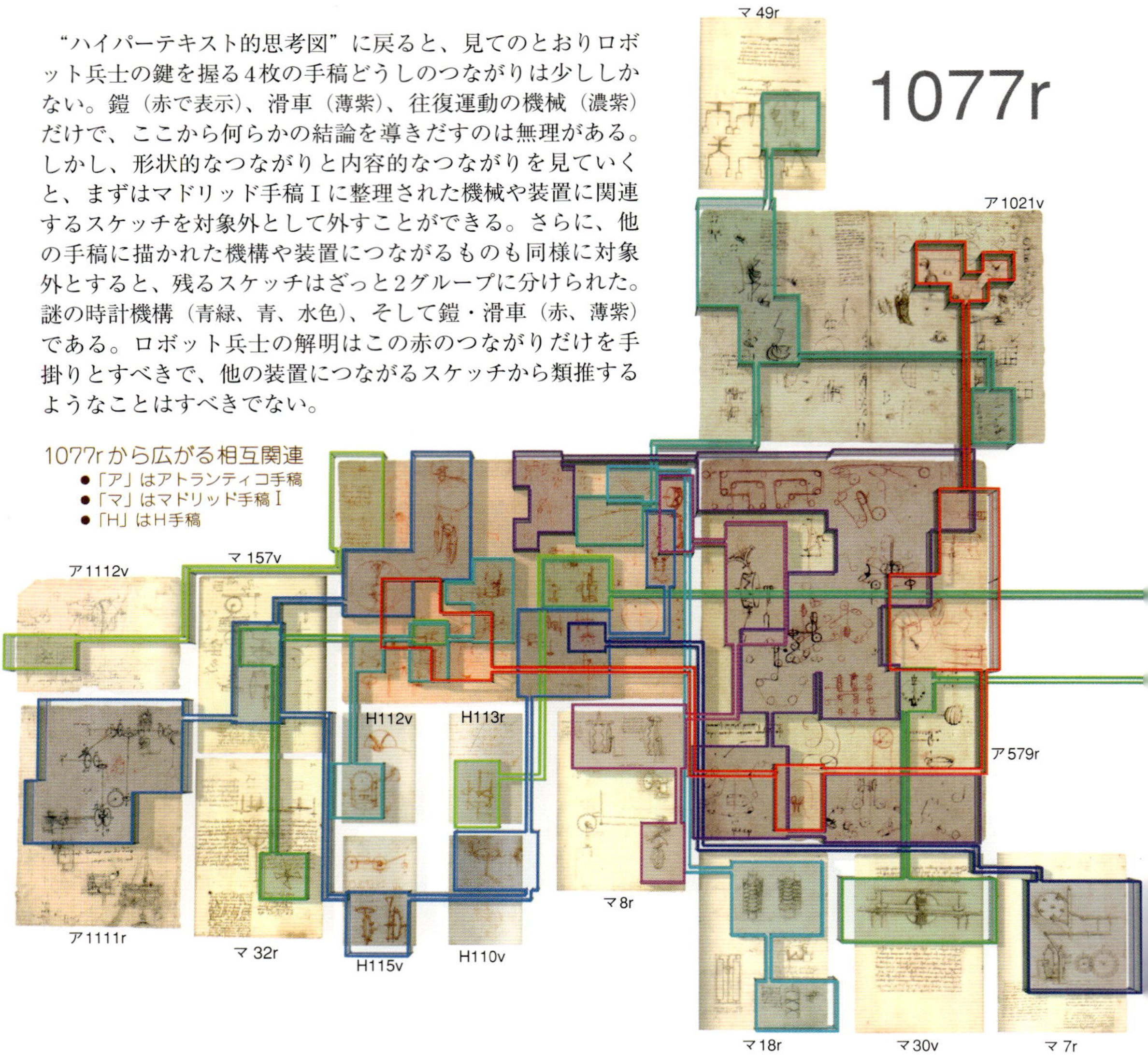

私たちは、この2グループと、そしてまだ特定できていない謎の装置を調べていくことにした。ロボットに関連はなくとも、そこにはさまざまなアイデア——正体不明、またはロボット・ライオンやロボット兵士と関連がないということで、詳しく検証されてこなかったアイデア——が隠されていた。

鎧・滑車に関連するスケッチ群（上）と、
時計機構に関連するスケッチ群（下）

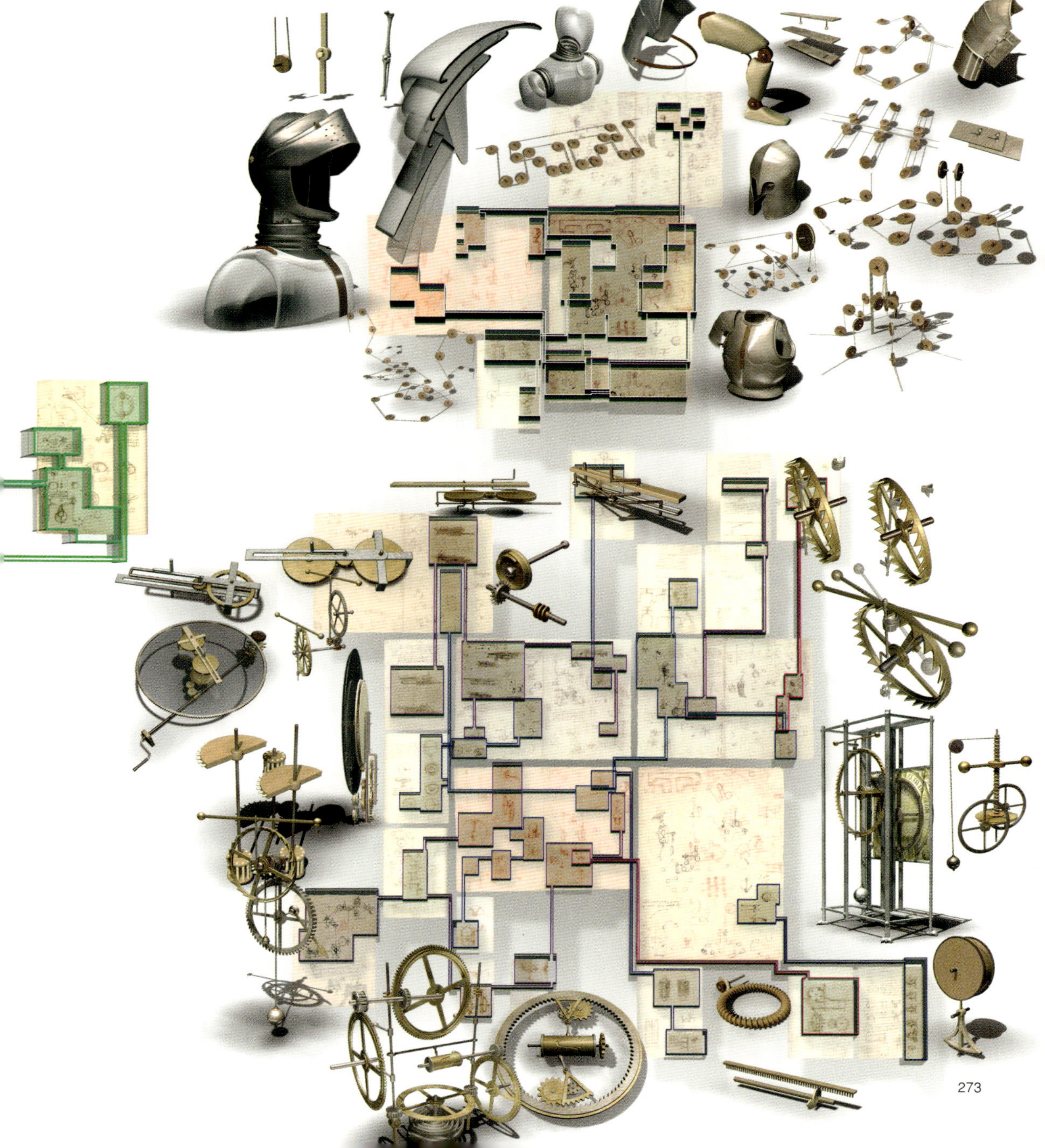

時計機構と機械式太陽系装置

1021v-1、2、3、4、34、49、52のスケッチは、エスケープメント機構や15世紀の時計機構に使われた棒状部品だった。また、1077r-2、3、4、5、14、27、28、30、31をはじめ、1077rは大半が時計機構についてのスケッチ――1021にあるリングギアを使ったエスケープメント機構から考えて、やはりこれらは時計機構である――で埋められている。レオナルドは独自の時計機構を研究していて、こうしたスケッチはアトランティコ手稿1111v（キアラヴァッレ修道院の天体時計のことが記されている）、マドリッド手稿I 27vとの関連も考えられる。27vの図は、重り、単純な動力伝達機構、リングギアのエスケープメント機構から成る1077r-27の装置を主部品とする完成された時計である。

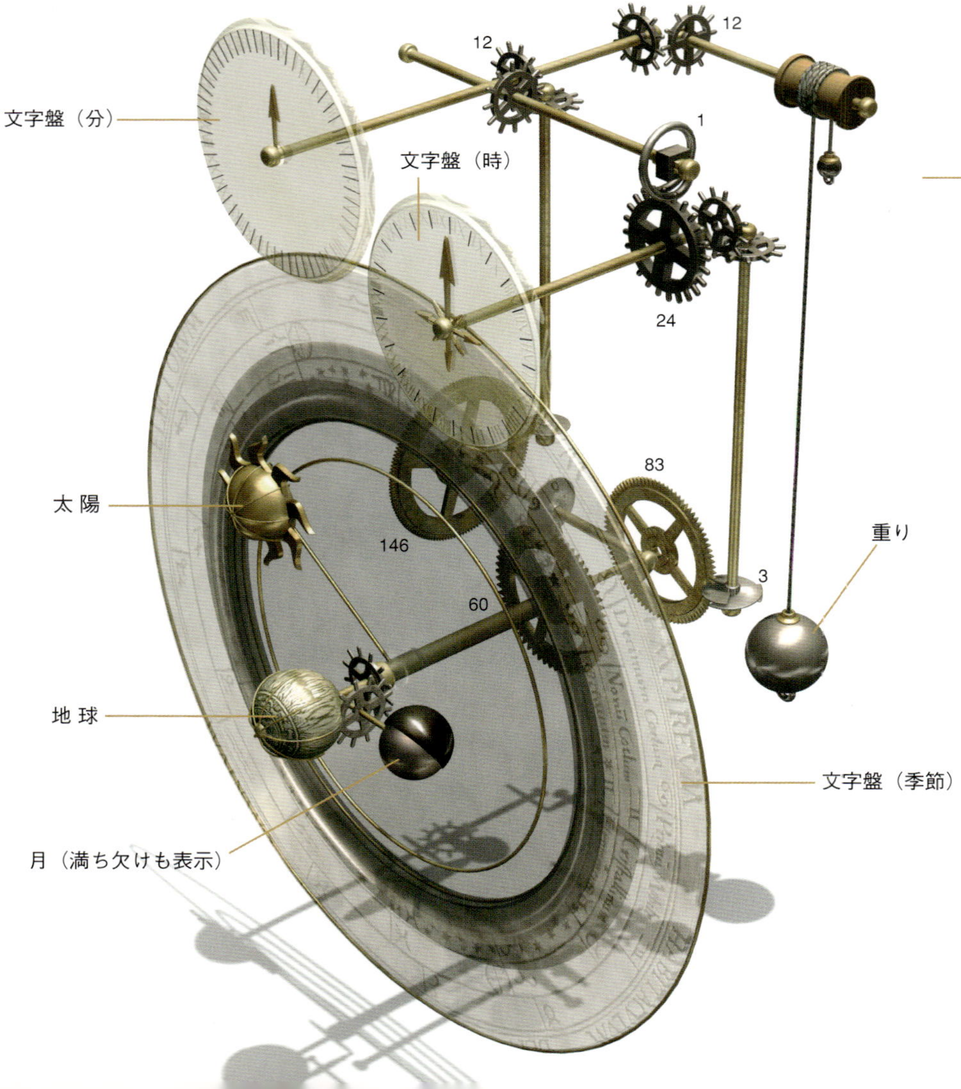

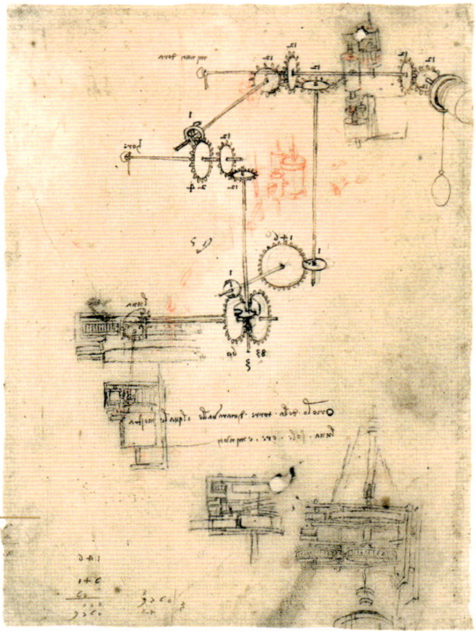

アトランティコ手稿1111v

フィレンツェにいたとき、レオナルドはヴェッキオ宮殿「百合の間」にある天文時計に目をとめた。その場に足を運んで観察したらしく、実は1077rに描かれた装置の細部はこの天文時計の仕組みとそっくり同じである。

しかしレオナルドは、ただ模倣するだけでなく、いつも改良を試みた。とすると、目的がよくわからない1077r-15、20、22、23、29、35、47の往復運動装置は、当時のエスケープメントに代わる新しい装置だろうか。エスケープメントは機械の作動をゆるめて一定速度に保つ機構だが、当時のエスケープメントは、環状構造をした単純な仕組みのものにすぎなかった。もしかして“時間”の規格化を考えたのだろうか。これらの往復運動装置がエスケープメントだとすると、大発明なのはもちろん、他の研究者がロボット兵士の部品と誤解釈した1077r-32、33、39もエスケープメントということになる。

また、1077r-33の装置については、細部がH手稿112vに描かれている。113rにも、1077r-23と同じ装置が描かれていた。調べていくと、H手稿にあるこの類いの記述はすべて互いに関連していて、エスケープメント機構の研究とわかった。やはりロボット兵士とは無関係だったのだ。

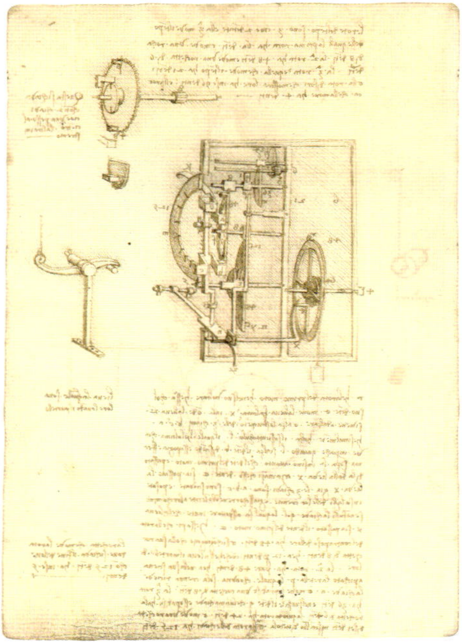

マドリッド手稿Ｉ27v

1077r-27

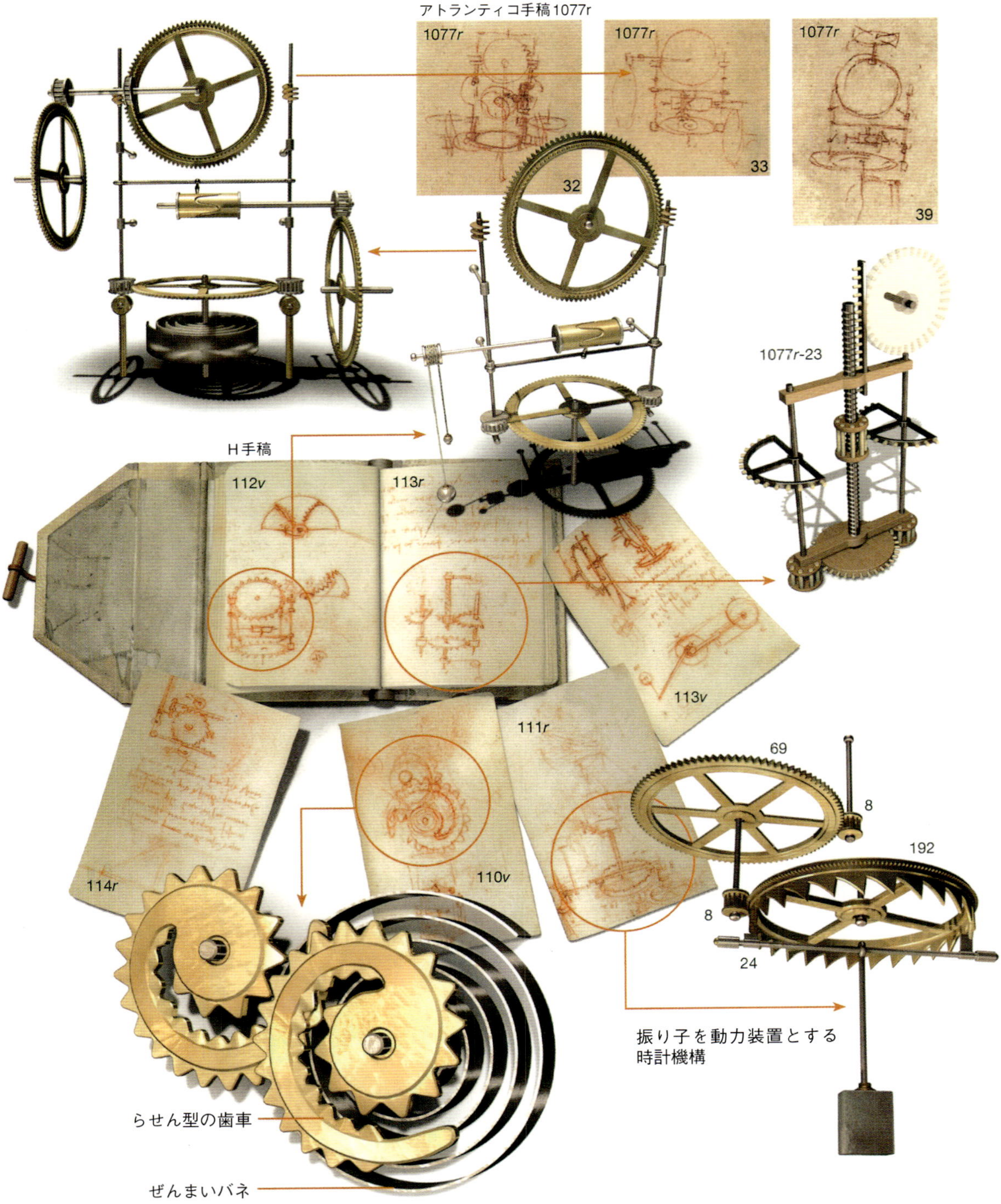
アトランティコ手稿1077r
1077r
1077r
1077r
32
33
39
1077r-23
H手稿
112v
113r
113v
114r
110v
111r
69
8
192
8
24
振り子を動力装置とする
時計機構
らせん型の歯車
ぜんまいバネ

このことは、マドリッド手稿Ⅰの157vのスケッチに添えられたテキストも裏付けている。

157vは、中央に6部品からなる装置が描かれている。重り（P）の作用で歯車（A）が回転し、つづいて歯車（B）、それに連結した回転柱（C）が回る。回転柱（C）に刻まれたジグザグ状の溝に沿って扇形部品（D）は往復運動を行い、上部に連結された羽根部品（E）が回転する。

マドリッド手稿Ⅰ 157v

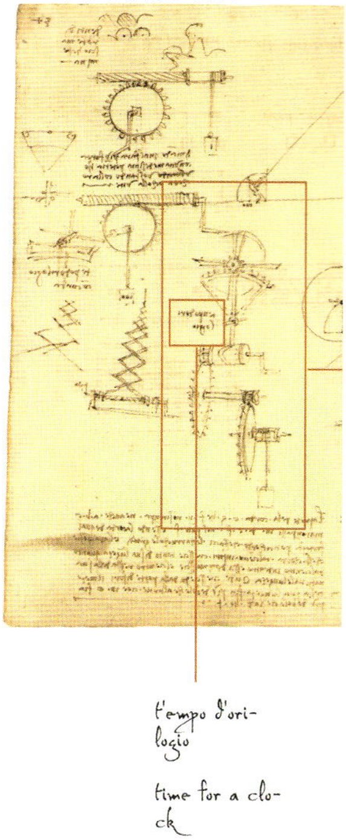

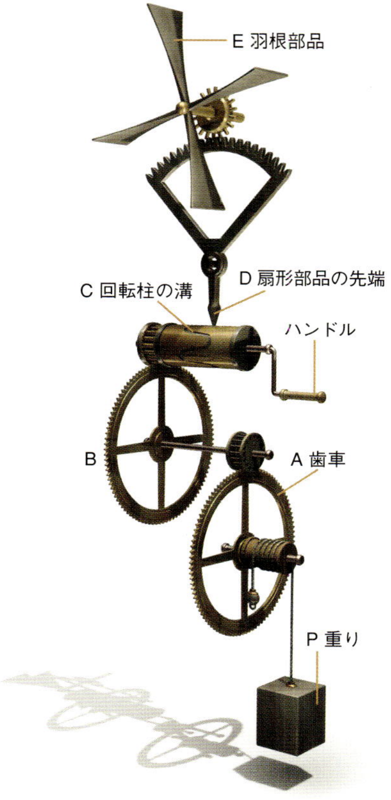

マドリッド手稿Ⅰ 32r

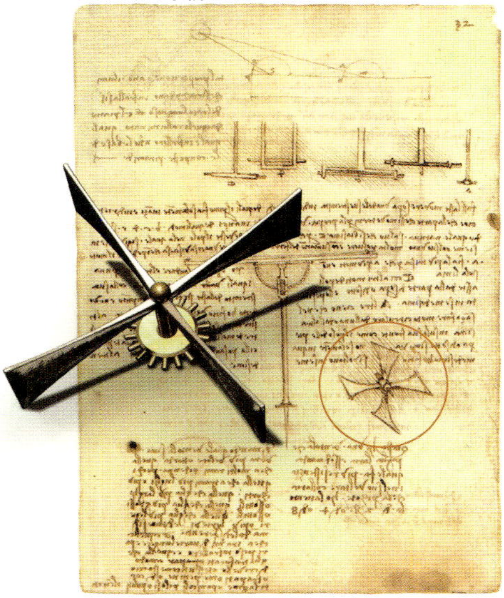

この装置の部品はすべて1077rに描かれているが、157vには装置の目的が記されていた。スケッチの脇にある「t'enpo d'orilogio」は「時計の時間」という意味で、やはりこれは時計のエスケープメントなのだ。この形状の装置はどれもエスケープメントである。たとえば1077r-39の装置上部にある2枚の羽根は、ルネサンス時代の時計に使われたエスケープメントの羽根と同じ働きをする。レオナルドが「空気をとらえる羽根」と呼んだマドリッド手稿Ⅰの32rのスケッチもそうだし、115vには同様の羽根をもつエスケープメントが詳しく記されている。

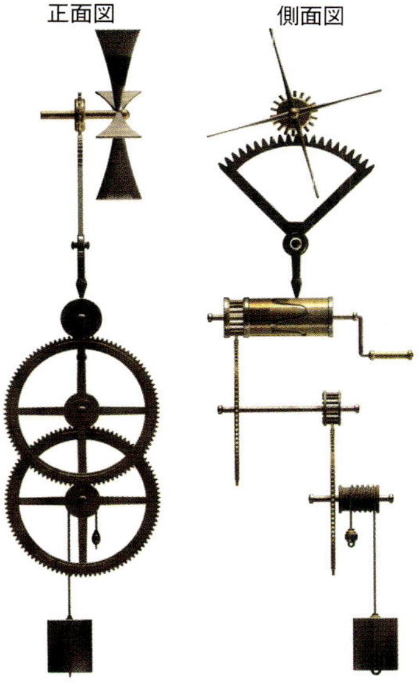

羽根付きエスケープメントの研究
（マドリッド手稿Ⅰ 115v）

14世紀にジョヴァンニ・ドゥ・ドンディが考案したとされる時計機構。上部に4枚の羽根部品をもつエスケープメントがある

複雑な振り子運動をするエスケープメントの時計機構は、たとえばこのようなものが考えられる

1077rにあるスケッチの大半は、やはり複雑な時計機構だった。多くは実現不可能であることを差し引いても、当時の技術の改良に挑み、新しい仕組みを発明しようとしたレオナルドの想像力はすごい。マーク・ロスハイムをはじめ、これまでの解釈では、1077rの装置を腕の動きをつかさどる滑車を動かす動力装置としてロボットの中心に据えていた。しかし、これは動力装置ではないし、この装置を鎧人形の中に仕込むのは物理的に不可能だ。仕込めたとしても、それで腕を動かすことはできない。

プトレマイオスの天動説と、コペルニクスの地動説（p282の図参照）

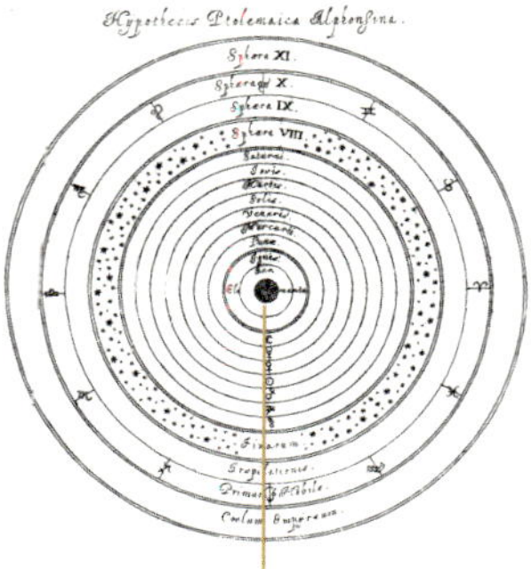

天動説／地球

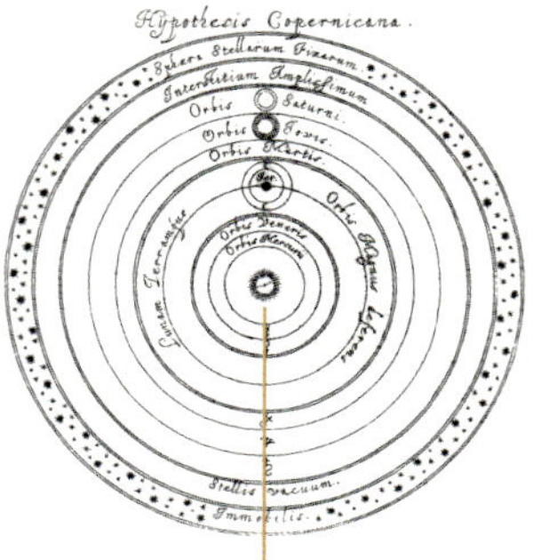

地動説／太陽

1077r-32、33、39をよく見てみると、側面に別の装置をとりつける仕組みになっている。説明はないが、もちろんここには時計をつなげたのだろう。

では、他の3枚の手稿もやはり時計の研究だろうか。1021rの大半を占める“3つの回転盤の装置”は、目的は不明だが、動作の仕組みは解明できている。時間と分だけを表示する時計部品にしては、この装置は複雑すぎる。

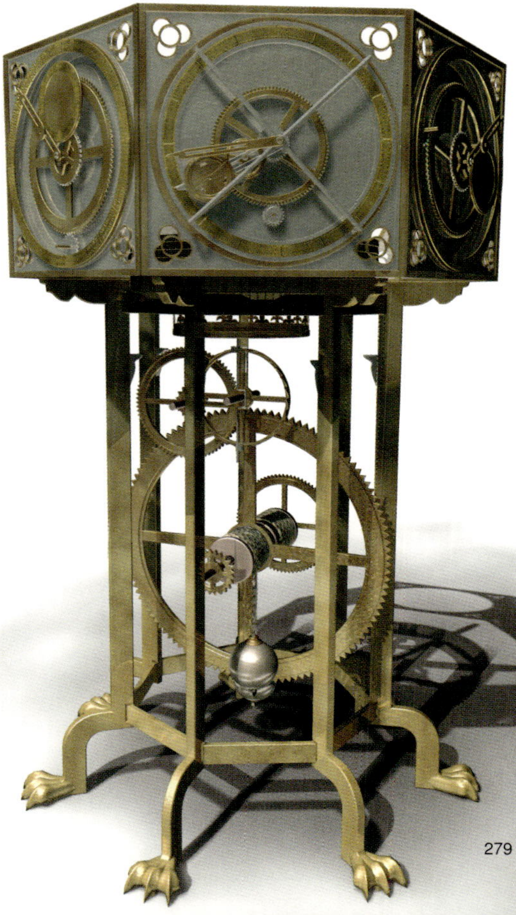

ドンディの天文時計「アストラリオ」とその解説論考のCG再現図

たとえばキアラヴァッレ修道院の天体時計（アトランティコ手稿1111v）は、時間、分のほかに月と太陽の動き、形をも示した。しかし、“3つの回転盤の装置”が生みだす動作は、それよりもはるかに複雑なのだ。

ミラノで上演された舞台「天国の祝祭」の巨大な太陽系装置を作った年に、レオナルドはフランチェスコ・ディ・ジョルジョとともにパドヴァを訪れている。パドヴァには、ドンディの天文時計「アストラリオ」があった。時間、分はもちろん、日付、天動説にもとづいた7つの星の動きを示す精巧な機械で、星々が描く軌道（正しくは地球が太陽の周りを回っているのだが）は複雑をきわめた。

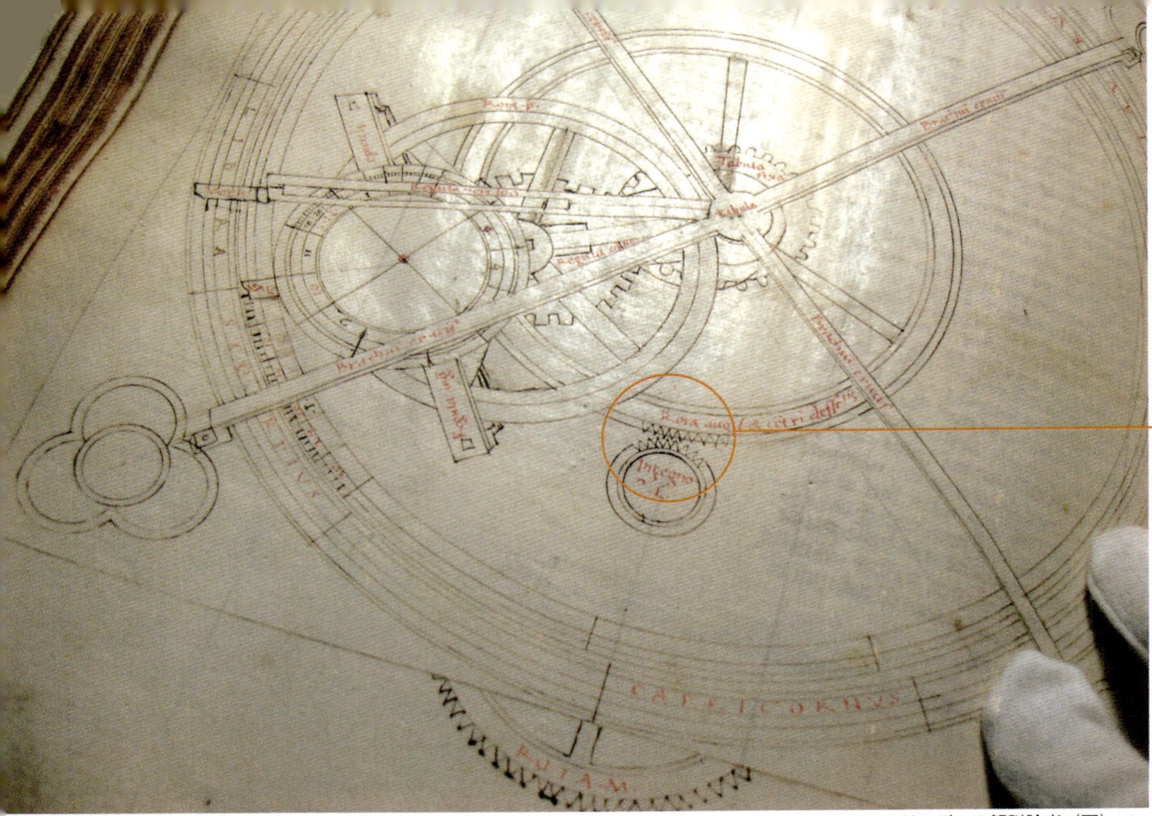

ドンディの解説論考（下）。レオナルドのL手稿（上、次頁）にはよく似た図が描かれている

パドヴァを訪れたレオナルドが、アストラリオを見逃すはずはない。装置を解説したドンディの論考をレオナルドが読んでいた証拠はないが、読めばこの天文時計を作れただろうし、星の軌道を表示する仕組みもわかっただろう。

アストラリオの仕組みは、1021rの装置によく似ているのだ。1021r-27、29、48は、アストラリオの7枚の表示盤うち、月の動きを表す表示盤に似ている。1021r-39、46、47と同じ長円形の図は、ドンディの論考にも記されている。

レオナルドがアストラリオに関心があったことは間違いなく、その証拠はL手稿に残っている。アストラリオの表示盤に似た不可解な環状装置の図、そして「金星、太陽」の文字（92v）。つづく93vには土台と表示盤のざっとした図があり、レオナルドが「c」と記号をふった盤は、大きな3つの歯車の1つに連結されている。

この歯車は、盤「c」との接点付近だけにしか歯がない──やはりレオナルドは、アストラリオだけでなく、ドンディの論考も目にしていたようだ。レオナルドはこんな歯車を他に描いておらず、同じ図がドンディの論考にあるのだ。

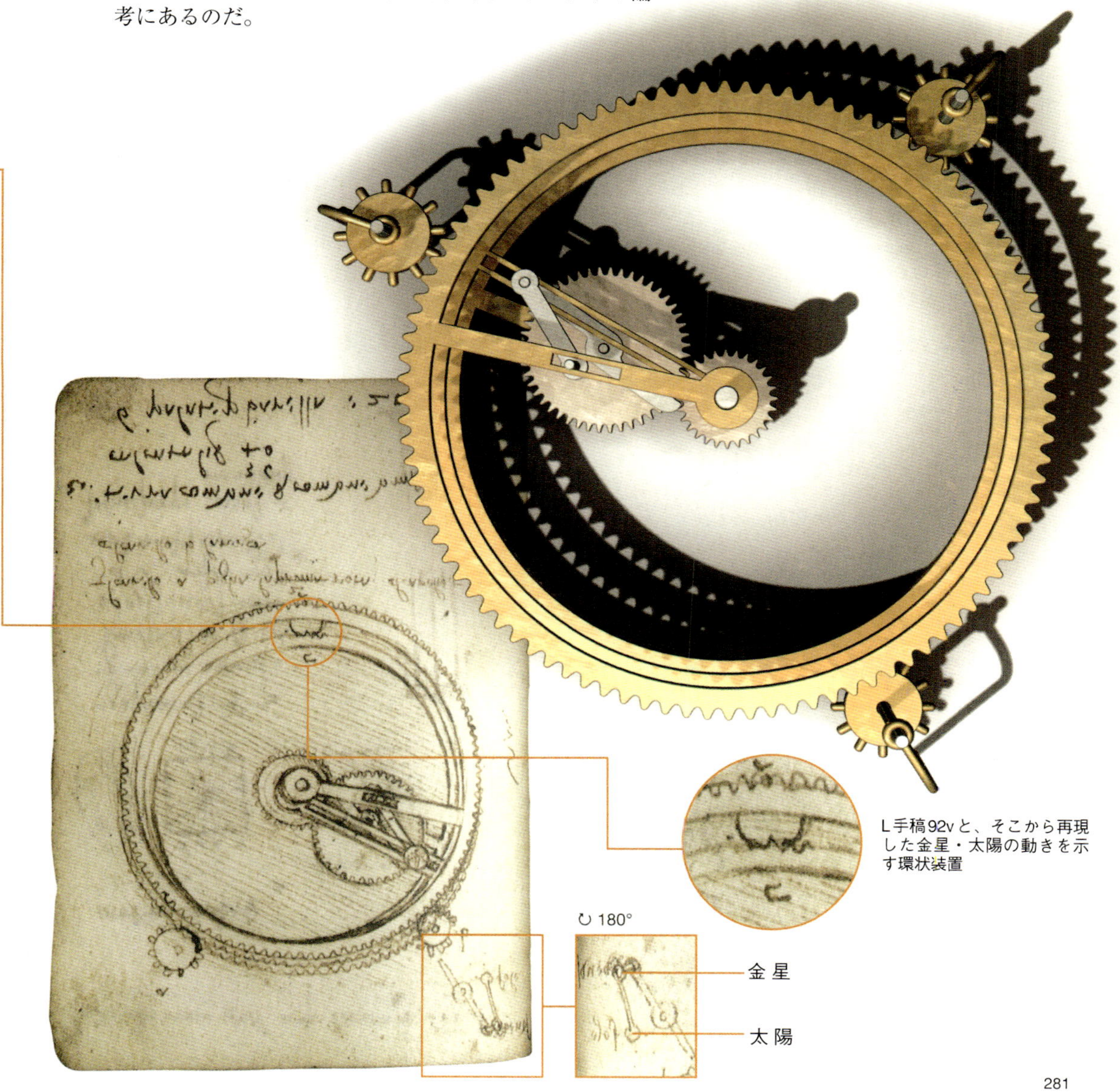

L手稿92vと、そこから再現した金星・太陽の動きを示す環状装置

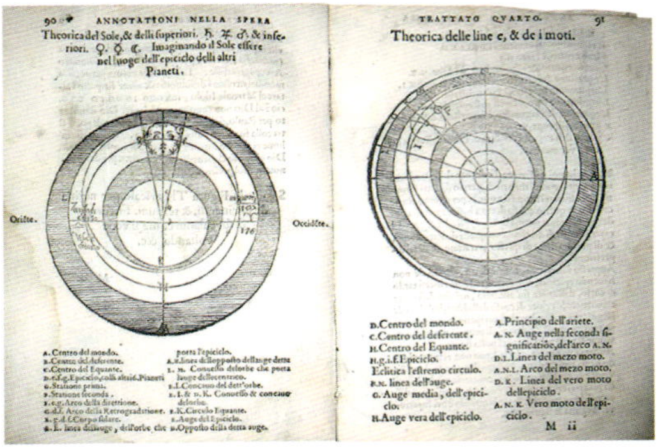

サクロボスコの『天球論』。13世紀に記され、その後数百年にわたり使用された天文学のテキストである

1077r、1021rのエスケープメント機構は、月、太陽、金星の軌道を表示する天文時計のような機械の研究だった。この2枚の手稿の装置を組み合わせ、レオナルドが新しいエスケープメントを使った時計装置を作ろうとしていたかはわからないが、ここでもう一つ、L手稿111rにある不可思議な装置を見てみたい。スケッチはかすれて見にくいが、輪を重ねて作る球体形の装置である。振り子式エスケープメントの機械式天球体だろうか？　振り子時計であればホイヘンスやガリレオに先立つ大発明であり、慎重に検討しなくてはならない。ここでは触れないことにして、話をロボット兵士に戻そう。

レオナルドの装置はプトレマイオスの天動説を反映している

L手稿111rと、デジタル加工により描線を強調した部分拡大図

球体形装置の想像再現図

↻ 180°

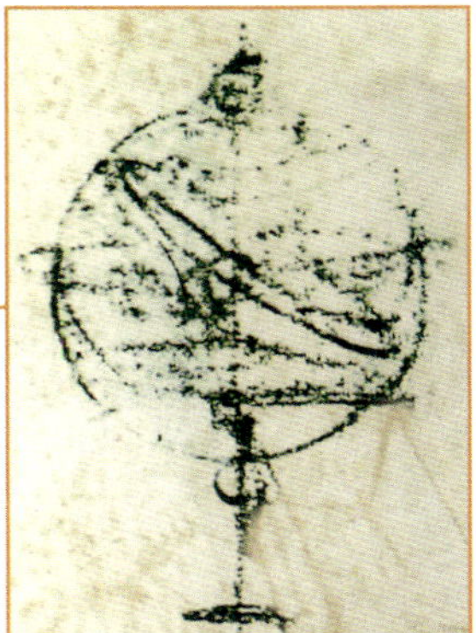

1021r、1077rのエスケープメント
機構を使った時計の想像再現図

組み上げを待つレオナルドの天文装置の部品（1021r- 4 、5、26、27、29、30、31、32、43、44、45、46、48）

主要部分（1021r-5、25、26、31、

動力部には操作ハンドルを設置（1021r-27）

完成まであと少し。再現模型は木でできている

レオナルドの天文装置。これを使い、私たちは作動の様子を調べた

1021rの機構を使った天文時計の想像再現図

騎士

1077rの部分拡大図。ヘルメットを再現してみた

1077r-37、38、45、46は、まぎれもなく鎧のヘルメットである。顔を覆う部分が尖《とが》っているのは当時の一般的なスタイルで、スフォルツァ城の兵隊も15世紀には似たヘルメットを着用していた。

1077r-38の下には回転盤のような部品が描かれ、ヘルメットとつながっている。この手稿のスケッチは多くが時計機構に関連するので、これもその一部かとまぎらわしい。他のスケッチとは分けて考えるべきだが、ひとまず時計機構のことは考えないでヘルメットを見ると、レオナルドはとくに首の部分を工夫している。事実、首はヘルメットの急所で、槍の攻撃を受けやすかった。身ごろとヘルメットとをつなげてしまうと首が回らず、敵の姿をとらえることもむずかしいが、スケッチのように金属のリングを重ねれば首はかなり自由に動く。

おそらくレオナルドの目的は、ロボット兵士ではなく、ヘルメットの首部分の改良だったのだろう。あるいは、レオナルドは式典用のヘルメットのデザインもしているので、このアイデアもそれに関連するのかもしれない。式典用のヘルメットには、クジャクをあしらったもの（アランデル手稿250r）や、ライオンをあしらったものがある。

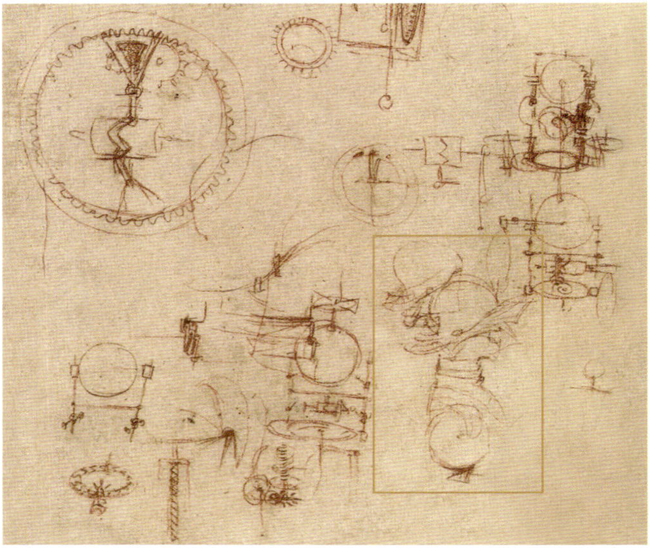

15世紀のヘルメット。スフォルツァ城コレクションより

鎧のデザインが記されたアランデル手稿250r。クジャクも描かれている

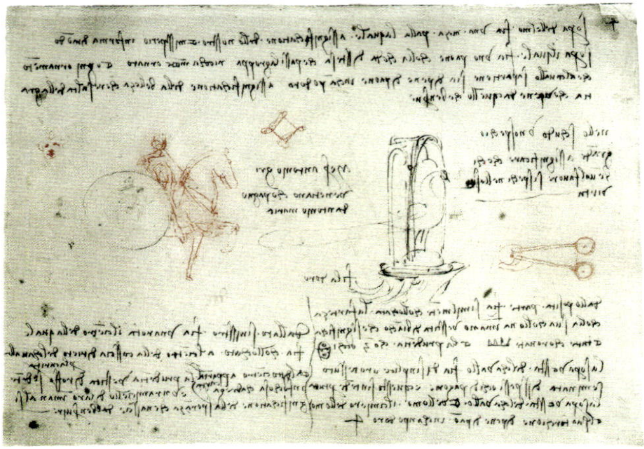

馬上槍試合用のヘルメット
（1545年、イギリス王立武器庫蔵）

レオナルドの考案したヘルメットなら、敵の攻撃から完全に身を守りながら、首を前後左右に動かすことができる。従来の鎧とくらべると、その自由度ははるかに大きい。だとすると、実用に役立つのはもちろんだが、このヘルメットが“人形”に使われたとも考えられる。たとえば、中世ヨーロッパで流行した馬上槍試合（ジョスト）の訓練用の的だ。

15世紀、イタリア中部には「サラセンの馬上槍試合」という人気行事があった。四角い敷地の中央に人をかたどった的を置き、馬に乗った騎士が槍で勢いよく突く。突かれた的はくるりと回転し、すばやく身をかわさないと騎士は的に付けられたメイス（棍棒状の武器、鎚矛《つちほこ》）で反撃を受ける。レオナルドはこうした競技の的として、槍で突かれると首が360度回転する機械人形を考えていたのだろうか。ちなみに、馬上槍試合に参加する騎士のヘルメットには、レオナルドのスケッチのようにさまざまな飾りがあしらわれた。

リング型部品

ロレンツォ・デ・メディチのために作られた
馬上槍試合の鎧。ヘルメットを身ごろに固定

身ごろに固定されていないこのヘルメットは、首を前後に傾けることができる。しかし回すことはできない（スフォルツァ城博物館蔵）

レオナルドのヘルメットは、同じリング型部品を使っている点で1077r-17、18、19との関連が考えられる。鋲《びょう》を使わないリングでの接合は、首だけでなくさまざまな部分に便利そうだが、接合部が円形でなくてはならないのが問題である。

1077rのスケッチどうしの関連の可能性として、ヘルメットが機械人形をあしらった時計の一部だとしたらどうだろう。ヘルメットはエスケープメント（たとえば1077r-47の環状部品）に連結されていたのかもしれない。騎士、またはヘルメットが振り子のように振動しながら時を刻む時計だ。ただ、ここに描かれた時計機構は、小型・軽量でないとうまく作動しない。ジグザグ状の溝に沿った往復運動のためには、鎧はもちろん、ヘルメットだけでも明らかに重すぎる。時計の一部なら、ヘルメットはミニチュアサイズだったろう。

なお、579r-16のヘルメットは戦闘用の本物のヘルメットで、1077rの馬上槍試合用とは別物である。579rに描かれた一連の滑車システムも、とくにヘルメットの首部分との関連はない。

レオナルドのヘルメットは首が自在に動く

騎士の戦いを描いたこの彩色画では、右手の騎士がまさにヘルメットと鎧身ごろのすき間に槍を刺されている。鎧は当時のスフォルツァ軍のものだが、場面は紀元前507年のルキウス・ユニウス・ブルートゥスとセクストゥス・タルクィニウス（最後のローマ王の息子）の戦いである（古代ローマの歴史家リウィウスによると二人とも命を落とした）。このように歴史的出来事を当代の装束で描くことは珍しくなく、この絵が伝えるのは古代ローマではなく15世紀の騎士の戦いの様子である。彼らは首や肩に傷を負うことが多かった

1547年の版画。二人の騎士の戦いで、やはり頭部を狙って攻撃している。頭部は最も保護すべきであると同時に、最も動きの自由度が必要でもあり、レオナルドのデザインはこの両方を実現する

上の彩色画とともに収録された他の絵には、さまざまな紋章が見られる。たとえば2つの手桶、人間を飲み込むドラゴン、ヘビが描かれた盾、炎があしらわれているのはミラノ公の鎧。対照させると、レオナルドのスケッチの下部の円は盾で、これは兵士やロボット用というよりは特別な機会に用いる装飾的なヘルメットと考えられる

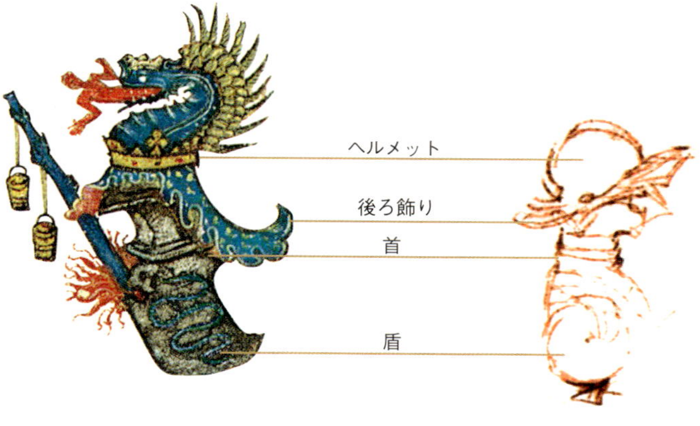

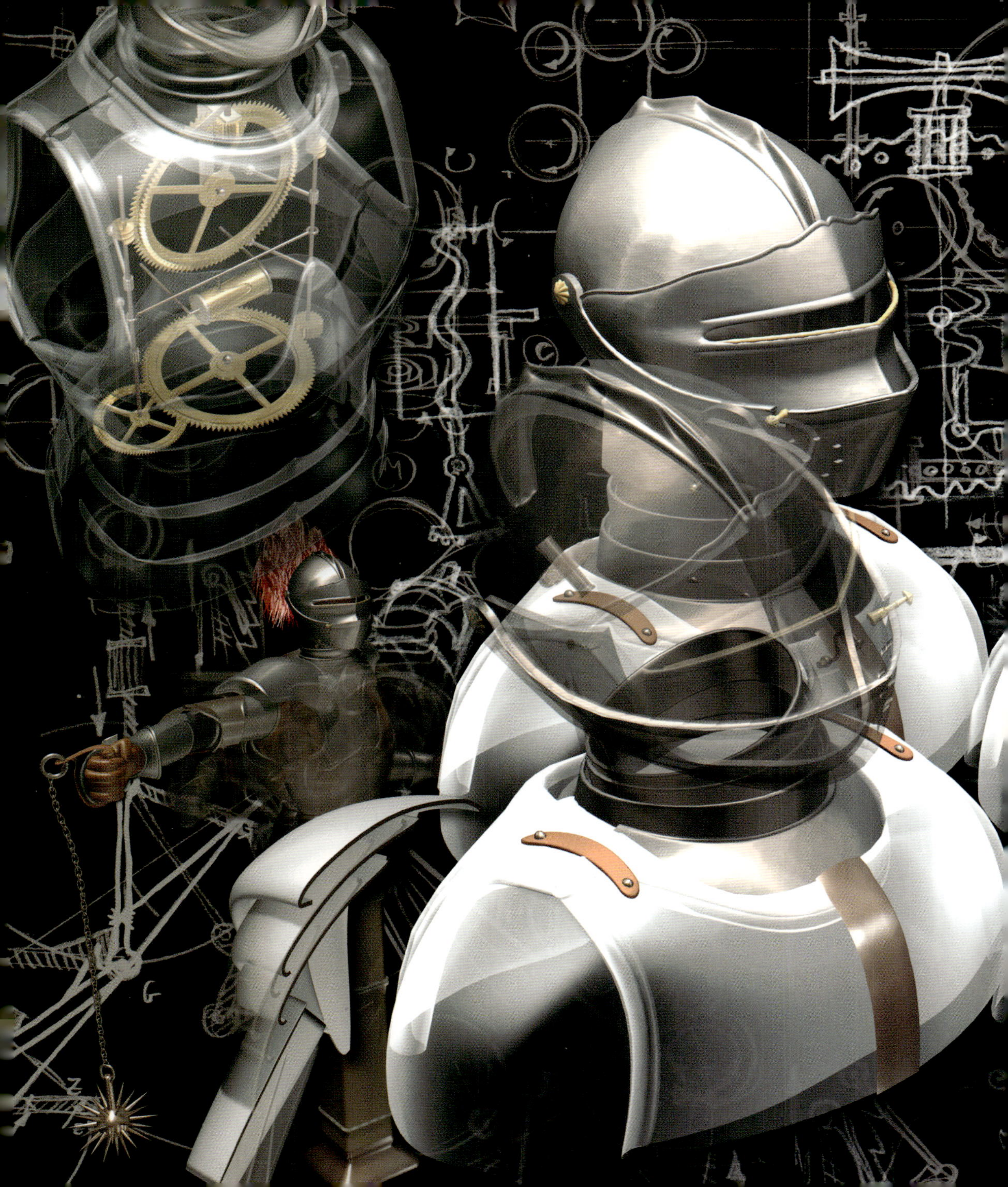

騎士の戦いを描いたこの彩色画では、右手の騎士がまさにヘルメットと鎧身ごろのすき間に槍を刺されている。鎧は当時のスフォルツァ軍のものだが、場面は紀元前507年のルキウス・ユニウス・ブルートゥスとセクストゥス・タルクィニウス（最後のローマ王の息子）の戦いである（古代ローマの歴史家リウィウスによると二人とも命を落とした）。このように歴史的出来事を当代の装束で描くことは珍しくなく、この絵が伝えるのは古代ローマではなく15世紀の騎士の戦いの様子である。彼らは首や肩に傷を負うことが多かった

1547年の版画。二人の騎士の戦いで、やはり頭部を狙って攻撃している。頭部は最も保護すべきであると同時に、最も動きの自由度が必要でもあり、レオナルドのデザインはこの両方を実現する

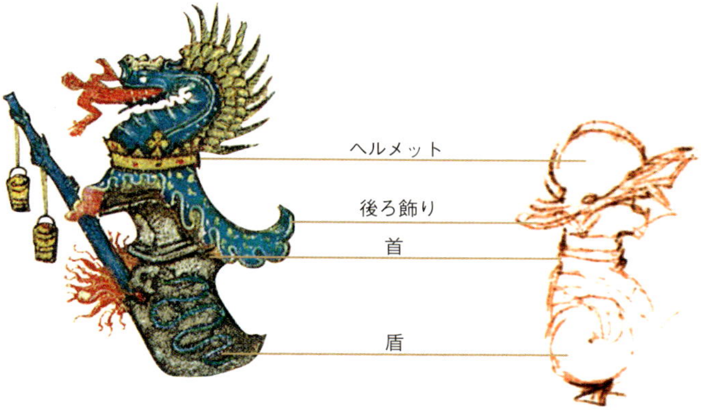

上の彩色画とともに収録された他の絵には、さまざまな紋章が見られる。たとえば2つの手桶、人間を飲み込むドラゴン、ヘビが描かれた盾、炎があしらわれているのはミラノ公の鎧。対照させると、レオナルドのスケッチの下部の円は盾で、これは兵士やロボット用というよりは特別な機会に用いる装飾的なヘルメットと考えられる

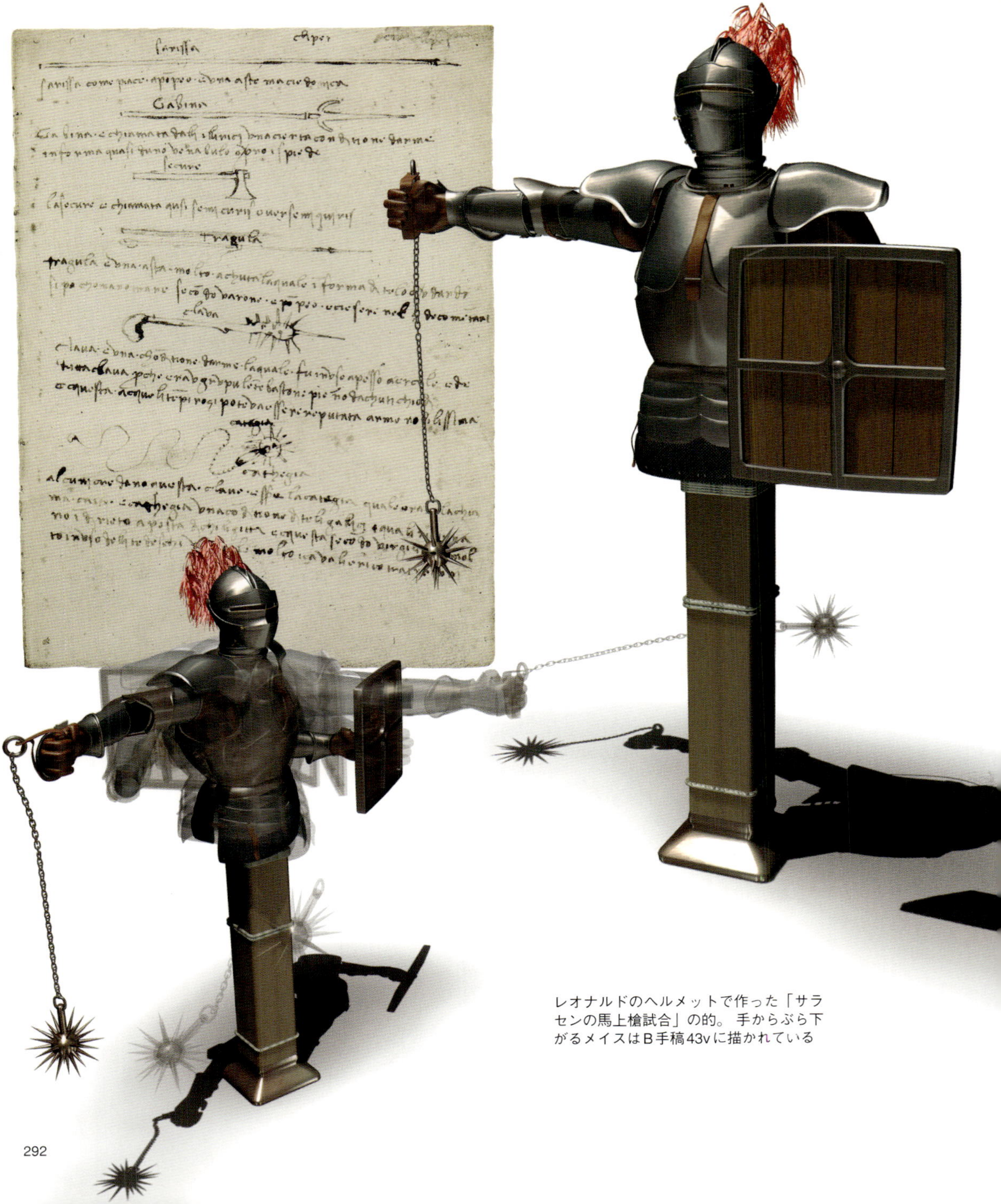

レオナルドのヘルメットで作った「サラセンの馬上槍試合」の的。手からぶら下がるメイスはB手稿43vに描かれている

エスケープメント機構に振り子運動をする
ヘルメットを組み合わせた時計の想像再現図

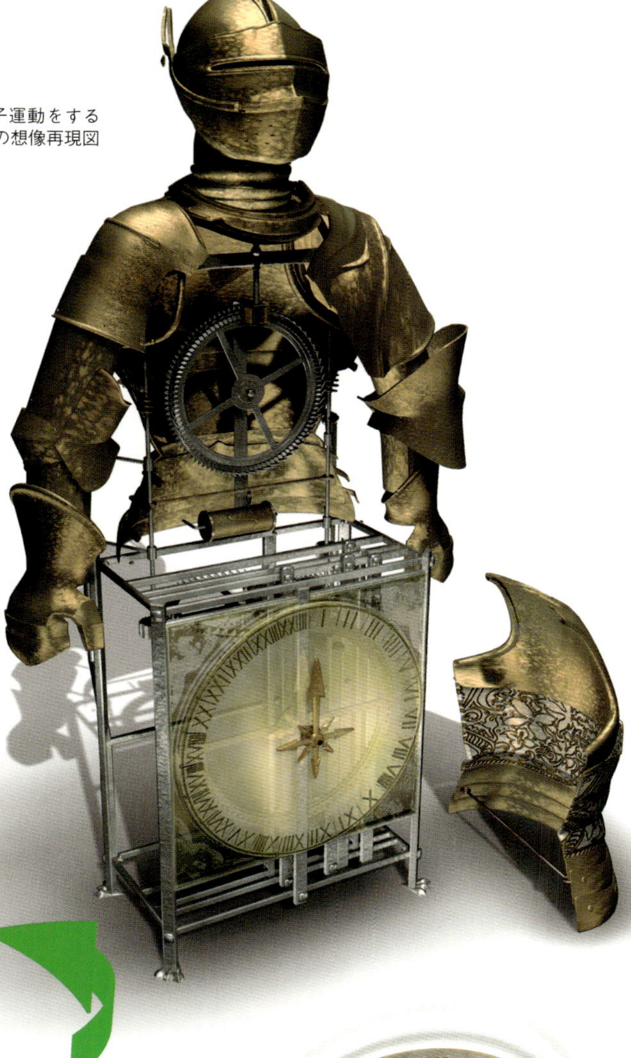

首が左右にも動かせるのがリング型部品
の最大の長所。当時、ここまで自由度の
高いヘルメットは存在しなかった

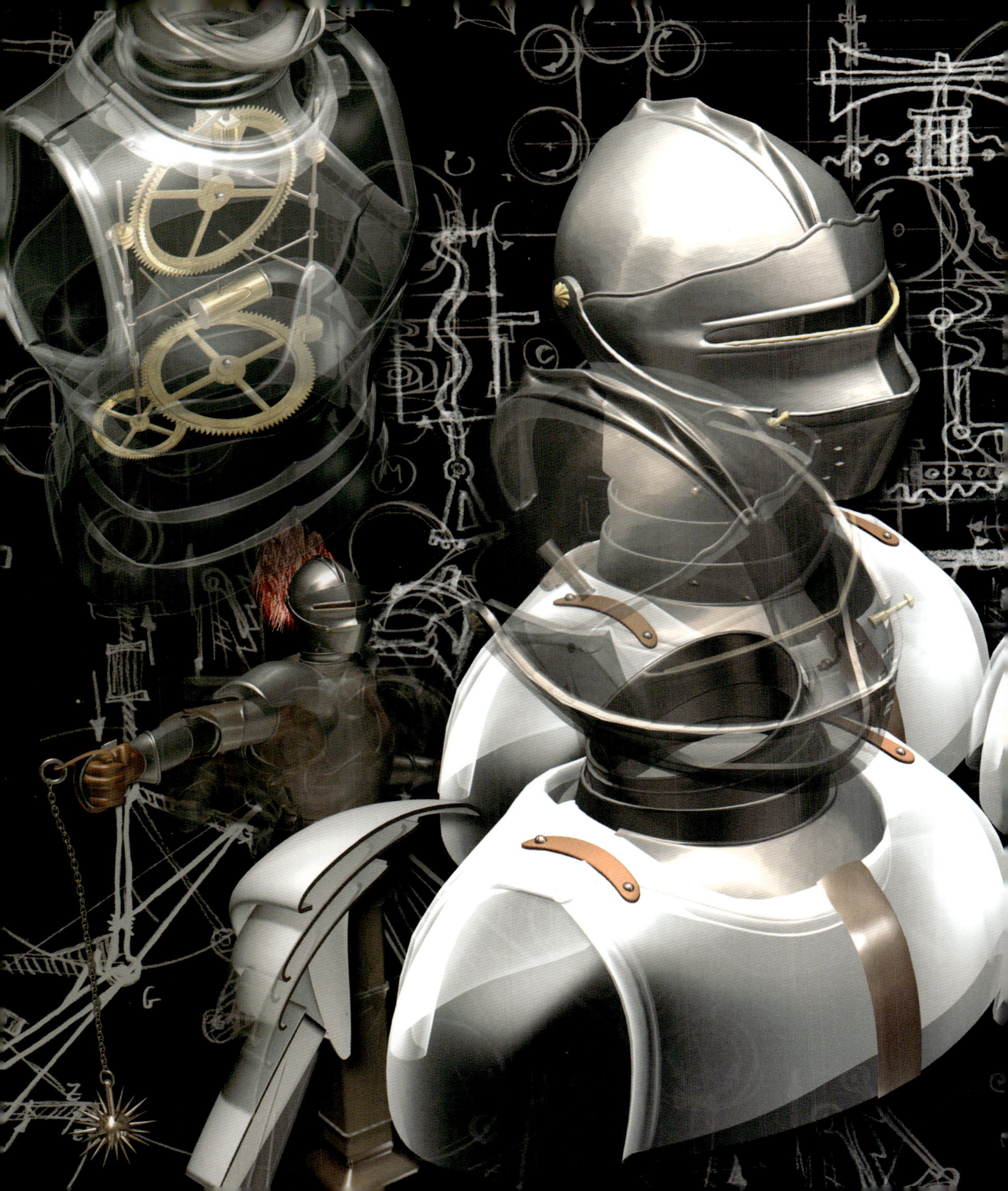

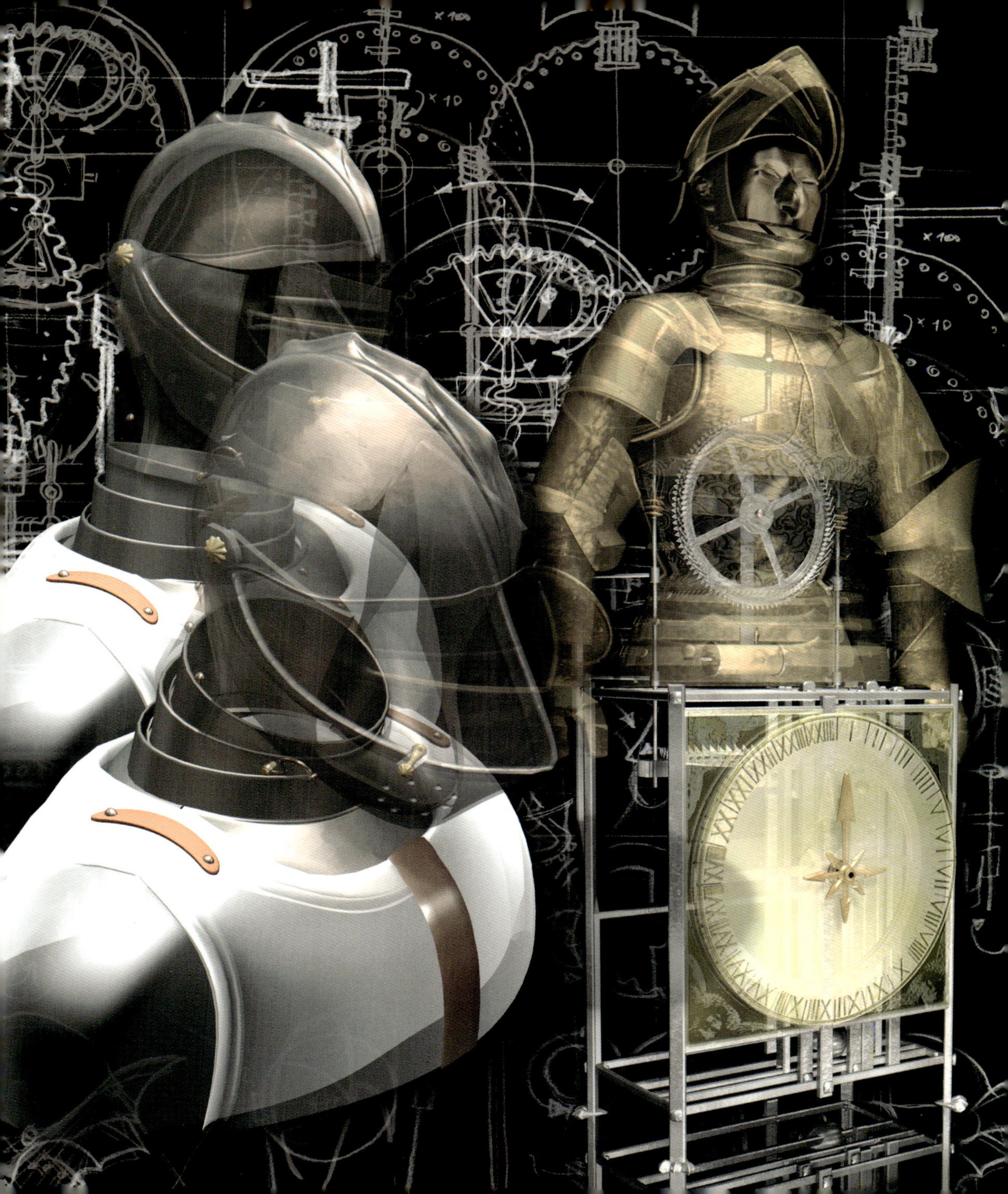
x 100
x 10
x 100
x 10

15世紀ミラノの兵士が使用した兜
（スフォルツァ城博物館蔵）

兵士

1077rとは違い、579rのスケッチはあれこれと互いに関連しており、レオナルドが“ロボット”を構想していたかどうかを見きわめる手掛りになる。ここで取り上げる579r-5、6、13、16のうち、もっともわかりやすく、そして重要なのは579r-16だ。1077rのヘルメットとは形が違い、よりシンプルで、スケッチは正面図である。

これは15世紀のミラノで一般的だった兜《かぶと》で、正面にTまたはY字型の溝がある。騎士のヘルメットとくらべると安価で、簡単に作ることができた。実際に戦闘で使用するので、安くてすぐに作れることは重要だった。Y字型は鼻を守るためのデザインで、とくに両目の間に装飾や紋章があしらわれてはいない。

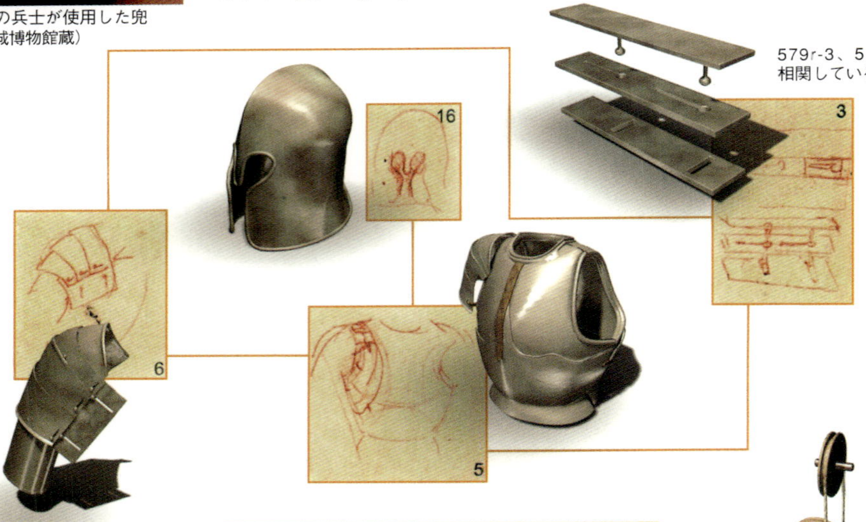

579r-3、5、6、16は、相関しているのだろうか

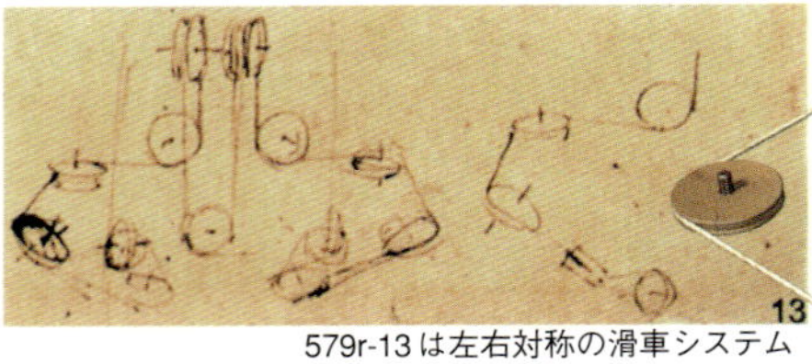

579r-13は左右対称の滑車システム

579r-5、6は鎧の身ごろと肩鎧で、接合部にはボルト－溝穴システム（579r-3）を使用。つまり579rで研究されているのは鎧の各パーツの接合方法といえる。ボルトと溝穴、鋲《びょう》ならパーツの交換も簡単だから、戦闘中に破損部を剥ぎ取ることもできる。

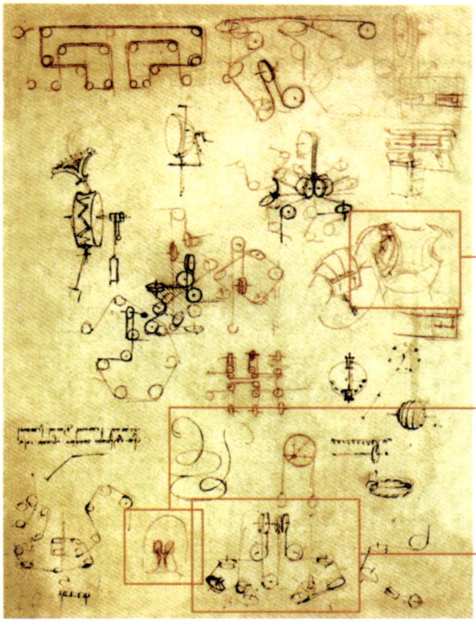

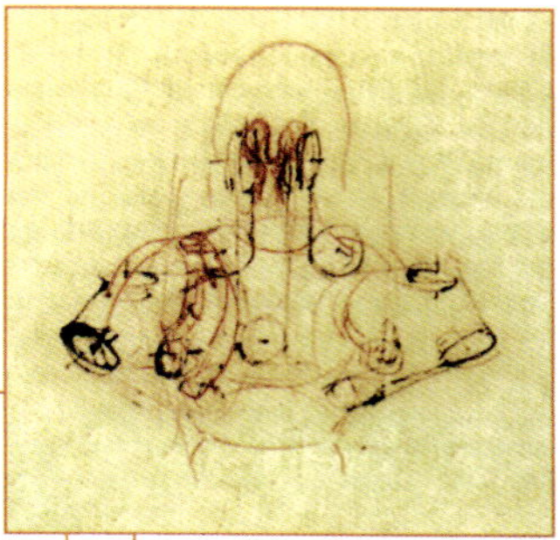

579r。3点のスケッチを重ねると、ロボット兵士の上半身が組み上がる

レオナルドは、新しい鎧の接合方法を研究していた。そうでなければ579r-5、6のように細部を詳しく描く必要はなかった。これらのスケッチの主役が鎧そのものでなく接合部だとすると、ロボットにいちばん近いスケッチは579r-13の滑車システムである。

滑車の可能性をすべて盛り込んだような複雑な構造は、左右対称の形が“一対の腕と頭”を連想させる。コンピュータ処理をすれば、ロボットの内部構造として再現できるだろう。上身ごろの中に収まり、両腕に動力を伝えるのだ。しかし、問題はその作動方法で、スケッチには滑車をつなぐ綱が1本しかなく、両腕を別々に動かすことができない。また、動力源も不明だし、綱の一端は手の部分にあたる閉じた機構に入り込んでしまっている。

機械仕掛けのライオンと同じように、私たちは模型を作ってみた。綱を引き、滑車を回してさまざまなパターンで実験をくり返し、たどりついたのが右図の構造だ（動作を安定させるために手首、肘、肩のところに小さな伸縮バネを加えている）。

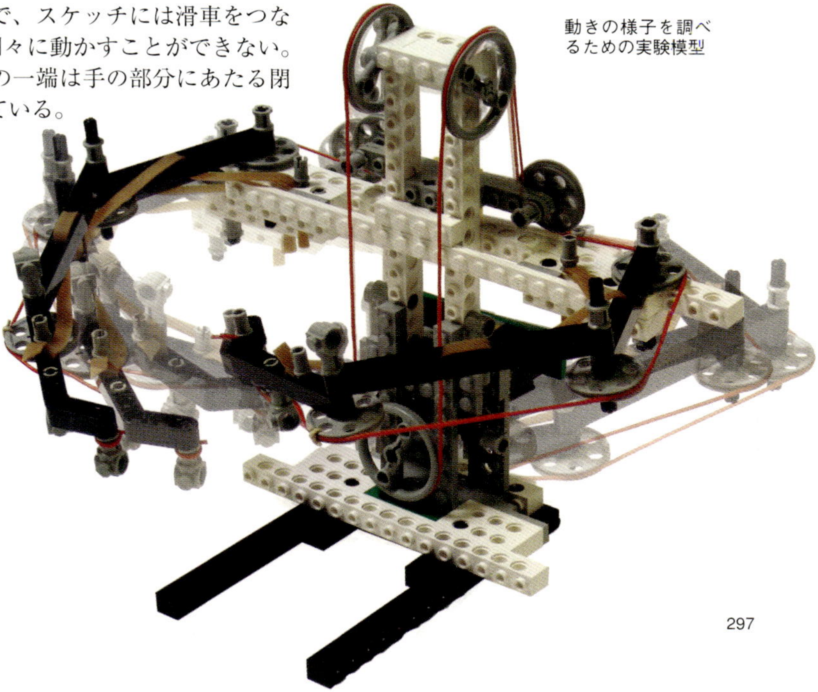

動きの様子を調べるための実験模型

ロボット兵士の内部は
こんな感じだろうか？

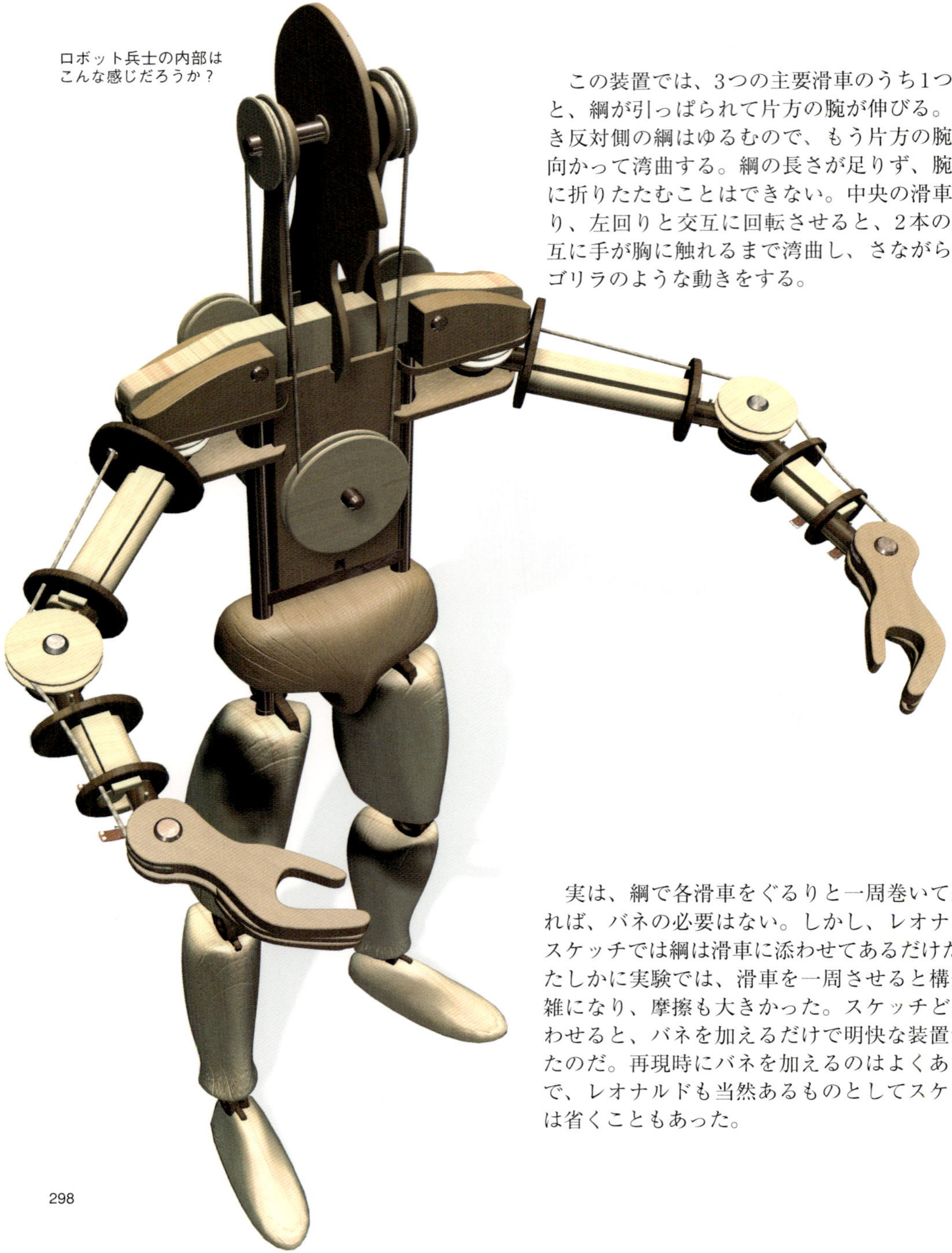

この装置では、3つの主要滑車のうち1つを回すと、綱が引っぱられて片方の腕が伸びる。このとき反対側の綱はゆるむので、もう片方の腕は胸に向かって湾曲する。綱の長さが足りず、腕を完全に折りたたむことはできない。中央の滑車を右回り、左回りと交互に回転させると、2本の腕は交互に手が胸に触れるまで湾曲し、さながら怒ったゴリラのような動きをする。

実は、綱で各滑車をぐるりと一周巻いて連結すれば、バネの必要はない。しかし、レオナルドのスケッチでは綱は滑車に添わせてあるだけだった。たしかに実験では、滑車を一周させると構造が複雑になり、摩擦も大きかった。スケッチどおり添わせると、バネを加えるだけで明快な装置ができたのだ。再現時にバネを加えるのはよくあることで、レオナルドも当然あるものとしてスケッチでは省くこともあった。

この模型作りにあたっては、フランスの外科医アンブロワーズ・パレの医学書（1582年）にある人工の手足の図が役立った。機械式の手や腕、足の図で、小さなバネの働きで手が閉じては開き、腕が伸びたり縮んだりする。レオナルドが医学目的で人工の手足を構想したことは伝えられていないが、バネを追加すると、模型の構造はルネサンス期の鎧とそっくりな形になった――当時、滑車などの機械装置を使って機械式戦士を作る、という発想はだれも抱いていなかった。

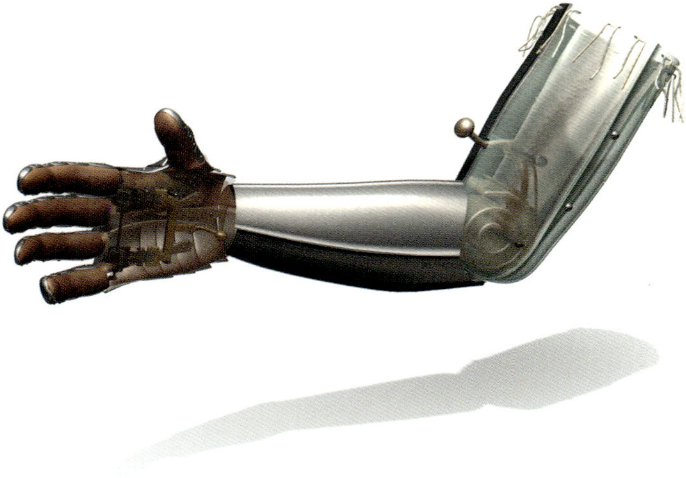

古代神話を別にすれば、つまりこれは史上初めてのヒト型ロボットである。似たものに、16～17世紀の医家ジローラモ・ファブリチの医学書に登場する模型人形があるが、これは矯正や保護目的で身体に装着した医療用の補助具だった。パレの人工手足もこの補助具も人間（患者）が操作する仕組みで、人間が動力源および操作手であり、レオナルドの自動人形とは明らかに性質が違う。

アンブロワーズ・パレが構想した人工の腕は、伸縮バネの働きで作動する

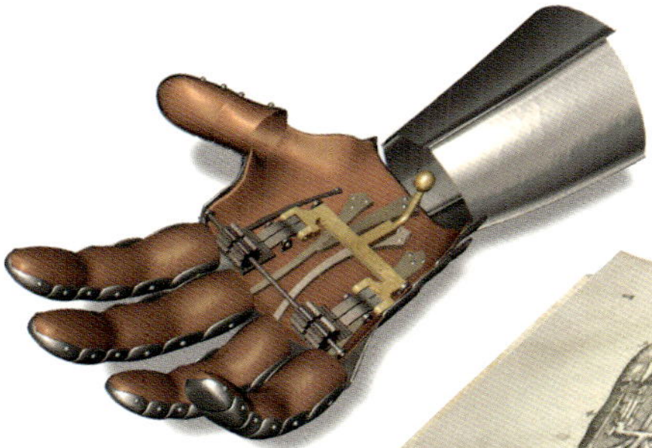

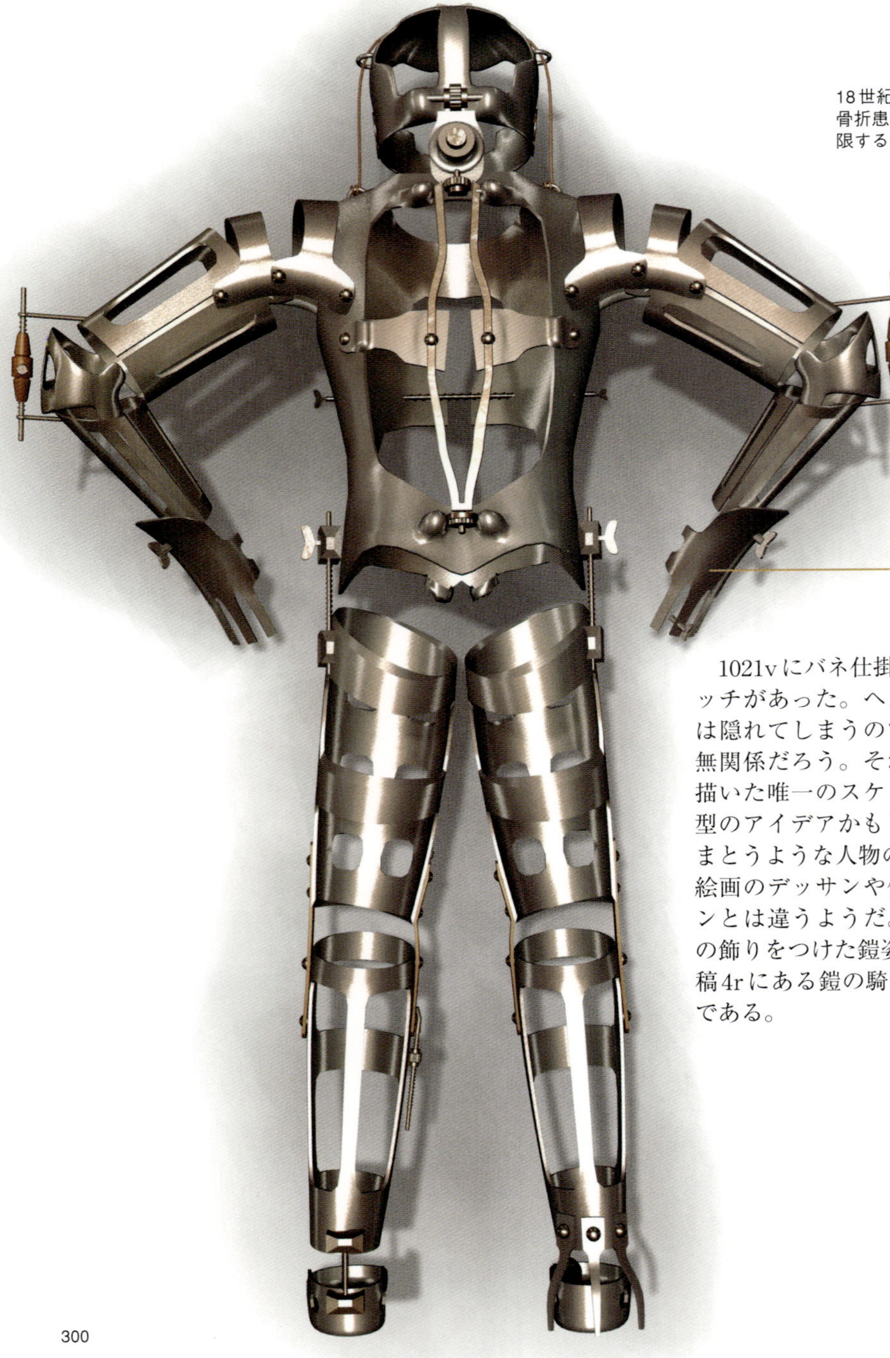

18世紀の医療用全身補助具。骨折患者などの体の動きを制限するために使われた

1021vにバネ仕掛けらしい人工顎のスケッチがあった。ヘルメットをかぶれば顎は隠れてしまうので、ロボット兵士とは無関係だろう。それでもこれは顔部品を描いた唯一のスケッチであり、ヒト型模型のアイデアかもしれない。579rに鎧をまとうような人物のデッサンはないので、絵画のデッサンや何らかの衣装のデザインとは違うようだ。ドラゴンやライオンの飾りをつけた鎧姿の人物像（p135)、L手稿4rにある鎧の騎士像とは異なるタイプである。

現存するレオナルドの絵画に、鎧やヘルメット姿の騎士・兵士を描いたものはない。戦闘を描いた「アンギアリの戦い」の習作は戦いの場面を生々しく描いているが、鎧らしい鎧の描写はない。「アンギアリの戦い」はヴェッキオ宮殿の壁の奥に隠されているという噂が本当なら、やがて発掘され、そこに無数の鎧を見ることができるかもしれない。しかし現在のところ、この絵はルーベンスが模写した一部しか残っていない。

L手稿3vと4r

「アンギアリの戦い」に描かれた鎧やヘルメットは、戦士の残虐性を象徴的に表現したものである。つまり、579rにある鎧やヘルメットを、レオナルドは他に描いていない。鎧をまとった戦士の絵はなく、あるのは鎧の腕を動かす滑車システムだけなのである。

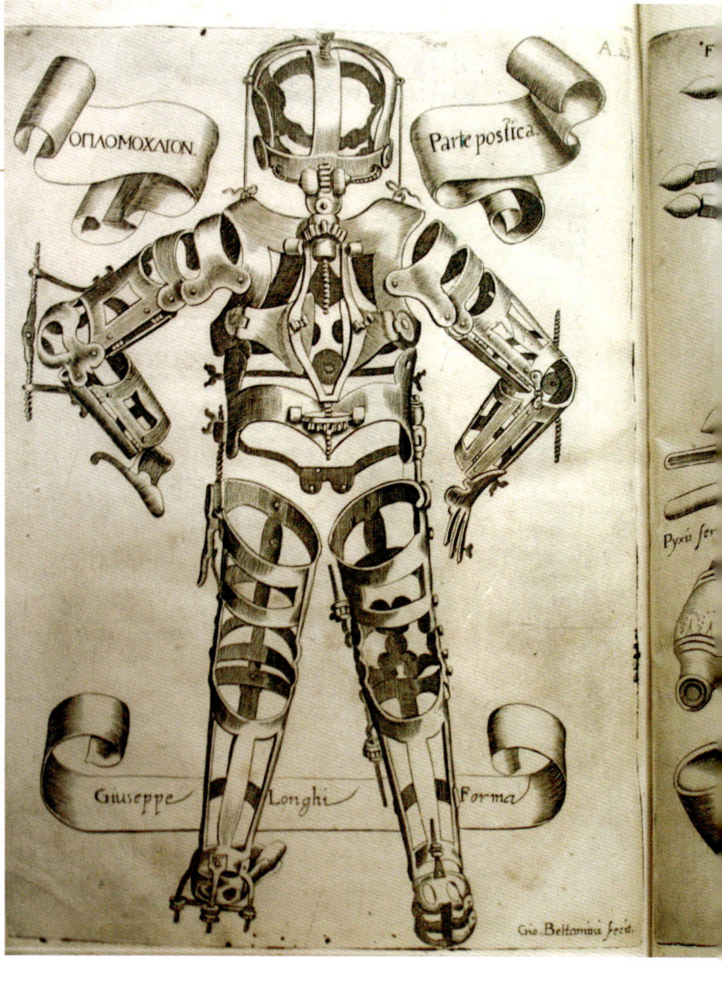

ジュゼッペ・ロンギの医療用全身補助具（1700年）

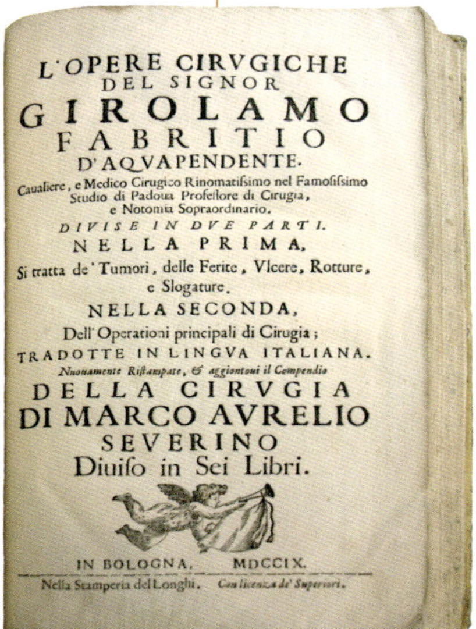

L'OPERE CIRVGICHE
DEL SIGNOR
GIROLAMO
FABRITIO
D'AQVAPENDENTE.
Caualiere, e Medico Cirugico Rinomatissimo nel Famosissimo Studio di Padoua Professore di Cirugia, e Notomia Sopraordinario.
DIVISE IN DVE PARTI.
NELLA PRIMA,
Si tratta de' Tumori, delle Ferite, Vlcere, Rotture, e Slogature.
NELLA SECONDA,
Dell' Operationi principali di Cirugia;
TRADOTTE IN LINGVA ITALIANA.
Nuouamente Ristampate, & aggiontoui il Compendio
DELLA CIRVGIA
DI MARCO AVRELIO
SEVERINO
Diuiso in Sei Libri.

IN BOLOGNA. MDCCIX.
Nella Stamperia del Longhi. Con licenza de' Superiori.

鎧の装飾モチーフは「巻き貝」

1963年にルーベンスが模写した「アンギアリの戦い」。左ページはデジタル処理で鎧だけを抜き出した図で、貝殻があしらわれている

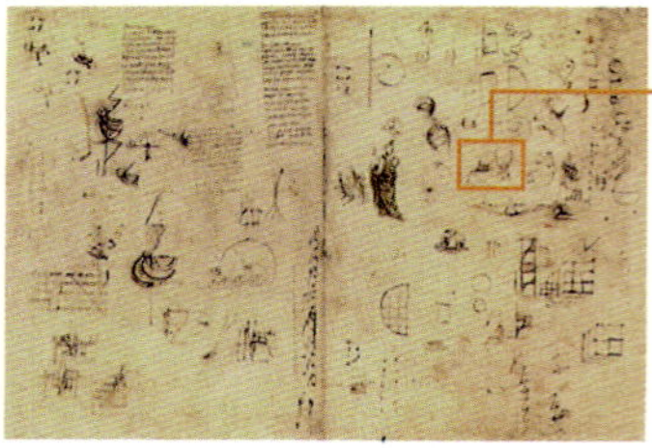
1021*v*

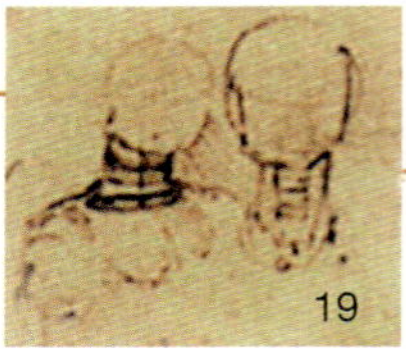

鎧と滑車システムを考えるには、その土台としての“ヒト型”が必要である。ボルト─溝穴システムの動く関節をもち、579r-13の滑車システムを内蔵する人形模型、だ。鎧をまとうのだから、各部の大きさや比率は人体に忠実でなければならない。1021r-24（腕）、1021v-23（足）、1021v-19（頭）がそれだろうか。1021v-23（足）の膝の裏側に見える三角形の部品は、留め具かバネのようである。

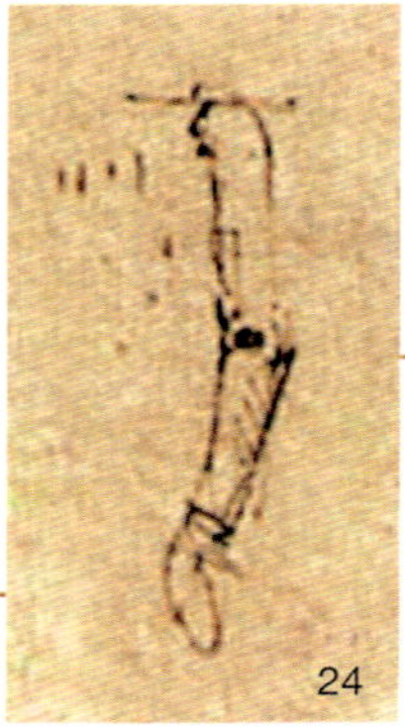

1021*r*

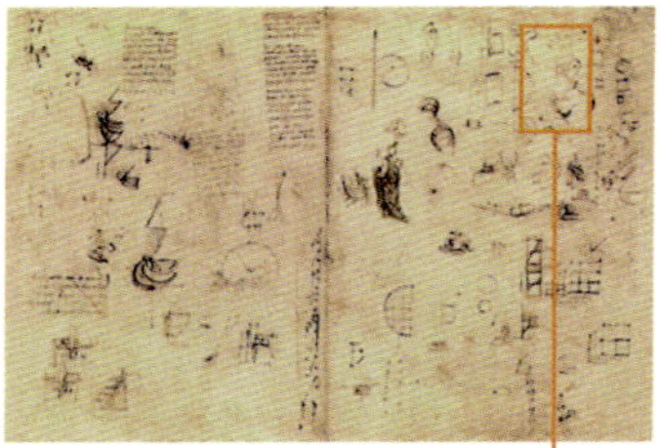
1021*v*

579rに人体細部のスケッチはないが、レオナルドは鎧を人形に着せるつもりだったか、またはあえて描く必要はないと考えたのだろう。レオナルドの人体図は解剖学史においてもまれに見る完成度で、すぐれた観察眼がもたらした傑作である。その知識を生かせば、あえてヒト型を描かなくても、滑車システムの関節部を正しく位置づけることができたはずだ。

いちばんの手掛りは、並んで描かれた1021v-15、16のスケッチである。右端（16）は人間の膝の関節、中央（15の右）はボルトを使って同じ構造を再現した人工関節、左端（15の左）はその人工関節に動力を供給する滑車の仕組みだ。さらに、マドリッド手稿Ⅰの100vには、人工関節のためのさまざまな接合部品が記されている。

1021r-24、1-21r-23、1021v-19の部品を組み込んだロボット兵士

腕、手の骨の研究（ウィンザー紙葉135r）

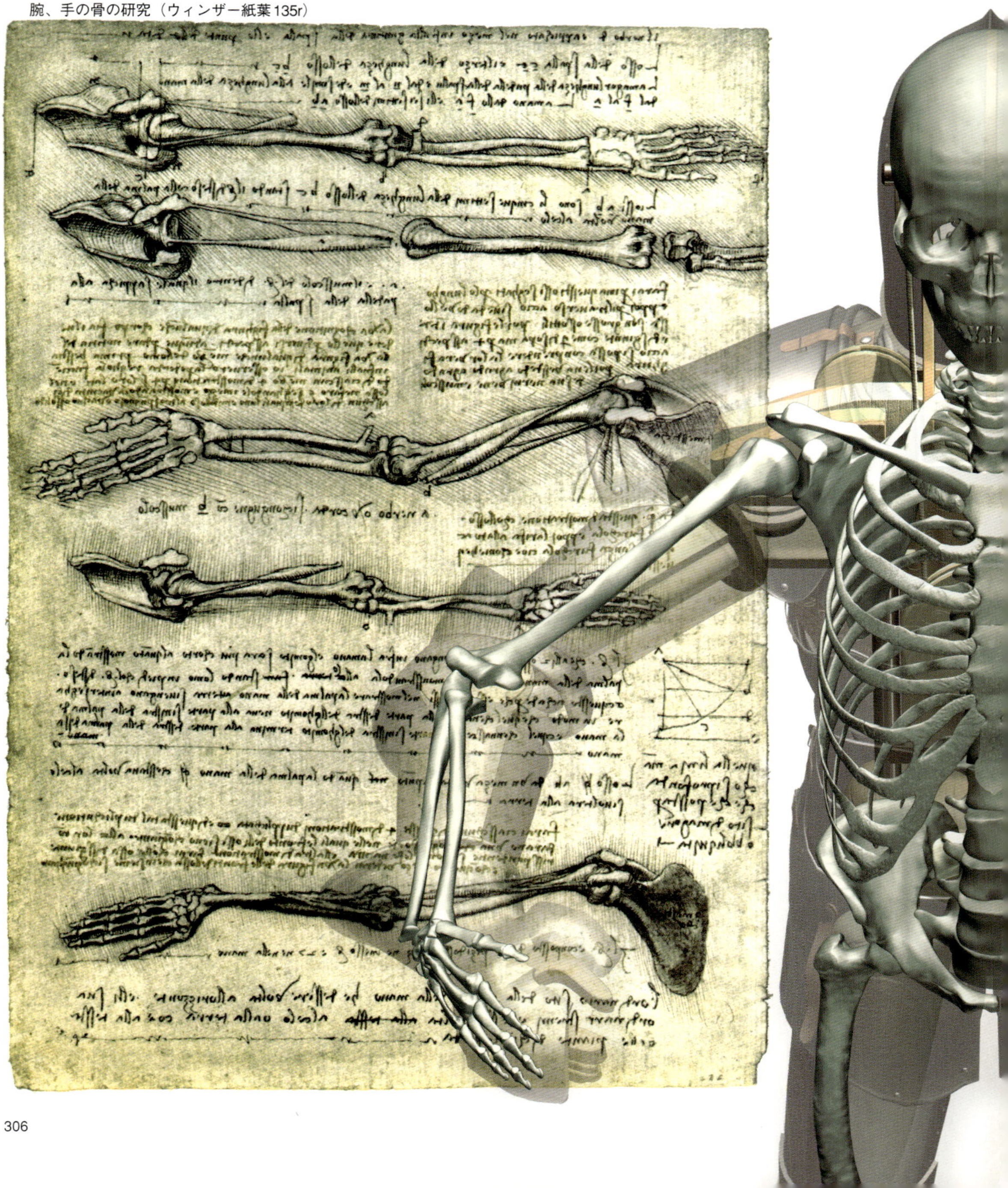

首の骨、神経系の研究（ウィンザー紙葉135r）。わかりやすく簡略化した図なのでロボット部品のようにも見えるが、そうではない

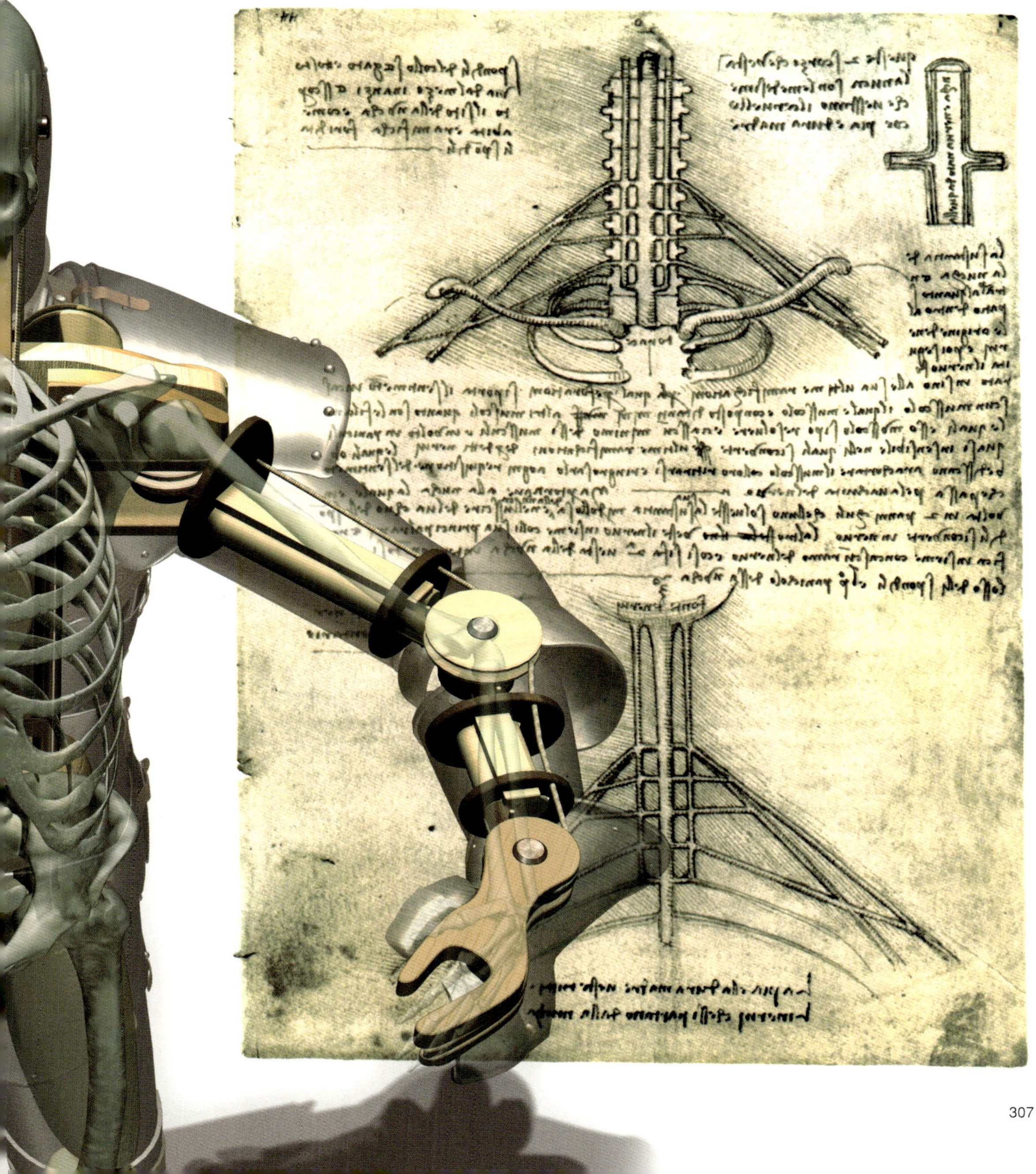

ここまで私たちは、中央の滑車が回ると両腕で交互に胸を叩くロボット兵士、つまりロボットの胴体部を見てきた。次は頭、足——と言いたいところだが、残念なことに手稿にそれらしいものはない。

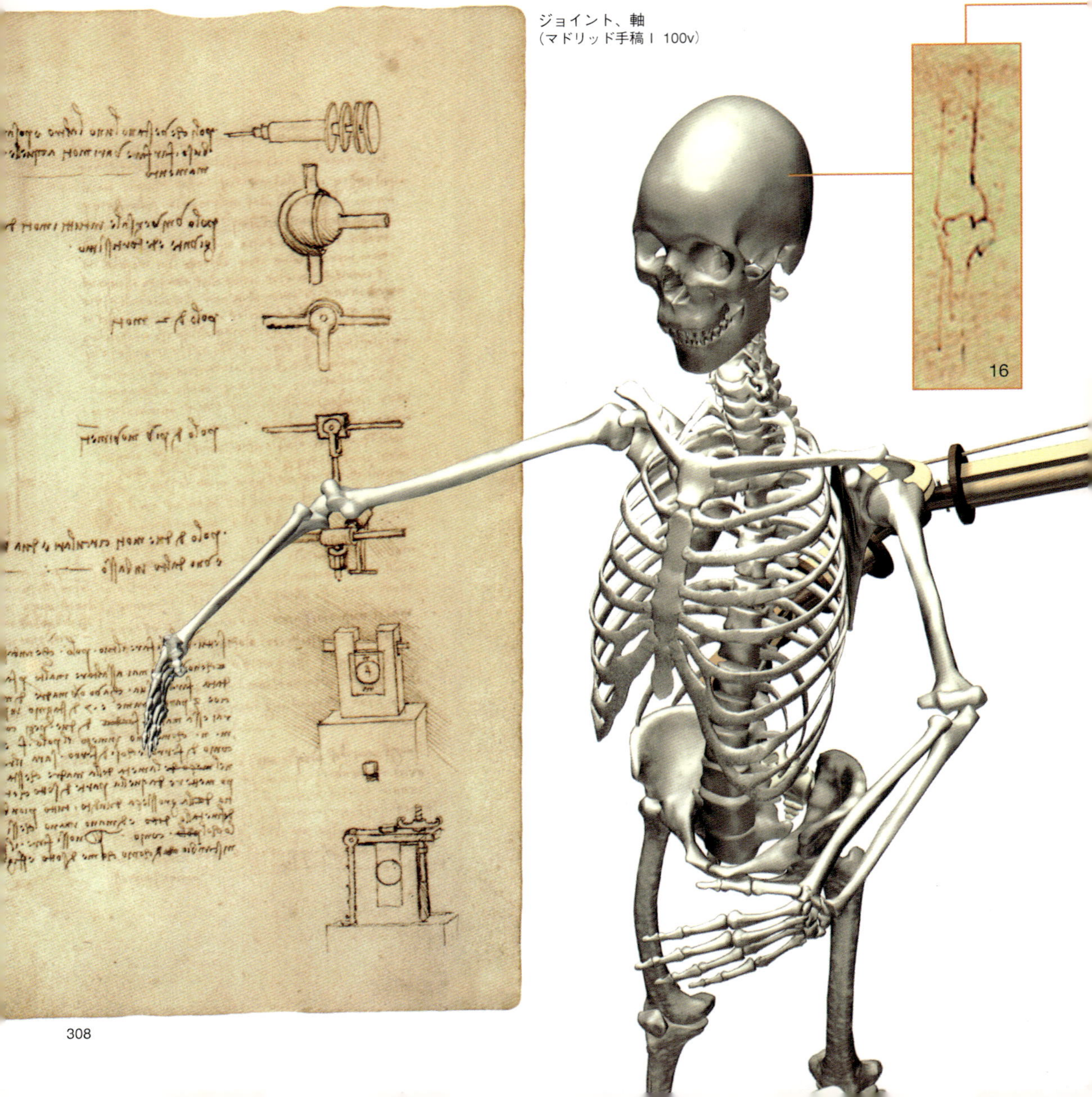

ジョイント、軸
（マドリッド手稿 I 100v）

マドリッド手稿Ⅰの90vに描かれたライオンの足の装置が、人間のものではないのは4章で見たとおりだし、これを応用すると、動力源の回転盤がロボットの目の前にくるというおかしなことになる。やってみたところで、頭に位置する2つの滑車はきちんと動かないだろう。

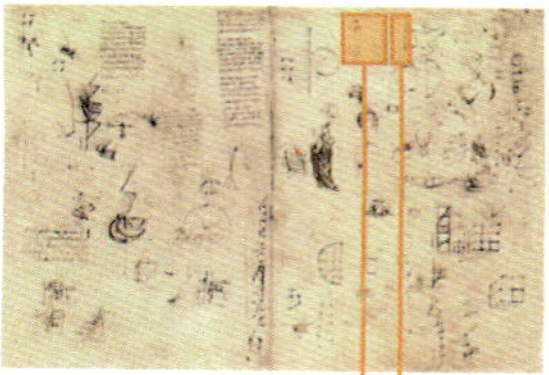

1021*v*

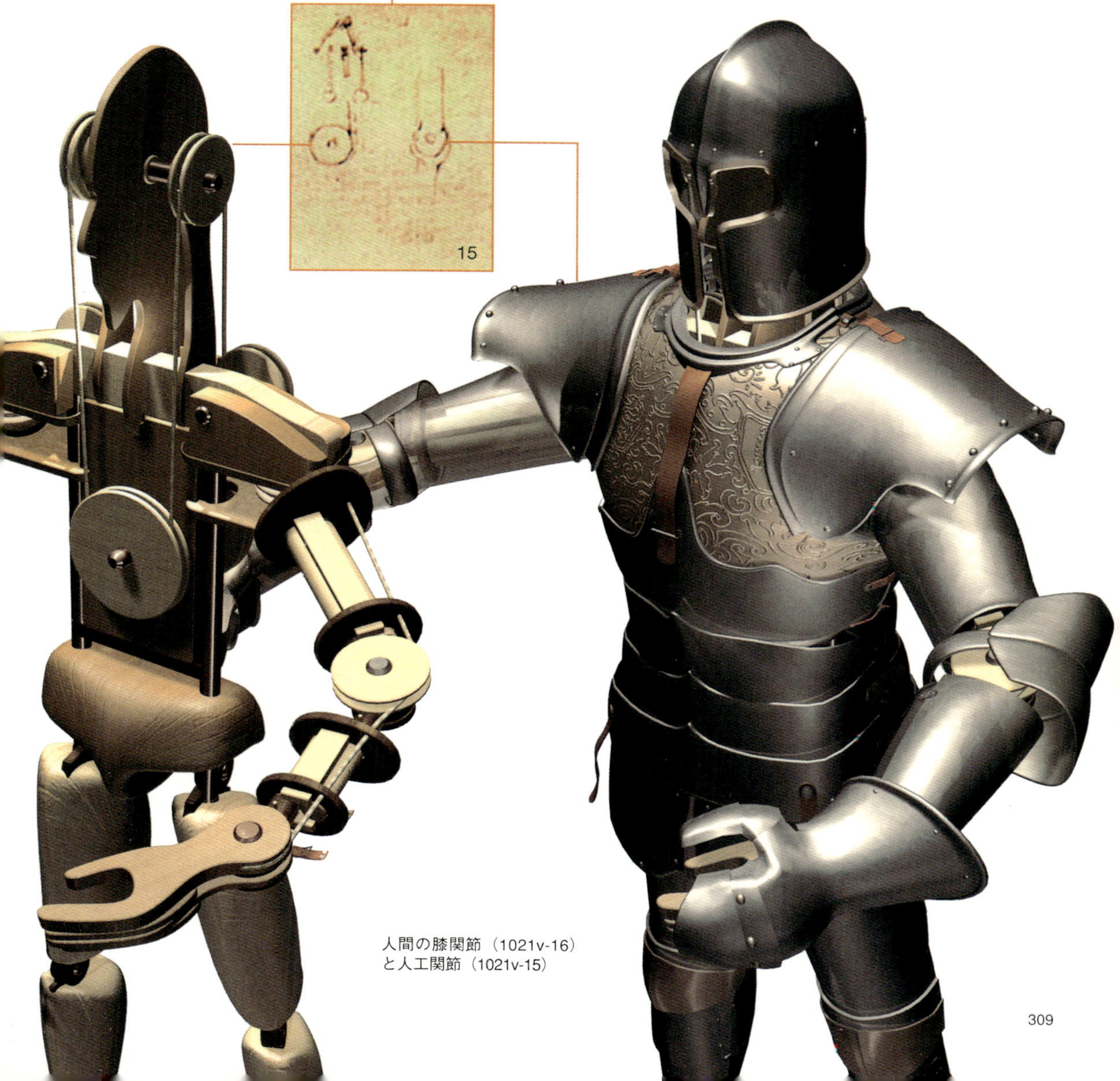

人間の膝関節（1021v-16）
と人工関節（1021v-15）

動力を伝達する滑車システムの部品

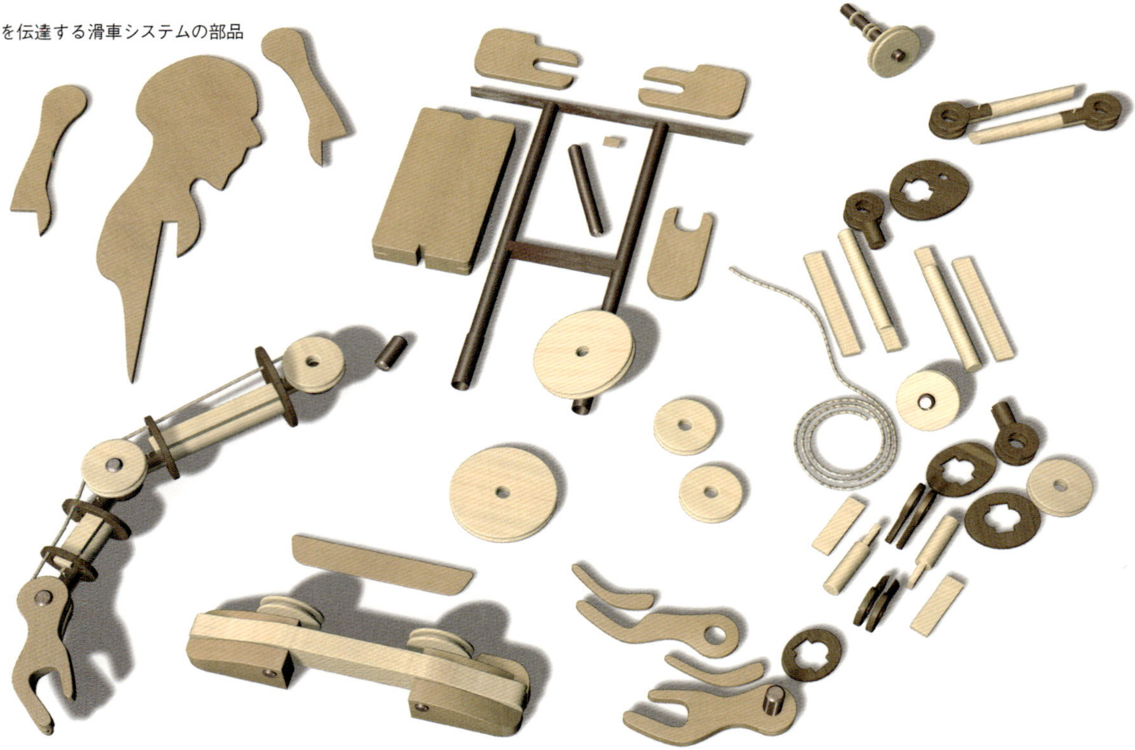

ライオンの前足の動き

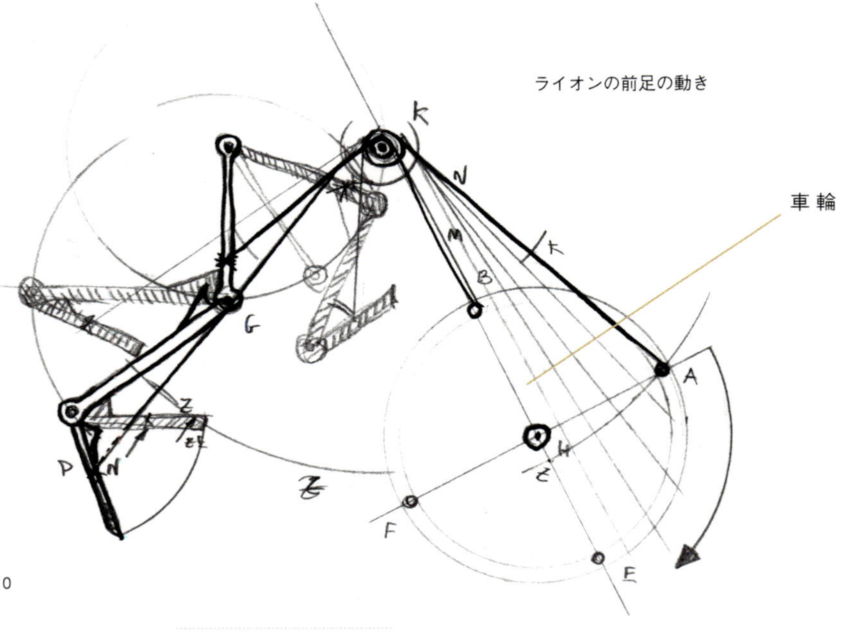

レオナルドがこの手稿で構想したのは、実戦用の新型鎧、または腕で胸を叩く自動人形だったのだ。さまざまな手掛りにまどわされ、ロボット兵士をでたらめに再現した研究家もいたが、複雑なだけの用途不明な機械をでっち上げたにすぎない。

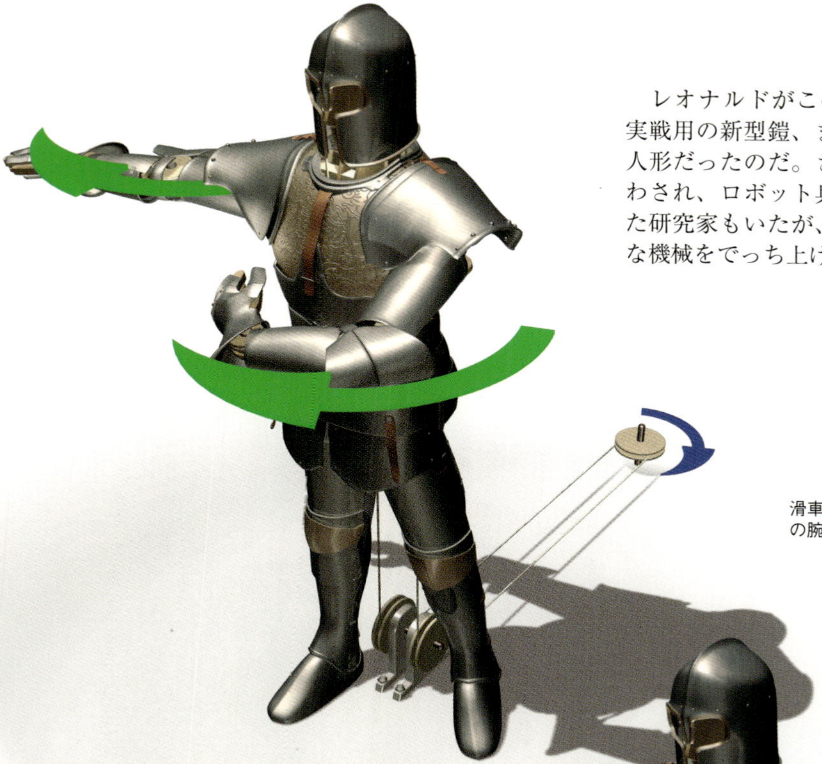

滑車を使うとロボット兵士
の腕はこのように動く

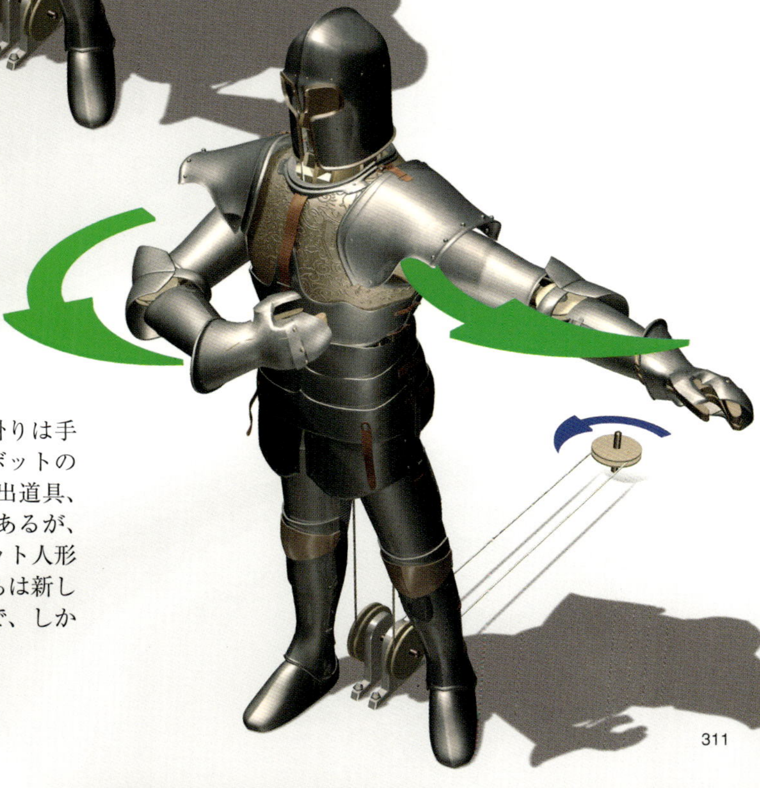

2本の足をもつロボットの手掛りは手稿にはなく、そもそも2本足ロボットの使い道が不明なのだ。式典の演出道具、または見せ物だったという説もあるが、レオナルドがこの史上初のロボット人形を構想した理由について、私たちは新しい考えにたどり着いた。画期的で、しかも理にかなった新説である。

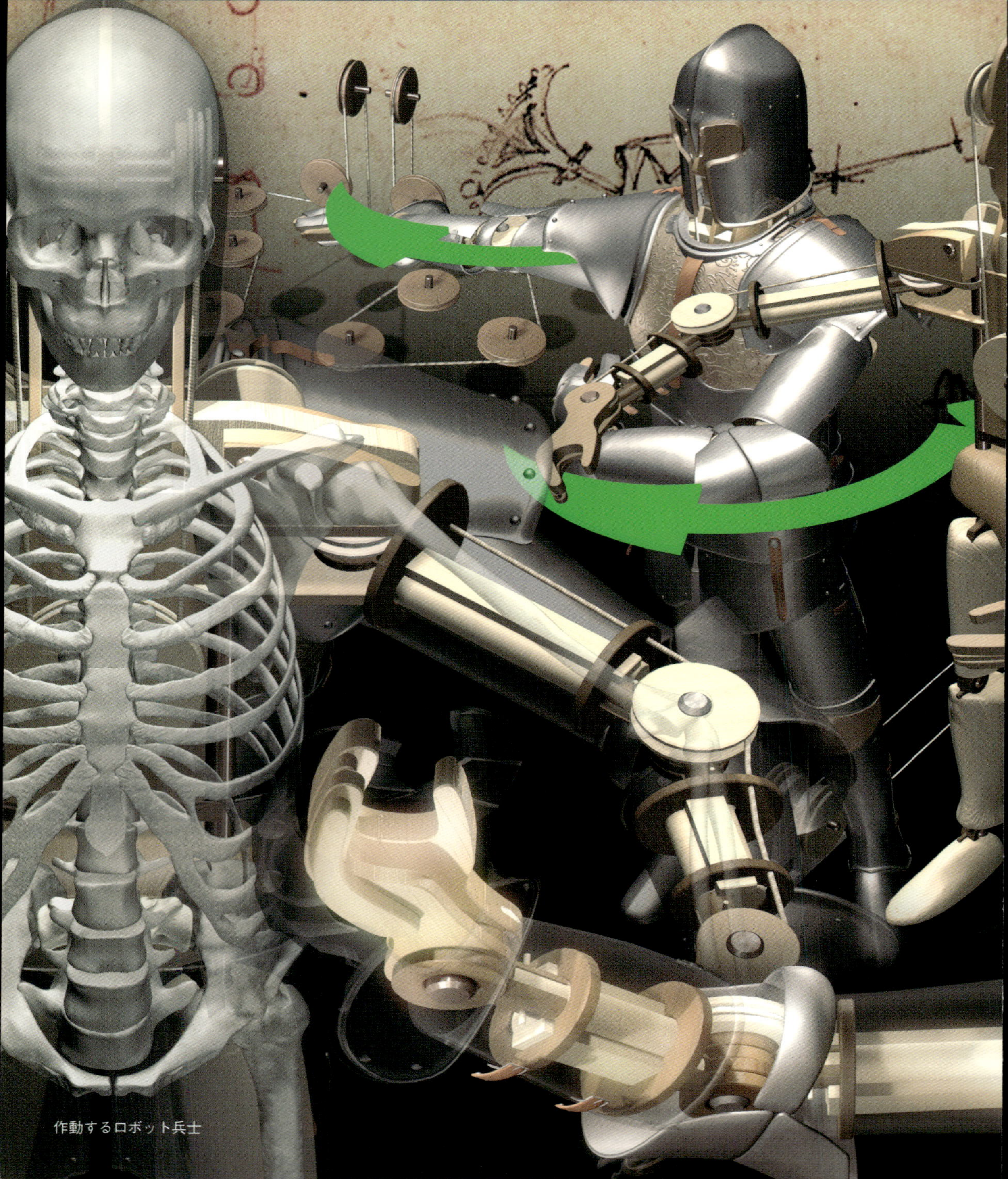

作動するロボット兵士

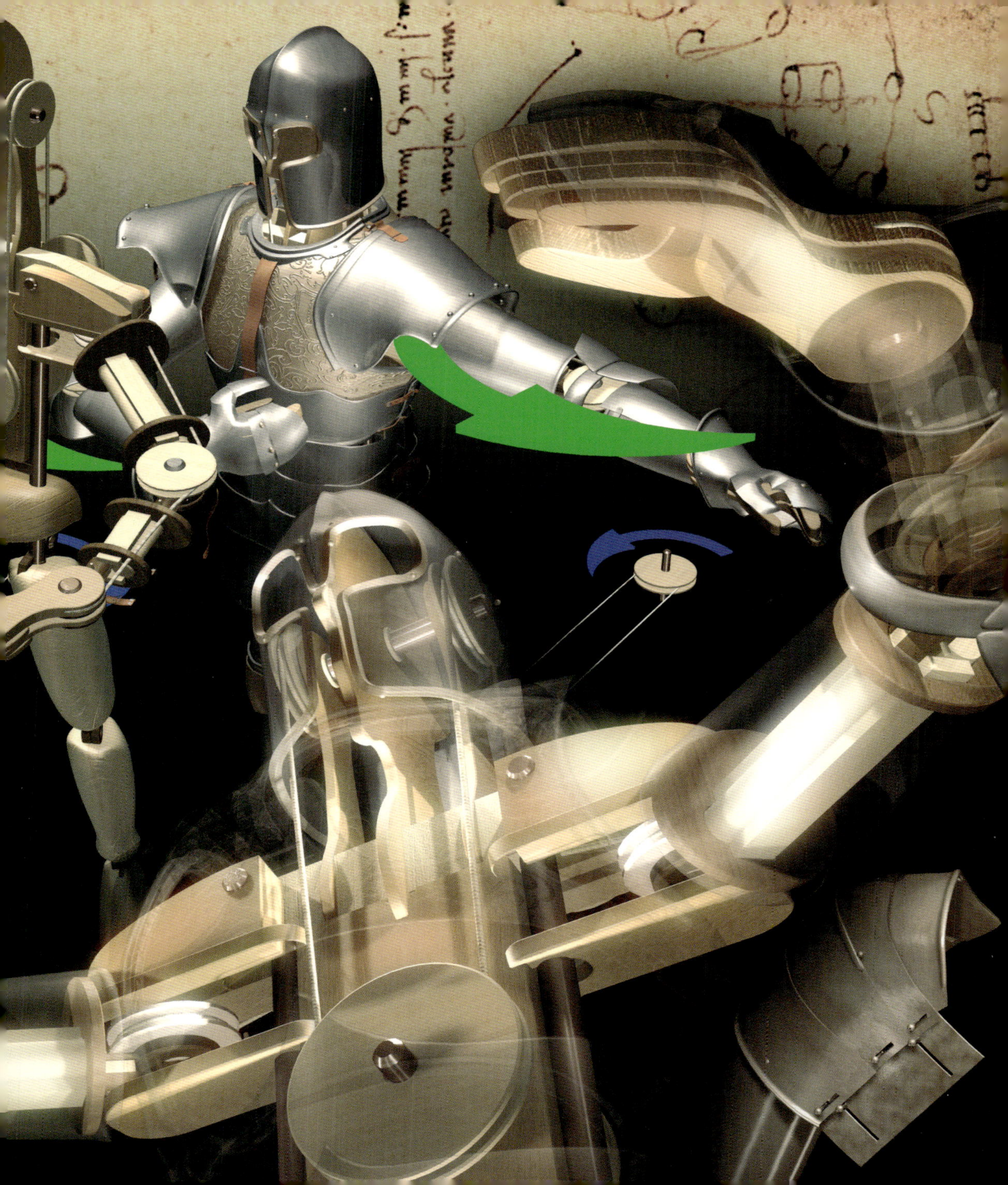

ロボット兵士の軍隊

ロボット兵士の目的は何だったのか、私たちはレオナルドが自動人形の設計を書きとめた579rの手稿からその謎を追った。手掛りは、ミラノのスフォルツァ城が所蔵する「悪魔人形」だ。製作者は不明だが、1500～1600年に作られたもので、時計機構のような装置が仕込まれた箱に、木製の胴部と悪魔のような形相の頭部がついている。その頭と目が動く仕掛けだったらしく、暗闇や洞窟でこれと対面したら、大の男ですら踵を返して退散したことだろう。重り式の時計機構とキリスト像の胴体部を組み合わせ、悪魔の頭部だけがこの装置のために新たに作られたらしい。

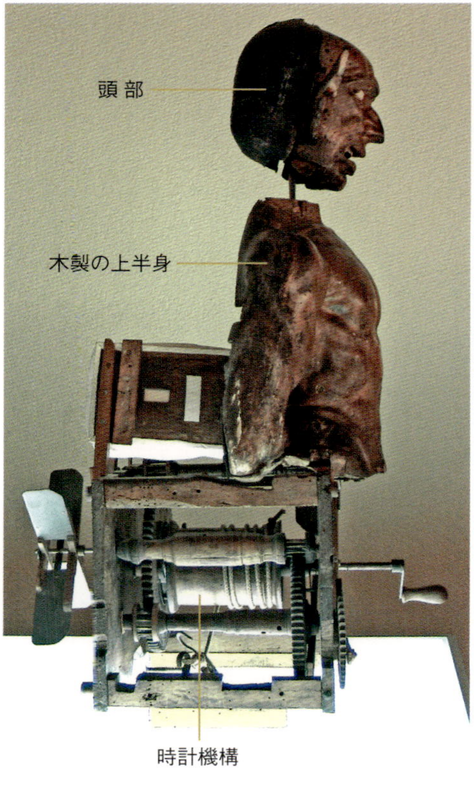

悪魔人形の頭部（16世紀、スフォルツァ城博物館蔵）。
左：悪魔人形は3パーツに分かれる

人を驚かすだけなら、レオナルドはこの悪魔人形のような装置を作っただろう。少年時代、彼は恐ろしげな幻獣を空想しては絵に描いた。動物から発想を得ることもあり、事実、大人になってからスケッチにも描いたドラゴンのように、ヤモリやトカゲをあれこれと“装飾”し、友人たちを驚かしては悦に入ったという。

しかし、579rに描かれているのは幻獣ではなく、スフォルツァ城の守備隊をはじめ、ミラノ人がよく目にしただろうシンプルな兵士の鎧である。ゴリラのように胸を叩くありふれた兵士では、人々の度肝を抜くことはできない。これが見せ物装置だとは考えられないのだ。

謎を解くため、視点を広げてみよう。ミラノ公ルドヴィーコ・スフォルツァのお抱え技師として、数々の武器や戦闘装置を構想した軍事専門家レオナルドは何を目論んでいたか。579r、1021、1077の手稿のスケッチは、大半がマドリッド手稿Ⅰに描き写されている。しかし、ロボット兵士にまつわるものは手稿をまたいでばらばらに描かれ、どこにも描き写されなかった。考えられることは2つ——最終案を描いた手稿が失われたか、秘密裏に研究を進めるため、わざとばらばらに描いて他のスケッチに紛れ込ませたか、だ。

ヴァルトリウス『軍事論』(1472年)

タッコラ『機械論』(1430年)

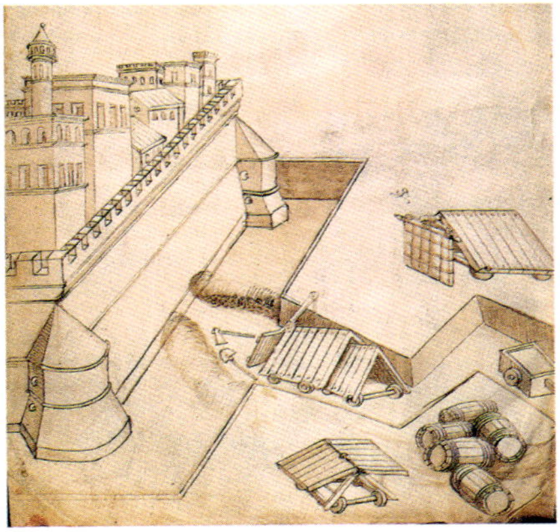

フランチェスコ・ディ・ジョルジョ『建築論』(1480年)

秘密裏に研究したのなら、レオナルドはこのアイデアを他人に盗まれることを怖れていたろう。また、馬上槍試合や見せ物のための人形なら、外観にもっと工夫を凝らし、他の舞台衣装のデザインスケッチのように怪物や天使の姿に仕立てただろう。

“兵士”とのつながりとして、レオナルドが構想した戦闘装置から考えてみる。彼の戦闘装置には同時代の他の技師たちの作品にヒントを得たものがあり、また彼の兵法論は、たとえばヴァルトリウスの『軍事論』のようなものと考えてよい。

レオナルドは『軍事論』の写本を所有し、技師フランチェスコ・ディ・ジョルジョの『建築論』は書き込みをするほど熟読した。技師マリアーノ・ディ・ヤコポ(タッコラ)ほか種々の技術書にも親しみ、戦闘装置に限らず、さまざまな発明のアイデアを得た。くり返すが、レオナルドはただ模倣するのではなく、改良を加え、新しい機械に作り直したのである。

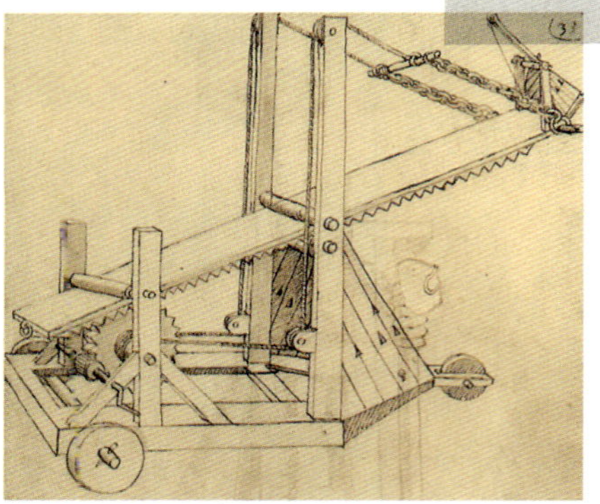

フランチェスコ・ディ・ジョルジョの可動橋

レオナルドの可動橋

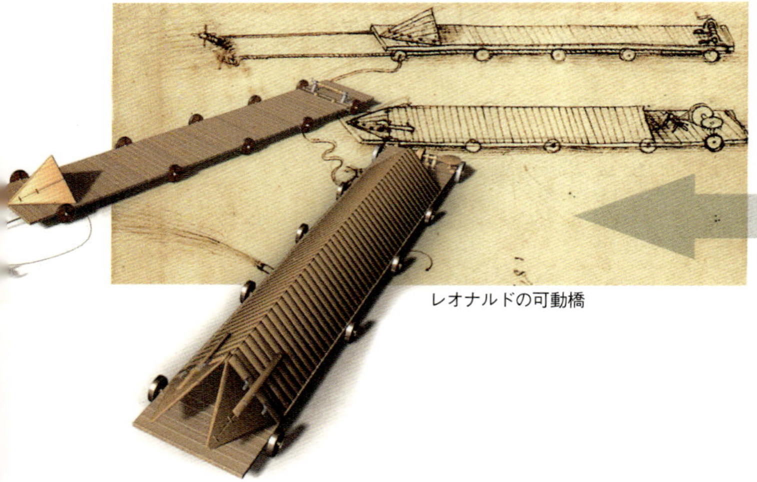

レオナルドの可動橋

フランチェスコ・ディ・ジョルジョの可動橋

ヴァルトリウスの大砲

レオナルドの鎧装式大砲

フランチェスコ・ディ・ジョルジョの大砲船

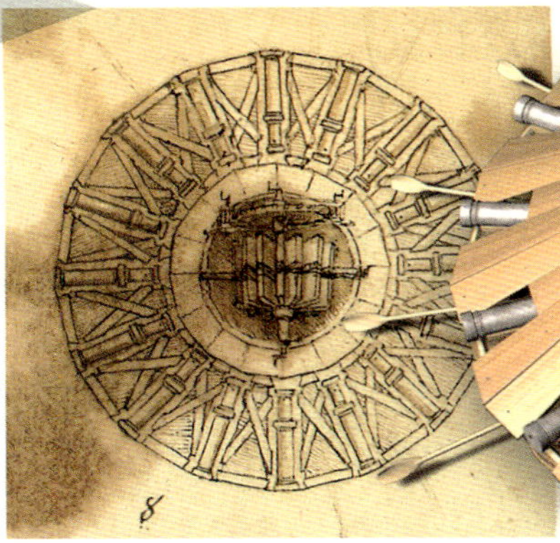

レオナルドの連射式大砲

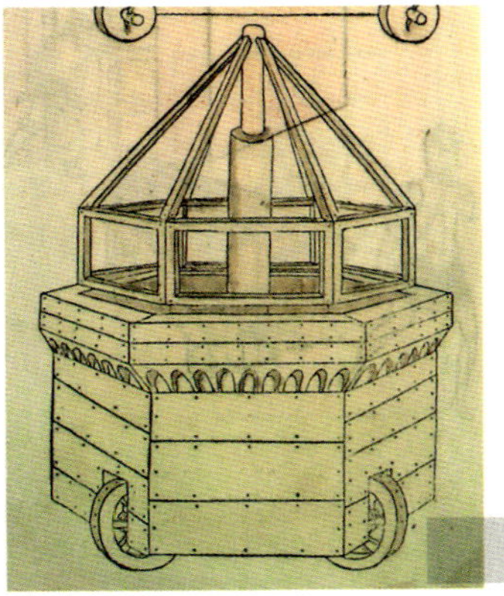

レオナルドの装甲車

ヴァルトリウスの装甲塔

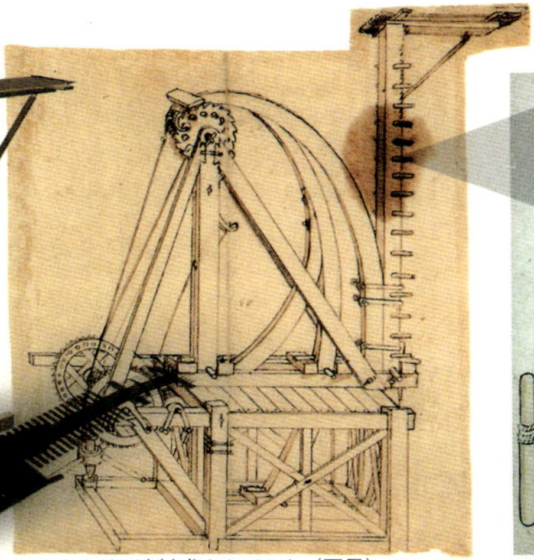

レオナルドの連射式カタパルト（石弓）

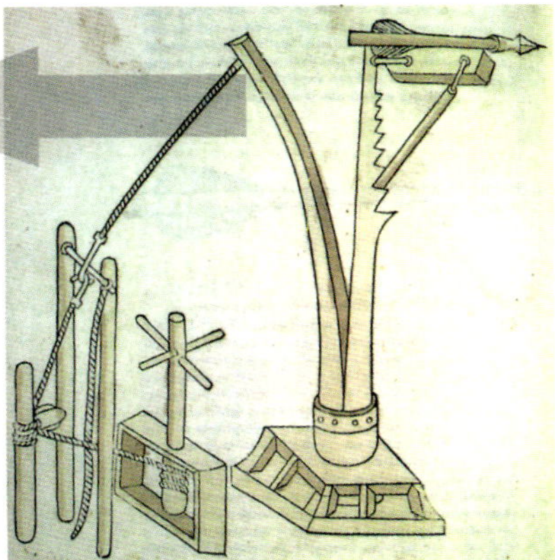

ヴァルトリウスのカタパルト

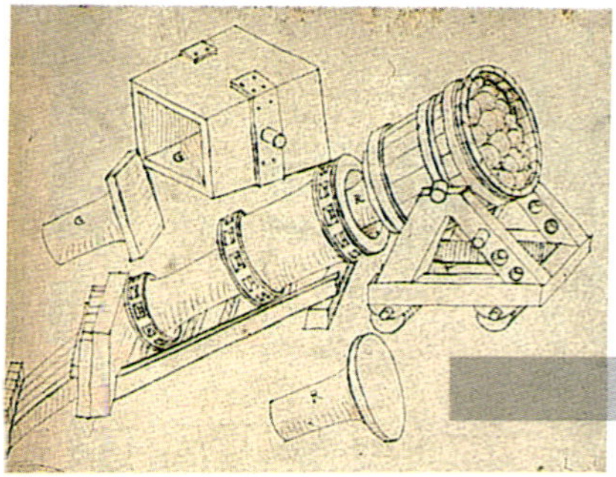
フランチェスコ・ディ・ジョルジョの射石砲

レオナルドの回転砲と破裂式砲弾

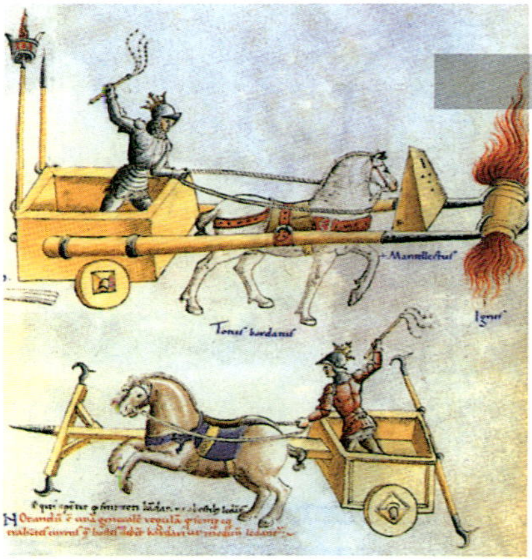
タッコラの戦闘馬車

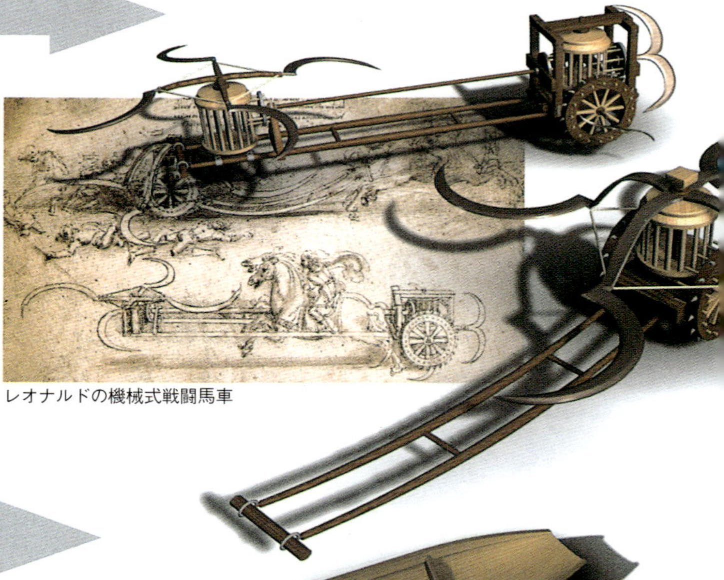
レオナルドの機械式戦闘馬車

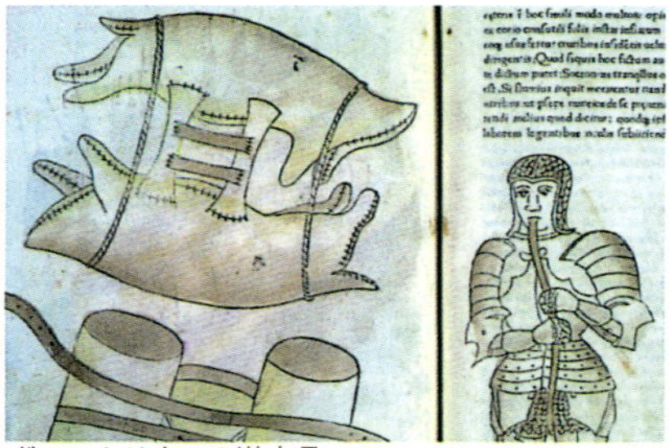
ヴァルトリウスの潜水具

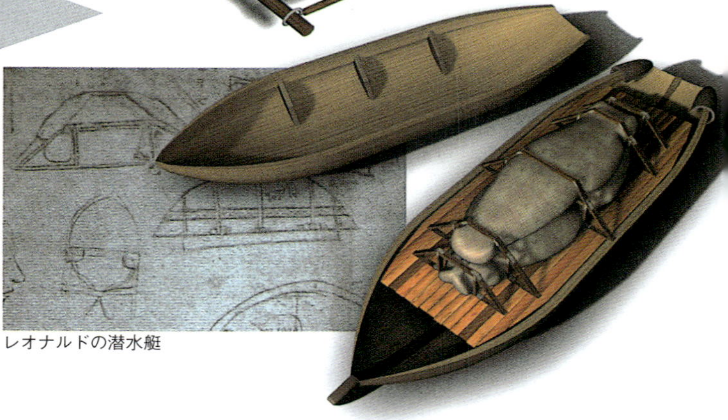
レオナルドの潜水艇

図のように、レオナルドの発明の原案ははっきり特定することができる。ヴァルトリウスやフランチェスコ・ディ・ジョルジョが基本アイデアを提示するだけで具体的構造に踏み込んでいないのに対し、レオナルドは細部まで研究し、構造を考え、改良を施し、アイデアを何段階も先にまで展開させた。折り畳み式の橋、伸縮自在の橋などは原案とほとんど変わらないが、たとえば大砲には大きく手が加わっている。連射式大砲のように、アイデアこそは他人のものだが、新しく生まれ変わったものも多い。タッコラは数々の潜水装置を考え出したが、レオナルドはそれを改良し、史上初めて妨害工作のための軍事潜水艇を考案した。他の技師の設計図を描き直しただけのものもあるが、往々にしてレオナルドは装置の用途までも変え、新しい機械に作り変えて革新的な発明を成し遂げた。

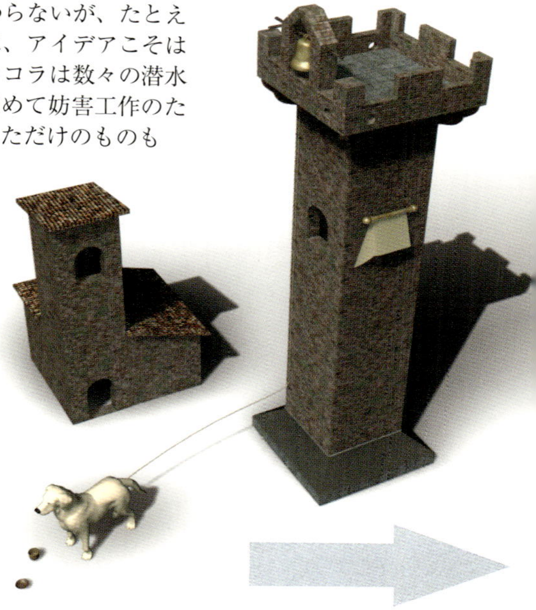

タッコラが描いた犬を使った防御システム。
下は同じアイデアの別スケッチ

フランチェスコ・ディ・ジョルジョやタッコラの著作にある機械のうち、ほぼすべてのアイデアをレオナルドは拝借している。例外は、タッコラの防御システムだ。

タッコラの図では、塔の頂部に綱を結び、犬がつながれている。犬は自由に歩き回れるが、エサは届かないところに置かれている。犬がエサを求めて動くたびに頂部の鐘が鳴り、昼夜問わず鐘が鳴り続けるという警報装置のようなものである。敵に守衛がいると思わせ、接近を防ぐのが目的だろう。単純だが、効果的なアイデアである。

他の装置はすべて拝借しているのに、レオナルドはこのアイデアにだけは手をつけなかった。もし拝借していたら、どう改良しただろう？　無人の塔に敵を寄せつけない策——厳重に警備されていると思わせるために、どんな細工を施しただろうか。

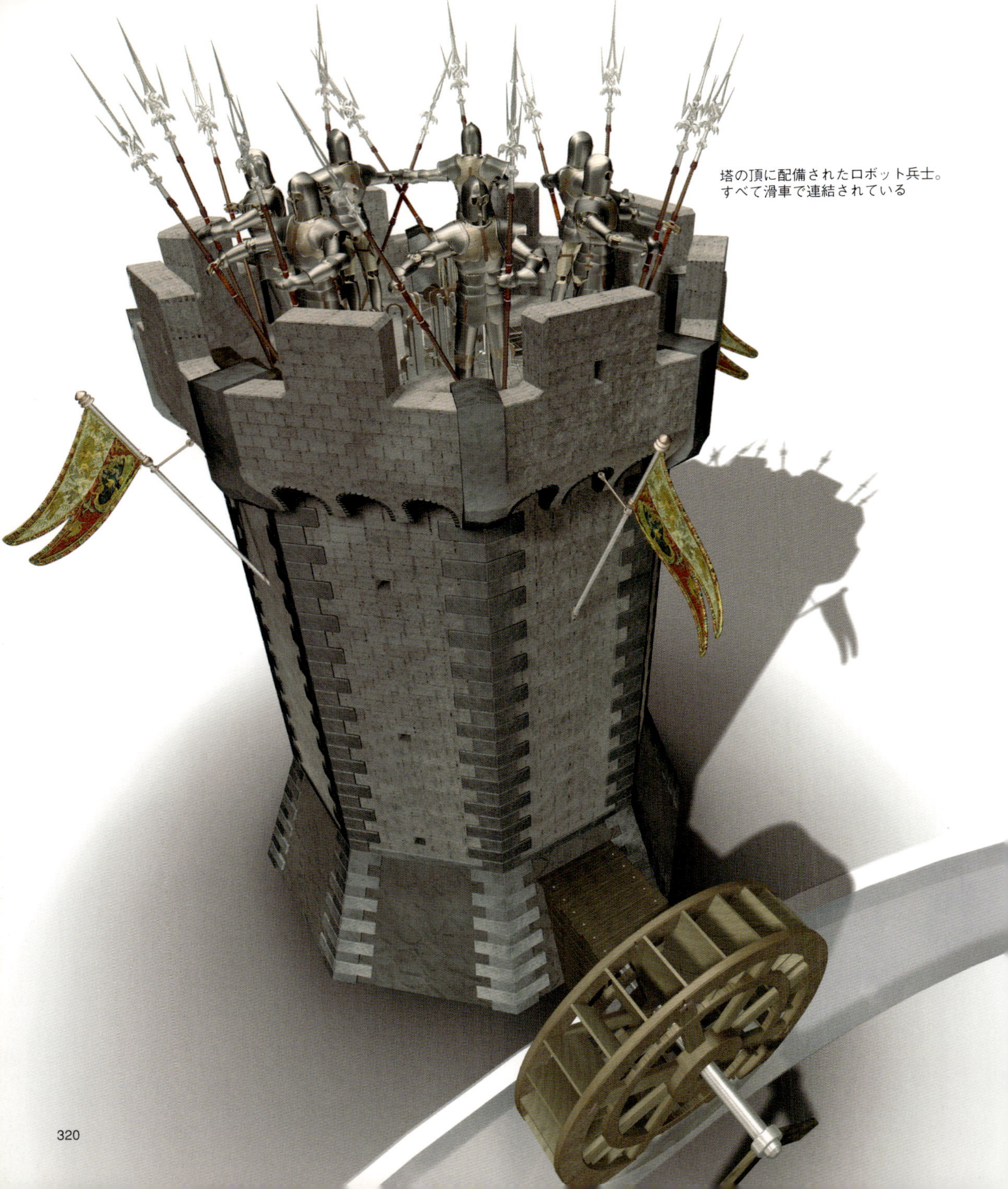

塔の頂に配備されたロボット兵士。
すべて滑車で連結されている

レオナルドがデザインした槍、
刀剣（アシュバーン手稿1ar、2ar）

すなわち、塔にロボット戦士を配備するのだ。15世紀なら、塔の上で槍を手に胸を叩く兵士の姿は、充分に敵を威嚇にしただろう。重さに耐えるよう腕を地面に固定し、人工の手をつければ槍を持たせることもできる。再現した槍は、レオナルドの槍の絵から怖そうなものを選んだ。

ロボット兵士をぐるりと配備すれば、難攻不落の城ができあがる。要塞を守る警備兵は、遠くからも見えるよう多いほうがいい。各兵士を滑車と綱で連結し、点々と、あるいは隊列のように配備することも可能だ。

15世紀に使われていた槍
（スフォルツァ城博物館蔵）

塔頂のロボット兵士

そこで、である。579rのちょうど中央部に、一見したところ用途の不明な滑車システムがいくつも描かれている。規則的な形（579r-1、25）もあれば、不規則な形（579r-2、18、23、24）もあるが、どれも複数方向に向かって動力を供給するシステムである。なかでも579r-22は、外側に向かってランダムに動力をもたらす制御センターのような構造だ。

規則的な滑車システム（579r-1、25）

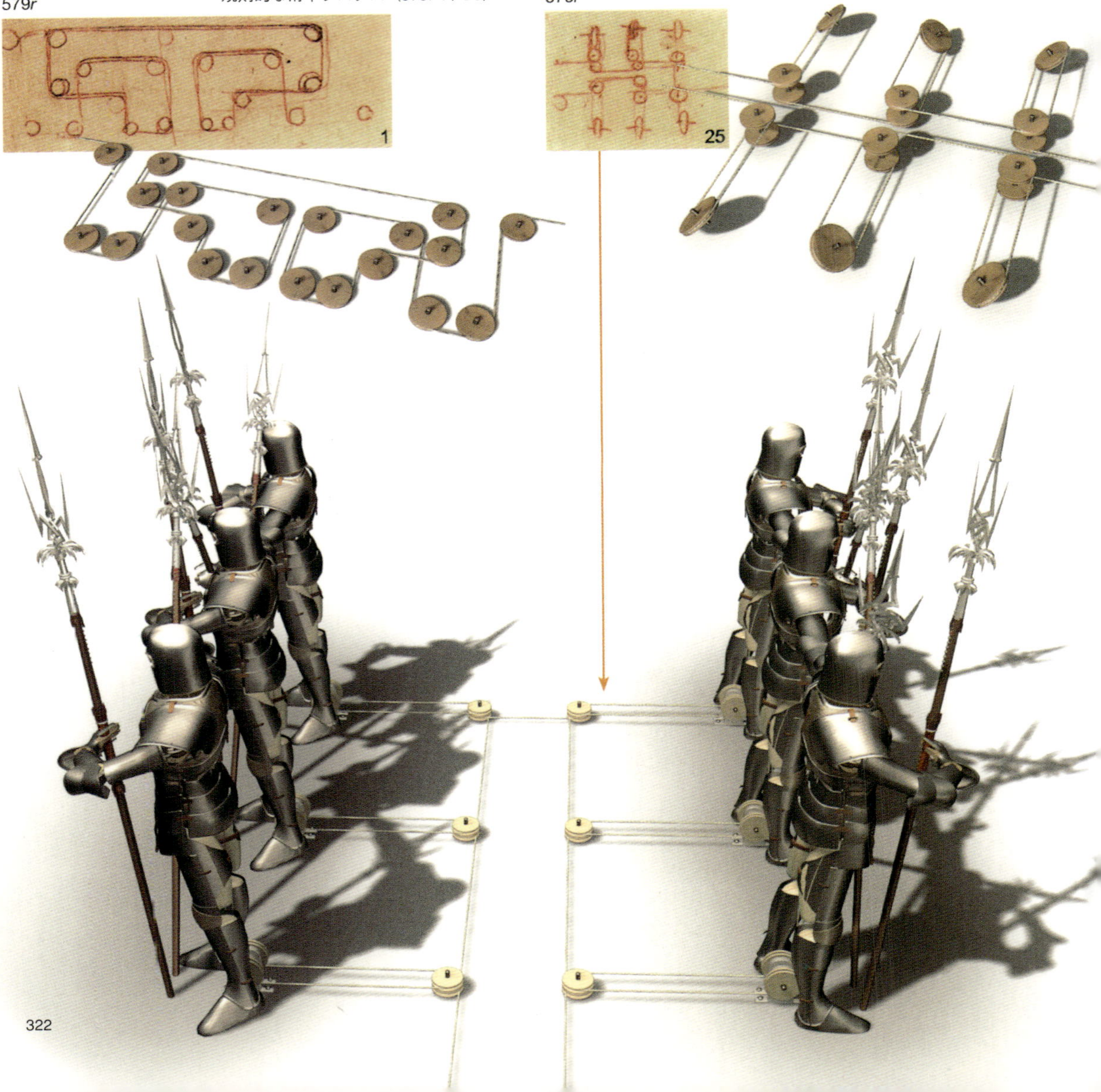

こうした滑車システムはアトランティコ手稿369rにも描かれ、そこには「1本の綱からさまざまな動きが生まれる」と書き添えている。水車場のような動力部からこの制御センターに動力が送られ、いっせいにロボットが動いたのだろうか？

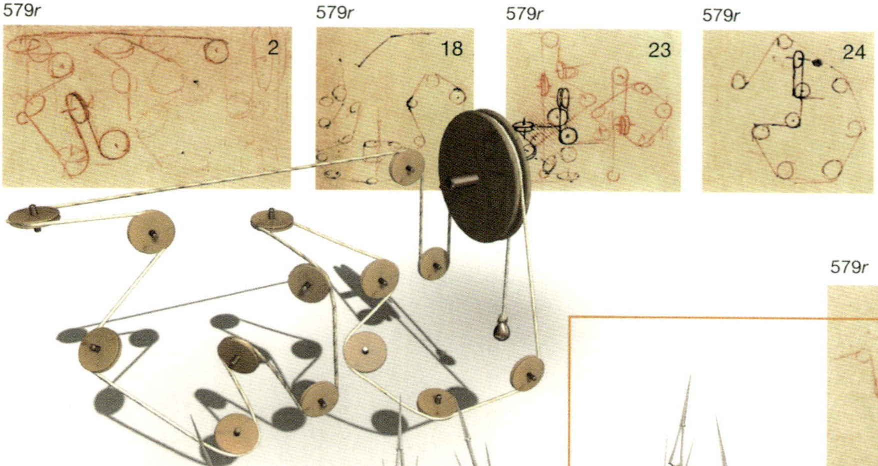

不規則的な滑車システム（579r-2、18、23、24）

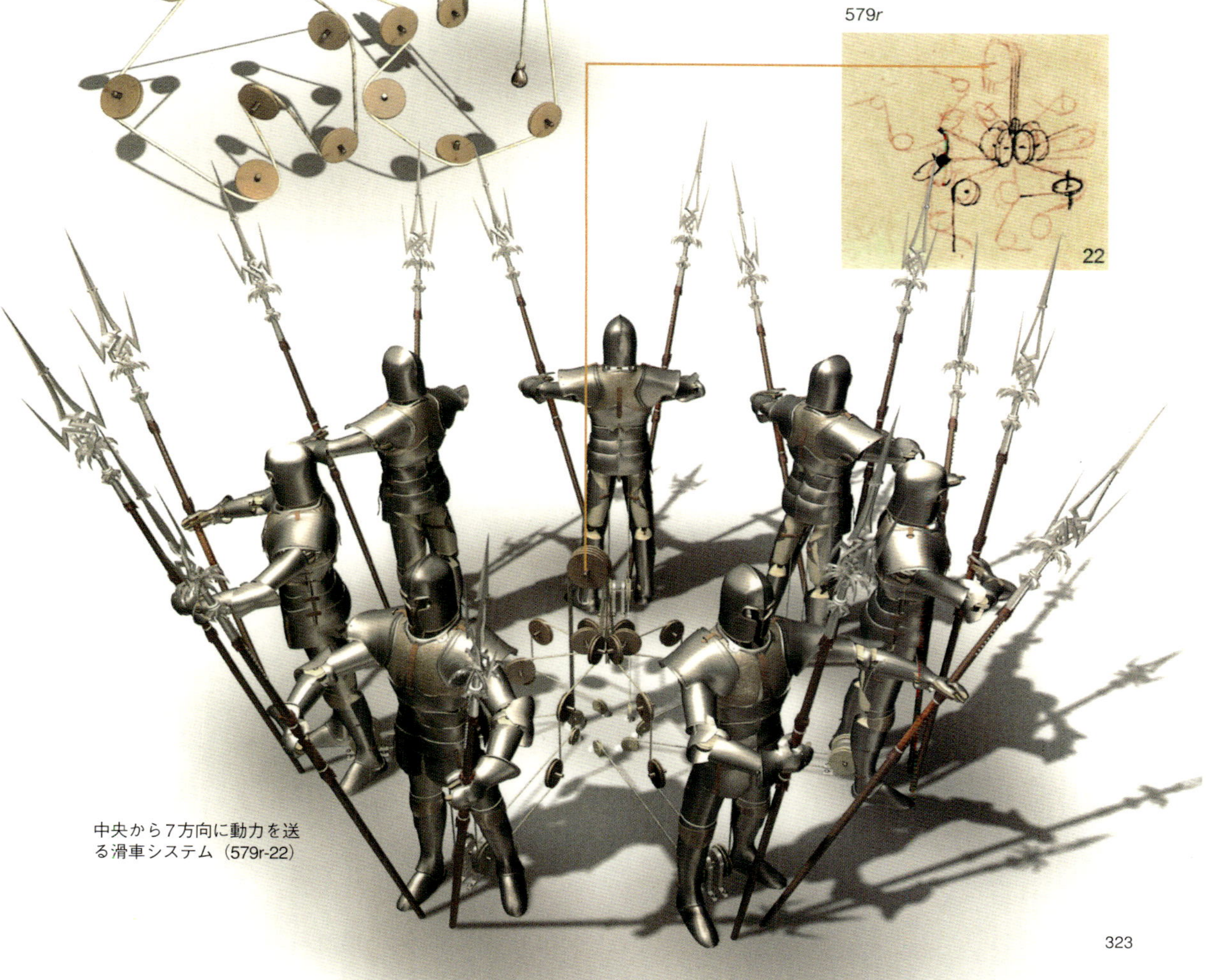

中央から7方向に動力を送る滑車システム（579r-22）

滑車システムと環状建造物のスケッチ

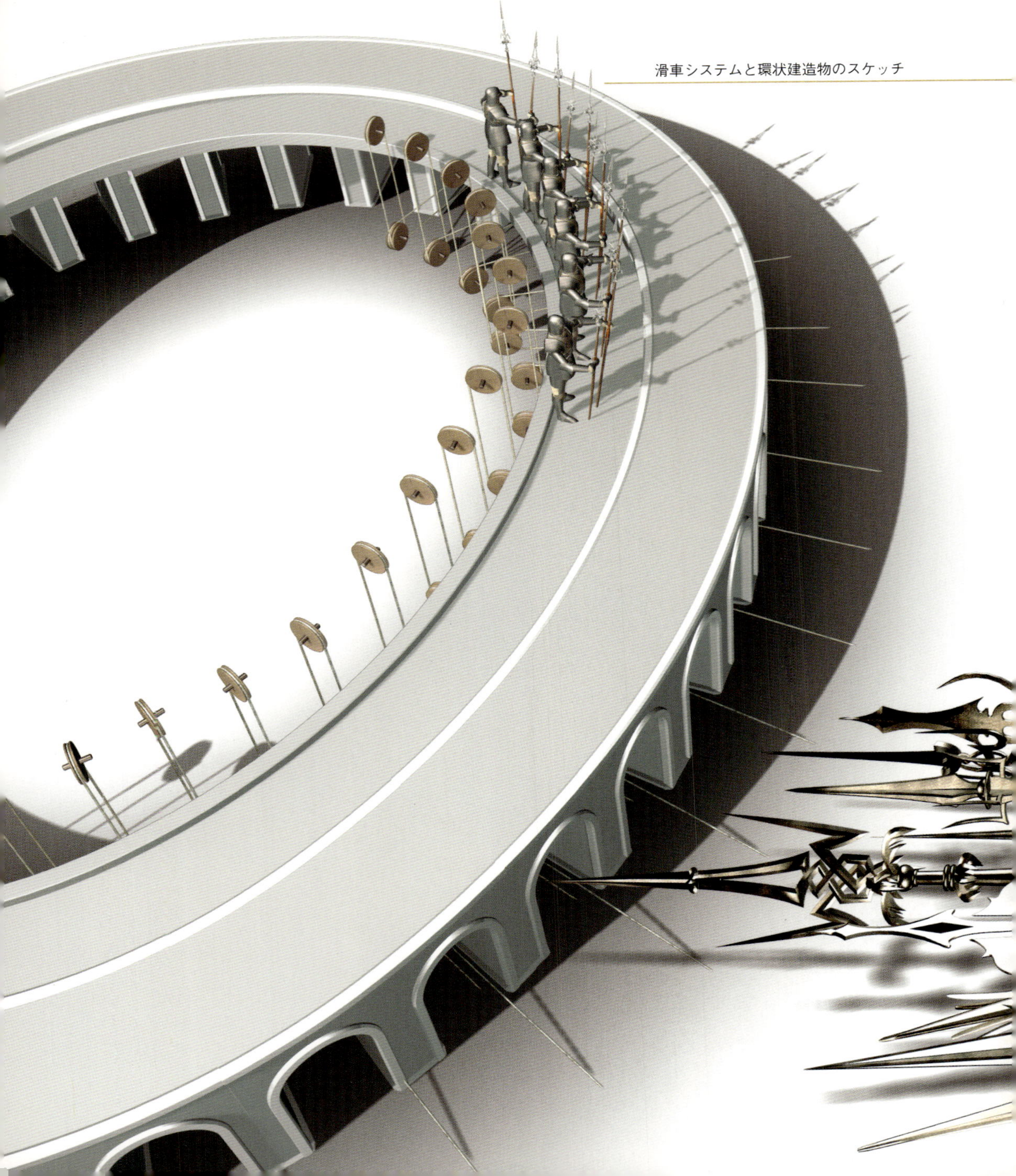

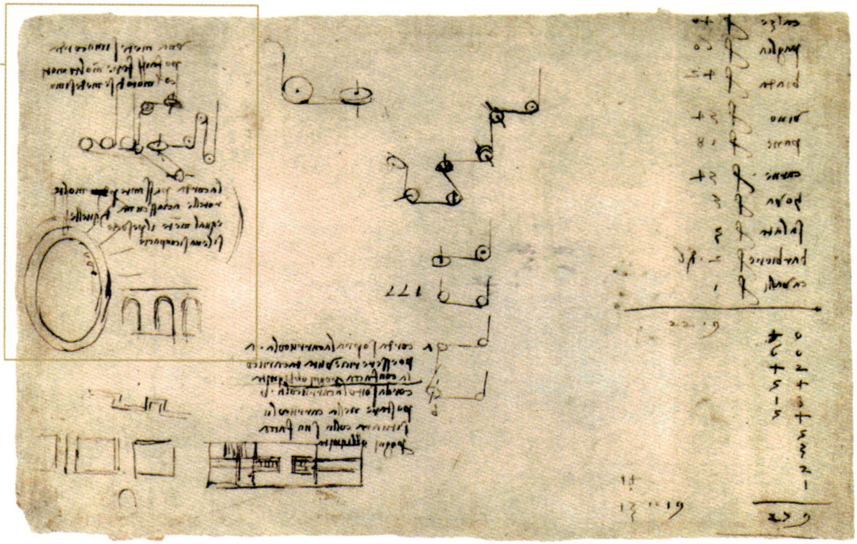

アトランティコ手稿369r

いや、それは考えすぎだろう。ロボットの単調な動きは敵に怪しまれただろうし、当時ならロボットよりも生身の兵士のほうが、兵力の点でもコストにおいてもはるかに現実的だった。

しかし、レオナルドがそこまで考えていた可能性は充分にある。私たちは手稿と歴史的背景から推測しただけで、ここにレオナルドの力量を超えた絵空事は一切含まれていない。レオナルドの才能と技量からすれば、ロボット兵士の秘密軍隊というアイデアも決して突飛ではないのだ。

ロボット兵士の軍隊

ロボット兵士を再現する

ロボット兵士の模型は山ほど作ったが、手稿1077rの時計機構が内部に組み込まれていたとは考えにくい。うまく作動しないし、ロボットを動かすだけの動力を制御できないのだ。しかし、1021から見つかった太陽系装置は天体の動きを再現することができた。

最終的に、579rのロボット兵士は小型模型で実現可能なことがわかったので、等身大サイズを作ることにした。ロボットを槍、鎧、滑車システムの3セクションに分け、完成した各部を組み合わせるという手順である。

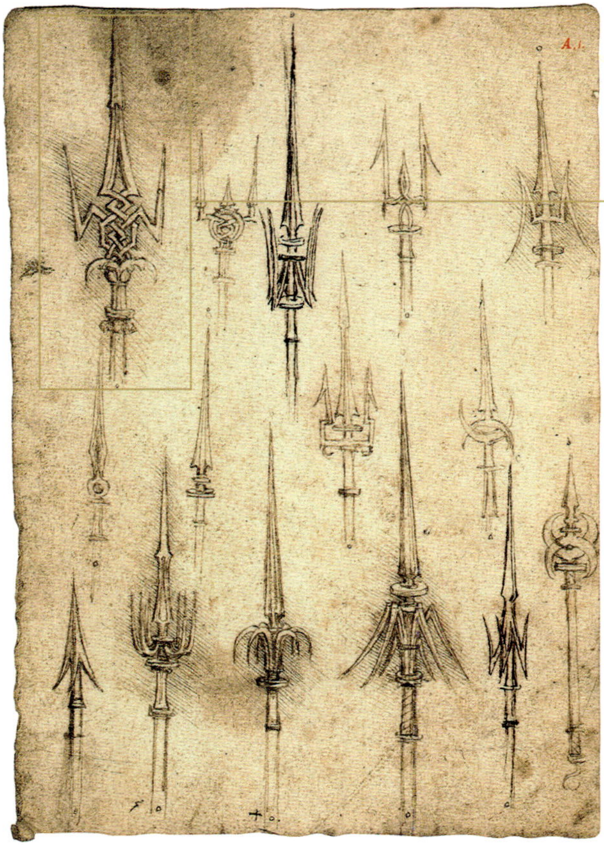

レオナルドの槍デザイン（アシュバーン手稿a1r）

拡大図とCG再現図

579rには描かれてないが、槍はロボット兵士の見た目を演出する重要アイテムである。レオナルドが多数デザインしたなかから、私たちはもっとも制作がむずかしいものを選んだ。アシュバーン手稿a1rの左上に描かれたそれは、左右対称形ながらも複雑なデザインである。

槍先端部のパーツ

4本のパーツが計9回交差する込み入った構造は、レオナルドがスフォルツァ城に描いたフレスコの「アッセの間」天井画のようだ。槍の製作は手作業で、この部分はとくに成形がむずかしかった。しかし最後には、脅威と美しさを兼ね備え、パーツがからみ合う構造により強度も充分な槍が完成した。

鎧のデザインは、レオナルドがスフォルツァ家に仕えた時期のミラノで実際に使用されていたものを雛形にした。レオナルドのデザインに近づけ、ヘルメットは579r-16にならってY字型の溝を採用した。鎧は馬上槍試合や式典用の装飾的なものではなく、シンプルな形だ。

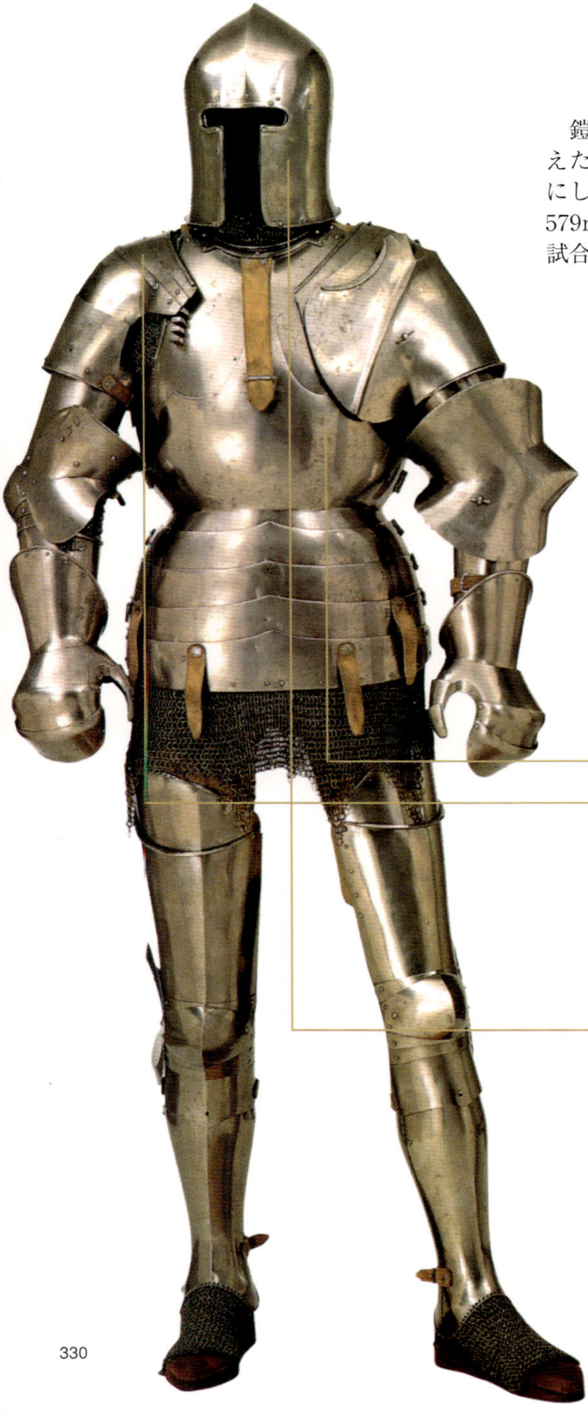

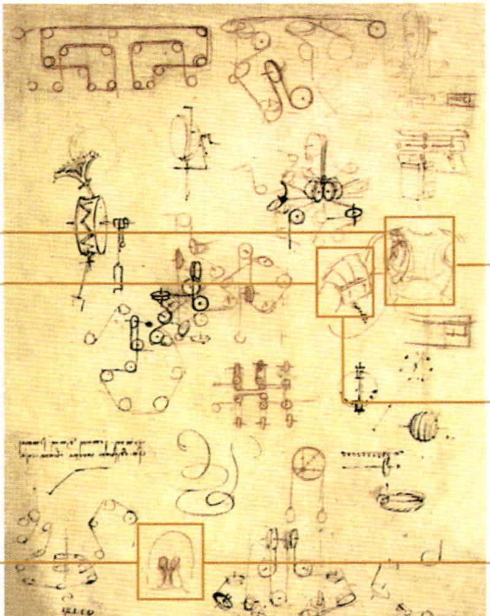

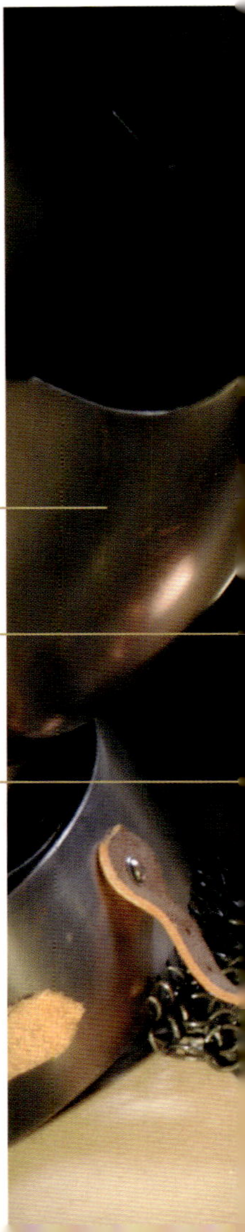

ミラノの兵士が身に付けていた鎧と兜。
1445年、コーリオ家の製作

最初は滑車システムをそのまま鎧の内側につなぎ留めようとしたが、接合部品が折れたり、関節の軸部品を生身の人間の関節と同じ場所に設置することがむずかしいなど、うまくいかなかった。そこで滑車システムをつなぎ留めるヒト型のようなものを作り、人形に鎧を着せるようにそれに鎧をかぶせた。

鎧はレオナルドのデザインに改良を加えて作った

鎧の腕部の耐性実験

スペーサーを使い、ロボット兵士の腕に鎧を装着する

滑車システムによる動きの実験

手首

頭部

腕

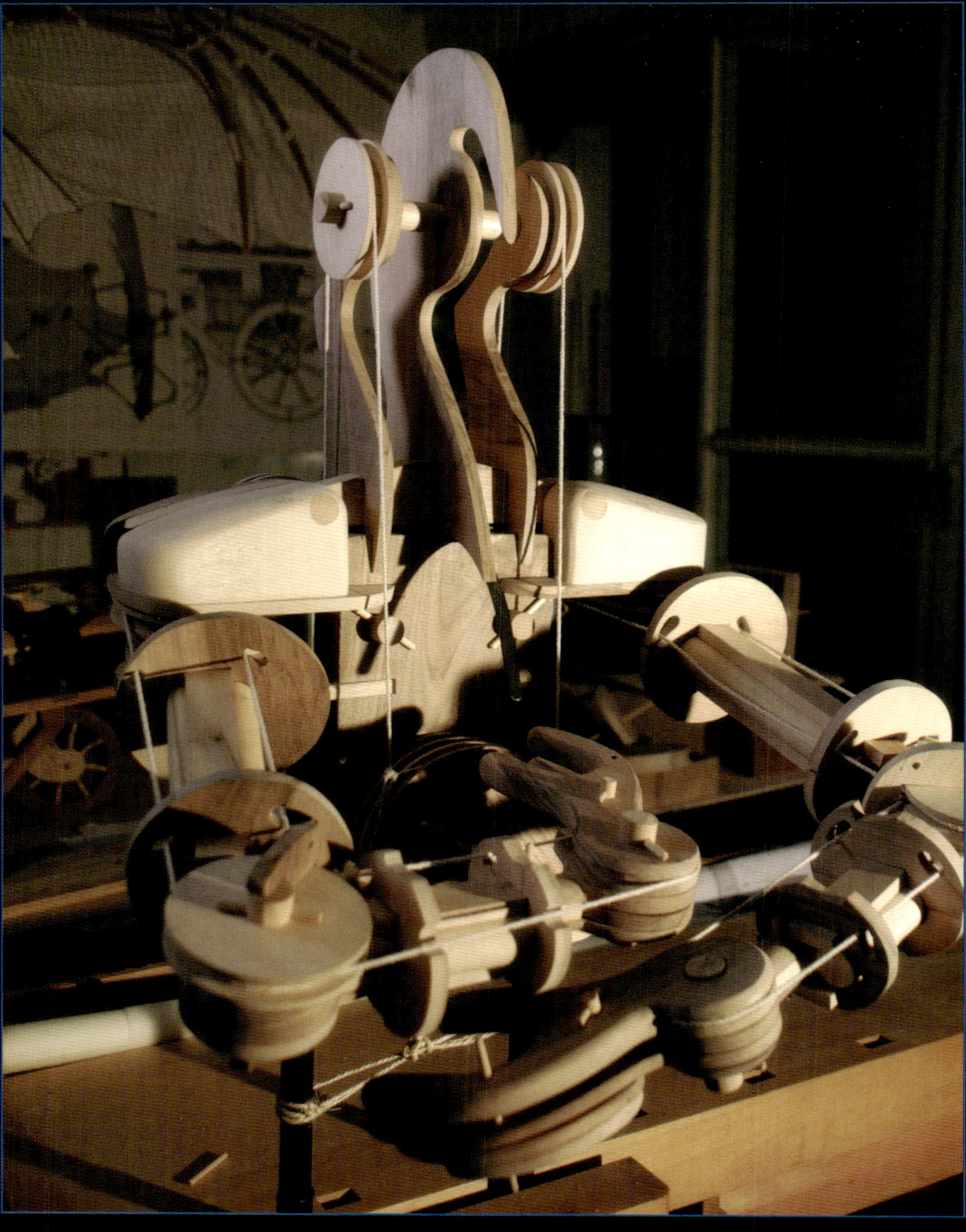

ロボット兵士の内部構造が完成

最終仕上げ。腕（骨部品、関節部品、滑車、綱）に鎧を装着する

鎧をかぶせるヒト型は木で作った。力が加わる部分はクルミ材とニレ材、その他はメープル材とオーク材である。いちばん苦労したのは腕部で、レオナルドの手稿を頼りにいわば「骸骨」を作るわけだが、鎧にぴったりと合い、人間の骨のように自由に動かなければならない。骸骨と鎧のすき間も木材で埋め、太さを出して生身の腕らしく見えるようにした。何度も試行錯誤をくり返し、完成したときにはへとへとだった。

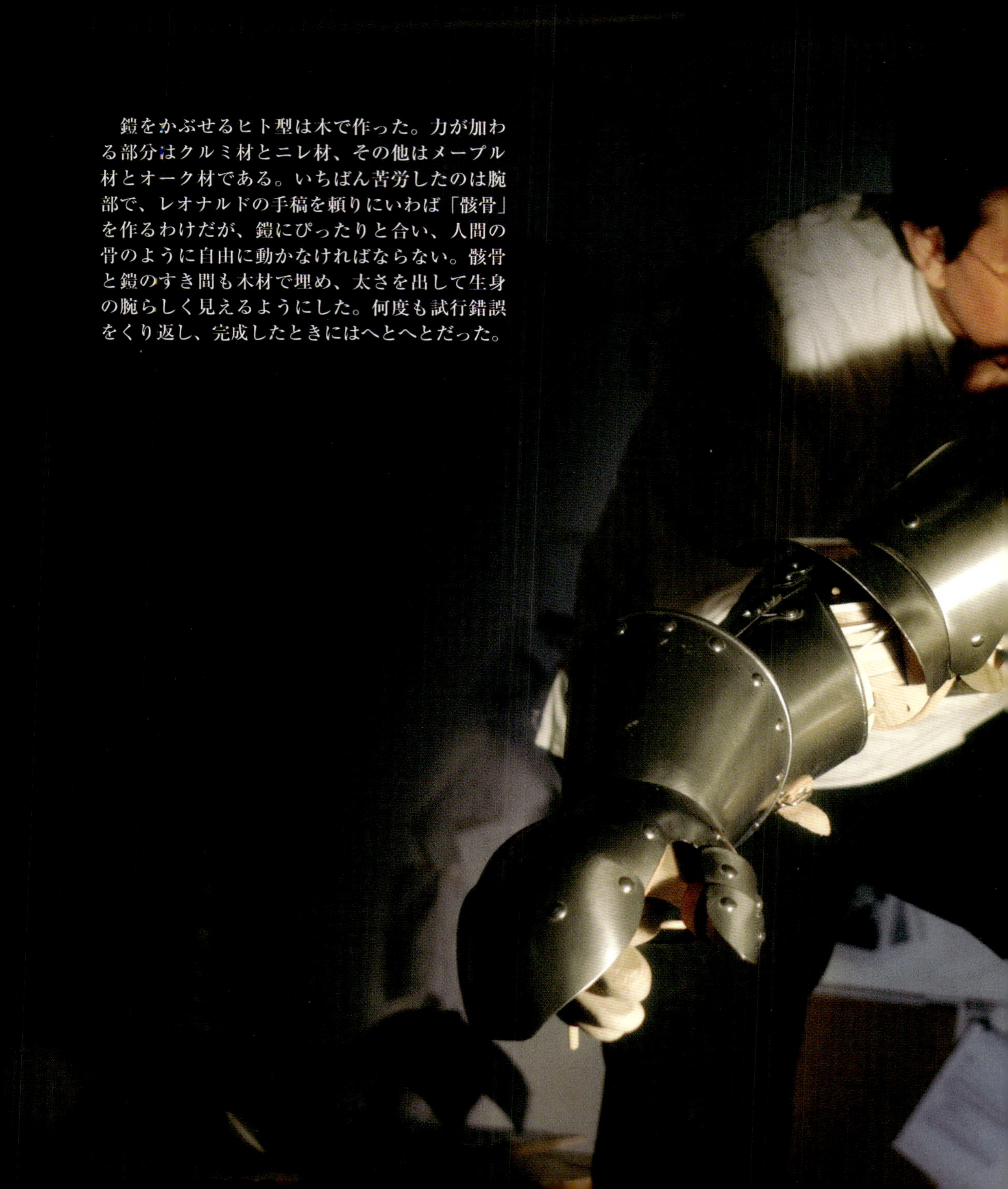

滑車の働きで腕が動いた。これは伸びたとき

つづいてこのように曲がる

右手と左手の滑車システムを連結

鎧はとても重い。生身の人間でも腕を上げるには肩の力が必要だが、ロボット兵士の肩にかかる力は半端ではない。肩にいちばん堅いニレ材を使ったのはそのためで、ニレはレオナルドの時代にも用いられた素材だ。

幾通りもの実験を重ねた結果、滑車の綱は2重構造にした。外側と内側に1本ずつ張ると、バネがなくても腕の曲げ伸ばしができたのだ。それでも最終的な形は手稿に忠実に仕上げた。

ヘルメットをかぶせ、レオナルドのロボット兵士が完成した

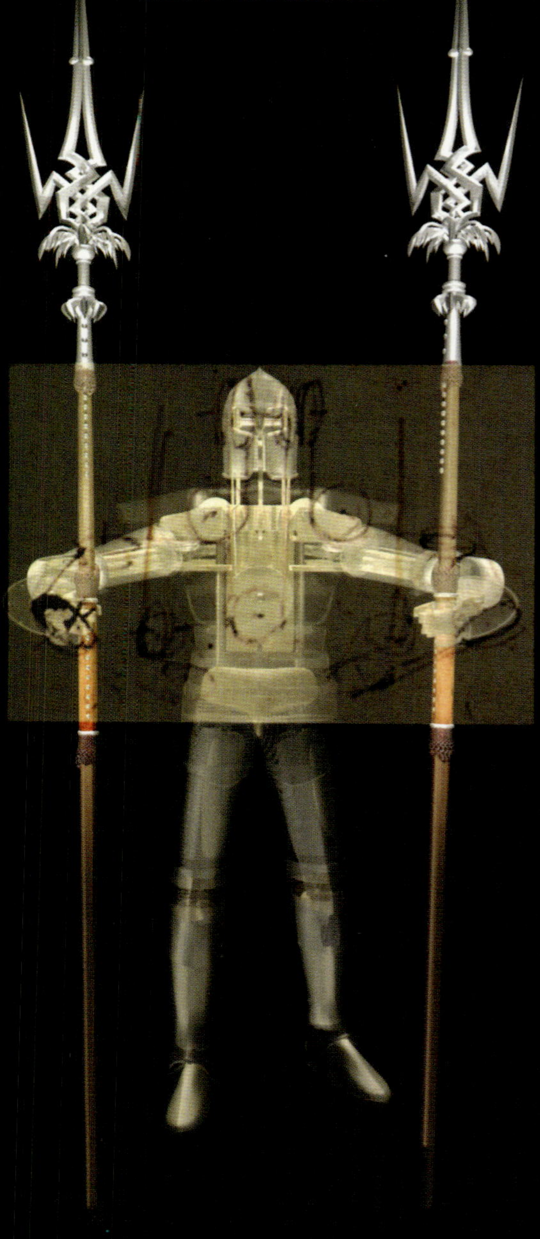

腕を支えるために槍を持たせる

レオナルドはロボット兵士の腕の重さに気づき、それで手の部分につながる垂直方向の綱を加えたのだろうか。579r-13では、垂直方向に伸びる綱は滑車には連結しているが、装置の主要綱にはつながっていない（もしつながっていたら、このシステムはロボット兵士ではなく別の機械の部品ということになる）。

それとも、2本の線は槍だろうか。実際のところ、槍は見た目を演出するだけでなく、腕を支え、動きをよりスムーズにする。槍かもしれないというのは、実験で肩の部分が重さに耐えきれず壊れるという失敗をくり返したあと、いよいよ本番模型を作っている最中にひらめいたのだった。

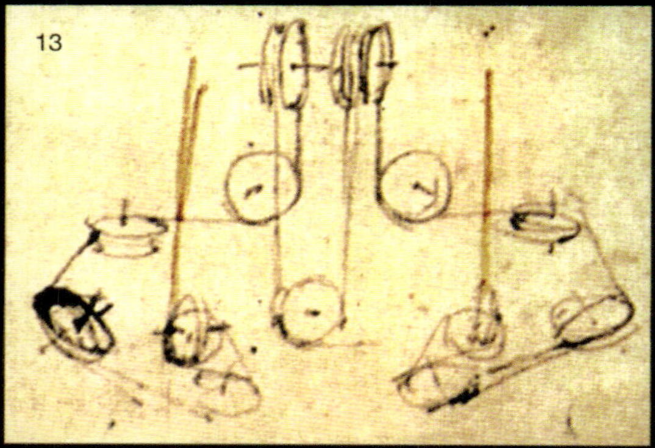

579-13

槍の製作過程

両手に槍を持ったロボット兵士は、
左右交互に腕を曲げ伸ばしする

腕が曲がったときの内部構造

槍を持たせた手

腕の関節部

1500 —

　槍、鎧、滑車システムを合体させるという最後の組み立ては、人間に鎧を着せるようだった。鎧のパーツを一つずつ着せて完成した最終モデルは、2本の足で立ち、腕を上げることができる。
　中央の滑車を回転させると腕はゆっくりと動き、槍の先端がこれ見よがしに左右に揺れる。ロボット兵士は可能な限りたくさん作り、塔の頂上にぐるりと配置する。レオナルドが描いたとおり、全員を滑車と綱で連結し、その先端を水車場につなげば我らがロボット軍隊のできあがりだ。

→ 2000

レオナルドの発想を追いかけていくと、新しい発見に次々と出くわす。ロボット兵士の再現の手掛りとした手稿にも不思議なスケッチがいくつもあったように、レオナルドは謎めいた驚くべき装置を無数に考えだした。

今回私たちが調べたのは、過去に誤った解釈をされ、再検証が必要と思われた3枚の手稿である。5000枚を超える手稿のうちの、たった3枚……。

ロボット兵士もまた、次ページのように「単純機械」に分解することができる。必要性や実現の可能性はともかくとして、レオナルドの壮大な夢は現代にも引き継がれた。

レオナルドの単純機械

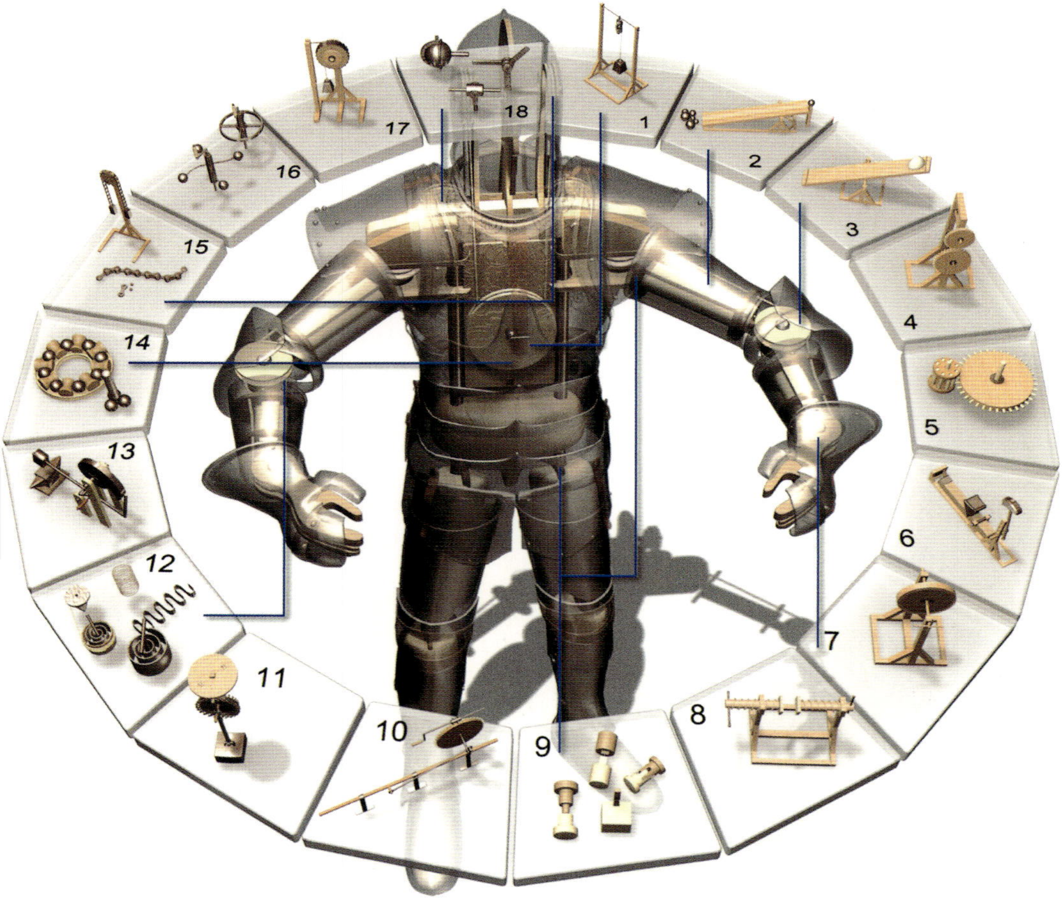

1. 滑車／巻き上げ機
2. 斜面
3. てこ
4. 歯車装置
5. ピン歯車
6. くさび
7. 心棒
8. スクリュー（ネジ）
9. ジョイント（継手）
10. コネクティング・ロッド（連接棒）とクランク
11. 振り子
12. バネ
13. カム
14. ベアリング（軸受け）
15. チェーン（鎖）
16. フライホイール（はずみ車）
17. 抑制装置
18. 関節継手

＊太字はロボット兵士に使われている部品

Afterword
心に生きつづけるレオナルド

この本で取り上げたレオナルドの機械は、自動走行車、ロボット・ライオン、ロボット兵士の3つにすぎない。手稿でいうと、5000枚以上のなかのたった5枚である。しかし、これらの機械やレオナルドの思考を克明に見せつけるスケッチやアイデアは数百にのぼる。たった5枚の手稿には、自動人形、舞台装置、実験装置、時計機構など、さまざまな機械のアイデアがあふれていた。つまり、私たちはまだレオナルドの真の姿を垣間見たにすぎない。

本書で紹介した解釈は、斬新で野心に富んでいる。もしかすると、自動走行車は歯車付きのカート装置でしかなく、ライオンはたんなる機械人形で、ロボット兵士は鎧のデザインでしかないのかもしれない。しかし、世界最初のプログラム式ロボット、歩行動物ロボット、ロボット軍隊の可能性だってある。真実はどちらでもなく、その中間にあるのだろう。レオナルドにはまだはかり知れない謎が残され、手稿の全貌を知りたいのなら心してかからなくてはならない。何せレオナルドは「最後の晩餐」を描き、鳥の飛び方を研究し、建築設計にたずさわり、物語を書き、宮廷で歌い楽器を演奏した——しかもこれを同時にやってのけた——マルチ人間なのだ。

500年前、レオナルドの時代には電気もガスも、そして新聞も写真もなかった。本はあったが、当時の書物を読むにはラテン語の知識が必要とされた。今日、私たちはレオナルドがしたように自然を観察し、理解し、体感することはない。現代人はぼんやりとテレビの前で時間を過ごし、必要なことはすべて知っていると思っているからだ。もはや私たちは、自分を取り巻く世界を好奇の目で見つめ、探検するという喜びや愉しみを失っている。子どものころにもっていた自由な心も、大人になると忘れてしまう。

レオナルドを知ることは、私たち自身とその可能性を知ることである。レオナルドは、私たちのだれもがもつ創造力のなかに生きつづけている。テレビを消して、あなたのなかのレオナルドを呼び覚ますのだ。レオナルドは、いつでも私たちの呼びかけを待っている！

レオナルドのロボット復元を終えて

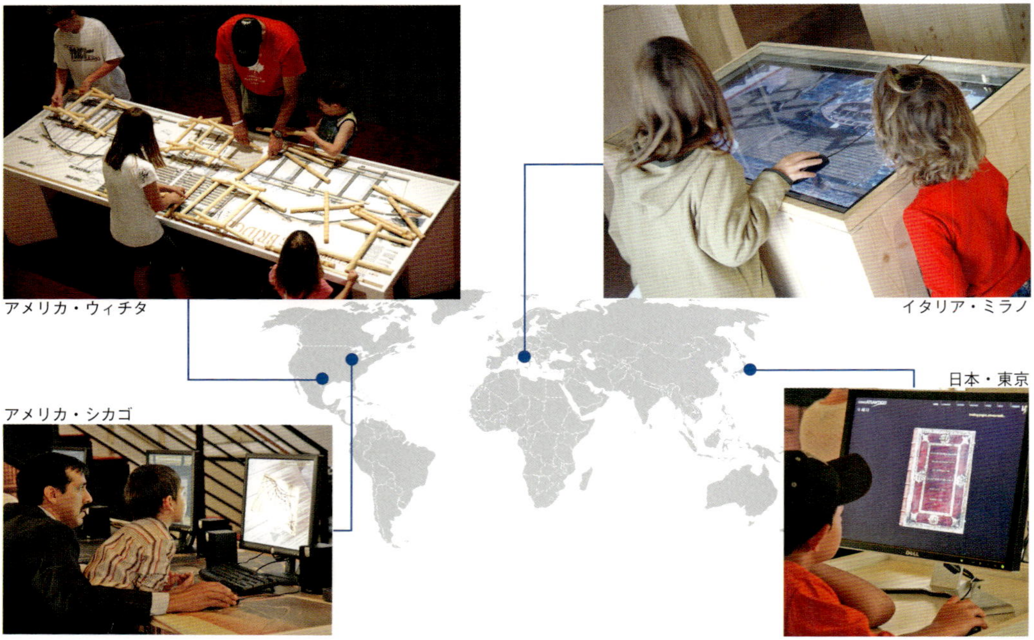

レオナルドのロボットは歴史を変えただろうか？　彼が構想した、驚くべき数々の機械は？　答えはノーだ。それでも私たちにとって、このルネサンスのマルチ人間は、現代社会を支える数多の技術を開発した人々よりもなお輝いて見える。

レオナルドのスケッチには時代や文化を超越する力がある。イタリア人は自分にレオナルドを重ね合わせる傾向があるが、それはこの偉大な天才を祖先にもつと思うと、我がイタリア国の未来は明るいと自信、希望がわいてくるからだ。しかし、これはイタリアだけの話ではない――。

世界の中心が古代ギリシャからローマに移って以来、イタリアは長く文化の頂点に君臨してきた。ルネサンス期のイタリアにレオナルドやガリレオのような天才が生まれ、他の国々で生まれなかったのには理由があるはずだ。私たちの頭脳は、社会、文化、歴史、そして知識をエンジンとしている。発展を遂げた現代では、情報や文化はもちろん、科学や芸術もがあらゆる国々で生まれるようになった。レオナルドはイタリア・ルネサンスから生まれたが、いまやルネサンスの所産は全世界の遺伝子の源の一部になったのだ。天才レオナルドの英知は全人類に受け継がれ、だからレオナルド展はイタリアでも日本でも等しく人気を集める。

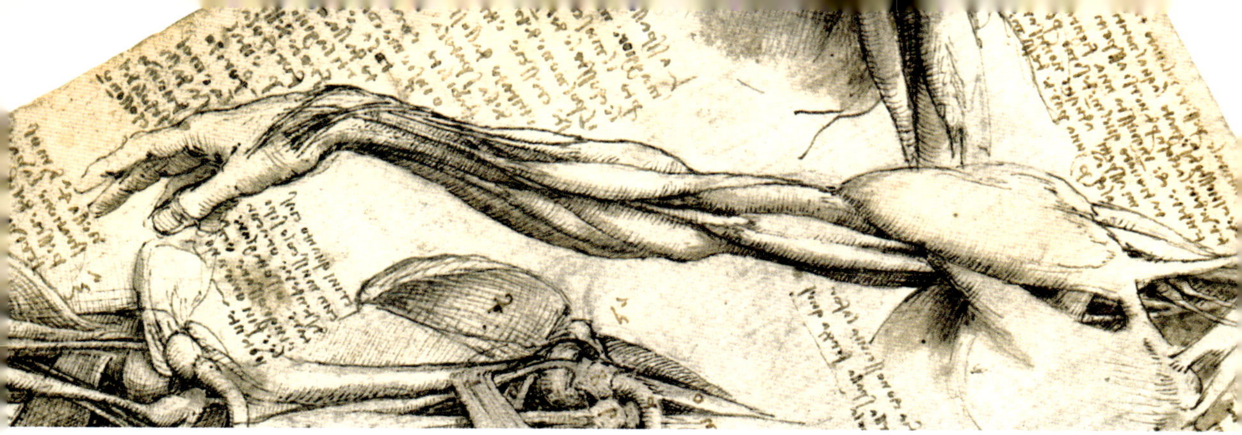

人々は、言語や国の違いを超えて偉大な歴史的人物に自分を重ね合わせる。私たちのだれもがレオナルドであり、シェイクスピア、モーツァルト、ライト兄弟なのだ。私たちはみな、偉大な人々の遺伝子を受け継いでいる。

古代から人間は、レオナルドも夢見た人工生命体への憧れを抱いてきた。「生命を作る」という発想は、自然物は複製可能であるという前提にもとづいている。無機的ながらも命を宿した生命体創造への挑戦はいまもつづけられ、現代の科学技術によって、自らの意志で活動する人工生命体の出現もあながち夢ではなくなってきた。高度な頭脳をもった人工生命体の登場を「進化の先に当然あるもの」とみなす向きもあるが、だとすれば私たち人間や動物は、「進化の過程における一段階」なのだろうか。感情と知性を備え、身体的弱点や寿命をもたない完全なる人工生命体……つまりロボットだ。しかし、生命を永続させる方法はほかにもある。レオナルドの英知は、その後幾世紀にもわたって人々を魅了しつづけてきた。手稿に残された芸術的スケッチや研究スケッチを通して、レオナルドはいまも私たちに語りかけてくる。雄弁なその声で、レオナルドは「永遠」をめざし史上最大の挑戦をつづけているのだ。

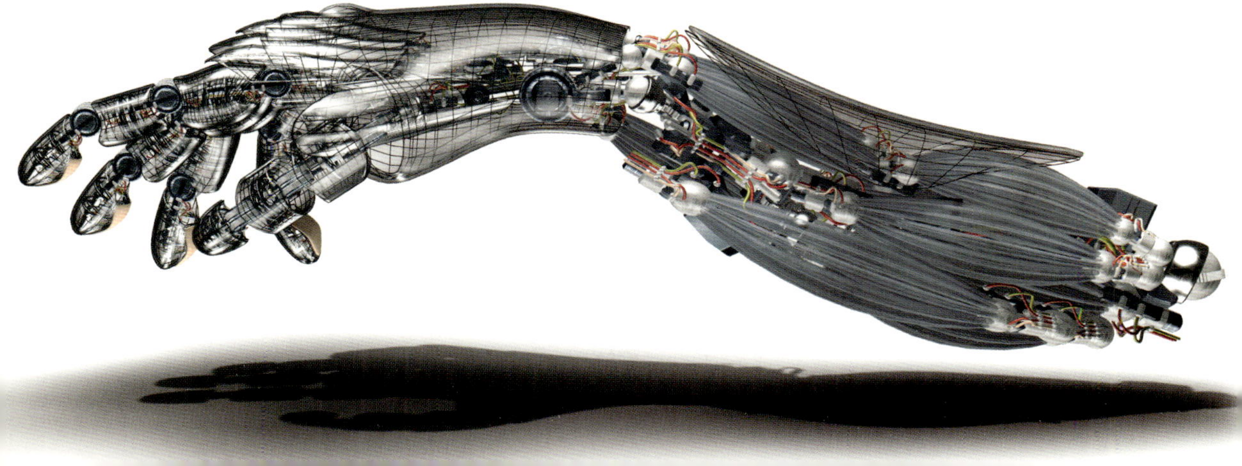

レオナルド・ダ・ヴィンチ年譜

1452年
4月15日、フィレンツェ郊外ヴィンチ村近くのアンキアーノ地区にて公証人セル・ピエロ、農婦カテリーナの庶子として生まれる。まもなく良家の娘アルビエラと結婚した父とともに、幼少時代はアンキアーノ、ヴィンチ村で過ごす。

1466年
アルビエラの死後、父とともにフィレンツェに移る。

1469年
ヴェロッキオ工房に入り、時の芸術家や若い才能に囲まれて絵画・彫刻を学ぶ。

1471年
ヴェロッキオ工房が制作した絵画『キリストの洗礼』の天使の絵を描く。

1472年
フィレンツェの画家組合（サン・ルーカ同心会）に登録。この頃からレオナルド名義の作品の制作が始まる。

1481年
フィレンツェ近く、スコペトにあるサン・ドナート修道院から主祭壇の絵を依頼される。レオナルドは『三王礼拝』にとりかかるが、未完に終わる。

1482年
フィレンツェを去り、ミラノ公ルドヴィーコ・スフォルツァに仕える。レオナルドはこのミラノ公に、数々の「秘密技術」を列挙して技師、画家、彫刻家、音楽家としての技量をアピールした有名な自薦状を送っていた。ミラノではおよそ20年を過ごし、絵画や建築、機械の制作を行う。

1483年
ルドヴィーコの父フランチェスコ・スフォルツァ将軍の騎馬像制作に着手。7メートル・71トンという巨大な像を計画し、粘土模型や鋳型を作るものの結局は未完に終わる。模型はミラノを支配したフランス軍により弓矢で破壊された（1499年）。

1490年
チェチーリア・ガッレラーニの肖像画『白貂を抱く貴婦人』を制作。解剖学、水力学など多岐にまたがる科学・技術の研究を始める。また、さまざまな宮廷行事を取り仕切った。

1495年
サンタ・マリア・デッレ・グラツィエ修道院の食堂を飾る壁画『最後の晩餐』に着手。

1499年
フランス軍がミラノを占領。しばらく後、数学者ルカ・パチョーリ（彼の『神聖比例論』の挿絵はレオナルドが描いたと伝えられる）とともにミラノを去る。

1500年
マントヴァ、ヴェネツィアに滞在後、フィレンツェに戻る。ヴェネツィアではオスマン・トルコの侵攻に備えた防御計画を構想した。

1502年
数ヶ月にわたり、ロマーニャ地方で数々の軍事計画に携わるチェーザレ・ボルジアの軍事技師として働く。

1503年
フィレンツェに帰り、『モナ・リザ』に着手。フィレンツェ政庁からフレスコ画『アンギアリの戦い』の依頼を受けるが、実験的な技術を使ったために絵は長持ちせず、のちに結局断念する。またこの年から、鳥の飛翔に関する研究、解剖学の研究を再開する。

1504年
父セル・ピエロが80歳で死去。レオナルドは『アンギアリの戦い』、アルノ河の運河計画などに携わる。

1506年
ミラノに戻り、フランス人総督シャルル・ダンボワーズの要請で3カ月滞在。フランス国王ルイ12世から王室画家・技師に任命される。

1508年
一度フィレンツェに帰っていたが、再びフランス支配下のミラノに戻る。

1513年
法王レオ10世の弟ジュリアーノ・デ・メディチに招かれ、9月24日ローマに移りヴァチカンに滞在。絵画制作と研究を続け、またチヴィタヴェッキア港を計画する。

1516年
新国王フランソワ1世に招かれフランスに移り、アンボワーズ郊外のクルー城に滞在。

1519年
4月23日、遺言状を作成し、すべての手稿・機器類を弟子メルツィに委ねることを指示。アトリエにあった絵画『モナ・リザ』『聖ヒエロニムス』『聖アンナ』は、弟子サライに委ねられた。
5月2日、死去。アンボワーズのサン・フロランタン寺院に埋葬される。亡骸は後にアンボワーズ王宮内にあるサン・ユベール礼拝堂に移されることになっていたが、16世紀の宗教戦争時に多くの墓が破壊されたため現在その行方は定かでない。

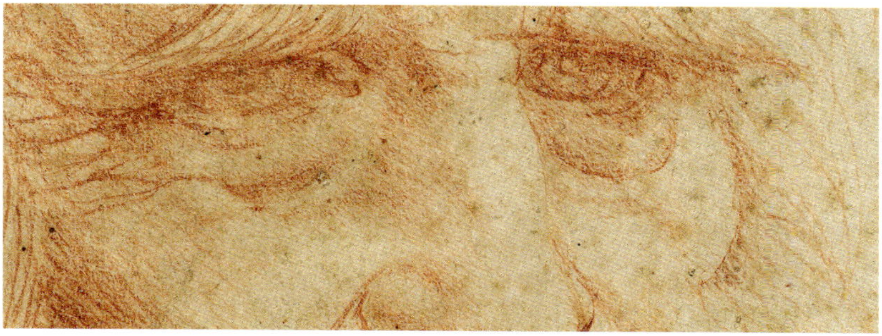

関連人物一覧 Proper names

アル・ジャザリ

アルベルトゥス・マグヌス Albertus Magnus（1193?-1280）：ドイツのドミニコ会修道士・哲学者。トマス・アクィナスの師で神学者として知られるが、20年をかけて歩行・会話のできる機械人形を発明したといわれる

アル・ジャザリ Al-Jazari（1150?-1220?）：トルコの発明家・機械技師。水時計、手洗い器など50の発明品を収めた機械学書をアラブ語で著した

ティアナのアポロニウス Apollonius of Tyana（2-98）：ギリシャの新ピタゴラス派の哲学者・修道士。イエス・キリストのようにさまざまな伝説をもつ人物で、禁欲主義を貫いたといわれる

ジョヴァンニ・ボレリ

ターレントのアルキタス Archytas of Tarentum（紀元前428-347）：古代ギリシャの哲学・数学・科学・天文学者。音楽家、政治家でもあった。からくり仕掛けの鳥で知られる

バヌ・ムーサ Banu Musa（800-873）：バグダッドの3兄弟で、数学者・科学者。古代ギリシャの数学を応用発展させ、地理学、天文学、機械学で功績をあげた

ジョヴァンニ・ブランカ

ジャック・ベッソン Jacques Besson（1540-1573）：フランスの技師・数学教師

ジョヴァンニ・ボレリ Giovanni Alfonso Borelli（1608-1679）：数学者・科学者。ピサやローマにアカデミーを創設した

ジョヴァンニ・ブランカ Giovanni Branca（1571-1645）：イタリアの技師・芸術家。数学原理を機械発明に応用し、蒸気機関の原理を発明。しかし、当時は実現されずじまいだった

フィリッポ・ブルネレスキ

フィリッポ・ブルネレスキ Filippo Ser Brunellesco Lippi（1377-1446）：イタリアの技師・建築家・彫刻家。彼の登場により、現場監督でしかなかった建築家の地位は、建築物の外観からあらゆる細部まで責任をもつ「専門家」に向上した。遠近法における消失点の発見者でもある

ルキウス・ユニウス・ブルートゥス Lucius Junius Brutus（紀元前6世紀）：古代ローマ共和国の創立者の一人。第7代ローマ王タルクィニウス・スペルブスを退け、共和政を実現した

ミケランジェロ・ブオナローティ

ミケランジェロ・ブオナローティ Michelangelo Buonarroti the Younger（1568-1646）：イタリアの学者。芸術家ミケランジェロの兄弟の孫息子

ジェロラモ・カルビ Gerolamo Calvi（?-?）：イタリアのレオナルド研究者。1905年に自動走行車の重要性を初めて指摘した

ジョヴァンニ・カネストリーニ Giovanni Canestrini（?-?）：イタリアの自動車研究家。1938、39年にレオナルドの自動走行車に関する論文を発表

カレル・チャペック

カレル・チャペック Karel Chapek（1890-1938）：チェコの作家。兄ヨゼフが考案した「ロボット」の語を戯曲『ロッサム万能ロボット会社』で使い、やがてこの語は世界に広まった。自身は倫理的な観点から科学技術の進歩に懸念を抱き、独裁、暴力、大企業の影響力といった現代の諸問題を予見していたという

サロモン・ド・コー

サロモン・ド・コー Salomon de Caus（1576-1626）：フランスの技師・建築家。水力を利用した装置を使った多くの庭園を設計した

皇帝カール5世 Charles V（1500-1558）：神聖ローマ帝国皇帝。三大陸にまたがる広大な領土を統治し、「我が領土に太陽は沈まない」という言葉を残した

皇帝カール5世

シャルル・ド・クーロン Charles Augustine de Coulomb（1736-1806）：フランスの物理学者・軍事技師。摩擦や電気の研究で功績をあげ、電荷の単位「クーロン」は彼の名に由来する

ベネデット・クローチェ Bebedetto Croce（1866-1952）：イタリアの思想家・政治家。歴史主義・理想主義を研究し、道徳、政治、美、倫理という精神の4つの働きについてまとめた。政治家としては自由党首をつとめ、バドリオ、ボノミ政権に参画した

ベネデット・クローチェ

アレクサンドリアのクテシビオス Ctesibius of Alexandria（紀元前285-222）：古代ギリシャの発明家・数学者で、空気力学の始祖と呼ばれる。図書館で名高いアレクサンドリアのムセイオンの初代館長と伝えられている

ダイダロス Daedalus（紀元前500）：ギリシャ神話の登場人物で、建築家・彫刻家・工匠。水準器、斧、のこぎり、糊などを発明したとされる

イザベラ・デステ

ディオ・カッシウス Cassius Dio（155-240）：古代ローマの歴史家・政治家。80巻に及ぶ『ローマ史』を著し、建国から自身の生きた時代まで1000年近くにわたるローマの歴史をまとめた

ジョヴァンニ・ドゥ・ドンディ Giovanni de' Dondi（1330-1389）：イタリアの哲学者・数学者・天文学者。1364年頃、7つの星の動きを示す天文時計「アストラリオ」を制作した。当時の時計は重りで動く仕組みだったが、アストラリオは引力を利用している

ジローラモ・ファブリチ

ヤコポ・ドンディ Jacopo Dondi（1293-1359）：ジョヴァンニの父。「アストラリオ」はヤコポの発明とする説もある

イザベラ・デステ Isabella d'Este（1474-1539）：マントヴァ侯フランチェスコ2世の夫人。文芸保護で知られ、「イタリア・ルネサンスのファーストレディ」と呼ばれる。ファッション、マナー、メークアップなど当時の流行は彼女によってつくられ、レオナルドほか著名芸術家はその衣装の模様を多くデザインした

フランソワ1世

ヨゼフ・ファーバー Joseph Faber（?-1850）：ドイツの発明家。言葉を発するロボット「ユーフォニア」を発明したのちアメリカで自殺を遂げた

ジローラモ・ファブリチ Girolamo Fabric（1533-1619）：イタリアの医家・解剖学者。パドヴァ大学で解剖学を教え、1594年、同大学に初の解剖

ガリレオ・ガリレイ

教室をつくった。静脈弁の働きを解明し、血液循環の仕組みの基礎を築いた

ジョヴァンニ・フォンタナ Giovanni Fontana（1400-1454?）：イタリアの技師・空気力学者。幅広い学識を誇り、著作のほか水力学を応用した仕掛け機械で知られる

フランソワ1世 François I de Valois（1494-1547）：フランス王。フランス初のルネサンス君主と呼ばれ、現在も広く愛される人気の王

パオロ・ガルッツィ

ガリレオ・ガリレイ Galileo Galilei（1564-1642）：イタリアの物理学者・哲学者・天文学者。近代における最も偉大な学者の一人で、天文学における数々の発見をはじめ、計り知れない功績を残し科学革命を担った

パオロ・ガルッツィ Paolo Galluzzi（1942-）：イタリアの歴史学者。フィレンツェ科学史博物館長

ルカ・ガライ Luca Garai（1962-）：イタリアのロボット史家

ビル・ゲイツ

ビル・ゲイツ Bill Gates（1955-）：米国の実業家、マイクロソフト社会長。ハマー手稿を入手

ヘパイストス Hephaestus：ギリシャ神話の登場人物で、鍛冶の神（下の絵・左）

アンリ4世

アンリ4世 Henry Ⅳ（1553-1610）：フランス王。「大アンリ」と呼ばれ現在も人気のある王で、洒落たプレイボーイとしても有名

ピエール・ジャケ・ドロー

アレクサンドリアのヘロン Hero of Alexandria（10-75）：エジプト人数学者・技師。古代ローマが生んだ最大の発明家。「ヘロンの噴水」ほか数々の発明、三角形の面積を求める公式「ヘロンの法則」、摩擦の原理への言及などが知られる

ピエール・ジャケ・ドロー Pierre Jaquet-Droz（1721-1790）：スイス生まれの時計職人。その技術を応用して自動人形、機械仕掛けの鳥などを作った

クリスティアーン・ホイヘンス

クリスティアーン・ホイヘンス Christiaan Huygens（1629-1695）：オランダの数学者・天文学者・物理学者で、科学革命を担った一人。土星の衛星の発見、波動の原理を説いた「ホイヘンスの原理」など多くの功績を残した。1675年に懐中時計の特許を取得している

レオ10世

レオ10世 LeoX（1475-1521）：フィレンツェの繁栄を築きルネサンスを支えたロレンツォ・デ・メディチの次男。1513年、ローマ教皇に即位

ポンペオ・レオーニ Pompeo Leon（1533-1608）：イタリアの彫刻家。レオナルドの手稿を入手し、1580～90年ごろ整理のためとして絵画習作と研究スケッチに切り分けた。それが現在のウィンザー紙葉、アトランティコ手稿などである。アトランティコ手稿では、オリジナルスケッチを切り出してページをめくっても直接手で触れることがないよう加工するなど、レオーニは保存に腐心した

ポンペオ・レオーニ

ピッロ・リゴーリオ Pirro Ligorio（1513-1583）：イタリアの建築家。ユネスコ世界遺産の別荘遺跡「ヴィッラ・アドリアーナ」の発掘を指揮したほか、エステ荘の華麗な庭園設計で知られる

ティトゥス・リウィウス Livy（紀元前59-紀元後17）：古代ローマの歴史家。全142巻の『ローマ建国史』を著すが、35巻しか現存していない

ピッロ・リゴーリオ

ジョヴァンニ・パオロ・ロマッツォ Giovan Paolo Lomazzo（1538-1592）：イタリアの芸術家。レオナルドに関する著作が有名

ボナイウート・ロリーニ Bonaiuto Lorini（1540-1611）：イタリアの技師。要塞・築城の専門家

アウグスト・マリノーニ Augusto Marinoni（1911-1997）：イタリアのレオナルド研究界における大御所。手稿の解読と解説で大きな業績を残した

ティトゥス・リウィウス

フランチェスコ・ディ・ジョルジョ Francesco di Giorgio Martini（1439-1501）：イタリアの画家、彫刻家、建築家。1475年、シエナ軍とフィレンツェ軍の戦いの際に軍事技師として名を上げる。1490年にミラノ公から招かれ、レオナルドと面識を得た

ロレンツォ・デ・メディチ Lorenzo de' Medici（1449-1492）：メディチ家最盛時の当主で、15世紀後半のフィレンツェを統治。外交手腕に優れ、不安定だったイタリア各国の利害を調整して「イタリアの天秤の針」と呼ばれた。芸術を愛し、ルネサンス文化のパトロンとしても有名

ジョヴァンニ・パオロ・ロマッツォ

ロレンツォ2世 Lorenzo Piero de' Medici（1492-1519）：ロレンツォ・デ・メディチの孫で、1513年からフィレンツェを統治。マキャヴェリの『君主論』はロレンツォ2世に献上されたものである

マリア・デ・メディチ（マリー・ド・メディシス）Maria de' Medici（1573-1642）：トスカーナ大公フランチェスコ1世の娘。1600年フランス王アンリ4世と結婚してフランス王妃に

フランチェスコ・ディ・ジョルジョ

フランチェスコ・メルツィ Francesco Melzi（1491-1568?）：レオナルドの愛弟子。レオナルドの死後遺言に、より手稿はすべてメルツィに託された

ジョージ・ムーア George Moore（?-?）：アメリカの研究者。1893年に円軌道上を歩行する自動人形を作った

ロレンツォ・デ・メディチ

マリア・デ・メディチ

カルロ・ペドレッティ

ビザンチンのフィロ

マーク・ロスハイム

ピーテル・パウル・ルーベンス

アンブロワーズ・パレ Ambroise Paré（1510-1590）：フランスの外科医。医療技術を発展させ、近代外科学の父と呼ばれる

パウサニアス Pausanias the Traveller（110-180）：アジア出身、ギリシャの旅行家。ギリシャの建造物や寺院、芸術、文化を『ギリシア案内記』全10巻にまとめた

カルロ・ペドレッティ Carlo Pedretti（1928-）：現代におけるレオナルド研究の大家。1949年にアメリカへ移り、以後ヨーロッパと行き来しながら研究をつづけている

ビザンチンのフィロ Philo of Byzantium（紀元前280-220）：クテシビオスの弟子で古代ギリシャにおける最も偉大な科学者の一人。戦闘機器、てこの原理、空気力学、自動人形などについて文献を残した

ヨッティ・ダ・バディーア・ポレージネ Jotti da Badia Polesine（?-?）：著述家。1938年と39年にレオナルドの自動走行車に関する著作を発表した

ジョヴァンニ・バッティスタ・デッラ・ポルタ Giovanni Battista della Porta（1535-1615）：イタリアの人文学者・科学者

ラディスラオ・レティ Ladislao Reti（1901-1973）：イタリアのレオナルド研究の第一人者であった。1967年に発見されたレオナルドの手稿の解読を手掛けるが、なかばにして死去。ウィーン工科大学で化学を学び、ボローニャ大学で化学の博士号を取得。アルゼンチン、ブラジルで化学産業に携わり、科学史へと関心を広げ、イタリア、アメリカで研究を行なった

マーク・ロスハイム Mark Elling Rosheim（?-）：アメリカの機械技術者。20以上のロボット技術特許をもちレオナルド研究も行っている。著書に『レオナルドの自動走行車』『ロボットリストの駆動』『ロボットの進化：ヒト型ロボット』など

ピーテル・パウル・ルーベンス Peter Paul Rubens（1577-1640）：フランドルの画家。17世紀の画家のなかで最も知名度、人気、称賛を得ている

グイド・セメンツァ Guido Semenza（?-?）：イタリアの技師。レオナルドの自動走行車を研究し、1928年に論文を発表した

ベネディクト・ジョゼフ・スウィーニー Benedict Joseph Sweeney（1963-）：アメリカのレオナルド研究所「Leonardo's Hands.com」の創立者。マーク・ロスハイムが復元した「ロボット兵士」を買い取っている

シルウェステル2世 Sylvester II（950-1003）：999年、フランス人初のローマ教皇に。アラビア学も修め、数学、物理、天文学、歴史、哲学など幅広い学識に富み「魔術師教皇」と称された。アラビア数字の普及に貢献し、どんな質問にも「イエス」「ノー」の返答を返して将来を予見する「金色仮面」、天体の動きを示す機械装置「オーラリ（太陽系儀）」を発明したといわれる

ソロモン・イブン・ガビーロール

マリオ・タッディ

トマス・アクィナス

ジョルジョ・ヴァザーリ

ジャック・ド・ヴォーカンソン

エドアルド・ザノン

エドモンド・ソルミ Edmondo Solmi（1874-1912）：イタリアの思想史家。レオナルド研究も手掛けた

ソロモン・イブン・ガビーロール Solomon Ibn Gabirol（1021-1058）：スペインの詩人・思想家

マリアーノ・ディ・ヤコポ（タッコラ） Mariano de Jacopo（Taccola）（1382-1458?）：イタリアの芸術家・技師。主に水力学、戦闘機器の研究に従事した。技術書に初めて挿図を入れた人物で、他の技師も彼に追随して「挿図入りの技術書」は一気に広まった

マリオ・タッディ Mario Taddei（1972-）：レオナルドの手稿をデジタル技術で復元・再現するマルチメディア研究所「Leonardo3」のテクニカル・ディレクター。レオナルドの自動走行車の動く再現模型を世界で初めて製作。本書をはじめ数々のレオナルド研究書に携わっている

トマス・アクィナス Thomas Aquinas（1224-1274）：イタリアの哲学者・神学者。スコラ学を大成したカトリック教会の理論的支柱であり、アリストテレス、プラトン、ソクラテスによる古代思想とキリスト教思想を結びつけたとされる。幅広い学識と視野により育まれた哲学は、非キリスト教徒からも支持されている

ジャネッロ・トリアーニ Jannello Torriani（1514-1585）：イタリアの時計職人・技師。多くの機械人形を製作し、皇帝カール5世に献上した

アルトゥーロ・ウッチェリ Arturo Uccelli（?-?）：1939年、レオナルドの自動走行車に関する論文を発表

ロベルトゥス・ヴァルトリウス Roberto Valturio（1405-1475）：イタリアの人文学者。リミニ公に仕え、『軍事論』で知られる

ジョルジョ・ヴァザーリ Giorgio Vasari（1511-1574）：イタリアの画家・彫刻家・建築家。著述家としても知られ『画家・彫刻家・建築家列伝』を残す

ジャック・ド・ヴォーカンソン Jacques de Vaucanson（1709-1782）：フランスの時計職人・発明家。笛吹き人形、太鼓叩き人形、機械仕掛けのアヒルなど数多くの自動機械を製作したが、現存するものはない

マルクス・ウィトルウィウス・ポリオ Marcus Vitruvius Pollio（紀元前80-25）：古代ローマの建築家・技師・著述家。軍事技師長としてユリウス・カエサルに仕え、建築技師としてアウグストゥスに仕えた。著書『建築十書』はルネサンス時代に注目を浴び、翻訳された

エドアルド・ザノン Edoardo Zanon（1974-）：本書の著者マリオ・タッディの同僚であり「Leonardo3」のアート・ディレクター、技術ディレクター。レオナルドの自動走行車の動く再現模型を世界で初めて製作したほか、数々のレオナルド研究書に携わっている

Bibliography

参考文献

Breve storia della scienza, Erik Newth, Salani, 1998

Ecco Leonardo, Alfredo Colombo, De Agostini, 1952

Frammenti letterari e filosofici, Edmondo Solmi, Giunti-Barbera, 1979

Gli ingegneri del Rinascimento - da Brunelleschi a Leonardo da Vinci, Paolo Galluzzi, Giunti, 1996

I Codici di Leonardo da Vinci pubblicati dalla Reale Commissione Vicinciana, Danesi, 1934-1941

Il Codice Atlantico, Leonardo3, 2006

Il Codice Atlantico, Giunti, 2006

Il Codice Atlantico di Leonardo da Vinci nell'edizione Hoepli 1894-1904, curata da/edited by Accademia dei Lincei, Anthelios Edizioni, 2004

I manoscritti di Leonardo Da Vinci, G. Calvi e/and A. Marinoni, Bramante Editrice, 1982

I manoscritti e i disegni di Leonardo da Vinci pubblicati dalla Reale Commissione Vinciana sotto gli auspici del Ministero della istruzione pubblica. Disegni, 8 volumi/volumes, Danesi, 1928-1952

La Mente di Leonardo, Paolo Galluzzi, Giunti, 2006

Laboratorio su Leonardo, Milano, 1983

Le macchine di Leonardo, Mario Taddei Edoardo Zanon e/and Domenico Laurenza, Giunti, 2005

Le macchine del re, Guido da Vigevano, Diakronia, 1993

Leonardo: le macchine, Carlo Pedretti, Giunti, 1999

Leonardo a Milano, G. Bologna, Istituto Geografico De Agostini, 1982

Leonardo Architetto, Carlo Pedretti, Electa, 1978

Leonardo costruttore di macchine e di veicoli, Giovanni Canestrini, Milano-Roma, 1939

レオナルドの手稿、彼が所有していた書物を
当時の雰囲気で再現したヴァーチャル書棚

現在に至るまで大切に保存されてきたレオ
ナルドの手稿を再現したヴァーチャル書棚

Leonardo da Vinci, catalogo della mostra/catalogue of the exhibit, Istituto Geografico De Agostini, 1939

Leonardo da Vinci, Martin Kemp, V&A Publications, Londra, 2006

Leonardo da Vinci - I libri di meccanica, Arturo Uccelli, 1940

Leonardo da Vinci - La Battaglia di Anghiari, Carlo Pedretti, Giunti, 1992

Leonardo da Vinci Technologist, Ladislao Reti, Burndy Library, 1969

Leonardo e gli spettacoli del suo tempo, M. Mazzocchi Doglio, G. Tintori, M. Padovan, M. Tiella, Electa, 1983

Leonardo e la Matematica, Giorgio Bagni, Giunti, 2006

Leonardo e l'età della ragione, E. Bellone e/and P. Rossi, Scientia, 1982

Leonardo e Milano, Banca Popolare di Milano, 1982

Leonardo inventore, di Heydenreich, Dibner, Reti, 1980 Giunti

Leonardo's Lost Robots, Mark Elling Rosheim, Springer, 2006

Le vite, Giorgio Vasari, Milano, Mondadori, 1929

Macchine fantastiche, Antonio Castronuovo, Stampa alternativa, 2006

Prima di Leonardo - cultura delle macchine a Siena nel Rinascimento, Paolo Galluzzi, Electa, 1991

Storie di automi, Mario G. Losano, Einaudi, 1990

Studies in Medieval Islamic Technology, a cura di/edited by Donald R. Hill, Ashgate, 1998

The Madrid Codices, Ladislao Reti, McGraw-Hill, 1974

The mechanical Investigations of Leonardo da Vinci, I. B. Hart, London, 1925

The Pneumatics of Hero of Alexandria, a cura di/edited by Bennet Woodcroft, Taylor Walton and Maberly, 1851

Tractatus Astrarii, Giovanni Dondi Dall'Orologio, Biblioteca Apostolica Vaticana, 1960

＊参考文献の詳細：www.leonardo3.net

L3 LEONARDO

Leonardo3 は、現代に引き継がれる古い文化・科学資料を読み解き、だれもが利用できる形で発信することを目的とした研究所です。この目的のために、私たちは 3D 再現モデルやインタラクティブ・ソフトウェアなど最新技術を駆使しています。
Leonardo3 では、世界でも他に例のない楽しいレオナルド・ダ・ヴィンチ関連物を出版しています。解説に画像を多用しているのは、レオナルド自身がそうであったように、言葉よりも絵のほうがわかりやすく伝えられるからです。再現図や 3D 画像はさまざまな角度から見せる工夫をしています。また、書籍には電子ブックや 3D 画像、ゲーム、ときには再現模型など、さまざまな付録を付けているのも特徴です。詳しくはウェブサイトをご覧ください。
http://www.leonardo3.net/

ダ・ヴィンチが発明《はつめい》したロボット！

[著　者]　マリオ・タッディ
[訳　者]　松井貴子

[発　行]　株式会社 二見書房
〒101-8405 東京都千代田区三崎町 2-18-11
電話 03-3515-2311（代）
振替 00170-4-2639

[編集]　浜崎慶治
[印刷／製本]　図書印刷株式会社

ISBN 978-4-576-09077-1
落丁・乱丁本はお取り替えいたします。　定価は、カバーに表示してあります。